AUTOMAÇÃO INDUSTRIAL
>> NA PRÁTICA

O autor

Frank Lamb tem 30 anos de experiência na indústria elétrica e de eletrônicos e 20 anos de experiência em controles e automação. É dono da Automation Consulting Services, Inc., empresa baseada no Tennessee, Estados Unidos, especializada na integração de sistemas e automação e no treinamento e consultoria em sistemas Lean Six-Sigma.

L218a	Lamb, Frank.
	    Automação industrial na prática / Frank Lamb ; tradução: Márcio José da Cunha ; revisão técnica: Antonio Pertence Júnior. – Porto Alegre : AMGH, 2015.
	    xii, 361 p. : il. ; 25 cm.
	
	    ISBN 978-85-8055-513-4
	
	    1. Automação industrial. I. Título.
	
	    CDU 681.5

Catalogação na publicação: Poliana Sanchez de Araujo – CRB 10/2094

FRANK LAMB

AUTOMAÇÃO INDUSTRIAL
>> NA PRÁTICA

Tradução
Márcio José da Cunha
Doutor em Engenharia Mecânica pela Escola de Engenharia de São Carlos, Universidade de São Paulo
Professor do Curso de Engenharia de Controle e Automação da Universidade Federal de Uberlândia

Revisão técnica
Antonio Pertence Júnior, MSc
Mestre em Engenharia pela Universidade Federal de Minas Gerais
Engenheiro Eletrônico e de Telecomunicações pela Pontifícia Universidade Católica de Minas Gerais
Pós-graduado em Processamento de Sinais pela Ryerson University, Canadá
Professor da Universidade FUMEC
Membro da Sociedade Brasileira de Eletromagnetismo

Reimpressão 2017

AMGH Editora Ltda.
2015

Obra originalmente publicada sob o título
Industrial Automation Hands-On
ISBN 0-07-181645-3/ 978-0-07-181645-8

Edição original em língua inglesa copyright © 2013, McGraw-Hill Global Education Holdings, LLC, New York, New York 10121. Todos os direitos reservados.
Tradução para a língua portuguesa copyright © 2015, AMGH Editora Ltda., uma empresa do Grupo A Educação S.A. Todos os direitos reservados.

Gerente editorial: *Arysinha Jacques Affonso*

Colaboraram nesta edição:
Coordenadora editorial: *Verônica de Abreu Amaral*
Editora: *Mariana Belloli*
Processamento pedagógico: *Monica Stefani*
Leitura final: *Gabriela Dal Bosco Sitta*
Capa e projeto gráfico: *Paola Manica*
Imagens da capa: *GuidoVrola/iStock/Thinkstock e gyn9038/iStock/Thinkstock*
Editoração: *Kaéle Finalizando Ideias*

Reservados todos os direitos de publicação à
AMGH EDITORA LTDA., uma empresa do GRUPO A EDUCAÇÃO S.A. e McGRAW-HILL EDUCATION
A série Tekne engloba publicações voltadas à educação profissional e tecnológica.

Av. Jerônimo de Ornelas, 670 – Santana
90040-340 – Porto Alegre – RS
Fone: (51) 3027-7000   Fax: (51) 3027-7070

É proibida a duplicação ou reprodução deste volume, no todo ou em parte, sob quaisquer formas ou por quaisquer meios (eletrônico, mecânico, gravação, fotocópia, distribuição na Web e outros), sem permissão expressa da Editora.

Unidade São Paulo
Av. Embaixador Macedo Soares, 10.735 – Pavilhão 5 – Cond. Espace Center
Vila Anastácio – 05095-035 – São Paulo – SP
Fone: (11) 3665-1100   Fax: (11) 3667-1333

SAC 0800 703-3444 – www.grupoa.com.br

IMPRESSO NO BRASIL
PRINTED IN BRAZIL

Prefácio

Este livro reúne os conceitos e a terminologia da automação e das máquinas industriais, sendo adequado tanto como um guia para os recém-chegados no campo da automação quanto como uma referência para o profissional de automação experiente. Esta obra enfatiza os sistemas de controle, mas também aborda vários outros tópicos – incluindo construção de máquinas, engenharia mecânica e dispositivos, sistemas de negócios de manufatura e funções de trabalho em um ambiente industrial.

Comecei minha carreira na Força Aérea Norte-Americana como instrutor de eletrônica e técnico de instalação/engenharia. O serviço militar requer que seus membros sigam instruções detalhadas e documentem as atividades de trabalho e os procedimentos de forma precisa – um requisito que me muniu com as ferramentas e a disciplina necessárias para seguir uma carreira na engenharia. Aprendi os elementos fundamentais da elétrica e da eletrônica a partir de uma perspectiva prática, de "mão na massa" – rastreando o fluxo do sinal por meio de esquemáticos e utilizando ferramentas especializadas, como ferros de solda e pistolas de fio de sinalização, para instalar e reparar componentes. Também aprendi a desenvolver, supervisionar e apresentar planos de aula em uma sala de aula no departamento militar. Durante o tempo que trabalhei na Força Aérea, tive a sorte de poder viajar ao exterior e vivenciar outras culturas e outros métodos de fazer as coisas.

Depois de oito anos no serviço militar, iniciei a faculdade como um calouro de 30 anos de idade. Minha base de matemática e ciências não era particularmente forte, assim, precisei esforçar-me para acompanhar meus colegas vindos do Ensino Médio e dos cursos técnicos com mais conhecimentos em cálculo e física. Felizmente, minha experiência militar deu-me a disciplina para estudar esses pré-requisitos de forma independente, e comecei a aprender os temas centrais da engenharia. Frequentei uma grande universidade com um departamento de engenharia muito respeitado e inúmeros professores de alto nível. Embora todos os estudantes de engenharia fossem obrigados a realizar os cursos de engenharia mecânica e de produção, meu interesse e minha concentração estavam no campo de controles da engenharia elétrica. Para complementar minhas aulas de controle, também estudei eletrônica de potência e eletrônica digital, plasma, comunicações, desenho/CAD, termodinâmica, teoria de semicondutores e várias classes de programação de computadores, além de cursos de artes liberais mais gerais. Esse currículo proporcionou uma formação completa e abrangente em engenharia, preparando-me bem para o mercado de trabalho.

Depois de terminar a graduação e obter o diploma em engenharia elétrica e de computação, descobri que existia uma lacuna em minha formação, do ponto de vista prático. A automação industrial é complicada. Os requisitos teóricos são grandes, mas o conhecimento prático necessário é ainda maior. As formas tradicionais de ensinar automação simplesmente não transferem o conhecimento prático que você obtém após anos de experiência. Claro, você pode aprender muitos conceitos matemáticos e científicos que lhe darão um excelente entendimento teórico da área, porém eles não conseguem fornecer o conhecimento prático necessário que normalmente vem de vários anos de tentativa e erro. Este livro busca preencher algumas dessas "lacunas de experiência".

Minha experiência na automação primeiramente está relacionada à construção de máquinas e à integração de sistemas. Antes de começar minha própria empresa de integração de sistemas customizados e construção de máquinas, trabalhei para dois distribuidores de componentes de controle e elétricos, e aprendi o valor dos catálogos dos fabricantes e das aulas de treinamento. Muitas das informações contidas neste livro foram coletadas de catálogos que forneciam especificações de equipamentos para sistemas. Antes do advento da Internet como um recurso generalizado e acessível, a maioria dos dados técnicos dos componentes tinha de ser obtida de fichas de especificações e catálogos físicos. As aulas e os seminários apresentados por fabricantes eram – e ainda são – excelentes recursos para o treinamento prático com ferramentas reais.

Depois de operar uma pequena empresa de construção de máquinas e integração de sistemas por 10 anos, fui trabalhar para uma grande construtora de máquinas customizadas. Nela, aprendi como as grandes empresas e as empresas de engenharia licitam e adquirem grandes linhas de produção e sistemas integrados *turnkey* (ou chave na mão), e como as equipes de engenharia trabalham em conjunto com sistemas extremamente complexos para produzir linhas de produção integradas. As muitas ferramentas valiosas e os modelos que usei no meu cargo na Wright Industries foram fundamentais no aperfeiçoamento da minha capacidade de desenvolver sistemas de forma coordenada e organizada. Sempre serei grato à Wright Industries e à Doerfer Companies pelo treinamento e pela experiência que recebi durante meu período lá, bem como pela minha capacidade de brincar com "brinquedos" caros e de larga escala.

Enquanto trabalhava nessas grandes organizações, frequentemente eu era questionado sobre como as coisas funcionavam ou sobre qual seria a melhor técnica para realizar uma dada tarefa. Eu também tinha minhas próprias perguntas em áreas que não eram de minha especialidade. Conforme essas questões importantes eram respondidas, comecei a coletar informações com o objetivo principal de elaborar um guia geral que respondesse a essas perguntas frequentes no campo da automação. Também criei um blog, www.automationprimer.com, com posts sobre assuntos de interesse da comunidade da automação. Isso me permitiu refinar alguns dos assuntos e começar a organizar o conteúdo deste livro, bem como a correlacionar vários outros blogs de automação e obter contatos valiosos no setor.

Durante esse período, também obtive minha certificação Six Sigma Green Belt. Meu interesse na manufatura enxuta e no aspecto empresarial das indústrias de automação e manufatura cresceu e comecei a adicionar conteúdos relacionados a negócios no livro. Saí da Wright Industries em 2011 e recomecei minha empresa de automação com mais foco no aspecto educacional e de consultoria da automação industrial, em vez de no desenvolvimento e na programação de máquinas.

Uma das principais propostas deste livro é ser um recurso simples para aqueles envolvidos no projeto e na utilização de máquinas automatizadas. Usei muitos dos gráficos e das tabelas contidos nele durante minha carreira na automação, e espero que eles sirvam como guias de referência rápidos e úteis para os leitores também. Existem ainda vários tópicos com informações gerais sobre assuntos relacionados à indústria que também podem atrair os leitores interessados em expandir seus conhecimentos.

Este livro tem uma estrutura de tópicos para facilitar a consulta. O Capítulo 1 fornece uma visão geral da manufatura e da automação. O Capítulo 2 introduz muitos dos conceitos usados na automação, nos controles, no desenvolvimento de máquinas e na documentação. O Capítulo 3 aborda vários dos componentes de hardware individuais usados na indústria da automação. O Capítulo 4 une alguns desses componentes e descreve alguns dos subsistemas que ajudam a formar uma máquina ou uma linha automatizada. O Capítulo 5 agrupa esses subsistemas e exemplifica o maquinário usado em algumas das diferentes áreas da manufatura. O Capítulo 6 apresenta alguns dos diferentes tipos de software usados na programação, no projeto e na documentação de maquinário industrial e sistemas de informação, além de abordar o software empresarial. O Capítulo 7 descreve as funções de trabalho nas indústrias de automação e manufatura, e o Capítulo 8 aborda a organização corporativa e os conceitos usados nos campos industrial e de manufatura. A manufatura enxuta e as várias ferramentas de negócio também são discutidas nesse capítulo. O Capítulo 9 trata do processo de aquisição, desenvolvimento e implementação de uma máquina hipotética, enquanto o Capítulo 10 contém alguns exemplos de projetos de automação e sistemas com os quais estive envolvido em minha carreira. Há também uma série de tabelas e gráficos e um índice no final do livro.

Engenheiros mecânicos que querem saber mais sobre controles ou negócios, engenheiros eletricistas e técnicos que precisam de mais informações sobre conceitos mecânicos e componentes, e pessoal da administração da fábrica que necessita de mais experiência em assuntos técnicos vão achar este livro útil. Operadores de máquina que esperam se transferir para o campo da manutenção e técnicos de manutenção que precisam de mais informações sobre técnicas de engenharia também vão encontrar assuntos de interesse nestas páginas.

Devido à amplitude do assunto – este livro trata de aspectos tanto técnicos quanto de negócios da manufatura e da automação industrial –, nenhum tópico é abordado em grande profundidade. Existem milhares de recursos excelentes em livros, catálogos e online, que adentram em detalhes de áreas específicas dos campos da automação, da administração e da manufatura. Gostaria de incentivá-lo a explorar esses assuntos, e espero que você, assim como eu, desfrute desse fascinante campo de estudos.

Este material foi desenvolvido com a assistência de muitas pessoas, a quem expresso meus sinceros agradecimentos. Muito obrigado à minha filha Mariko, que, ao longo de todo o processo, fez uma extensa edição e revisão e prestou outros auxílios relacionados ao livro e às figuras. Agradeço também aos revisores técnicos que fizeram sugestões e correções em suas áreas de especialidade:

Tony Bauer
Desenvolvedor de software, fundador da factoryswblog.org

John Bonnete, MBA
Engenheiro mecânico, gerente de confiabilidade na DSM Dyneema

Jeff Buck, PE
Engenheiro mecânico e eletricista, vice-presidente na Automation nth

Trent Bullock
Técnico E e I na DSM Dyneema

Jason Gill
Engenheiro industrial, gerente de Lean Six Sigma na Mayekawa USA

Gordon Holmes
Engenheiro de projetos e de controle sênior na Wright Industries

Michael Lee
Soldador na Mayekawa USA

Ron Lindsey
Engenheiro de software, robótica e visão na Wright Industries

Bill Martin
Presidente na Martin Business Consulting

Tom Nalle
Presidente na Nalle Automation Systems

Charlie Thi Rose
Engenheiro mecânico, presidente na C. T. Rose Enterprises

Louis Wacker
Engenheiro de projetos mecânicos na Wright Industries

Por fim, gostaria de agradecer o incentivo e a paciência de minha esposa, Mieko, que ajudou a tornar este livro possível.

Nashville, Tennessee

F.B.L.

Sumário

capítulo 1
Automação e manufatura 1
Automação 2
    Vantagens 2
    Desvantagens 3
    A fábrica e a manufatura 4
    O ambiente da manufatura 7

capítulo 2
Conceitos importantes 11
Analógico e digital 12
    Escalas 13
Entrada e saída (dados) 14
    I/O discretas 14
    I/O analógicas 15
        Controle PID 16
    Comunicações 18
        Serial 19
        Paralela 20
        Ethernet 21
        USB 22
        Protocolos especiais em automação 23
        Wireless 25
    Outros tipos de I/O 25
        Contadores de alta velocidade 25
        Decodificadores 25
Sistemas de numeração 26
    Binário ou booleano 26
    Decimal 26
    Hexadecimal e octal 26
    Ponto flutuante e real 28
    Bytes e palavras 28
    ASCII 29
Energia elétrica 29
    Frequência 30
    Tensão, corrente e resistência 30
        Resistores 30
    Energia 32
    Fases e tensões 32
    Indutância e capacitância 33
    Dispositivos de estado sólido 34
        TTL 36
    Circuitos integrados 36
Sistema pneumático e sistema hidráulico 38
    Sistemas pneumáticos 38

    Sistemas hidráulicos 40
    Sistemas pneumáticos 38
    Sistemas hidráulicos 40
    Comparação entre sistemas pneumáticos e sistemas hidráulicos 40
Processos contínuos, síncronos e assíncronos ... 41
    Processos contínuos 42
    Processos assíncronos 42
    Processos síncronos 42
Documentação e formatos de arquivo 42
    Elaboração e CAD 43
        CAD 43
        Desenhos mecânicos GD&T 45
    Outros pacotes de desenvolvimento e padrões 46
        Diagrama de tubulação e instrumentação (P&ID) .. 46
        Arquivos Adobe Acrobat e PDF 48
    Formatos de arquivos de imagem 49
        Arquivos JPEG 50
        Arquivos TIFF 50
        Arquivos PNG 51
        Arquivos GIF 51
        Arquivos BMP 51
    Segurança 52
    Análises de riscos 55
    Paradas de emergência 57
    Proteção física 59
    Bloqueio/sinalização (*lockout/tagout*) 60
    Mitigação no projeto 60
    Dispositivos de proteção 60
    Software 62
    Segurança intrínseca 63
    Eficácia geral de equipamentos 65
    Disponibilidade 65
    Desempenho (performance) 66
    Qualidade 66
    Cálculo da OEE 67
    Descarga eletroestática 67

capítulo 3
Componentes e hardware 69
Controladores 70
    Computadores 70
    Sistemas de controle distribuído 70
    Controladores lógicos programáveis 71
    Controladores e sistemas embarcados 73

Controladores de temperatura e de processos 73
Interfaces de operador 74
    Interfaces baseadas em texto 75
    Interfaces gráficas 76
    Telas sensíveis ao toque (*touch screens*) 76
        Resistiva 77
        Ondas acústicas de superfície 77
        Capacitivas 77
        Infravermelho 78
        Imageamento óptico 78
        Tecnologia do sinal dispersivo 79
        Reconhecimento de pulso acústico 79
Sensores 79
    Dispositivos discretos 79
        Botões, chaves e fechamentos de contato 80
        Fotoelétricos 81
        Sensores de proximidade 84
    Analógicos 87
        Sensor de pressão, força, fluxo e torque 88
        Cor e refletividade 90
        LVDTs 90
        Ultrassônicos 91
        Distância e dimensões 92
        Sensores termopares e de temperatura 93
    Sensores para fins especiais 95
        Codificadores e decodificadores 95
        Sistemas de visão 97
        Cromatografia gasosa 100
        Código de barras, RFID e identificação indutiva ... 100
        Interfaces de teclado 103
Controle de potência, distribuição e controle discreto ... 104
    Desconectores, disjuntores e fusíveis 105
        Disjuntores 105
        Fusíveis 108
        Comparação entre fusíveis e disjuntores 109
    Blocos de distribuição e terminais 110
    Transformadores e fontes de alimentação 112
    Relés, contatores e *starters* 114
    Temporizadores e contadores 116
    Botões, luzes piloto e controles discretos 118
        Botões e interruptores 119
        Luzes piloto e colunas luminosas 120
        Outros dispositivos montados em painel 121
    Cabeamento e fiação 122
        Alívio de tensão 123
        Ponteira 124
        Soldagem 124
Atuadores e movimento 126
    Atuadores e válvulas pneumáticas e hidráulicas 126

Atuadores elétricos 130
Controle de movimento 130
Motores CA e CC 132
    Motores CA 133
        Motores síncronos 134
        Motor síncrono trifásico CA 134
        Motores CA monofásicos síncronos 135
        Motores assíncronos 136
        Motores de indução CA trifásicos 136
        Motores de indução CA monofásicos 137
    Motores CC 139
        Motores CC com escovas 139
        Desvantagens das escovas 140
        Motores CC sem escovas 140
        Motores CC sem núcleo ou sem núcleo de ferro ... 141
        Motores universais e motores série CC enrolados . 141
    Motores lineares 142
    Servomotores e motores de passo 142
        Servos CC 143
        Servos CA 143
        Motores de passo 144
    Inversores de frequência variável 145
Elementos de máquinas e mecanismos 147
    Dispositivos acionados por cames 148
    Sistemas de catracas e linguetas 149
    Engrenagem e caixa de redução 149
    Rolamentos e polias 154
    Servomecanismos 157
    Fusos de esferas e atuadores lineares acionados
        por correia 158
    Ligações e engates 159
    Embreagens e freios 161
Estruturas e enquadramento 162
    Estruturas de aço 162
        Calços 163
        Cavilhas e tarugos 164
        Chaves, chavetas e chaves de instalação 165
        Pastilhas de máquinas e espaçadores 166
        Fixadores 166
    Extrusão de alumínio 168
    Tubulação e outros sistemas estruturais 169
    Caixas elétricas e classificadas 170
        Classificações NEMA 171
        Classificações IEC e IP 174
        Sólidos, primeiro dígito 175
        Líquidos, segundo dígito 176
        Letras adicionais 177
        Resistência ao impacto mecânico 178

capítulo 4
Sistemas de máquina 179
Sistemas transportadores.. 180
    Sistemas transportadores por correia....................... 181
    Sistemas transportadores por rolos.......................... 182
    Sistemas transportadores por correntes e esteiras ... 184
    Sistemas transportadores por vibração 186
    Sistemas transportadores pneumáticos 186
    Acessórios 187
Indexadores e máquinas síncronas 188
    Indexadores por came rotativo.................................. 188
    Indexadores para paletes síncronos de chassis
    e paletes... 189
    Vigas andantes 190
    Pegue e posicione (*pick-and-place*) 190
Alimentadoras de peças 191
    Bacias e alimentadoras vibratórias........................... 191
    Alimentadores de passo e rotativos.......................... 193
    Escapes e manuseio de peças 194
Robôs e robótica 195
    Robôs articulados 195
    Robôs SCARA 196
    Robôs cartesianos 197
    Robôs paralelos 198
    Noções básicas e terminologia de robôs 199
    Robôs com sistemas de coordenadas 201

capítulo 5
**Sistemas de processos e máquinas
automatizadas 203**
Processamento químico 204
Processamento de bebidas e alimentos 206
Embalagem... 208
Manipulação e conversão de rolos de materiais........... 210
Processamento de metal, plástico, cerâmica e vidro 212
    Metais.. 212
        Ligas.. 213
        Processamento de metais...................................... 214
    Plásticos.. 218
        Extrusão 219
        Moldagem por injeção... 220
        Termoformagem 221
        Moldagem por sopro 222
        Folhas e materiais plásticos 223
        Materiais compósitos e reforçados........................ 227
    Cerâmica e vidro 228
Máquinas de montagem 230
    Fixação e ligação 232
    Outras operações de montagem 236

Máquinas de inspeção e testes 236
    Aferição e medição 237
    Testes de vazamento e fluxo 238
    Outros métodos de teste 239

capítulo 6
Software 241
Software de programação 242
    Conceitos de programação 243
    Metodologias de programação 244
    Linguagens 247
        Linguagens de computador.................................. 248
        Linguagens de CLP 250
        Programação da interface gráfica do usuário (GUI) 258
        Programação de robôs... 261
Software de design 264
Software de análise 265
Software para escritório 266
SCADA e aquisição de dados 267
Bancos de dados e programação com banco de dados.. 268
Software empresarial 271

capítulo 7
Ocupações e ramos de atuação 277
Engenharia... 278
    Mecânica 278
    Elétrica e de controle 279
    Industrial e de produção 280
    Química e de processos químicos 281
    Outras engenharias e cargos 282
        Engenheiros de aplicação 283
        Engenheiros de vendas... 283
        Engenheiros de projetos 284
        Engenheiros de desenvolvimento 284
        Gerentes de projetos 284
Ramos de atuação 285
    Mecânico 285
        Fabricação e usinagem 285
        Montagem 286
        Soldagem 287
        Mecânico de máquinas 287
    Elétrico 288
        Montagem de painel 288
        Eletricistas 289
        Técnicos em instrumentação 290

capítulo 8
Negócios industriais e de manufatura 293
Empresas relacionadas à automação 294

Fabricantes 294	Elétrica e controles 330
OEMs 294	Software e integração 332
Representantes de fabricantes 295	Fluxogramas 332
Distribuidores 295	Geração automática de códigos 332
Construtores de máquinas 295	Codificação 333
Integradores de sistemas 296	A IHM 333
Consultores 296	Integração 334
Departamentos e funções 297	Fabricação 334
Administração 298	Estrutural 334
Vendas e marketing 298	Mecânica 335
Engenharia e desenvolvimento 299	Elétrica 335
Manutenção 300	Montagem 336
Manufatura e produção 301	Partida e depuração 337
Financeiro e recursos humanos 302	Sistemas mecânicos e sistemas pneumáticos 337
Qualidade 303	Integração com o sistema de embalagem 338
Padrões 304	Controles 338
Gestão da qualidade total 304	FAT e SAT 340
Six Sigma 304	Aceitação de fábrica 340
Tecnologia da informação 305	Aceitação local 340
Produção enxuta 306	Instalação 341
Kanban e "puxada" 308	Expedição 341
Kaizen 309	Contrato com mecânicos de máquinas e eletricistas 341
Poka-yoke 310	Suporte 342
Ferramentas e termos 311	Os primeiros três meses 342
Sistematização 314	Garantia 342
Descrições de funções e de tarefas 315	
Comunicações 316	**capítulo 10**
Contratação e treinamento 317	**Aplicações 343**
Cadernos de engenharia ou de projeto 318	Máquina de encadernação 344
	Medição de cristal 345
capítulo 9	SmartBench 348
Projeto de máquinas e de sistemas 321	Estação de carga para *sagger* 350
Requisitos 322	Manipuladores de bandejas 351
Velocidade 322	Sistema classificador de algodão 353
Melhorias 323	**Referências 355**
Custos 323	
Documentação necessária 324	**Índice 357**
Orçamento 324	**apêndice A** Tabela ASCII .... online
Requisição de orçamentos 324	**apêndice B** Ampacidade .... online
Análises dos orçamentos 326	**apêndice C** Dimensionamento
Decisão 326	de motores .... online
Aquisição 327	**apêndice D** Tabela de invólucros
Termos 327	da NEMA .... online
Projeto 327	**apêndice E** Fabricantes, construtores
Mecânico 328	de máquina e integradores .... online
Desenho mecânico 329	**apêndice F** Termopares .... online
Elementos finitos e análise de tensão ... 329	
Enquadramento e suporte a sensores ... 329	
Detalhamento 330	

capítulo 1

Automação e manufatura

Os humanos criam coisas há milhares de anos. Originalmente, muitos produtos eram fabricados conforme a necessidade; se uma ferramenta era necessária, ela era construída manualmente e, mais tarde, servia de base para a criação de mais ferramentas. Com o passar do tempo, foram desenvolvidas técnicas mais complexas para ajudar as pessoas a realizar tarefas de fabricação e produção. Tecnologias de metalurgia, teares de tecelagem, moinhos movidos a água e motores a vapor e a gasolina tornaram mais simples a fabricação de vários produtos, que geralmente eram criados um a um, por profissionais qualificados em várias técnicas. Foi somente depois da Revolução Industrial e do amplo uso da energia e de mecanismos elétricos que a fabricação de produtos em larga escala tornou-se comum.

Objetivos de aprendizagem

>> Conceituar automação e explicar sua origem e evolução ao longo da história.

>> Contrapor as vantagens e as desvantagens da automação de acordo com os tipos de projetos e os objetivos pretendidos.

>> Descrever o conceito de manufatura, bem como o seu ambiente, a fábrica, e os seus aspectos fundamentais, como o ciclo de produção, o maquinário e as especificações de segurança.

>> Automação

Automação é o uso de comandos lógicos programáveis e de equipamentos mecanizados para substituir as atividades manuais que envolvem tomadas de decisão e comandos-resposta de seres humanos. Historicamente, a mecanização – como o uso dos mecanismos de temporização para disparar a lingueta da alavanca de uma catraca – ajudou os humanos na realização de tarefas com exigências físicas. A automação, porém, vai além da mecanização, pois reduz a necessidade de requisitos sensoriais e mentais humanos, além de otimizar a produtividade.

O termo automação foi criado na década de 1940 por um engenheiro da Ford Motor Company, que descreveu vários sistemas nos quais ações e controles automáticos substituíam o esforço e a inteligência humanos. Nessa época, os dispositivos de controle eram eletromecânicos por natureza. A parte lógica era realizada por meio de relés e temporizadores intertravados, e a intervenção humana acontecia em alguns pontos de decisão. Por meio de relés, temporizadores, botões, posicionadores mecânicos e sensores, podiam ser realizadas sequências simples de movimento lógico ao ligar e desligar motores e atuadores.

Com o advento dos computadores e dos dispositivos de hardware, esses controles se tornaram menores, mais flexíveis e com menor custo de implementação e modificação. Os primeiros controladores lógicos programáveis foram desenvolvidos nas décadas de 1970 e 1980 pela Modicon como resposta ao desafio proposto pela GM de desenvolver um hardware que substituísse a lógica de relé com fio. Como a tecnologia melhorou e mais empresas de automação entraram no mercado, novos produtos de controle foram desenvolvidos. Atualmente, há na indústria inúmeros dispositivos de controle lógicos computadorizados desenvolvidos por centenas de fabricantes.

>> **DEFINIÇÃO**
Automação é o uso de comandos lógicos programáveis e de equipamentos mecanizados para substituir as atividades manuais que envolvem tomadas de decisão e comandos-resposta de seres humanos.

>> **CURIOSIDADE**
O termo automação foi criado na década de 1940 por um engenheiro da Ford Motor Company, que descreveu vários sistemas nos quais ações e controles automáticos substituíam o esforço e a inteligência humanos.

>> Vantagens

Algumas vantagens da automação são:

- Operadores humanos com tarefas de trabalho pesadas ou monótonas podem ser substituídos.

- Operadores humanos que realizam tarefas em ambientes perigosos, como aqueles com temperaturas extremas ou atmosferas radioativas e tóxicas, podem ser substituídos.

- Tarefas que estão além da capacidade humana foram facilitadas. O manuseio de cargas grandes ou pesadas, a manipulação de elementos minúsculos ou as exigências para se fabricar um produto de forma muito rápida ou muito lenta são exemplos disso.

- A produção com frequência é mais rápida e os custos de mão de obra são menores por produto em comparação às operações manuais equivalentes.
- Os sistemas de automação conseguem incorporar facilmente inspeções e verificações a fim de reduzir o número de produtos fora de um determinado padrão de produção, permitindo o controle estatístico de processo que gerará produtos mais consistentes e uniformes.
- A automação serve como um catalisador para a melhoria da economia das empresas e da sociedade. Por exemplo, o produto nacional bruto e o padrão de vida da Alemanha e do Japão aumentaram drasticamente no século XX, em grande parte por esses países terem incorporado a automação em sua produção de armas, automóveis, têxteis e outros bens para exportação.
- Os sistemas de automação não ficam doentes.

>> Desvantagens

Algumas desvantagens:

- A tecnologia atual não é capaz de automatizar todas as tarefas desejadas. Certas tarefas não podem ser facilmente automatizadas, como a produção ou a montagem de produtos cujos componentes têm inconsistência de tamanhos ou as tarefas em que a habilidade manual é necessária. Alguns produtos precisam da manipulação humana.
- Algumas tarefas custam mais para serem automatizadas do que para serem realizadas de forma manual. A automação é aplicável em processos repetitivos, consistentes e que envolvem um grande volume de produtos.
- É difícil prever com precisão o custo de pesquisa e desenvolvimento para automatizar um processo. Uma vez que esse custo pode ter um grande impacto sobre a rentabilidade, muitas vezes descobre-se que não houve vantagens econômicas na automação de um processo somente quando ela já foi implantada. No entanto, com o advento e a continuidade do crescimento de diferentes tipos de linhas de produção, é possível fazer estimativas mais precisas baseadas em projetos anteriores.
- Os custos iniciais são relativamente altos. A automação de um novo processo, ou a construção de uma nova planta, precisa de um investimento alto, em comparação com o custo unitário do produto. Mesmo as máquinas que já possuem os custos de desenvolvimento recuperados se tornam caras em termos de hardware e mão de obra. O custo pode ser proibitivo para as linhas de produção personalizadas, onde o manuseio de ferramentas e de produtos deve ser realizado.
- Geralmente é necessário um departamento de manutenção qualificado para consertar e manter os sistemas de automação em bom funcionamento. Falhas no sistema de automação podem resultar em perdas totais de produção ou em uma produção defeituosa.

No geral, as vantagens parecem superar as desvantagens. Seguramente, é possível dizer que os países que adotaram a automação desfrutam de um padrão de vida mais elevado do que aqueles que não a adotaram. Ao mesmo tempo, há relacionada a preocupação aos trabalhadores que perdem seus empregos por conta da automação de suas tarefas. Independentemente das implicações sociais que possam ocorrer, não existem dúvidas de que a produtividade aumenta com a aplicação adequada de técnicas de automação.

» A fábrica e a manufatura

» **DEFINIÇÃO**
Uma fábrica, ou uma planta de manufatura, é uma construção industrial onde os trabalhadores produzem, montam, processam ou empacotam produtos por meio da operação e da supervisão de máquinas e linhas de produção.

Uma fábrica, ou uma planta de manufatura, é uma construção industrial onde os trabalhadores produzem, montam, processam ou empacotam produtos por meio da operação e da supervisão de máquinas e linhas de produção (Figura 1.1). A maioria das fábricas modernas inova no maquinário utilizado para produção, medição, testes, empacotamento e uma série de outras operações de manufatura. De uma perspectiva de negócios, as fábricas são consideradas uma estrutura central onde a mão de obra, o capital e a planta estão concentrados para produzir bens em massa, em pequenos lotes ou para algum tipo de especialidade.

Figura 1.1 Fábrica.

O ambiente da fábrica se mostrou eficiente para a produção em massa durante a Revolução Industrial, quando a Inglaterra passou de uma sociedade agrária para uma sociedade baseada em maquinários e na manufatura. Nesta época, as fábricas simplesmente serviam como edifícios onde os trabalhadores se reuniam para fabricar produtos usando ferramentas simples e máquinas. Os avanços na agricultura e nas tecnologias de fabricação de têxteis e metais aliados à mão de obra barata resultaram no aumento da produção, na eficiência e no lucro dos proprietários das fábricas.

No início do século XX, Henry Ford ampliou o conceito de fábrica com a criação da produção em massa, implantada a fim de atender à crescente demanda pelo seu carro modelo T. Ao combinar a fabricação de precisão, a divisão do trabalho altamente especializado, a utilização de partes padronizadas e permutáveis e a linha de montagem com rolagem contínua e precisamente cronometrada, Ford conseguiu reduzir muito o tempo de montagem por veículo e, principalmente, os custos de produção.

O modelo de Ford modificou a maneira como praticamente todos os produtos eram fabricados no século XX e indicou como as melhorias seriam aplicadas nas fábricas das gerações futuras.

Uma dessas melhorias, criada pelo matemático americano William Edwards Deming, foi o progresso dos métodos estatísticos de controle de qualidade - uma inovação que ele trouxe do exterior e que já havia tornado as fábricas japonesas líderes mundiais em eficácia de custos e qualidade na produção. Os últimos avanços no controle de qualidade levaram aos conceitos do Six Sigma e da manufatura enxuta. Esses conceitos são abordados em detalhes nos próximos capítulos deste livro.

Outra melhoria do modelo de fábrica foi a criação dos robôs industriais, que começaram a aparecer no chão de fábrica nos anos 1970. Os braços e as garras controlados e conduzidos por computador foram fundamentais para melhorar a velocidade e reduzir os custos. As principais funções dessas máquinas de precisão e alta resistência incluem solda, pintura, elevação e colocação, montagem, inspeção e testes.

A **manufatura** é a fabricação sistemática de produtos por meio da utilização de máquinas, ferramentas e mão de obra. No século XXI, o termo se aplica com mais frequência à produção industrial, em que grandes quantidades de matéria-prima são transformadas em produtos finais. Ese processo em geral acontece em vários estágios; um produto final obtido de um processo se torna um de vários componentes necessários em outros processos. Esses produtos finais podem ser vendidos para usuários finais por meio de atacadistas ou varejistas, ou ser usados para fabricar outros produtos mais complexos antes de finalmente serem vendidos para os consumidores. A montagem, a conversão, o empacotamento e o processamento/tratamento por lotes são exemplos de operações de manufatura.

A Figura 1.2 mostra um diagrama simples de produção de um produto típico. Note que, para todos os estágios do ciclo de produção, existem várias atividades de apoio envolvidas que não afetam diretamente o processo de manufatura. Muitas dessas atividades podem ser realizadas por outras empresas e instalações o que envolve transações financeiras e movimentação de produtos entre corporações e seus locais.

>> **PARA SABER MAIS**
No início do século XX, Henry Ford ampliou o conceito de fábrica com a criação da produção em massa, implantada a fim de atender à crescente demanda pelo seu carro modelo T.

>> **DEFINIÇÃO**
A manufatura é a fabricação sistemática de produtos por meio da utilização de máquinas, ferramentas e mão de obra.

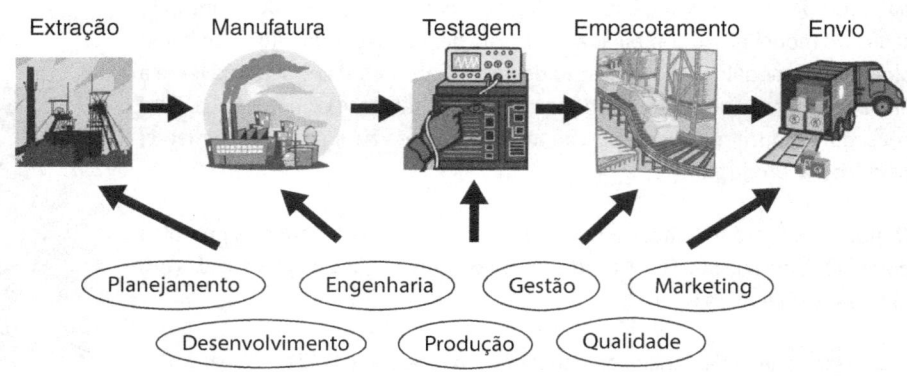

Figura 1.2 Ciclo de produção.

A maior parte da automação industrial ocorre na fase de manufatura e produção. Porém, exemplos de funções automatizadas são encontrados em várias aplicações fora da indústria. A maioria dos computadores, por exemplo, usa a automação de comandos e respostas em suas operações; a palavra automação também se refere a aplicações de processamento de computador para uma tarefa, como na expressão "automação de escritórios".

A **manufatura aditiva**, também conhecida como impressão 3D, é o processo de fabricar objetos sólidos a partir do desenho de um modelo sólido. Esse processo é realizado por meio da adição de camadas sucessivas de um determinado material, ou seja, consiste no contrário da remoção de camadas por usinagem, que é um processo subtrativo. Embora esse processo ainda não seja prático para a produção em massa em termos de tempo e de custos, ele é útil para a construção de objetos simples para uma prototipagem rápida.

Os métodos usados na manufatura aditiva incluem a extrusão de camadas de polímero ou metal, a laminação de camadas de folhas, papéis ou película plástica e a utilização de feixes de elétrons para fundir metais granulados seletivamente, camada por camada. Métodos relacionados com a prototipagem rápida são a estereolitografia e o processamento digital de luz. Esses métodos produzem partes sólidas a partir de um líquido ao expô-lo a feixes de luz intensos, endurecendo assim o polímero exposto.

A manufatura aditiva é uma tecnologia em rápida evolução que certamente terá um impacto maior no futuro dos métodos de produção industrial.

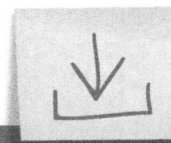

>> **DEFINIÇÃO**
A manufatura aditiva, também conhecida como impressão 3D, é o processo de fabricar objetos sólidos a partir do desenho de um modelo sólido. Ela é uma tecnologia em rápida evolução que certamente terá um impacto maior no futuro dos métodos de produção industrial.

» O ambiente da manufatura

As fábricas em geral são vistas como locais sujos, com muito ruído e cheios de equipamentos pesados, mas isso nem sempre é verdade. As fundições e as fábricas de processamento de metais certamente têm essas características, requerendo a utilização de protetores auriculares e de vestimentas especiais de proteção. Porém, as fábricas também podem ser limpas e relativamente calmas, dependendo do que está sendo produzido ou processado.

A maioria das instalações industriais exige que os funcionários utilizem equipamentos de proteção enquanto estão no chão de fábrica. Os óculos de segurança quase sempre são necessários. Nas indústrias, existem pares extras desses óculos disponíveis para visitantes. Também estão disponíveis tampões de ouvido. Em plantas de processamento de alimentos e salas limpas, é preciso usar toucas para cabelo e barba, jalecos, capas para sapatos e luvas.

> » DEFINIÇÃO
> Uma sala limpa é um ambiente no qual partículas de poeira ou contaminantes são impedidos de entrar. As salas limpas são classificadas pelo número permitido, em um metro cúbico de ar, de partículas acima de um determinado tamanho.

Uma sala limpa é um ambiente no qual partículas de poeira ou contaminantes são impedidos de entrar. As salas limpas são classificadas pelo número permitido, em um metro cúbico de ar, de partículas acima de um determinado tamanho. O padrão ISO de salas limpas foi publicado em 1999 e estabelece os números para classificação, conforme observado na Tabela 1.1.

Tabela 1.1 » **BS EN ISO Standard, 14644–1 "Classificação da pureza do ar"**

Números de classificação	Limites máximos de concentração (partículas/metro cúbico de ar) para tamanho maior ou igual aos tamanhos mostrados a seguir (micrômetros)					
	0.1	0.2	0.3	0.5	1	5
ISO 1	10	2				
ISO 2	100	24	10	4		
ISO 3	1.000	237	102	35	8	
ISO 4	10.000	2.370	1.020	352	83	
ISO 5	100.000	23.700	10.200	3.520	832	29
ISO 6	1.000.000	237.000	102.000	35.200	8.320	293
ISO 7				352.000	83.200	2.930
ISO 8				3.520.000	832.000	29.300
ISO 9				35.200.000	8.320.000	293.000

Esse padrão é usado como base para as classificações da União Europeia. Nos Estados Unidos, o padrão federal 209D é usado para classificar salas limpas de modo similar, conforme mostrado na Tabela 1.2. Essa classificação define o número de partículas por pés cúbicos de ar, em vez de metros cúbicos de ar.

Tabela 1.2 >> **Federal Standard 209D, limite de classes**

Classe	Medição do tamanho das partículas em micrometros				
	0.1	0.2	0.3	0.5	5.0
1	35	7,5	3	1	NA
10	350	75	30	10	NA
100	NA	750	300	100	NA
1.000	NA	NA	NA	1000	7
10.000	NA	NA	NA	10.000	70
100.000	NA	NA	NA	100.000	700

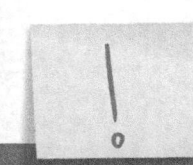

>> **IMPORTANTE**
Diversas normas e regulamentos tratam dos cuidados necessários no manuseio e no descarte de produtos químicos e substâncias perigosas.

O padrão americano 209E utiliza o mesmo critério do 209D, mas também define as classes por metro cúbicos, além de por pés cúbicos. Já que a maioria das instalações dos Estados Unidos ainda se refere às classificações das salas limpas como "classe 100.000" e inferior, o padrão 209E não é mostrado aqui.

Os ambientes controlados também são classificados em graus quando se referem a condições antissépticas ou esterilizadas. Os graus A até D são usados em combinação com as classes de salas limpas, com o grau A sendo o mais restrito, usado na preparação e no preenchimento assépticos de produtos esterilizados.

As salas limpas são usadas na fabricação de dispositivos semicondutores, drivers de disco de computadores e produtos farmacêuticos, assim como na preparação de alguns alimentos. Os métodos adicionais de manutenção da qualidade de salas limpas incluem taxas mínimas de renovação de ar, descontaminação, bloqueio e filtragem de ar. Os componentes destinados à utilização em salas limpas exigem uma preparação extra antes de serem aprovados para uso. Utilizar materiais de baixa saída de gás, cobrir todas as partes móveis que possam gerar detritos, usar graxas que não borrifam, ou mesmo colocar um pequeno vácuo no componente para que os contaminantes sejam expelidos da sala, são métodos de preparação comumente adotados. Robôs e fusos de esfera são exemplos de componentes adequados para uso em salas limpas.

Uma preocupação adicional nas fábricas é a utilização e a eliminação de substâncias perigosas. Para os produtos químicos usados em instalações de produção, uma ficha de segurança (MSDS, *Material Safety Data Sheet*, ou SDS =, *Safety Data Sheet*) é necessária para catalogar as informações das substâncias. Ela inclui orientações sobre como lidar ou trabalhar com essas substâncias, dados físicos (como pontos de fusão, de ebulição ou de fulgor), instruções de armazenamento e descarte e procedimentos em caso de vazamento. Os formatos variam de acordo com regulações nacionais e estaduais. Essas fichas são colocadas perto do local onde os produtos químicos são armazenados ou usados.

Na indústria eletrônica, substâncias perigosas são proibidas acima de determinadas concentrações. Materiais como chumbo, mercúrio, cádmio e outros são limitados por peso ou porcentagem de utilização, e os produtos são testados de acordo com determinadas conformidades. A diretiva Restrição de Substâncias Perigosas (RoHS, *Restriction of Hazardous Substances*) limita quantidades de substancias químicas perigosas em produtos de consumo e embalagens. Os produtos afetados incluem ferramentas eletrônicas e elétricas, dispensadores automáticos, lâmpadas e equipamentos de iluminação, eletrodomésticos, brinquedos e muitos outros tipos de dispositivos de consumo.

O descarte de resíduos na água, em aterros e no ar também é regulamentado por várias agências internacionais. Embora sejam muitas vezes criticadas por grupos ambientais, a maioria das empresas de nações industrializadas gasta muito dinheiro para garantir que os impactos ambientais causados por sua atividade sejam minimizados ou eliminados. Tratamento de água, descarte correto de resíduos de embalagens, além do uso de filtros e purificadores de ar, servem para reduzir o impacto dos poluentes no ambiente. A recuperação de áreas poluídas também é uma exigência importante feita pelas agências governamentais às fábricas e às indústrias.

capítulo 2

Conceitos importantes

Neste capítulo, são apresentados os conceitos mais utilizados na área de automação. Eles são fundamentais para a compreensão de atividades específicas que serão devidamente detalhadas nos demais capítulos.

Objetivos de aprendizagem

» Definir os conceitos básicos da automação, bem como fazer a conversão de valores analógicos em unidades de medida para exibição em displays.

» Identificar os diversos métodos e protocolos de comunicação utilizados na transferência de informações e diferenciar os vários tipos de entradas e saídas.

» Empregar e diferenciar os sistemas de numeração binário, decimal, hexadecimal e octal.

» Descrever os conceitos fundamentais da parte elétrica que compõe os sistemas de controle, além de reconhecer os símbolos que os representam nos esquemáticos.

» Determinar as vantagens dos sistemas pneumáticos e hidráulicos e distinguir os processos contínuos, síncronos e assíncronos.

» Identificar os diversos formatos de arquivo (JPEG, PDF, TIFF, PNG, etc.) e documentação utilizados e interpretar diagramas e desenhos e sua simbologia.

» Aplicar conceitos de segurança descritos em normas europeias e americanas, realizando a análise de risco e utilizando paradas de emergência, proteção física e segurança intrínseca, além de conhecer os perigos da descarga eletrostática.

» Pôr em prática o método da eficácia geral dos equipamentos (OEE) dos processos de manufatura ao calcular a disponibilidade, o desempenho e a qualidade da máquina.

>> Analógico e digital

Os elementos básicos da lógica de automação são os estados **digitais**. Um interruptor ou um sinal só podem estar ligados ou desligados (*on* ou *off*). Estes estados são representados por um sinal, sendo 0 para desligado e 1 para ligado. Existem muitos elementos em um esquema de automação representáveis por 1 ou 0: o estado de um interruptor ou de um sensor; o estado de um motor, de uma válvula ou de uma lâmpada piloto; ou mesmo o estado de uma máquina.

Muitas vezes, não é possível descrever os estados de diversos dispositivos de forma tão simples. Um motor pode estar ligado ou desligado, mas ele possui outros parâmetros, como a sua velocidade, que só pode ser descrita numericamente. Para essa finalidade, uma representação **analógica** desse valor é usada. Dependendo do tipo dos números usados, um valor analógico pode ser representado por um número inteiro ou por um número real com uma vírgula decimal.

>> **DEFINIÇÃO**
Os estados digitais são representados pelos sinais 0 e 1. Já os valores analógicos podem ser representados por um número inteiro ou por um número real com uma vírgula decimal.

Os sinais das entradas analógicas assumem a forma de variações de tensão ou de corrente. Um dispositivo analógico pode medir posição, velocidade, vazão ou outra característica física. Esses sinais são conectados a um circuito, que então os converte em números digitais. As saídas analógicas também assumem a forma de variações de tensão ou de corrente. Um ponto de ajuste (*set point*) digital é convertido em uma saída analógica, o que conduz a velocidade de um motor ou a posição de uma válvula.

As entradas e as saídas analógicas devem passar por esses processos de conversão analógico-digital devido à natureza da numeração dos computadores e dos sistemas de controle. Um valor analógico pode ter um número infinito de valores dentro de uma determinada faixa. Escolha quaisquer dois pontos em torno da constante da variação de tensão e sempre poderá existir outro ponto entre os dois.

Os sinais elétricos são convertidos em digitais a partir de entradas analógicas por meio de um circuito conversor analógico-digital (ADC, *Analog-to-Digital Converter*). Os sinais são convertidos de digitais em analógicos utilizando um conversor digital-analógico (DAC, *Digital-to-Analog Converter*). Esses circuitos de conversão são desenvolvidos para operar sobre uma faixa fixa de sinais baseados na aplicação. O número de passos digitais de que um conversor ADC ou DAC é capaz é chamado de **resolução** de conversão, descrito pelo número de bits do sinal digital. Um DAC de 16 bits tem uma resolução maior do que um conversor DAC de 14 bits, isto é, ele apresenta um número maior de valores subdivididos dentro de sua faixa.

Outra especificação relacionada com os sinais analógicos é a **linearidade**. Ela está relacionada com a linearidade do sinal de entrada ou da conversão resultante. E também pode estar associada a aspectos do sinal que está sendo usado ou ao próprio dispositivo de conversão. Isso pode ser compreendido como o quanto o sinal convertido diverge do sinal original.

» Escalas

Os valores analógicos devem ser convertidos em unidades de medidas para serem exibidos. A fórmula para se fazer isso é derivada da fórmula de uma reta, $Y = mx+b$, onde m é um escalar criado da divisão da unidade de engenharia pela faixa de corrente ou tensão (geralmente conhecida como a **inclinação** da reta), x é o valor analógico obtido do sinal de entrada e b é o deslocamento (se existir algum). Y é o valor da unidade de engenharia a ser exibido.

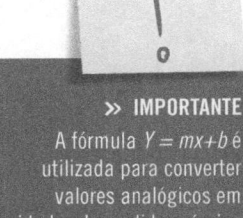

» IMPORTANTE
A fórmula $Y = mx+b$ é utilizada para converter valores analógicos em unidades de medida próprias para serem exibidas.

Como exemplo, suponhamos que temos uma entrada de 4 a 20 mA representando um determinado peso em quilos. Em 4 mA, temos que o valor lido é de 0 quilos, enquanto o valor de 20 mA representa o valor de leitura de 100 quilos. Suponha um cartão de 16 bits que dê a leitura de 0 para 4 mA e de 65.536 para 20 mA. Então, a faixa de peso é 100 e a faixa de corrente, 65.536; o escalar é, portanto, 100/65.536 = 0,0015259, que é o número de quilos por contagem digital. Neste exemplo, supõe-se um valor de 27.000 no cartão. Multiplicando pelo escalar, chegamos ao valor de 41,199, ou aproximadamente 42 quilos. Note que, neste exemplo, não existe um deslocamento, já que ambos os intervalos começaram em 0.

Agora vamos ver um exemplo com deslocamento. Vamos supor que queremos conhecer o valor de tensão quando o peso é de 20 quilos. O escalar seria, então, 16/100 = 0,16 mA/quilo. Uma vez que a leitura de 0 quilos é de 4 mA, temos que utilizar o deslocamento b. A fórmula seria $(0,16 \times 20) + 4$ ou 7,2 mA. Outra maneira conveniente de obter um valor aproximado é simplificar por meio do desenho da reta em um papel milimétrico com escalas apropriadas. A Figura 2.1 mostra como isso é feito para este exemplo.

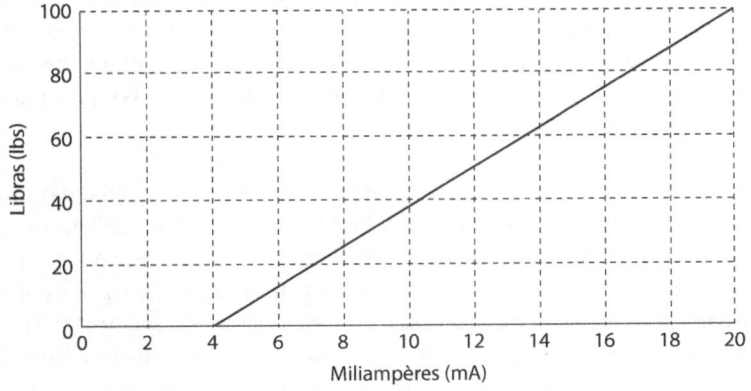

Figura 2.1 Escala analógica.

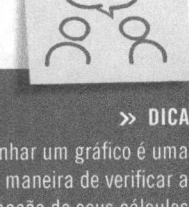

» DICA
Desenhar um gráfico é uma ótima maneira de verificar a aproximação de seus cálculos matemáticos.

Desenhar um gráfico é uma ótima maneira de verificar a aproximação de seus cálculos matemáticos.

Esse processo é ainda mais simples quando se converte um sinal analógico em unidades de engenharia por meio de um programa de controle. Simplesmente tome qualquer valor que seja apresentado quando o processo está em 0 (no exemplo anterior, 0 quilos) e subtraia-o do sinal. O resultado é o seu deslocamento. Então pegue a faixa do seu novo 0 para alguns valores conhecidos (como os 20 quilos citados) e determine o escalar: 20 quilos/ número de contagens = escalar. Como no exemplo, isso deve ser próximo de 0,001526. Esse processo pode ser automatizado na autocalibração ao usar o valor de resto ou o valor descarregado do dispositivo para registrar o deslocamento automaticamente e ao empregar um peso calibrado para que seja determinada a faixa ou o escalar.

» Entrada e saída (dados)

O controle de um sistema reage a uma informação de entrada e configura as saídas adequadamente. As informações de entrada e de saída podem ser obtidas de sinais físicos, como pulsos elétricos e pneumáticos ou níveis, ou de forma virtual, como por meio de instruções de texto ou dados. Um controlador reage a interruptores ou níveis de um fluido ao ligar válvulas ou movimentar motores em uma dada velocidade, ou um computador reage a instruções de texto ou cliques de um mouse ao alterar as telas de exibição ou ao executar um programa. Esses são alguns exemplos de causas e efeitos da automação em funcionamento.

» I/O discretas

>> **DEFINIÇÃO**
I/O discretas são utilizadas nas variáveis de entrada e nas de saída. Os sinais de entrada, como interruptores, botões e vários tipos de sensores, são ligados às entradas de um sistema. As saídas podem ligar ou desligar motores ou válvulas.

A maioria dos sistemas de controle de chão de fábrica das indústrias utiliza de alguma maneira I/O discretas nos dois lados do processo: nas variáveis de entrada e nas variáveis de saída. Os sinais de entrada, como interruptores, botões e vários tipos de sensores, são ligados às entradas de um sistema. As saídas podem ligar ou desligar motores ou válvulas.

As I/O elétricas utilizam baixa tensão e sinais de corrente para as entradas e saídas. A grande maioria utiliza sinais de 24 volts (V)CC (24VCC) e 120VCA, embora isso varie de acordo com a aplicação e com o país. Em alguns sistemas que precisam de menos energia elétrica por conta de ambientes perigosos, os sistemas de baixa tensão, conhecidos como circuitos "intrinsecamente seguros", são utilizados, tendo sinais em torno de 8VCC ou menos. Quando um sistema é blindado contra efeitos externos, como os sinais em um controlador ou em uma placa de circuito, os sinais geralmente são de 5VCC ou menores.

Por questões de segurança pessoal, os sistemas de 120VCC não são tão utilizados; porém, os sistemas que possuem sensores e atuadores distribuídos por uma grande área ainda usam CA algumas vezes. Muitos sistemas antigos de automação ainda utilizam 120VCA, mas 24VCC é mais aceitável em sistemas modernos, pois as especificações elétricas limitaram o acesso a sistemas elétricos com mais de 60 V. Plantas de processo com válvulas CA e chaves de partida de motores ou grandes sistemas de transporte ainda usam 120VCA, mas a comunicação distribuída, ou I/O baseada em rede, está se tornando mais comum.

Outros tipos de I/O discretas são utilizados em casos especiais. As válvulas pneumáticas podem ser canalizadas em uma configuração conhecida como *air logic*, em que os interruptores permitem a entrada de um fluxo de ar em um circuito, atuando nas válvulas e em outros interruptores de ar para que eles tenham a mesma finalidade dos sinais elétricos. A *air logic* é usada em alguns casos onde a eletricidade pode ser perigosa, mas ela não é tão comum como a utilização de sinais elétricos.

>> I/O analógicas

As entradas e saídas analógicas assumem a forma de variação de tensão ou corrente. As entradas analógicas representam a posição de um dispositivo, a pressão de ar, o peso de um objeto ou qualquer tipo de propriedade física que seja expressável numericamente. A maioria dos sistemas de medidas usa entradas analógicas. As saídas analógicas podem ser usadas para controlar a velocidade de um motor, a temperatura de um forno e muitas outras propriedades. Um exemplo de como os sinais discretos e analógicos diferem é mostrado na Figura 2.2.

> **>> DEFINIÇÃO**
> As entradas analógicas representam a posição de um dispositivo, a pressão de ar, o peso de um objeto ou qualquer tipo de propriedade física que seja expressável numericamente. A maioria dos sistemas de medidas usa entradas analógicas. As saídas analógicas podem ser usadas para controlar a velocidade de um motor, a temperatura de um forno e muitas outras propriedades.

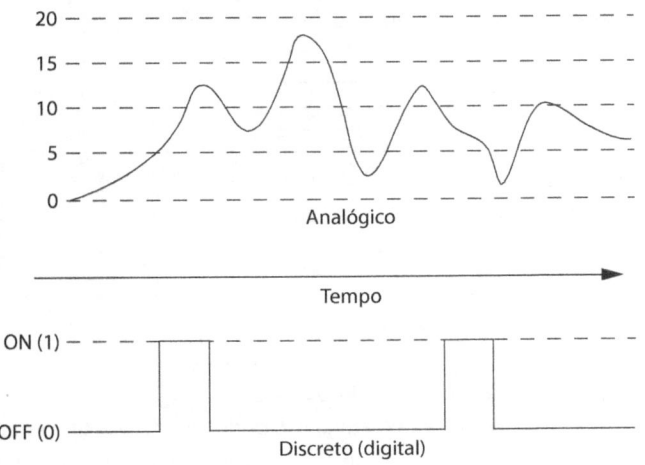

Figura 2.2 Sinais discretos x sinais analógicos.

As faixas analógicas comuns em aplicações industriais são de 0 a 20 mA ou de 4 a 20 mA quando se utiliza corrente, ou ainda de 0 a 10 VCC para tensão. O controle de corrente é considerado menos suscetível a ruídos elétricos – e, portanto, mais estável –, enquanto o controle de tensão pode ser usado para longas distâncias.

Controle PID

Os sistemas em malha fechada (Figura 2.3) muitas vezes são feitos com algoritmos de controle PID ou controladores. Um sistema em malha fechada utiliza um retorno obtido a partir de qualquer variável que está sendo controlada, por exemplo, a temperatura ou a velocidade, para manter um ponto de ajuste. A sigla PID representa proporcional-integral-derivativa, os nomes das variáveis estabelecidas no algoritmo de controle. Outro nome para essa sigla é "controle de três termos".

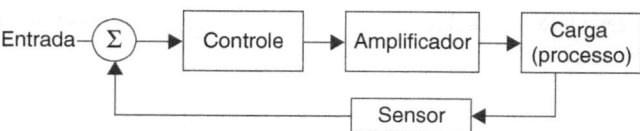

Figura 2.3 Diagrama de realimentação de um sistema em malha fechada.

Em sistemas de malha fechada, um sensor é usado para monitorar a variável de processo do sistema. Essa variável pode ser a velocidade de um motor, a pressão ou a vazão de um líquido, a temperatura de um processo ou qualquer tipo de variável que precise ser controlada. Esse valor é então digitalizado em um valor numérico em escala de unidade de engenharia da variável sendo medida. Depois, a variável é comparada com o ponto de ajuste do sistema; a diferença entre o ponto de ajuste e a variável do processo é o erro ou a diferença que deverá ser minimizada pelo sistema. Esse valor é "retornado" ao sistema para neutralizar o erro. A Figura 2.4 mostra um diagrama do controle PID.

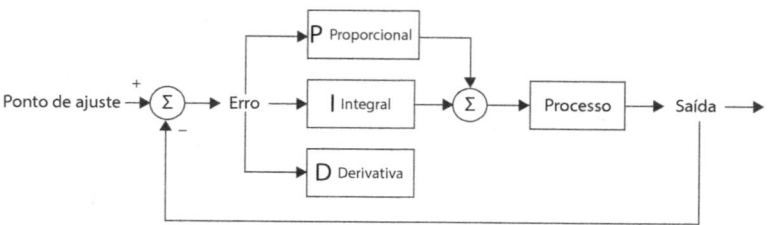

Figura 2.4 Diagrama de blocos do PID.

Para qualquer erro a ser compensado, existe um atuador ou um valor que deve ser controlado. No caso da temperatura, isso pode ser uma válvula proporcional que alimenta água quente em um sistema ou gás em um forno; no caso de um motor, pode ser a corrente que aumenta a velocidade ou o torque. O erro atual no sistema está relacionado a P, ou seja, ao valor proporcional; em outras palavras, a variável é usada como um compensador direto ao erro detectado.

Pode-se pensar que a utilização do valor P seria suficiente para introduzir um deslocamento em um processo; se tentamos manter constante a temperatura de um líquido dentro de um recipiente, por que não simplesmente adicionamos calor ao recipiente até que seja atingida a temperatura desejada e, em seguida, removemos o calor? A experiência mostraria que a temperatura ou ultrapassaria o ponto de ajuste ou levaria muito tempo para atingi-lo. Talvez quiséssemos atingir o ponto de ajuste de maneira bem rápida, aumentando ainda mais o deslocamento, e é nesse caso que os parâmetros I e D são aplicados.

Se a variável proporcional é o erro atual, o valor integral ou I pode ser considerado um acúmulo de erros passados, enquanto o valor derivativo ou D pode ser considerado uma predição de erros futuros. Esses valores são afetados pela taxa de mudança na variável de processo (PV, *Process Variable*) detectada e, se devidamente aplicados, podem melhorar muito o controle do processo. Geralmente um ou outro é omitido, criando assim os termos controle PI e controle PD.

Os controladores PID podem ser dispositivos autossuficientes, como um painel de controle de temperatura, um algoritmo dentro de um CLP ou um DCS controlando um loop analógico. Existem várias formas de chegar aos valores de P, I e D, incluindo o método de Ziegler-Nichols, o método *good gain* e o método de Skogestad, mas o mais comum é o método de tentativa e erro.

Os parâmetros e as variáveis são configurados em um processo iterativo depois de definido o ciclo. Um exemplo desse processo para um ciclo de temperatura é mostrado a seguir.

1. Predefina e configure uma variável de processo (PV), uma variável de controle (CV, *Control Variable*) e um ponto de ajuste (SP, *Set Point*). Neste exemplo, suponha PV como a temperatura de entrada com um sinal de 4 a 20 mA, junto com a variável CV, onde CV é uma válvula de controle de vapor modulante analógica. O ponto de ajuste seria então a temperatura desejada da água que a PV precisa alcançar depois que o vapor é adicionado.

2. Coloque zero (0) nas variáveis integral e derivativa.

3. Inicie o processo e ajuste o ganho proporcional regulando o parâmetro até que a PV comece a modular acima e abaixo do SP.

4. Marque o tempo do ciclo ou do período dessa oscilação. Registre esse tempo como período natural ou tempo de ciclo.

5. Depois de temporizar e registrar o ciclo, reduza o valor de P (proporcional) para a metade da configuração necessária para alcançar o ciclo natural.

6. Neste ponto, coloque o ciclo natural no parâmetro I (integral). Isso diminuirá o valor do tempo que a PV leva para alcançar o SP, o que não ocorreria se fosse feito somente o ajuste de P.

7. O parâmetro D (derivativo) no geral pode ser definido com segurança em cerca de um oitavo do valor definido para o integral. Esse valor contribui para "amortecer" ou controlar o *overshoot* do processo. Se um processo é ruidoso ou se a dinâmica é rápida, onde os valores de PI forem suficientes o parâmetro D pode frequentemente assumir o valor zero.

Logo depois de configurar P para adicionar o valor de I, é importante parar e reinicializar o processo, bem como quaisquer ajustes de configuração que precisem ser feitos de forma manual. Se o processo permanecer em automático e forem feitas tentativas para ajustar as variáveis, o sistema verificará os ciclos anteriores e não será um bom indicador do desempenho do PID em um cenário típico de inicialização do processo (*start-up*).

Existem várias outras possibilidades de modificações do hardware e do software de controladores PIDs, como suavização da configuração do ponto de ajuste, taxa antes do reajuste, banda proporcional, taxa de reajuste, modo de velocidade, ganhos paralelos e P sobre PV. Os usuários devem primeiro selecionar uma forma padrão de PID ao configurar os valores do controlador. É importante também que o usuário se certifique de que o tempo de atualização da malha seja de 5 a 10 vezes mais rápido do que o período natural.

Servossistemas e softwares geralmente possuem algoritmos de autossintonia, que utilizam resultados dos valores de entrada, características conhecidas do sistema e cargas detectadas para aproximar as configurações do PID. Vários fabricantes predefinem as variáveis do algoritmo com base no tipo de hardware selecionado e nas informações de entrada do processo. No entanto, o controle do processo e as malhas servossistemas podem atuar de maneiras bem diferentes, e um bom conhecimento geral sobre PID é útil na definição dos parâmetros iniciais.

» Comunicações

Os métodos de comunicação podem ser aplicados para transferir grandes quantidades de informação para e a partir de um controlador. Com esses métodos, são transferidos os estados das I/O analógicas e digitais, em conjunto com textos e dados numéricos. Existem diferentes métodos de protocolos de entrada e saída baseados em comunicação. Muitas das técnicas de comunicação descritas a seguir foram adaptadas para permitir que os dispositivos montados de forma remota e os blocos de I/O sejam distribuídos em vários locais de uma máquina ou de um sistema e sejam controlados por um ponto central. Geralmente, os pontos de I/O remotos podem ser semiautônomos no controle de suas estações locais, somente com uma comunicação periódica com o controlador central.

Os dispositivos e os controladores são interligados por meio de uma **rede** de comunicação. Uma rede pode ser tão simples como dois dispositivos conversando um com o outro, ou tão complexa como um esquema de multicamadas com centenas ou milhões de dispositivos sobre a rede (como a Internet). As topologias ou os layouts mais comuns incluem as configurações de anel e de estrela (veja a Figura 2.5). Um elemento individual de uma rede é conhecido como **nó**.

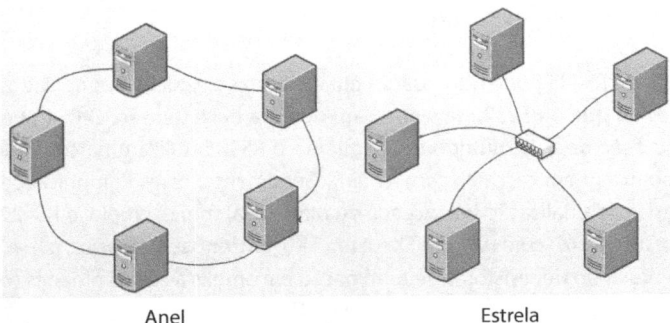

Anel   Estrela

Figura 2.5 Topologias de anel e de estrela.

Serial

As comunicações seriais são sequências digitais de uns e zeros enviadas por um fio simples. Elas podem alternar entre envio e recebimento de dados ou ter uma linha dedicada para cada tipo de sinal. Os protocolos para os dados enviados pelas linhas podem variar, mas os tipos de comunicação serial mais comuns são RS232, RS422 e RS485. O termo RS usado nessas denominações é um acrônimo para *recommended standard* (padrão recomendado), e não descreve o protocolo de comunicação real que deve ser utilizado.

As comunicações RS232 utilizam linhas separadas para enviar e receber dados. Elas são conhecidas como TX para a transmissão e RX para a recepção. Essas comunicações também podem utilizar outras linhas, a exemplo de CTS e CTR para *clear-to-send* (pronto para enviar) e *clear-to-receive* (pronto para receber), como controle de tráfego, ou métodos de *handshaking* (aperto de mão). Há uma série de parâmetros utilizados, como largura de banda (a velocidade da comunicação ou a taxa de bits), número de bits por caractere (7 ou 8), se será utilizado um bit de parada (*stop bit*) ou se as linhas empregadas serão CTS e CTR. Os sinais RS232 são o padrão adotado entre os terminais de computadores e as plataformas de controle de vários fabricantes. Uma porta serial de 9 pinos é frequentemente incluída em computadores ou em sistemas de controle, o que a torna uma ferramenta conveniente para carregar programas dentro dos dispositivos de controle. As linhas TX e RX podem conectar-se nas extremidades de um mesmo pino, ou podem se conectar como RX-TX e TX-RX, o que é conhecido como configuração de modem nulo (*null modem*). Há adaptadores que são usados para reverter es-

» DEFINIÇÃO

As comunicações seriais são sequências digitais de uns e zeros enviadas por um fio simples. Elas podem alternar entre envio e recebimento de dados ou ter uma linha dedicada para cada tipo de sinal.

ses pinos ou converter um conector macho em um conector fêmea. Eles são conhecidos como *gender benders*.

As comunicações RS422 e RS485 usam um par (ou dois) de fios trançados para transportar os sinais de transmissão e de recepção de forma bidirecional. Não é necessário utilizar fios de par trançado, mas eles ajudam no controle de interferências. Vários cabos de encoder RS422 não utilizam pares trançados por conta de seu comprimento mais curto.

O RS422 e o RS485 podem ser usados em distâncias e velocidades de dados bem maiores do que o RS232, pois precisam de uma baixa tensão. O RS422 é uma configuração do tipo multiponto, enquanto o RS485 utiliza uma configuração multiponto ou em cascata (*daisy-chain*). Geralmente, essas comunicações são chamadas de sinalização balanceada ou diferencial (por exemplo, o RS422 de 4 fios possui um RX+, um RX-, um TX+ e um TX-). Em longas distâncias, o RS422 e o RS485 precisam de resistores de terminação em ambas as extremidades (comumente 120 ohm, assim como o barramento CAN).

As portas seriais ainda existem no mundo do barramento serial universal (USB, *Universal Serial Bus*), não somente por meio dos conversores USB/serial, mas também porque a maioria dos dispositivos USB usa a porta USB como uma porta serial virtual.

Os protocolos usados na comunicação serial são baseados em sequências de caracteres da *American Standard Code for Information Interchange* (ASCII). A informação geralmente é baseada em caracteres de texto e alfanuméricos com avanços de linha (LF, *Line Feed*) e/ou símbolos de retorno (CR, *Carriage Returns*), indicando o fim de uma determinada sequência de informação. Os fabricantes de dispositivos costumam desenvolver os seus próprios protocolos para a emissão de comandos ou a decodificação de dados. Isso inclui impressoras, equipamentos de testes, leitores de ID, como os leitores de código de barra ou RFID, ou interfaces de operação baseadas em texto simples.

Paralela

As comunicações paralelas permitem que múltiplos dígitos sejam transmitidos paralelamente por meio de linhas paralelas. Isso aumenta a taxa de transferência de dados em relação aos sinais do RS232, mas também aumenta o custo de cabeamento entre dois pontos. Um uso comum do cabeamento paralelo é entre computadores e impressoras. Outro uso comum de cabos paralelos é entre os chips de CPUs e os vários registradores usados no processamento de dados em uma placa controladora. Essa configuração é facilmente visível quando se olha para os muitos traços paralelos em uma placa de circuito, ou para os cabos do tipo *ribbon* que muitas vezes fazem a conexão entre diversas placas. Os painéis traseiros, ou *backplanes*, geralmente usam barramento paralelo para conectar os vários siste-

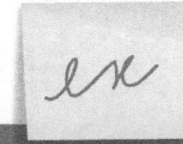

>> EXEMPLO
Um uso comum do cabeamento paralelo é entre computadores e impressoras. Outro uso comum é entre os chips de CPUs e os vários registradores usados no processamento de dados em uma placa controladora.

mas de controle aos cartões de I/O dos controladores. As comunicações paralelas são utilizadas em distâncias bem mais curtas do que as distâncias da comunicação serial.

Ethernet

A Ethernet é uma estrutura para a tecnologia de redes de computadores que descreve desde a fiação até a sinalização de caracteres utilizados em uma rede local (LANs). A mídia usada para o cabeamento na comunicação Ethernet pode ser em forma de par trançado, cabeamento coaxial ou linhas de fibra óptica. Como os outros métodos de comunicação citados nesta seção, a Ethernet somente descreve as características físicas do sistema em termos de cabeamento e não o protocolo de comunicação utilizado através dos fios ou das fibras. Devido ao uso generalizado da Ethernet na computação, hoje quase todos os computadores possuem uma porta Ethernet. Os *switches* e *hubs* servem para conectar computadores e controlar dispositivos em configurações mais amplas. Existem dois tipos de configuração de pinos do cabeamento Ethernet padrão: um com configuração direta terminal para terminal, usado com *switches* e *hubs*, e outro conhecido como cabeamento *crossover*, utilizado para conexões diretas de porta a porta.

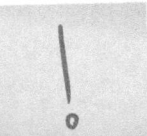

>> IMPORTANTE
Os métodos de comunicação citados nesta seção, descrevem as características físicas do sistema em termos de cabeamento e não o protocolo de comunicação utilizado através dos fios ou das fibras.

As comunicações Ethernet são bem mais velozes em comparação com as comunicações serial e paralela, transferindo uma grande quantidade de dados de forma rápida. Aos dispositivos é atribuído um endereço único de fábrica chamado endereço MAC, que é uma abreviação para *Media Access Control*. Esse MAC é um endereço binário de 48 bits, usado geralmente para representar um número em hexadecimal com traços, por exemplo, 12-3C-6F-0A-31-1B. Os endereços devem então ser configurados para cada dispositivo em uma rede no formato de "xxx.xxx.xxx.xxx". Eles podem ser configurados diretamente, por meio da entrada dos dígitos em campos específicos para endereços, ou configurados de forma automática por um servidor, utilizando o protocolo de configuração dinâmica de endereços de rede (DHCP, *Dynamic Host Configuration Protocol*). Os sistemas de LANs utilizam o DHCP para evitar a duplicidade acidental de endereços. Uma máscara de sub-rede também é usada para prevenir a interferência entre diferentes redes conectadas.

>> NA HISTÓRIA
As redes IP atuais são o resultado de um conjunto de inovações que começaram nas décadas de 1960 e 1970. A Internet e as LANs começaram a aparecer na década de 1980 e evoluíram com o aparecimento da *World Wide Web* (www) no início da década de 1990.

O TCP/IP é o conjunto de protocolos de comunicação usados pela Internet e por outras redes similares. Essa coleção de padrões é denominada Suíte de Protocolos da Internet. O TCP/IP recebe o nome de dois dos seus protocolos mais importantes: o protocolo de controle de transmissão (TCP, *Transmission Control Protocol*) e o protocolo de Internet (IP, *Internet Protocol*), que foram os dois primeiros protocolos de rede definidos na norma. As redes IP atuais são o resultado de um conjunto de inovações que começaram nas décadas de 1960 e 1970. A Internet e as LANs começaram a aparecer na década de 1980 e evoluíram com o aparecimento da *World Wide Web* (www) no início da década de 1990.

A suíte de protocolos da Internet pode ser vista como um conjunto de "camadas" de cabeamento e de sinais. Cada camada trata de um conjunto de problemas inerentes na transmissão dos dados. Os serviços são fornecidos para as camadas superiores pelas camadas inferiores, que traduzem os dados em formas que podem ser transmitidas. O fluxo de dados sendo transmitido é dividido em seções, conhecidas como *frames* (quadros). Esses *frames* possuem os endereços de origem e de destino, junto com os dados transmitidos e a informação de verificação de erro. Isso permite que a informação seja retransmitida, isto é, se for detectado que ela é diferente da enviada originalmente. Os erros em geral são causados pelas "colisões" de dados e exigem que os dados sejam transmitidos novamente; isso é mais comum à medida que mais dispositivos são colocados em uma rede. Por conta disso, a velocidade da rede é radicalmente diminuída e nem sempre pode ser estimada de forma confiável. O padrão Ethernet é considerado um sistema de rede não determinístico e, por conta disso, não é adequado para o controle direto de I/O.

A Ethernet/IP é um subconjunto da Ethernet usado geralmente em controle de processo e em outras aplicações de controle industrial. Desenvolvido pela Rockwell Automation e gerenciado pela ODVA, é um protocolo de camada de aplicação que considera todos os dispositivos em uma rede como uma série de "objetos". O Ethernet/IP foi construído com base no protocolo CIP (*Common Industrial Protocol*), muito utilizado, que dá acesso sem descontinuidade aos objetos das redes ControlNet e DeviceNet. Os tempos máximos de resposta podem ser configurados e gerenciados dentro desse protocolo, tornando-o mais adequado para aplicações de controle.

Um recente avanço na topologia Ethernet é o anel de nível de dispositivo (DLR, *Device Level Ring*) que basicamente incorpora um comutador de duas portas em cada um dos dispositivos do anel, de modo que um nível de redundância seja alcançado. Usando essa topologia, mesmo com a perda de comunicação entre dois dispositivos, todo o sistema ainda consegue manter a comunicação. Essa topologia exige um anel supervisor que determina como enviar os pacotes de dados para gerenciar melhor o sistema e também monitorar qualquer perda de comunicação. Devido à sua grande aceitação nas áreas da tecnologia da informação e da automação, o protocolo Ethernet é um método de controle e comunicação conveniente nas novas topologias da automação.

USB

A USB é uma configuração muito utilizada em dispositivos periféricos de computador, mas está começando a ser adotada também nos sistemas de automação. Ela foi originalmente desenvolvida como um substituto de alguns RS232 e de outras conexões seriais na parte posterior dos PCs. Além da comunicação entre dispositivos periféricos, ela oferece uma quantidade limitada de corrente para dar energia a dispositivos. Os sinais USB são transmitidos em um cabo de dados do tipo par trançado. Diferentemente de algumas especificações físicas descritas há pouco, o padrão USB inclui *frames* e protocolos de comunicação para a afinidade entre os dispositivos de diferentes fabricantes.

Protocolos especiais em automação

Muitos fabricantes de componentes de automação desenvolveram seus próprios protocolos de comunicação usando as várias formas físicas descritas há pouco. A comunicação de dados entre os controladores e as telas de toque da interface do operador são geralmente desenvolvidas pelo fabricante e, portanto, não são compartilhadas entre diversos fabricantes. Para facilitar a comunicação entre os dispositivos de diferentes fabricantes, há drivers que permitem que essa interface seja feita com simplicidade.

Devido aos problemas de interconexão entre dispositivos de diferentes fabricantes, foram adotados padrões de comunicação para os controladores de I/Os.

A maioria dos protocolos de comunicação é usada para a comunicação de dados e acesso às I/Os distribuídas entre um controlador principal e um nó remoto.

O **DeviceNet** é um protocolo de comunicação aberto usado para conectar dispositivos de baixo nível, como sensores e atuadores, com dispositivos de alto nível, como CLPs. A rede DeviceNet aproveita o padrão físico de comunicação da rede local do controlador (CAN, *Control Area Network*), que é um método de comunicação serial para que dispositivos inteligentes se comuniquem.

O DeviceNet utiliza o hardware da CAN para definir os métodos de configuração, acesso e controle dos dispositivos. Ela é geralmente usada para I/O remotas e controle de servos e de outros sistemas de controle de motor. O DeviceNet não é tão rápido em comparação com os outros métodos de rede, mas é considerado consistente e confiável. As redes DeviceNet podem ser difíceis de implementar no início e precisam de uma configuração especial de software para o comissionamento.

O **CANOpen** é um protocolo de comunicação usado em sistemas embarcados. Ele também é uma especificação do perfil do dispositivo que define uma camada de aplicação para o hardware. O CANOpen consiste em uma camada de aplicação, um esquemático de endereços e vários protocolos pequenos de comunicação interna. Como é um protocolo maduro e aberto, o CANOpen é suportado por fabricantes de servos e de posicionadores.

O **PROFIBUS** é um protocolo de campo *bit-serial* desenvolvido por um grupo de empresas da Alemanha. Ele é líder mundial de mercado entre os protocolos, pois pode ser usado tanto na automação de produção como na automação de processos. O PROFIBUS-PA é uma variação de corrente baixa usada para monitorar

>> **DICA**
Para facilitar a comunicação entre os dispositivos de diferentes fabricantes, há drivers que permitem que essa interface seja feita com simplicidade.

equipamentos de medição na automação de processos (PA, *Process Automation*). O PROFIBUS DP (*Decentralized Peripherals*, ou dispositivos descentralizados) serve para comandar sensores e atuadores via um controlador centralizado no ambiente de produção. A Siemens é uma grande concorrente no mercado PROFIBUS.

O **Fieldbus** é um grupo de protocolos de redes de computadores industrial desenvolvido para o controle distribuído em tempo real. Antes dele, os computadores eram geralmente conectados via RS232 ou outros métodos seriais. O Fieldbus inclui a maior parte dos protocolos especiais já descritos, bem como o Modbus, o ASIbus, o Sercos, o ControlNet e o EtherCat, e outros baseados na rede Ethernet, como o Ethernet PowerLink, o PROFINET e o Modbus/TCP.

Em termos gerais, um Fieldbus é entendido como uma rede desenvolvida especificamente para o controle industrial. Isso inclui os protocolos e as definições da camada física necessários para implementar o sistema de comunicação.

O protocolo **HART** (*Highway Addressable Remote Transducer*) utiliza fiação analógica de 4 a 20 mA para os dispositivos de instrumentação como mídia para seu sinal de comunicação. Ele sobrepõe um sinal digital de nível baixo sobre um valor analógico. A tecnologia HART é do tipo mestre/escravo, isto é, o dispositivo escravo (o sensor ou atuador) responde somente quando o dispositivo mestre (o controlador) pergunta.

Embora tenha sido originalmente desenvolvida pela Rosemount como um método de comunicação para seus próprios produtos, ele foi transformado em um protocolo aberto para outros fabricantes em meados da década de 1980. Existe uma grande base desses dispositivos em todo o mundo, principalmente na indústria de processos. Uma razão para isso é a facilidade com que ele se adapta em um esquema de fiação existente. A apenas 1.200 bps, ele não é um método de comunicação rápido, mas é considerado simples e confiável.

O sinal inclui informações de diagnósticos e de *status* obtidos do dispositivo, bem como da variável medida no processo. O sinal de 4 a 20 mA ainda é considerado o valor primário medido e mantém-se inalterado pelas comunicações digitais sobrepostas. São permitidas as configurações para as comunicações ponto-a-ponto e multi-ponto.

A mídia para esses protocolos varia de um simples par trançado até um cabo multicondutor blindado ou coaxial. A fibra óptica pode ser usada em comunicações Ethernet e em geral tem uma grande faixa de transmissão, em comparação com as várias formas de cabo de cobre. As distâncias permitidas entre os dispositivos variam com base no nível de tensão do protocolo, na configuração e no tipo de mídia utilizada.

Wireless

As redes wireless, ou redes sem fio, são quaisquer redes de computador não conectadas por cabos. Esse método evita o processo dispendioso de roteamento de cabos em uma construção e facilita a conexão entre equipamentos distantes entre si. As redes de telecomunicação sem fio são geralmente implementadas e administradas sobre ondas de rádio. Essa implementação ocorre no nível físico ou na camada da estrutura de rede.

Uma rede wireless local (WLAN) conecta um ou mais dispositivos que estão a uma distância pequena, fornecendo uma conexão à Internet por meio de um ponto de acesso. O uso de tecnologias de espelhamento espectral permite a movimentação de usuários em torno de uma área coberta pela rede, permanecendo ainda conectados à rede. Isso é especialmente útil para dispositivos portáteis, como as Interfaces Homem-Máquina (IHMs).

Os produtos que usam o padrão IEEE 802.11 para WLAN são fabricados sob a marca Wi-Fi. A tecnologia fixa para redes sem fio implementa links ponto-a-ponto entre computadores ou redes em dois locais distantes, muitas vezes usando micro-ondas dedicadas ou feixes de laser modulados sobre linhas de caminhos de visão da rede. Isso é frequentemente usado em sistemas, como nos veículos guiados automaticamente (AGV, *Automated Guided Vehicles*), que se movem em torno de produtos dentro de uma fábrica, e em alguns sistemas RFID.

» Outros tipos de I/O

Contadores de alta velocidade

Os contadores de alta velocidade recebem pulsos em uma alta taxa de velocidade. Esses pulsos podem indicar a velocidade ou a posição de um motor, de um dispositivo rotativo ou de um dispositivo linear. Os contadores de alta velocidade são usados com codificadores e possuem outros recursos, como entradas de sinais teleguiados e interrupções. Eles podem se apresentar na forma de instrumentos independentes ou em um cartão no *rack* de um CLP.

Decodificadores

Os decodificadores recebem informações sobre a posição rotativa analógica de sensores *resolver* para fornecer a posição angular e a velocidade de um eixo de rotação. A entrada é uma forma de onda senoidal na faixa dos milivolts. Assim como os contadores de alta velocidade, existem normalmente outros pontos de entrada e de saída disponíveis associados ao eixo.

Sistemas de numeração

Vários sistemas são usados para a representação numérica no mundo da automação. Alguns deles são configurados para facilitar o uso pelos sistemas baseados em computadores ou em microprocessadores, enquanto outros são mais voltados para a alta precisão ou têm o intuito de facilitar a interpretação pelos seres humanos. A Tabela 2.1 mostra as diferenças e as relações entre os sistemas de numeração.

Binário ou booleano

O sistema de numeração binária é um sistema de base 2, em que cada dígito pode ser somente 0 (ou estado *off*) ou 1 (ou estado *on*). Os computadores usam esse sistema internamente devido à natureza lógica das portas ou switches dos sistemas de computação. Os uns e zeros podem ser agrupados de tal maneira que facilitem a conversão em outros sistemas de numeração.

Embora não estejam relacionadas de forma direta com o sistema de numeração binário, as operações lógicas em uma sequência de caracteres binários são chamadas de booleanos ou operações bit a bit. Por essa razão, o sistema binário é, em alguns momentos, citado como um sistema booleano, embora isso não seja totalmente correto.

Decimal

O sistema numérico ao qual as pessoas estão mais habituadas é o sistema decimal, ou sistema de base 10. Esse sistema possui uma raiz de 10 e permite que os números fracionários sejam representados convenientemente, utilizando um ponto da raiz na base 10 ou um ponto decimal. Os números decimais não são tão facilmente convertidos em bases binárias, pois a sua raiz de 10 não é uma potência de 2, como acontece nos sistemas de numeração hexadecimal ou octal.

Hexadecimal e octal

O sistema hexadecimal é um sistema de base 16. Seu principal uso é como uma representação facilmente conversível em grupos de dígitos binários. Ele utiliza 16 símbolos: de 0 até 9 para representar os 10 primeiros dígitos, e de A até F para os valores entre 10 e 15. Uma vez que cada dígito representa quatro dígitos binários, ele serve como uma abreviação dos valores na base 2. Às vezes nos referimos a um número hexadecimal como um *nibble*, que consiste em um número de 4 bits, conforme ilustrado na Tabela 2.1.

O sistema de numeração octal é um sistema de base 8 que utiliza valores numéricos de 0 até 7. Assim como o sistema hexadecimal, o sistema octal é fácil de ser convertido em um binário, uma vez que ele pode ser agrupado como três dígitos binários (sua base é uma potência par de 2). Os sistemas de numeração hexadecimal e octal são algumas vezes utilizados como sistemas de numeração para I/Os.

Tabela 2.1 >> Conversão numérica

Decimal	Hexadecimal	Octal	Binário
0	0	0	0000
1	1	1	0001
2	2	2	0010
3	3	3	0011
4	4	4	0100
5	5	5	0101
6	6	6	0110
7	7	7	0111
8	8	10	1000
9	9	11	1001
10	A	12	1010
11	B	13	1011
12	C	14	1100
13	D	15	1101
14	E	16	1110
15	F	17	1111
16	10	20	10000
17	11	21	10001
18	12	22	10010
19	13	23	10011
20	14	24	10100
21	15	25	10101
22	16	26	10110
23	17	27	10111
24	18	30	11000

(Continua)

Tabela 2.1 >> Conversão numérica (Continuação)

25	19	31	11001
26	1A	32	11010
27	1B	33	11011
28	1C	34	11100
29	1D	35	11101
30	1E	36	11110
31	1F	37	11111

>> Ponto flutuante e real

Os números considerados não inteiros são representados por pontos flutuantes ou números reais. Eles são normalmente representados utilizando 32 bits e também são conhecidos como precisão simples de 32 bits. Pontos flutuantes de 64 bits são conhecidos como precisão dupla.

Os números de ponto flutuante permitem que um ponto da raiz (um ponto decimal na base 10) seja variável, o que depende de um número muito grande ou muito pequeno ser representado. Como o ponto da raiz (um ponto decimal, ou, mais comum em computadores, um ponto binário) pode ser colocado em qualquer lugar em relação aos seus dígitos significativos do número, os números de ponto flutuante conseguem suportar uma faixa de valores muito maior do que os pontos fixos e os inteiros.

A representação de ponto flutuante é vantajosa, pois suporta uma faixa de valores bem maior. Porém, o formato de um ponto flutuante requer um pouco mais de armazenamento para codificar os pontos da base e é ligeiramente menos preciso do que os números fixos.

>> Bytes e palavras

Os bits podem ser agrupados, por conveniência, em 8 bits, ou 1 byte, ou em 16 bits, ou 1 palavra (*word*). Essas estruturas numéricas são convenientes para a passagem de pacotes de informação que incluem números e caracteres de texto. Os bytes ainda são subdivididos em 4 bits (*nibbles*), utilizados para representar valores hexadecimais. A Tabela 2.1 mostra com mais detalhes essa relação. Palavras duplas de 32 bits, ou inteiros duplos, também são usados em técnicas de agrupamento.

Para tipos de dados com múltiplos bytes (veja o Capítulo 6), os dados podem ser ordenados a partir do valor mais significativo, ou *big endian*, no primeiro registro de dados, ou a partir do valor menos significativo no último registro de dados (*little endian*). É importante saber como o dado está disposto e de que modo é usado nos registros dos computadores, uma vez que um erro na ordenação dos bytes pode provocar resultados de cálculos errados, embaralhando o texto no display.

» ASCII

O ASCII é um padrão de codificação utilizado para representar palavras e caracteres de texto. Ele é implementado como um esquema de codificação de caracteres, principalmente em computadores e equipamentos de comunicação. O ASCII inclui definições para 128 caracteres. Desses, 33 são caracteres de controle não imprimíveis, em sua maior parte obsoletos, que afetam a forma como o texto é processado; 94 são caracteres de impressão, e o espaço é considerado um gráfico invisível. Uma tabela ASCII estendida está inclusa no apêndice deste livro.

Os valores da tabela ASCII são geralmente agrupados em vetores legíveis para usuários, conhecidos como *strings* na programação. Esses vetores são dispostos de forma a serem entendidos pelos olhos humanos em IHMs, computadores ou páginas impressas.

» Energia elétrica

A maioria dos sistemas de controle é de natureza elétrica, com algumas exceções. A energia elétrica é dividida em duas categorias: corrente alternada (CA) e corrente contínua (CC). A CA é gerada pela rotação das bobinas de um rotor no interior dos enrolamentos de um estator estacionário. As plantas de geração de energia usam essa técnica para gerar potência em alta tensão e transferi-la a longas distâncias. A CA muda de polaridade ou de direção muitas vezes por segundo. A forma de onda é representada usando uma forma senoidal (veja a Figura 2.8 para a ilustração de um trifásico). No ponto da utilização, a eletricidade tem sua tensão diminuída para um nível utilizável por meio de um transformador. Assim, a CC é convertida a partir de uma tensão baixa de CA usando uma fonte de alimentação CC. A energia CC é então usada pelos dispositivos em sistemas de automação.

» Frequência

A frequência de uma tensão CA é expressa em hertz, ou, de forma abreviada, Hz. Essa é a unidade de medida de ciclos por segundo, que relaciona-se diretamente com o método utilizado para gerar a tensão CA. A frequência que os sistemas de geração utilizam nos Estados Unidos é de 60 Hz, enquanto a frequência de 50 Hz é mais comumente utilizada na maioria dos outros países. Os sistemas de geração de energia em navios e porta-aviões geralmente utilizam 400 Hz.

As frequências são cuidadosamente controladas nas centrais de geração de energia em muitos países; porém, em algumas áreas remotas, a frequência de uma rede de energia pode variar um pouco. Na maior parte dos casos, os equipamentos de automação e controle conseguem lidar com uma leve variação na frequência, mas alguns dispositivos, como os motores CA, são desenvolvidos para trabalhar com uma frequência específica. É importante saber a frequência do país para o qual o sistema foi projetado, pois muitos dos dispositivos, como transformadores, motores e fontes de alimentação, são projetados para funcionar em uma determinada frequência. Muitas vezes há interruptores ou *jumpers* internos que devem ser definidos na frequência correta para o pleno funcionamento do equipamento.

» Tensão, corrente e resistência

Partículas subatômicas, chamadas elétrons, fluindo por um meio de condução, como um fio, constituem a eletricidade. A quantidade de elétrons que flui pelo condutor é conhecida como **corrente**, que é medida em ampères ou amps. A força ou a pressão a ser aplicada na corrente é conhecida como **tensão**, medida em volts. Às vezes, é conveniente pensar na eletricidade em termos de fluxo de água; o número de galões por período de tempo é similar à corrente, e a pressão da água é similar à tensão. Se essa analogia for ampliada, é possível dizer que a quantidade de resistência do fluxo de água, como as dobras de uma mangueira, é similar à resistência na eletricidade, que é medida em ohms.

Se dois valores de um circuito elétrico são conhecidos, o terceiro pode ser determinado utilizando uma fórmula, conhecida como lei de Ohm. Essa lei afirma que tensão (V) = corrente (I) × resistência (R). Reciprocamente, I = V/R, e R = V/I. A letra E é, em alguns casos, substituída por V nessas equações.

Resistores

Os resistores são componentes criados com o propósito de fornecer uma quantidade de resistência para o fluxo de corrente. Geralmente, eles são feitos de carbono, mas um filme metálico, bobinado em torno de um núcleo, e várias películas também são utilizados. Os resistores de carbono muitas vezes possuem um código de cores que identifica seus valores de resistência em ohms e sua tolerância

> **» DEFINIÇÃO**
> Partículas subatômicas, chamadas elétrons, fluindo por um meio de condução, como um fio, constituem a eletricidade. A quantidade de elétrons que flui pelo condutor é conhecida como corrente, que é medida em ampères ou amps. A força ou a pressão a ser aplicada na corrente é conhecida como tensão, medida em volts.

ou precisão (Figura 2.6). Os resistores também são classificados pela quantidade de energia que conseguem dissipar; à medida que a corrente flui por meio de um resistor, calor é criado, o que pode danificar o resistor e ocasionar sua falha. A maioria dos circuitos elétricos de baixa potência utiliza correntes bem abaixo da classificação do resistor.

Cor	1ª Banda	2ª Banda	3ª Banda	Multiplicador	Tolerância
Preto	0	0	0	×1 Ω	
Marrom	1	1	1	×10 Ω	+/− 1%
Vermelho	2	2	2	×100 Ω	+/− 2%
Alaranjado	3	3	3	×1 KΩ	
Amarelo	4	4	4	×10 KΩ	
Verde	5	5	5	×100 KΩ	+/− 0,5%
Azul	6	6	6	×1 MΩ	+/− 0,25%
Roxo	7	7	7	×10 MΩ	+/− 0,1%
Cinza	8	8	8		+/− 0,05%
Branco	9	9	9		
Dourado				×,1 Ω	+/− 5%
Prata				×,01 Ω	+/− 10%

Figura 2.6 Código de cores de resistores.

Os resistores também podem ser feitos de maneira que suas resistências sejam variáveis. Um resistor bobinado pode ser aproveitado em diferentes pontos ao longo da bobina para variar a resistência entre a derivação central e o ponto final. Um diagrama desses resistores variáveis é mostrado na Figura 2.7. O primeiro arranjo é conhecido como **reóstato** e é usado para controlar o fluxo de corrente; I1 é variável no diagrama. Se ambas as extremidades são utilizadas junto com o ponto aproveitado, o arranjo é conhecido como **potenciômetro**. O arranjo de potenciômetro é também conhecido como divisor de tensão; V2 é variável no diagrama. Note que I1 = I2 + I3. Tanto os reóstatos quanto os potenciômetros podem ser agrupados de forma linear ou com base em uma configuração rotativa adequada para ajuste por meio de um botão ou seletor.

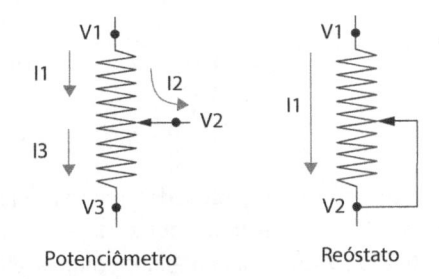

Figura 2.7 Potenciômetro e reóstato.

» Energia

> **» DEFINIÇÃO**
> Energia é a quantidade de energia elétrica presente em um circuito ou sistema, e é expressa em watts. Ela está relacionada com outras unidades de energia, como joules ou cavalo-vapor, e também serve para calcular o calor gerado por um sistema ou um dispositivo, caso a eficiência seja conhecida.

Energia é a quantidade de energia elétrica presente em um circuito ou sistema, e é expressa em watts. Ela pode ser calculada por meio da multiplicação da tensão pela corrente, ou $P = V \times I$. A energia está relacionada com outras unidades de energia, como joules ou cavalo-vapor, e também serve para calcular o calor gerado por um sistema ou um dispositivo, caso a eficiência seja conhecida. A energia pode ser calculada de outras formas para uma tensão CA, dependendo do número de fases de um sistema elétrico. Para potências maiores, esses valores são geralmente expressos em quilowatts (milhares de watts), com a abreviação kW.

» Fases e tensões

A eletricidade é geralmente fornecida como uma tensão multifásica. Três fases, em rotação de 120° elétricos uma da outra, são mais comuns em instalações industriais (Figura 2.8). Embora uma tensão maior seja normalmente fornecida na entrada de serviço de um prédio, ela é diminuída por meio de um transformador para várias faixas de tensões comumente usadas. As tensões comuns para uma tensão trifásica CA nos Estados Unidos são de 480, 240 e 208 V. A energia também é muitas vezes convertida em monofásica, com 120, 177 e 240 V. As tensões em alguns países podem ser tão elevadas quanto 575VCA, porém o padrão dos condutores está na faixa de 600 V.

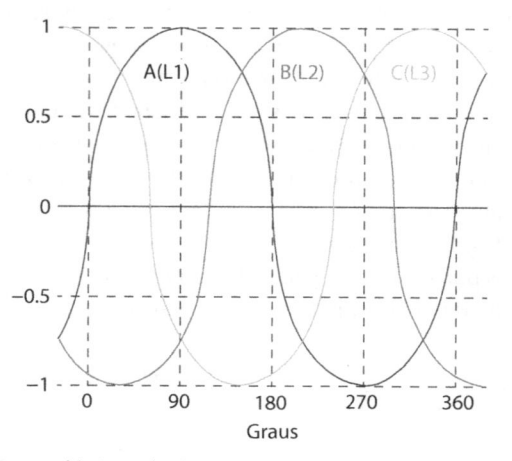

Figura 2.8 Fases elétricas da CA.

As tensões não são tão precisamente controladas como as frequências. Uma tensão de 480VCA é em geral medida um pouco abaixo da tensão indicada, enquanto os sistemas de 220, 230 e 240 costumam ser intercambiáveis. Os motores são especificados para uma faixa de tensão, assim como as fontes de alimentação CC.

Os sistemas de três fases podem ser dispostos em uma configuração delta ou em uma ligação estrela, que inclui um fio neutro. A configuração em estrela produz não apenas a tensão entre fases, mas também uma fase baixa para a tensão neutra. Além disso, a bobina pode ter um aproveitamento centralizado para produzir outras tensões.

» Indutância e capacitância

Um **indutor** é uma bobina de fio. Um condutor cria um campo magnético proporcional à corrente que flui através dele; ao formar o condutor em uma bobina, esse campo magnético fica concentrado em uma área menor. Conforme a corrente é alterada através da bobina, o campo magnético tende a se opor a essa mudança. Essa propriedade é conhecida como indutância, e a sua unidade de medida é o henry (os valores típicos do indutor estão na faixa de milihenry). Os indutores são usados para filtrar sinais, trocando a fase da tensão, ou para reduzir ruídos em circuitos elétricos. Devido à oposição à mudança da corrente, diz-se que a tensão conduz a corrente quando a corrente CA passa através do indutor.

Os indutores consistem em fios enrolados em múltiplas voltas e sem nada no centro. Esses fios também podem ser enrolados em torno de um núcleo de ferrite (baseado em ferro) para aumentar a indutância. Eles podem até tomar a forma de uma espiral gravada em uma placa de circuito para circuitos integrados. Um par de indutores colocados em paralelo induzirá a tensão de uma bobina para outra quando a corrente alternada for aplicada, convertendo-se assim em um transformador.

Um **capacitor** é formado por duas placas de material condutivo separadas por um isolador, conhecido como dielétrico. Quando a tensão é aplicada nas duas placas, o capacitor estabelece uma carga estática, uma vez que a corrente não consegue passar pelo material isolante do dielétrico. Essa capacidade de armazenar a carga é conhecida como **capacitância** e é medida em farads (o valor padrão da capacitância pode estar em microfarads). Se a tensão for alternada nas placas do capacitor, as cargas tenderão a se opor à mudança. Portanto, os capacitores possuem muitas propriedades complementares às dos indutores; onde o indutor se opõe à mudança de corrente, o capacitor se opõe à mudança de tensão. Um indutor conduz a corrente facilmente em frequências baixas, mas aumenta a sua resistência à corrente com o aumento da frequência. Essa propriedade é conhecida como reatância indutiva e considerada uma reatância variável para a CA. Um capacitor conduz a corrente muito mais facilmente quando a frequência aumenta e cria uma maior oposição ao fluxo de corrente em baixas frequências, tornando-se efetivamente um circuito aberto quando CC é aplicada (0 Hz). Esta variação da resistência baseada na frequência é conhecida como reatância capacitiva. Diz-se que a corrente produz uma queda de a tensão quando uma corrente CA passa por um capacitor.

Os capacitores podem ter várias formas: duas placas colocadas em paralelo com um pedaço fino de material isolante entre elas, ou longas tiras de folha condutiva e um papel isolante ou uma fita de plástico enrolada em um cilindro, ou ainda uma placa de material de alumínio separada por um material oxidado e um líquido eletrolítico.

Os indutores já foram chamados de bobinas, enquanto os capacitores eram conhecidos como condensadores, mas atualmente os termos indutor e capacitor são mais utilizados. Os indutores, capacitores e resistores são muito usados em conjunto com circuitos elétricos para controlar e filtrar sinais e também para servir de elementos de suporte para circuitos de estado sólido e circuitos integrados (CIs).

Esses componentes em geral são denominados componentes passivos para diferenciá-los dos componentes ativos de estado sólido (Figura 2.9). Os indutores e os capacitores são chamados de componentes reativos, pois sua resposta pode variar dependendo da frequência do sinal aplicado.

> **» CURIOSIDADE**
> Os indutores já foram chamados de bobinas, enquanto os capacitores eram conhecidos como condensadores, mas atualmente os termos indutor e capacitor são mais utilizados.

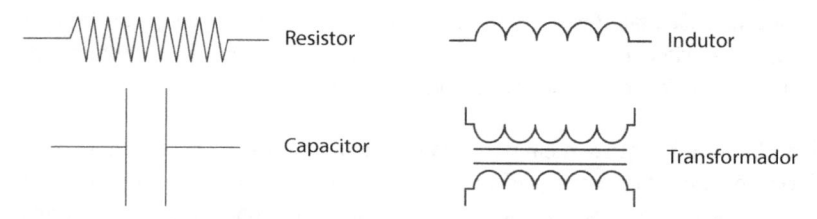

Figura 2.9 Símbolos dos componentes elétricos passivos.

» Dispositivos de estado sólido

Os semicondutores são materiais que possuem propriedades que se aproximam daqueles dos condutores e os isoladores. Pela introdução de impurezas nesses materiais, suas propriedades podem ser modificadas para afetar a corrente elétrica que passa por eles.

Pode-se considerar a corrente como o fluxo de elétrons que passa através de um material condutor em uma direção determinada, na qual os elétrons são repelidos por uma carga positiva; por isso, o fluxo de corrente geralmente passa de positivo para negativo; outra forma de descrever a corrente é usar a expressão fluxo de lacuna; o espaço que um elétron preenche pode ser representado como uma lacuna. Assim, o fluxo de corrente também pode ser compreendido como o fluxo de lacunas que vai de uma direção negativa para uma direção positiva. Isso é útil para descrever dispositivos semicondutores.

> **» DEFINIÇÃO**
> A corrente é o fluxo de elétrons que passa através de um material condutor em uma direção determinada, na qual os elétrons são repelidos por uma carga positiva.

Os materiais mais utilizados na fabricação de semicondutores são silício, germânio e arseniato de gálio, sendo os baseados em silício os mais utilizados. A introdução de impurezas nos materiais semicondutores é conhecida como dopagem, que cria um excesso de elétrons (material do tipo N) ou de lacunas (material do tipo P).

O semicondutor mais simples é conhecido como **diodo**. Ele é um dispositivo criado pela ligação entre uma parte do material do tipo P e uma parte do material do tipo N. Uma característica do diodo é que, quando uma tensão é aplicada sobre ele, a corrente consegue fluir somente em uma direção. Isso o torna útil como dispositivo de controle de corrente em circuitos de estado sólido. Os diodos são usados em circuitos retificadores que convertem CA em CC. Certos tipos de diodo servem também para detectar luz (fotodiodos) ou para gerar luz (LEDs).

Se um material semicondutor é organizado de maneira que mais de uma ligação P-N seja formada, ele é denominado **transistor**. Um tipo comum de transistor é criado quando duas ligações são formadas em arranjos NPN ou PNP. Ele é chamado de transistor de ligação bipolar e geralmente é utilizado em aplicações de amplificação. Outros tipos comuns de transistor incluem o JFET (transistor de ligação de efeito de campo, ou *Junction Field Effect Transistor*) e o MOSFET (transistor de efeito de campo metal-óxido semicondutor, ou *Metal-Oxide Semiconductor Field Effect Transistor*). Ambos fazem uso da propriedade dos semicondutores que afirma que um campo elétrico consegue mudar a condutividade de um material.

Pela aplicação de uma tensão pequena em uma das ligações do transistor, a corrente que flui pelo dispositivo pode ser alterada. Quando um transistor é colocado em um circuito com resistências constantes, uma pequena mudança de tensão em um condutor pode criar uma mudança maior na tensão de outro; esse fenômeno é conhecido como **amplificação**. Se a mudança na tensão for grande o bastante, um transistor atuará como um interruptor, permitindo que uma grande corrente flua ou reduzindo-a quase a 0. Portanto, os amplificadores podem ser utilizados em circuitos de comutação ou em circuitos de amplificação. Os dispositivos de estado sólido são considerados componentes ativos, pois podem ser usados para converter pequenos sinais de baixa tensão em grandes sinais de alta tensão ou de corrente. A Figura 2.10 mostra alguns dos símbolos esquemáticos usados para representar dispositivos semicondutores ativos.

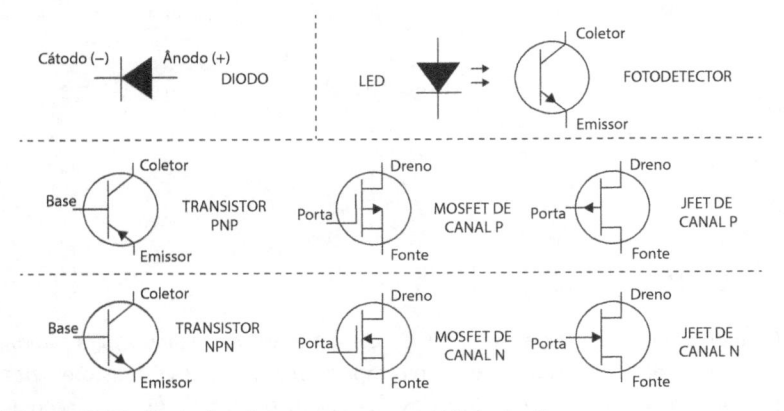

Figura 2.10 Símbolos dos componentes elétricos ativos.

Os transistores são ligados entre si por meio de outros componentes discretos em placas de circuito impresso com traços de metal e por meio de pequenas lacunas utilizadas para que os pinos sejam conectados. Os componentes são conectados por solda e formam circuitos lógicos de transistor para transistor (TTL, *Transistor-Transistor Logic*), amplificadores ou outros tipos de circuitos eletrônicos. Eles também podem ser combinados com dispositivos de CI (circuitos integrados) para realizar funções eletrônicas ou de processamento.

TTL

Os circuitos de comutação podem ser combinados de diferentes formas para realizar uma função lógica. Um exemplo é gerar um sinal de saída somente se determinados sinais de entrada estiverem presentes. Esses circuitos são frequentemente dispostos como "portas" e estão disponíveis em várias combinações nos chips de circuitos integrados. As portas AND produzem saídas somente se **todos** os sinais de entrada forem apresentados ou se eles estiverem em "alto". As portas OR produzem uma saída se **qualquer** sinal de entrada estiver em alto. A saída de um circuito pode ser invertida (NAND ou Not AND, NOR ou Not OR), assim como os sinais de entrada. Isso normalmente é sinalizado por um pequeno círculo na conexão, indicando a inversão. Os arranjos TTL podem estar dispostos em várias combinações para formar funções lógicas complexas e grande parte da base da lógica do microprocessador.

Esses mesmos símbolos lógicos são usados em fluxogramas para tomadas de decisão ou em processos lógicos, junto com outros símbolos. A Figura 2.11 mostra alguns símbolos lógicos padrão usados em diagramas elétricos ou lógicos.

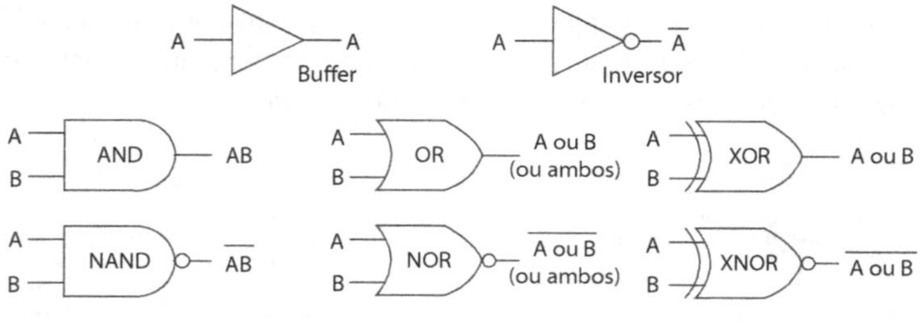

Figura 2.11 Símbolos TTL.

» Circuitos integrados

Quando os dispositivos de estado sólido, como transistores e diodos, são combinados com dispositivos passivos, como capacitores, indutores e resistores, eles formam circuitos que podem alterar os sinais elétricos ao amplificá-los, comutá-los e filtrá-los. Esses circuitos podem ser fabricados com componentes discretos montados em uma placa de circuito, ou pela padronização dos componentes em um substrato de material semicondutor. Esses padrões formam os circuitos integrados que podem ser miniaturizados com milhões de elementos em um simples dispositivo semicondutor. Esses dispositivos assumem a forma de circuitos comutadores ou amplificadores, armazenamento de memória, microprocessadores ou combinações de diferentes tipos de circuitos.

Os circuitos integrados são construídos, camada por camada, sobre uma pastilha de silício ou de outro semicondutor. Isso pode ser feito por meio da impressão de um padrão na superfície, do depósito de materiais no padrão e da gravação química na superfície. Muitas camadas podem ser formadas dessas maneiras em uma única pastilha, produzindo múltiplos chips ou circuitos integrados, que são então ligados aos conectores de metal condutor para que sejam introduzidos sinais ou tensões no chip. A Figura 2.12 mostra como os transistores podem ser combinados em um único chip para fornecer uma lógica de comutação.

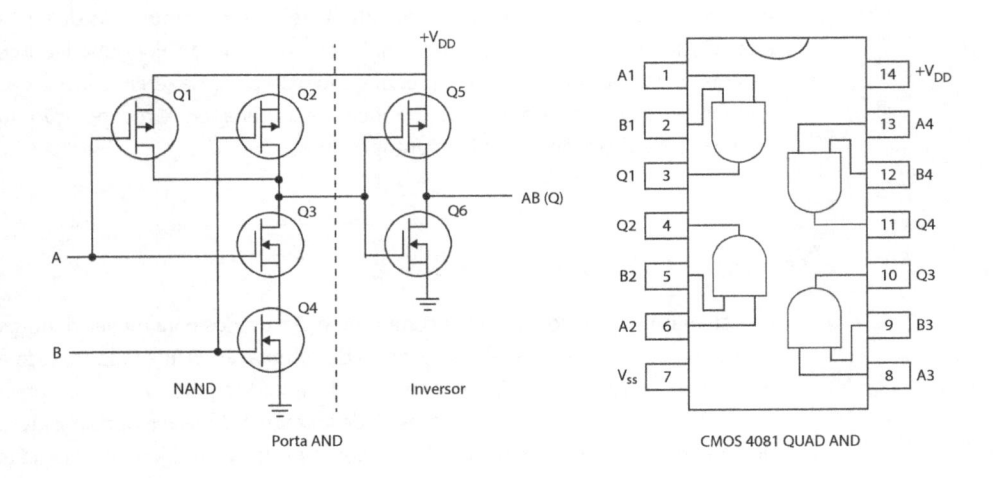

Figura 2.12 Circuitos integrados CMOS.

A tecnologia semicondutor metal-óxido complementar (CMOS, *Complementary Metal-Oxide Semiconductor*) é um método comum para atingir altas densidades para circuitos integrados. Os circuitos CMOS estão presentes em sensores de imagem, microprocessadores, lógica, conversão de dados, circuitos de comunicação para transceptores, entre outros.

» Sistema pneumático e sistema hidráulico

A utilização de líquidos ou gases pressurizados para conduzir atuadores é conhecida como energia fluida ou hidráulica.

Os sistemas hidráulicos definem a força gerada por líquidos, como óleos minerais ou água, e os sistemas pneumáticos definem a força gerada pela utilização de gases, como ar ou nitrogênio. A hidráulica consegue acionar cilindros de forma linear, motores em movimento rotacional, ou atuadores em movimentos rotacionais menores de 360º.

As vantagens dos sistemas hidráulicos e pneumáticos variam. Embora os sistemas pneumáticos sejam mais baratos de serem implementados e operados, eles são menos precisos e limitam-se a utilidades menos minuciosas devido à alta velocidade de expansão quando o gás é descompensado. Por outro lado, os sistemas hidráulicos, embora mais precisos, são mais caros de serem construídos e mantidos devido à exigência de um meio para drenagem e recuperação do líquido e à necessidade de equipamentos maiores.

» Sistemas pneumáticos

Os sistemas pneumáticos ou de ar comprimido são usados para mover cilindros ou atuadores e também são úteis na lógica de comutação. O ar é filtrado, seco e regulado a uma pressão utilizável e depois é distribuído a partir de um compressor para vários dispositivos e atuadores, onde for requerido. Diversos dispositivos de desconexão rápida e acessórios foram desenvolvidos em diferentes medidas métricas e padrões e são muito utilizados na indústria. O ar pneumático é amplamente utilizado em instalações industriais das mais variadas formas.

A pressão do ar é aplicada em um filtro regulador adicional com um indicador de pressão, utilizado para configurar a pressão de uma máquina ou sistema. Um lubrificante adicional é utilizado algumas vezes para aplicar uma pequena quantidade de óleo a fim de lubrificar o interior dos cilindros de ar. Os filtros reguladores (FR, *Filter Regulators*) e os lubrificadores dos filtros reguladores (FRL, *Filters Regulators Lubricators*) são relativamente mais baratos e são utilizados nos pontos de entrada de um sistema de controle pneumático. Reguladores de pressão adicionais, controles de fluxo e válvulas servem para controlar atuadores de modo a conseguir o efeito desejado. As válvulas de controle são comuns nas variações de 120VCA e 24VCC. A Figura 2.13 mostra como esses componentes são agrupados em um circuito pneumático.

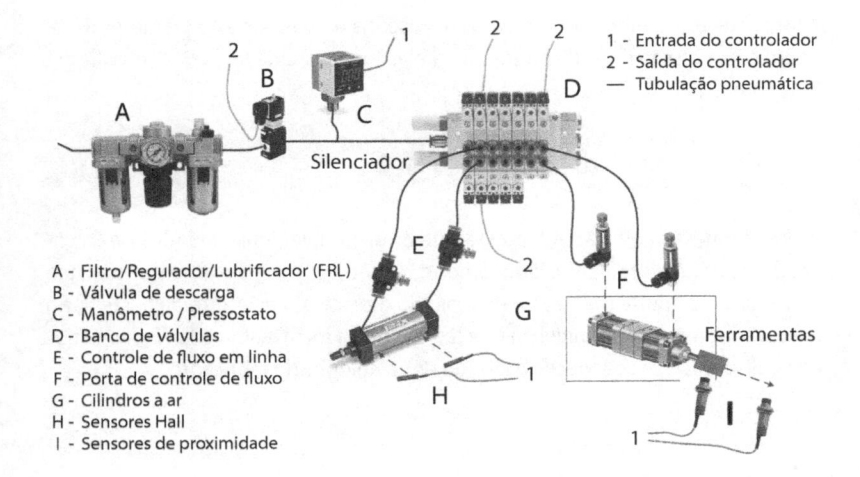

1 - Entrada do controlador
2 - Saída do controlador
— Tubulação pneumática

Silenciador

A - Filtro/Regulador/Lubrificador (FRL)
B - Válvula de descarga
C - Manômetro / Pressostato
D - Banco de válvulas
E - Controle de fluxo em linha
F - Porta de controle de fluxo
G - Cilindros a ar
H - Sensores Hall
I - Sensores de proximidade

Ferramentas

Figura 2.13 Sistema pneumático.

A pressão de ar em instalações industriais pode ser bem alta, na ordem de várias centenas de psi, mas os cilindros pneumáticos em geral operam na faixa de 60 a 80 psi. Os reguladores de pressão são empregados para reduzir a pressão dentro do sistema, conforme a necessidade.

Os controles de fluxo podem ser colocados sobre uma ou ambas as extremidades de um cilindro pneumático para regular a velocidade do movimento. O termo *meter in* (controle na entrada) refere-se à restrição do fluxo de entrada de ar no cilindro, enquanto *meter out* (controle na saída) refere-se à restrição do fluxo na saída na outra extremidade. Depois que o cilindro é colocado em uma posição sem o fluxo de ar, a pressão tende a sair lentamente. Isso pode causar uma "flutuação" repentina do cilindro quando a pressão é restabelecida. Para o controle de movimento em uma direção selecionada, é melhor controlar na saída (*meter out*) em vez de na entrada (*meter in*) para tornar o movimento mais consistente. Na maioria dos cilindros pneumáticos, os controles de fluxo são usados em ambas as portas e ajustados para o movimento desejado em ambas as direções.

Grande parte das válvulas é do tipo *on/off* (liga/desliga), ou de variação discreta, fornecendo fluxo de ar (e, por consequência, movimento) para um cilindro até que ele seja desligado.

Válvulas proporcionais de ar também são utilizadas para o controle do movimento ao pulsar rapidamente o ar ou ao variar a pressão ou o fluxo com base na posição do atuador. Isso permite que haja uma forma simples de controle de movimento para a posição e a velocidade.

A força que um cilindro pode produzir é baseada no tamanho do diâmetro do cilindro e na pressão de ar disponível para ele. A equação da força que um cilindro pode produzir é

$$\text{Força} = \text{pressão} \times \text{área} \qquad (2.1)$$

A pressão nessa equação é a pressão de ar disponível (em unidades de força/área), e a área é o tamanho do diâmetro disponível para movimentar o pistão no cilindro - comumente Área = PI × raio do diâmetro^2 - diâmetro da haste^2 (se a haste reduz a área disponível na direção em que a força é aplicada). Esses dados estão disponíveis nas especificações ou nos catálogos do fabricante.

›› Sistemas hidráulicos

Os sistemas hidráulicos, diferentemente dos sistemas pneumáticos ou dos sistemas a ar, possuem uma bomba localizada em cada máquina e são, por consequência, mais autossuficientes. A pressão hidráulica é usada quando mais força é necessária do que a de uma aplicação pneumática. Assim como ocorre com o sistema pneumático, existe uma grande variedade de cilindros hidráulicos e atuadores disponíveis para cada tipo de aplicação. Os sistemas hidráulicos são mais caros de implementar do que os sistemas pneumáticos, uma vez que aqueles geralmente operam em altas pressões e exigem cuidado redobrado para que os fluidos não escapem do sistema. Outros componentes, como resfriadores a óleo e intensificadores, também aumentam o custo dos sistemas hidráulicos.

Os sistemas hidráulicos não operam tão rapidamente quanto os sistemas pneumáticos, mas, devido à baixa compressibilidade do óleo, eles podem ser controlados com mais precisão. As pressões e as forças obtidas dos sistemas hidráulicos são bem maiores que as dos sistemas pneumáticos e são frequentemente utilizadas em aplicações de fabricação de metal.

›› Comparação entre sistemas pneumáticos e sistemas hidráulicos

Vantagens dos sistemas pneumáticos:

- Limpeza
- Facilidade de desenvolvimento e controle
    - As máquinas são facilmente desenvolvidas utilizando cilindros padrão e outros componentes. O controle é fácil, uma vez que consiste em um controle simples do tipo *on-off*.

- Confiança
  - Os sistemas pneumáticos tendem a ter uma longa vida de operação e necessitam pouca manutenção.
  - Como o gás é compressível, há menos probabilidade de os equipamentos se danificarem por choque. O gás nos sistemas pneumáticos absorve a força excessiva, enquanto o fluido de um sistema hidráulico transfere diretamente a força.
- Armazenamento
  - O gás comprimido pode ser armazenado, permitindo o uso de máquinas quando falta energia elétrica.
- Segurança
  - Menos perigo com fogo (em comparação a um sistema hidráulico a óleo).
  - As máquinas podem ser desenvolvidas para serem seguras em caso de sobrecarga.
- Menor custo
  - O ar comprimido está prontamente disponível na maioria dos ambientes de produção.

Vantagens dos sistemas hidráulicos

- O fluido não absorve a energia fornecida.
- Os sistemas hidráulicos em geral operam em pressões bem mais altas (em 3.000 psi) do que os sistemas pneumáticos, fornecendo mais força para um dado diâmetro.
- O fluido de trabalho é basicamente incompressível, o que leva a uma ação mínima da mola. Quando o fluxo do fluido hidráulico é parado, o menor movimento da carga libera a pressão sobre a carga; não existe a necessidade de "sangrar" o ar pressurizado para liberar a pressão sobre a carga.
- É possível parar o cilindro hidráulico no meio do curso, enquanto os sistemas pneumáticos não permitem isso.

>> Processos contínuos, síncronos e assíncronos

Os processos assumem várias formas na produção automatizada. Eles podem ser contínuos, tal como acontece com a mistura de produtos químicos; síncronos, em que as operações são realizadas em harmonia; ou assíncronos, em que as opera-

> **>> DICA**
> Tarefas manuais ou automáticas podem ser combinadas para aproveitar as vantagens da tomada de decisão e da precisão do trabalho humano.

ções são feitas de forma independente. Tarefas manuais ou automáticas podem ser combinadas para aproveitar as vantagens da tomada de decisão e da precisão do trabalho humano.

❯❯ Processos contínuos

As produções química, alimentícia e de bebidas muitas vezes operam de maneira contínua. Os produtos químicos ou ingredientes são misturados continuamente para produzir uma "receita" de um produto. Os plásticos muitas vezes são deslocados continuamente e partidos em pedaços individuais para outras aplicações.

❯❯ Processos assíncronos

Diz-se que os processos são assíncronos quando não dependem de um sinal de temporização principal. Um exemplo disso é quando um produto de um processo anterior chega ao posto de um operador por meio de uma esteira. O componente pode então ser manuseado quando sua chegada é detectada por um sensor, em vez de ter sua chegada indicada por um sinal dado pela esteira para informar que o processo anterior foi completado.

❯❯ Processos síncronos

Os processos síncronos são aqueles que dependem de um relógio principal ou de um sinal de temporização. Eles podem ser sistemas elétricos ou mecânicos. Dispositivos acionados por cames sobre um eixo de uma linha são exemplos de processos síncronos. As operações de linhas de produção podem ser síncronas ou assíncronas, ou uma combinação de ambas, dependendo do local em que são iniciadas.

❯❯ Documentação e formatos de arquivo

Quando os sistemas de automação são projetados e construídos, uma documentação é gerada a fim de fornecer informações de fabricação às pessoas que estão construindo o sistema e de oferecer suporte aos usuários depois que ele estiver em uso. O software do tipo CAD (projeto assistido por computador, ou *Computer*

Aided Design), os softwares para escritório e outros pacotes de softwares proprietários servem para capturar e planejar os detalhes do desenvolvimento. As especificações, os requisitos, os documentos e as fichas técnicas dos fabricantes são reunidos e apresentados como parte de um manual de manutenção para uma máquina ou um sistema.

Existe uma grande variedade de formatos de arquivo gerados por softwares e usados para criar toda essa documentação. Muitos desses formatos são de propriedade das empresas que criaram os softwares, enquanto alguns são de fonte aberta. A Microsoft domina muitos dos softwares utilizados em escritórios desde que o PC se tornou uma ferramenta comum, mas os formatos de figuras e imagens vieram de várias fontes, e cada um deles tem suas vantagens e desvantagens.

>> Elaboração e CAD

Os projetos elétricos e mecânicos precisam ser transmitidos para as pessoas que vão fabricar as peças e os sistemas das máquinas automatizadas. Antes da invenção dos computadores, essa tarefa era feita à mão, usando caneta e papel. Ferramentas como esquadros e triângulos, transferidores e compassos, e modelos de dispositivos e de letras, eram utilizados para ajudar os desenvolvedores. Muitos engenheiros e desenhistas desenvolveram excelentes habilidades de desenho de letras durante os seus treinamentos.

> **>> NA HISTÓRIA**
> Antes da invenção dos computadores, os projetos elétricos e mecânicos eram feito à mão, usando caneta e papel. Ferramentas como esquadros e triângulos, transferidores e compassos, e modelos de dispositivos e de letras, eram utilizados para ajudar os desenvolvedores.

Os desenhos tridimensionais ou os desenhos isométricos, bem como aqueles desenhos de uma peça feitos a partir de três pontos de vista diferentes, eram muito usados para os componentes mecânicos. Esses desenhos, muito grandes, eram criados sobre pranchetas de desenho com folhas de papel coladas a elas. Eles eram enrolados e colocados em tubos para transporte ou armazenamento. O dimensionamento dessas peças mecânicas era feito em unidade inglesa, no sistema métrico ou em graus, ou utilizando vários símbolos específicos de elaboração.

Os desenhos lógicos e elétricos eram feitos da mesma maneira. Os símbolos dos componentes elétricos e lógicos eram cortados de um material modelo e traçados na página. Muitos dos símbolos usados hoje são uma versão eletrônica desses desenhos.

CAD

Conforme os computadores se desenvolveram e se tornaram mais econômicos, surgiu o CAD. Ele agilizou o projeto e permitiu que os engenheiros criassem os seus próprios desenhos, em vez de depender dos desenhistas. As universidades atualmente ensinam os alunos a utilizar vários pacotes de softwares do tipo CAD, como Pro/ENGINNER, SolidWorks ou AutoCAD, em vez de ensiná-los a criar projetos à mão.

Os pacotes de software CAD são sistemas de desenho baseados em vetores bidimensionais, ou modeladores de sólidos e superfícies tridimensionais. Os pacotes tridimensionais permitem a rotação em todas as dimensões e o ajuste de cor e transparência de vários componentes. Os visualizadores das montagens estão disponíveis de forma gratuita com o criador do software, de modo que os clientes podem ver os seus projetos sem ter de comprar o programa.

Alguns softwares CAD conseguem fazer a modelagem matemática de componentes, o que permite análises dinâmicas e de resistência das montagens. Além disso, essas ferramentas podem ser usadas ao longo de todo o processo de engenharia, desde o projeto conceitual ou a fase de orçamento até a definição dos métodos de fabricação dos componentes. Esses pacotes de modelagem dinâmica são comercializados como CADD para projetos assistidos por computador e desenho. O CAD tridimensional também é conhecido como **modelagem de sólidos**.

Os desenhos elétricos e alguns projetos mecânicos ainda são feitos por meio do CAD bidimensional. As versões mais populares são feitas pela Autodesk e comercializadas como AutoCAD. Também há uma versão mais barata conhecida como AutoSketch. Os formatos dos arquivos para AutoCAD terminam com a extensão .dwg, mas os arquivos podem ser salvos com a extensão .dxf, o que facilita a troca com outros programas CAD.

Os desenhos elétricos são conhecidos como **esquemáticos**. Os símbolos especiais para os componentes elétricos em geral são mantidos em "bibliotecas" de software para uso repetitivo. Os sistemas CAD mais modernos usam esses componentes para gerar uma lista de materiais (BOMS, *Bill Of Materials*) para compra e reposição de peças. Esses sistemas analisam desenhos para determinar o número de blocos terminais e etiquetas, também gerando conectores fora de página e números de linhas para a etiquetagem de componentes.

Os desenhos em CAD são impressos ou plotados em páginas de tamanho padrão. O tamanho mais comum para desenhos elétricos é o B (279 × 432 mm, ou 11" × 17"). As páginas dos desenhos elétricos possuem números de linhas abaixo da extremidade de cada página, indexadas pelo número de páginas. Isso permite que os números dos fios coincidam com os números das linhas para facilitar a consulta. Os desenhos elétricos também possuem um bloco de títulos, geralmente no canto inferior direito da borda da página. Esse bloco contém o título do projeto e das páginas, os números de revisão, as datas e as iniciais das pessoas que desenharam, verificaram e aprovaram os desenhos. Essa é uma parte importante do processo de verificação de erros do projeto elétrico.

Mesmo com o processo de verificação, erros e modificações exigem mudanças nos desenhos depois que eles são liberados para a montagem. As mudanças no desenho costumam ser feitas à mão com uma caneta vermelha. É importante que apenas um conjunto de desenhos aprovados seja mantido com as linhas vermelhas, de modo que as mudanças possam ser consultadas para atualizações futuras do projeto.

> **» DICA**
> Depois do processo de verificação, as mudanças no desenho costumam ser feitas à mão com uma caneta vermelha. É importante que apenas um conjunto de desenhos aprovados seja mantido com as linhas vermelhas, de modo que as mudanças possam ser consultadas para atualizações futuras do projeto.

Os desenhos mecânicos são criados em um pacote de software tridimensional, mas plotados para fabricação em desenhos bidimensionais de três vistas. Assim como nos projetos elétricos, as mudanças são feitas com caneta vermelha por mecânicos ou técnicos de montagem, para futuras atualizações. Os desenhos mecânicos podem ser feitos em diversos tamanhos de páginas, dependendo da complexidade e do tamanho dos componentes ou do conjunto. É comum que computadores com pacotes de software de visão tridimensional instalados estejam disponíveis nas fábricas para a montagem de máquinas.

Desenhos mecânicos GD&T

Os desenhos mecânicos são dimensionados por meio de setas e linhas de extensão com níveis de tolerância aceitos por um determinado formato padrão. Mas, para componentes de precisão ou peças de produção, informações adicionais podem ser necessárias. O dimensionamento e a tolerância geométrica (GD&T) utilizam uma linguagem simbólica nos desenhos de engenharia para definir e comunicar a geometria nominal ou teoricamente perfeita de uma peça e dos seus componentes, junto com as variações permitidas. Eles também definem as variações possíveis na forma e muitas vezes descrevem as funções da peça, além da variação permitida na orientação e na localização de seus componentes. Isso é feito usando um elemento referencial, ou datum, que é um plano, uma linha, um ponto ou um cilindro teórico ideal. Um datum é uma característica física da peça identificada por um símbolo da característica de referência (datum) e pelo triângulo correspondente do datum, conforme mostrado na Figura 2.14.

>> **DEFINIÇÃO**
O dimensionamento e a tolerância geométrica (GD&T) utilizam uma linguagem simbólica nos desenhos de engenharia para definir e comunicar a geometria nominal ou teoricamente perfeita de uma peça e dos seus componentes, junto com as variações permitidas. Eles também definem as variações possíveis na forma e muitas vezes descrevem as funções da peça, além da variação permitida na orientação e na localização de seus componentes.

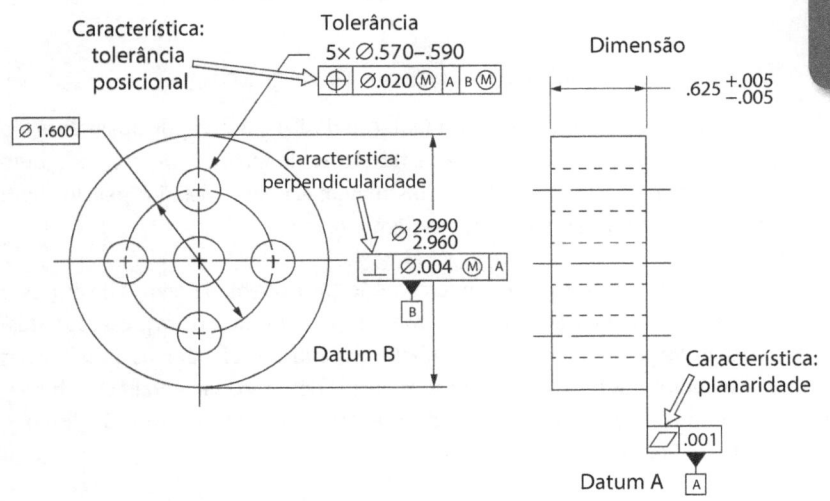

Figura 2.14 Tolerância geométrica.

Assim, esses desenhos são nomeados de acordo com uma ou mais características de referência, que indicam que as medidas devem ser feitas em relação às características do datum correspondente e podem ser encontradas em um quadro de referência datum.

O padrão para GD&T nos Estados Unidos é o Y14.5-2009 da ASME (American Society of Mechanical Engineers). Ele oferece um conjunto completo de normas e descreve os objetivos de engenharia para peças e montagens. Outras normas, como as descritas pela Organização Internacional de Padronização (ISO, International Organization for Standardization), diferem um pouco da Y14.5 e abordam cada tema isoladamente. Existem normas para cada tópico e símbolo importante, como posição, nivelamento, perfil e outros.

O GD&T não é utilizado para o desenvolvimento de máquinas automatizadas, a menos que as máquinas devam ser construídas exatamente da mesma forma ou que a fabricação precisa das peças o exija. Vale mencionar aqui que esse sistema é utilizado nas peças que as máquinas automatizadas podem produzir ou construir. O GD&T é muito usado na produção automotiva e de peças industriais.

» Outros pacotes de desenvolvimento e padrões

Uma variedade de outras ferramentas de documentação é usada em indústrias específicas. Algumas dessas ferramentas são descritas a seguir.

Diagrama de tubulação e instrumentação (P&ID)

O diagrama de tubulação e instrumentação (P&ID) é usado principalmente em processos industriais que mostram a tubulação do fluxo de um processo junto com os equipamentos instalados e a instrumentação. Ele é definido pelo Instituto de Instrumentação e Controle das seguintes maneiras:

1. Um diagrama que mostra a interconexão entre os equipamentos do processo e da instrumentação usada para controlar o processo. Em um processo industrial, um conjunto padrão de símbolos é usado para elaborar os desenhos. Os símbolos dos instrumentos usados nesses desenhos são geralmente baseados no padrão S5.1 da Sociedade Internacional de Automação (ISA, International Society of Automation).

2. O desenho esquemático primário utilizado para mostrar a disposição da instalação do controle de processo.

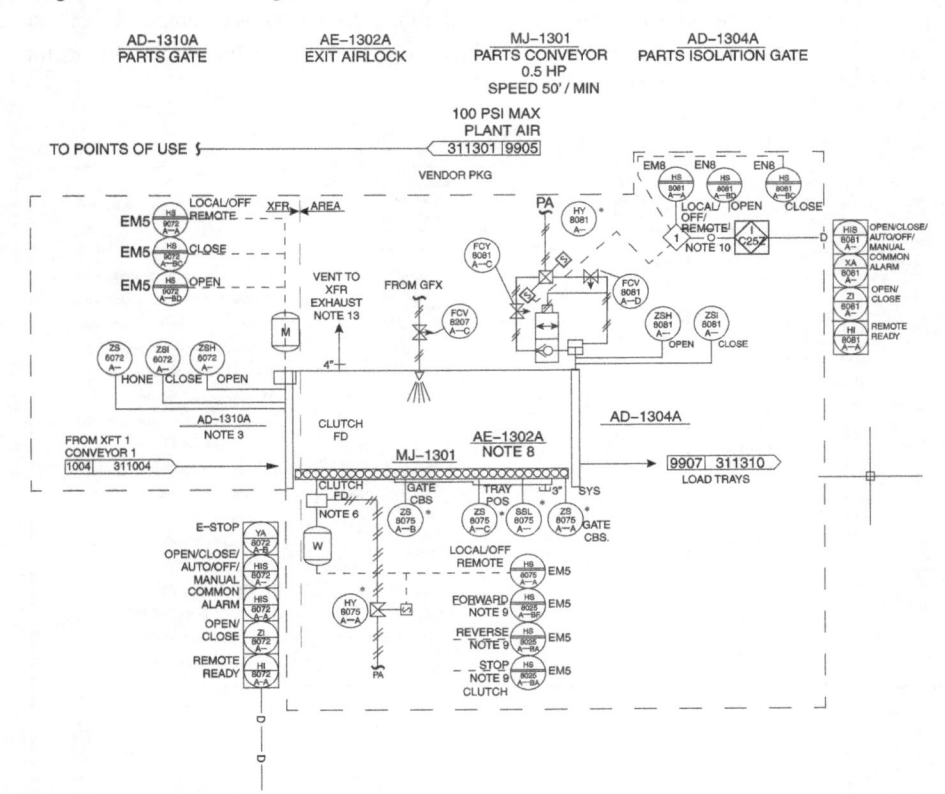

A Figura 2.15 mostra o diagrama P&ID de uma cabine de pintura simples.

Figura 2.15 Diagrama P&ID.

O P&ID desempenha um papel importante na documentação, na manutenção e na modificação do processo que ele descreve. Durante o estágio de desenvolvimento, o diagrama fornece uma base para a criação de esquemas de sistemas de controle. Ele permite a visualização da sequência de equipamentos e sistemas, bem como as suas interconexões elétricas e mecânicas. Embora seja aplicado nas áreas de processo e instrumentação, o P&ID é útil como um método de comunicação entre os projetistas mecânicos e elétricos no desenvolvimento de máquinas. Esses diagramas proporcionam mais segurança e permitem investigações operacionais, como estudos de riscos e operabilidade (HAZOP).

Para as instalações de processamento, ele é uma representação ilustrada dos principais detalhes das tubulações, e da instrumentação, dos dispositivos e dos esquemas de controle e desligamento, em conformidade com os requisitos de segurança e regulamentação. Além disso, oferece informações básicas sobre a inicialização e a operação de um sistema.

Os símbolos e as legendas para os dispositivos P&ID variam um pouco de indústria para indústria, mas uma legenda com a chave para os sistemas, os dispositivos e os estilos de linhas está inclusa no pacote de desenho. Alguns são mostrados, para referência, na Tabela 2.2.

Tabela 2.2 » Símbolos P&ID

	No campo, montado localmente	No painel ou na tela principal	No subpainel ou em localização remota	Inacessível, escodido ou dentro do painel		
Instrumentos e dispositivos	○	⊖	⊖	(○)	AI – Analisador, somente indicador AT – Analisador, somente transmissor AIT – Analisador, indicador e transmissor	
Gráficos em uma tela de computador	▢	▣	▣	▣	LI – Nível, somente Indicador LT – Nível, somente transmissor LIT – Nível, indicador e transmissor	
Funções de computador	⬡	Medidor de vazão / Lubrificador			TI – Temperatura, somente indicador TT – Temperatura, somente transmissor TIT – Temperatura, indic. e transmissor PI – Pressão, somente Indicador	
Funções de CLPs e DCSs	◇	Silenciador / Dreno aberto	Indicador de pressão / Filtro em linha		PT – Pressão, somente transmissor PIT - Pressão, indicador e transmissor XV – Válvula atuada SV – Válvula solenoide	
	Válvula de porta		Válvula agulha		SC – Controle de velocidade HS – Interruptor manual ZSC – Limite cruzado, fechado ZSO – Limite cruzado, aberto	
	Válvula em ângulo		Válvula de porta manual		VS – Chave de vibração PS – Chave de pressão	
	Válvula borboleta		Válvula de controle			
	Válvula globo		Válvula de retenção			
	Válvula solenoide		Pressão de retorno	Atuador de ação simples		
	Válvula hidráulica		Válvula motorizada	Atuador de ação dupla		

Tipo de dispositivo: PIT 1234 — Número do dispositivo

> » **CURIOSIDADE**
> Devido à grande diversidade de softwares e ao surgimento de novos fornecedores, foram desenvolvidos métodos para converter arquivos de uma plataforma para outra, ou para apresentá-los em um formato comum a todas.

Arquivos Adobe Acrobat e PDF

Devido à grande diversidade de softwares e ao surgimento de novos fornecedores, foram desenvolvidos métodos para converter arquivos de uma plataforma para outra, ou para apresentá-los em um formato comum a todas. Um desses métodos é o Adobe Acrobat, um software que permite que diferentes formatos e documentos sejam convertidos em um arquivo pdf, que tem tamanho reduzido e pode ser aberto por qualquer pessoa que tenha um programa leitor instalado em seu computador.

Um software leitor (*reader*) pode ser baixado gratuitamente na Internet pelo site da Adobe. Outros drivers que permitem que um arquivo seja convertido em um documento pdf foram criados por uma série de outros desenvolvedores. Basicamente, esses programas estão disponíveis de graça ou por um pequeno valor, que deve ser pago após um período de avaliação grátis.

Os programas que permitem editar arquivos pdf são um pouco mais caros, mas permitem que os arquivos pdf sejam combinados e modificados a partir de seus formatos nativos. Como os arquivos pdf são considerados similares à foto de um documento, em vez de um documento original, eles não são tão facilmente formatados ou alterados uma vez que os textos externos ou outros conteúdos tenham sido convertidos. Os arquivos pdf se tornaram o método mais comum de publicação de manuais de usuários e de outros documentos de fabricantes devido à ampla disponibilidade e ao tamanho reduzido do arquivo.

» Formatos de arquivos de imagem

No processo de documentação, imagens ou figuras são importadas para os documentos. Os formatos de arquivo de imagem são formas padronizadas de organização e armazenamento de imagens digitais. Existem inúmeros tipos de arquivos de imagem utilizados na documentação, mas muitos deles podem ser facilmente convertidos por meio de diferentes softwares.

Os arquivos de imagem são compostos de dados geométricos baseados em vetores convertidos em pixels por rasterização em um display gráfico ou de arquivos formados pelos próprios pixels. Um exemplo de dados de vetor é um desenho em AutoCAD conforme descrito anteriormente. As duas famílias principais de gráficos em geral são divididas em quadriculação (ou pixels) e vetor.

Os pixels que constituem uma imagem são ordenados por grades de linhas e colunas. Cada pixel consiste em um número que representa sua localização no *grid*, a magnitude de brilho e/ou cores, e possivelmente outros elementos, como transparência. Quanto mais números estiverem associados com cada pixel, maior se tornará o arquivo de imagem. Quanto maior for o número de colunas e linhas, maior será a resolução da imagem. Cada pixel aumenta de acordo com o aumento da profundidade da cor. Um pixel de 8 bits, ou 1 byte, armazena 256 cores ou tons de preto e branco, enquanto os pixels de 24 bits (ou 3 bytes) armazenam 16 milhões de cores, o que também é conhecido como *truecolor*.

Geralmente são utilizados algoritmos para reduzir o tamanho de um arquivo de imagem. As câmeras de alta resolução conseguem produzir arquivos de imagem grandes, de muitos megabytes. A imagem em si não somente possui uma alta resolução, mas, ao usar o *truecolor*, uma imagem de 12 megapixels pode ocupar 36.000.000 bytes de memória! Como uma câmera digital precisa armazenar

> » **DEFINIÇÃO**
> Os arquivos de imagem são compostos de dados geométricos baseados em vetores convertidos em pixels por rasterização em um display gráfico ou de arquivos formados pelos próprios pixels.

> » **DEFINIÇÃO**
> Cada pixel consiste em um número que representa sua localização no *grid*, a magnitude de brilho e/ou cores, e possivelmente outros elementos, como transparência. Quanto mais números estiverem associados com cada pixel, maior se tornará o arquivo de imagem. Quanto maior for o número de colunas e linhas, maior será a resolução da imagem.

muitas imagens para ser viável, vários formatos de arquivos de imagem foram desenvolvidos, primeiramente por razões de armazenamento de imagens tanto em uma câmera quanto em um computador.

Outros formatos que contêm quadriculação e informação de vetores são conhecidos como metarquivos (*metafiles*). Esses arquivos são independentes de aplicação e costumam ser usados como um meio de transferência entre aplicações ou softwares. Eles são conhecidos como formatos intermediários. Um exemplo é o Windows *metafile* ou .wmf, que pode ser aberto pela maioria dos aplicativos baseados em Windows. Outra classificação de formato que descreve o layout de uma página impressa é a "linguagem de descrição de páginas". Exemplos desse formato são o PostScript, o PCL e o arquivo pdf da Adobe.

Incluindo os tipos de arquivos proprietários, existem centenas de extensões de arquivos de imagens. Algumas das mais utilizadas são mostradas a seguir.

Arquivos JPEG

Os arquivos JPEG ou .jpg são criados por meio de um método de comprensão, conforme descrito anteriormente. Essas imagens são armazenadas em formato JPEG para troca de arquivos (*JPEG File Interchange Format*), ou JFIF. O algoritmo produz arquivos relativamente pequenos, pois ele suporta apenas 8 bits por cor (vermelho, verde e azul) para um total de 24 bits. A resolução também pode ser reduzida, e, contanto que não seja exagerada, a compressão não afeta tanto a qualidade da imagem. Os arquivos JPEG perdem resolução quando são constantemente editados ou salvos. A maioria das câmeras digitais salva imagens no formato .jpg, e muitos geradores de arquivos de pdf utilizam o mesmo algoritmo de compressão em suas imagens.

Arquivos TIFF

Os arquivos TIFF ou .tif não são tão utilizados quanto os JPEGs, mas são mais flexíveis. Eles servem para salvar arquivos com 8 ou 16 bits por cor em vermelho, verde e azul, para pixels de 24 e 48 bits. Eles podem ter ou não perdas, dependendo do algoritmo usado. Os arquivos TIFF oferecem uma boa compressão sem perdas para imagens em preto e branco (em dois níveis).

As imagens em TIFF são utilizadas por pacotes de software de reconhecimento lógico de caracteres (OCR, *Optical Character Recognition*) para gerar imagens monocromáticas para páginas de textos digitalizados. Devido à flexibilidade do formato, há poucos leitores que conseguem ler todos os tipos de formatos TIFF existentes. Muitos navegadores de Web também não são compatíveis com esse formato, diferente do que ocorre com os arquivos JPEG.

Arquivos PNG

O formato de arquivo PNG ou .png (*Portable Network Graphics*) é uma excelente escolha para a edição de imagens. Esse formato foi criado como um sucessor sem patentes do arquivo GIF e é de fonte aberta. Diferentemente do formato GIF, ele suporta *truecolor*. Por conta disso, o tamanho dos arquivos é grande, mas o formato é ótimo para imagens com grandes áreas de mesma cor.

O PNG foi planejado para funcionar bem em ambientes on-line, pois tem um método de entrelaçar as imagens que oferece uma prévia da imagem mesmo quando apenas uma pequena parte dela foi transmitida. Ele também permite o fluxo completo para aplicações de visualização on-line, como os navegadores de Internet, e é considerado um formato bastante consistente, uma vez que verifica erros de transmissão e mantém a integridade completa dos arquivos.

Arquivos GIF

Os arquivos GIF (*Graphics Interchange Format*) servem para armazenar gráficos mais simples, como formas, logotipos e diagramas. Os arquivos são pequenos, pois as cores são limitadas a paletas de 8 bits ou de 256 cores. O formato é usado para imagens com animações, mas não é tão eficaz para imagens mais detalhadas. Ele é um dos métodos mais comuns de compressão de arquivos, assim como o JPEG.

Arquivos BMP

Os arquivos BMP (*Windows* Bitmap) ou .bmp são um formato descompactado que lida com arquivos gráficos do sistema operacional Windows. Como são arquivos grandes, pois não são compactados, eles costumam ser convertidos em outros formatos para armazenamento, mas são considerados úteis por serem editáveis a nível de pixel. São usados em softwares de programação de IHMs para objetos gráficos.

Sistemas de visão e câmeras inteligentes também não aplicam compressão em seus arquivos de imagens, de modo que os arquivos podem ser salvos e analisados como bitmaps. Uma vez que detalhes podem ser analisados a nível de subpixel na mensuração, as imagens de máquinas de visão não são compactadas, o que torna o formato excelente para essa proposta. A Figura 2.16 mostra um bitmap obtido a partir de um sistema de visão responsável por inspecionar partes de peças em uma esteira. Uma imagem do centro da peça foi capturada e processada pela câmera para realçar os furos no componente e tornar possível a contagem deles.

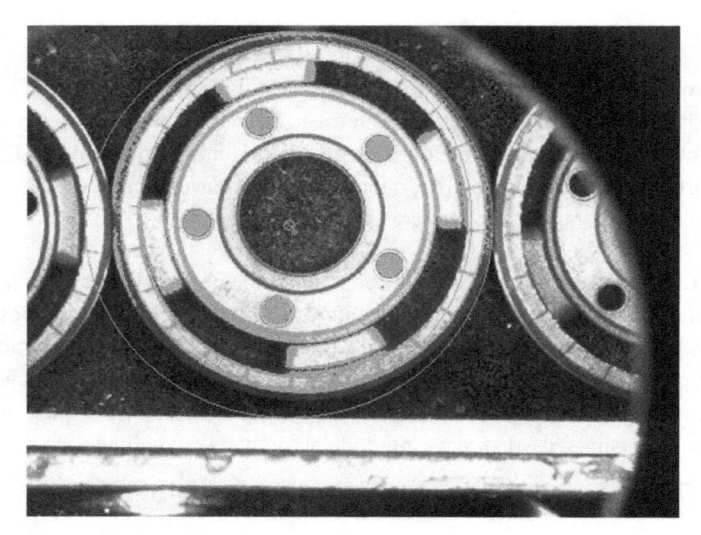

Figura 2.16 Bitmap de um sistema de visão.

» Segurança

Ao projetar maquinários para processos automatizados, um dos fatores mais importantes a considerar é a segurança das pessoas que utilizarão o equipamento. De importância secundária é a proteção da máquina propriamente dita. Devido ao movimento dos componentes da máquina, superfícies quentes, substâncias cáusticas e bordas afiadas representam perigos potenciais para as pessoas expostas. Por conta disso, muitos padrões e regulamentações foram oficializados como guias para o projeto de sistemas de segurança.

Cada país ou região tem suas próprias normas relativas à segurança e às emissões de substâncias perigosas, (RoHS *Restriction of Hazardous Substances*) e de RF (rádio-frequência). Embora as diretivas da União Europeia se apliquem especificamente aos seus Estados-membros, os países europeus são os principais clientes da maioria das empresas, portanto, elas acham necessário cumprir as regulamentações europeias para obter a marca CE, que indica sua conformidade.

Em 1995, foi aprovada uma lei aplicável a todas as máquinas construídas para uso na União Europeia e na Área Econômica Europeia. A legislação determina que as máquinas construídas devem obedecer à Diretiva de Máquinas em relação à segurança e indicar o cumprimento por meio da marca CE (*Communauté Européenne,* ou Comunidade Europeia). Embora essa diretiva seja de origem europeia, como os componentes são provenientes do mundo inteiro e o destino final de um produto talvez não seja conhecido pelo fabricante, ela causa impactos em todos os lugares.

A Diretiva de Máquinas se aplica a todas as máquinas em funcionamento em uma unidade inteira, bem como a equipamentos intercambiáveis que alteram a função de outras máquinas. Ela reúne diversas regras de segurança e está oficialmente referenciada como EEC 89/392/EEC. Essas normas cobrem todos os aspectos da máquina: o projeto mecânico, o projeto elétrico, os controles, a segurança e também o potencial que ela tem para criar situações perigosas. Embora essa diretiva discuta controles e componentes de segurança, ela só faz isso no âmbito da concepção de uma máquina como um todo.

A referida diretiva prevê que a maioria dos fabricantes possa se autocertificar, afirmando claramente suas exceções. Algumas confusões surgem quando os projetistas supõem que, se estão usando componentes com a marca CE, então suas máquinas devem atender aos requisitos da CE, mas isso não é verdade. Em um componente de controle, a marca CE indica a conformidade com a Diretiva de Compatibilidade de Baixa Tensão ou Eletromagnética, que é um conjunto completamente diferente de regras. Uma analogia similar seria supor que, só porque os componentes UL são usados no painel de controle, o painel atende os requisitos da UL. Para criar um painel aprovado pela UL, os componentes devem ser ligados e instalados por meio de uma metodologia específica, o *National Electric Code*. A marca CE de máquinas segue uma fundamentação parecida.

A autocertificação de equipamentos envolve a verificação de padrões (os tipos A, B e C classificam a máquina com base em vários aspectos de segurança). A máquina então é novamente testada em relação aos requisitos, e as informações de uso são geradas. Se a autocertificação é liberada, a Declaração de Conformidade é assinada e a marca CE é fixada no equipamento. Se a autocertificação não é liberada de acordo com a Diretiva de Máquinas, o equipamento será submetido a um "exame do tipo EC".

Os regulamentos EN (*European Norms*) indicam os requisitos específicos para as diretivas. As principais normas para esclarecimentos são a EN-292-1 e a EN-292-2, relativas à segurança das máquinas. A EN-292 fornece aos projetistas de máquinas conceitos básicos e terminologia de segurança de máquinas, incluindo funções críticas de segurança, proteção móvel, dispositivos manuais e atuadores, descrições de riscos e estratégias para avaliação e redução de riscos.

A Diretiva de Máquinas EC (89/392/EEC) consiste em 14 artigos que descrevem os requisitos de fabricantes e de Estados-membros europeus, bem como os procedimentos envolvidos na marcação e na documentação. Existem sete apêndices com mais detalhes sobre alguns desses requerimentos.

A China e o Japão também possuem suas próprias normas relativas à segurança, à restrição de substâncias perigosas (RoHS), à emissão de RFs e aos padrões de suscetibilidade. Em muitos casos, se um equipamento atende aos requisitos da CE, ele também atende a padrões de outros países, porém, é sempre bom verificar as regulamentações do país para o qual o equipamento será enviado.

> » **IMPORTANTE**
> Embora tenha sido criada pela Comunidade Europeia, a Diretiva de Máquinas é utilizada em diversos países. Essa diretriz se aplica a todas as máquinas em funcionamento em uma unidade inteira, bem como a equipamentos intercambiáveis que alteram a função de outras máquinas.

> **ATENÇÃO**
> Sempre que existir um potencial para ferimentos, ele deve ser avaliado e prevenido com, no mínimo, o nível necessário e exigido de proteção.

Sempre que existir um potencial para ferimentos, ele deve ser avaliado e prevenido com, no mínimo, o nível necessário e exigido de proteção. Nos Estados Unidos, a instalação e a utilização de instrumentos de segurança e proteção em máquinas são regulamentadas pela OSHA (Occupational Safety and Health Administration). Alguns Estados possuem suas próprias organizações de segurança e proteção, que podem ser menos rigorosas do que o padrão federal OSHA. Uma boa referência para os tópicos sobre segurança e sua relação com o ambiente industrial são as páginas do NIOSH (National Institute for Occupation Safety and Health) e do CDC (Center for Disease Control) na Internet.

Existe uma variedade de formas de proteger os operadores contra os riscos de acidentes em máquinas, incluindo circuitos de parada emergencial (*E-Stop*), proteções físicas, bloqueio/sinalização (*lockout/tagout*), mitigação planejada, dispositivos de proteção e software. Além disso, várias outras agências estabeleceram diretrizes que influenciam o projeto de segurança. A NFPA (National Fire Protection Agency) fornece os requisitos para sistemas industriais. A NFPA 79-07 define o padrão elétrico para máquinas industriais e é usada para o desenvolvimento de sistemas automatizados. O ANSI (American National Standards Institute) publicou o padrão B11 para fornecer informações sobre a construção, a proteção e o uso de máquinas-ferramenta. Como prensas, ferramentas de corte e outros processos são usados em várias máquinas e linhas de produção, esses padrões frequentemente são aplicados junto com os regulamentos da OSHA e da NFPA.

As normas do padrão B11 incluem:

- B11.1:   Prensas mecânicas
- B11.2:   Prensas hidráulicas
- B11.3:   Potência dos freios da prensa
- B11.4:   Tesouras
- B11.5:   Serralheiros
- B11.6:   Tornos
- B11.7:   Prensas horizontais de extrusão hidráulica
- B11.8:   Perfuradores, fresadoras e mandrilhadoras
- B11.9:   Máquinas de moagem
- B11.10: Máquinas de corte de metais
- B11.11: Engrenagens
- B11.12: Máquinas de perfilagem e máquinas dobradoras
- B11.13: Tornos automáticos monofusos e multifusos com barras automáticas ou de aperto
- B11.14: Guilhotinas de bobinas
- B11.15: Máquinas de curvar e dobrar tubos
- B11.16: Máquinas de compactação de pó de metais

B11.17:   Prensa de extrusão hidráulica horizontal

B11.18:   Sistema de máquinas para processamento de tiras de aço, folhas ou placas de configuração espiral

B11.19:   Critérios de desempenho para o projeto, a construção, a proteção e a operação de proteção quando referenciados por outros padrões de segurança B11 de máquinas-ferramenta

B11.20:   Células/sistemas de manufatura

A B11.19 é considerada uma das melhores fontes de informações de segurança de máquinas-ferramenta do mercado norte-americano. Essa lista também é um bom exemplo de algumas das várias técnicas de processamento de metal que foram automatizadas e incorporadas em máquinas.

» Análises de riscos

Para determinar o nível de risco que um equipamento oferece, é realizada a análise ou avaliação de riscos. As classificações são feitas com base nos resultados das avaliações e as soluções propostas também devem ser aplicadas de acordo com elas. Na maioria dos casos, há mais de um risco presente em um sistema, e cada um deles deve ser abordado na análise.

Em alguns casos, os riscos são eliminados completamente pela automação total de um processo e pela remoção da presença humana da equação. No entanto, isso nem sempre é possível devido aos limites de custos ou de tecnologia, e alguns riscos têm de ser aceitos. Para avaliar corretamente uma aplicação, o risco deve ser quantificado. As consequências em potencial de um acidente, a probabilidade de prevenção e a probabilidade de ocorrência têm de ser consideradas. A avaliação dos riscos é feita pela combinação desses elementos em uma matriz. Os riscos que se enquadram na categoria "inaceitáveis" precisam ser atenuados de alguma maneira para reduzir a probabilidade de ocorrer um acidente.

As definições a seguir são da ANSI/RIA R15.06-1999, Tabela 1: Gravidade do perigo/Exposição/Categorias de prevenção.

Gravidade:

S1 - Pequenas lesões. Normalmente reversível. Requer primeiros socorros, conforme definido na OSHA 1904.12

S2 - Lesões sérias. Normalmente irreversível ou fatal. Requer mais do que os primeiros socorros, conforme definido na OSHA 1904.12

Exposição:

E1 - Exposição não frequente: exposição ao risco por menos de uma vez por dia ou turno.

E2 - Exposição frequente: exposição ao risco por mais de uma vez por hora.

Prevenção:

A1 - Provável. Pode-se prevenir, o tempo de reação/aviso é suficiente ou a velocidade do robô é menor do que 250 mm/segundo.

A2 - Improvável. Não se pode prevenir, o tempo de reação é insuficiente ou a velocidade do robô é maior do que 250 mm/segundo.

A gravidade, a exposição e a prevenção recebem categorias de acordo com os critérios descritos. Uma categoria de redução de risco pode ser calculada por meio da Tabela 2.3.

Esta tabela é uma combinação das tabelas 2 e 3 da ANSI/RIA 15.06-1999. Usando este gráfico, a proteção pode então ser escolhida com base nos resultados da análise. Certas combinações de tarefas e riscos, como tarefas relacionadas à exposição a materiais cortantes e a perigos térmicos e ergonômicos, precisam da aplicação do nível de segurança mais alto possível e estão fora do âmbito dessas tabelas. Deve-se consultar os padrões e as regulamentações apropriadas.

Tabela 2.3 >> **Redução de riscos**

			Categoria de redução de riscos	Desempenho de segurança	Desempenho do circuito
S2 Lesão grave	E2	A2	R1 (Vermelho)	Eliminação ou substituição do perigo	Categoria controle confiável 3
		A1	R2A (Vermelho)	Controles de engenharia impedem o acesso a áreas de risco ou o risco em si (por exemplo, proteção com barreiras intertravadas, cortinas de luz, esteiras de segurança ou outro dispositivo de detecção de presença)	Categoria controle confiável 3
	E1	A2	R2B (Amarelo)		Categoria canal simples com monitoramento 2
		A1	R2B (Amarelo)		Categoria canal simples 2
S1 Lesão leve	E2	A2	R2C (Amarelo)		Categoria canal simples 2
		A1	R3A (Verde)	Barreiras não intertravadas, liberação, procedimentos e equipamentos	Categoria canal simples 1
	E1	A2	R3B (Verde)		Categoria simples B
		A1	R4 (Verde)	Conscientização	Categoria simples B

>> Paradas de emergência

Existem três tipos de categorias de funções de parada: 0, 1 e 2. A categoria 0 é uma parada descontrolada mediante a remoção da potência dos atuadores da máquina. A categoria 1 é de parada controlada com potência disponível para os atuadores da máquina alcançarem a parada. Nesse caso, a potência é removida quando a parada é atingida. A categoria 2 é de parada controlada com potência disponível para os atuadores da máquina. O circuito *E-Stop* na categoria 0, somente com uma remoção mecânica da potência do circuito permitida; isto é, não há envolvimento do software nesse tipo de circuito.

Os dispositivos *E-Stop* são componentes de segurança importantes nos vários tipos de equipamentos de automação. Eles são projetados para permitir que qualquer pessoa consiga parar o equipamento rapidamente se algo inesperado acontecer.

Os dispositivos *E-Stop* são ligados em série a um circuito de controle do equipamento. Quando eles são pressionados, o circuito é interrompido e a potência é removida do relé de retenção que mantém o circuito energizado. Se o dispositivo *E-Stop* for um botão, ele deve ter uma cabeça tipo cogumelo e ser de cor vermelha. Também pode haver um anel ao redor dele ou um contorno em amarelo. A Figura 2.17 mostra um botão *E-Stop* em um painel de controle. Note que o anel não está presente nessa ilustração. Isso não seria aceito pela maioria dos sistemas de segurança, porém é o que geralmente ocorre nos equipamentos.

> **>> DEFINIÇÃO**
> O *E-Stop* é um dispositivo ligado em série a um circuito de controle da máquina. Quando ele é acionado, o circuito é interrompido e a potência é removida do relé de retenção que mantém o circuito energizado.

Figura 2.17 Botão *E-Stop*.

Um dispositivo *E-Stop* não precisa ser um botão, ele pode ser um dispositivo de puxamento a cabo ou uma chave de porta de proteção.

Para energizar o circuito de controle *E-Stop*, o operador pressiona um botão de reset, o que fornece potência momentaneamente para a bobina de relé. Esse relé é conhecido como relé de controle mestre (MCR, *Master Control Relay*), ou relé mestre de segurança (MSR, *Master Safety Relay*). Quando uma bobina do relé é energizada, ela fecha seu contato, que fica normalmente aberto, de modo que a potência seja fornecida por meio do contato de relé tanto para as bobinas quanto para a carga. A carga pode ser a potência que alimenta os cartões de saída ou qualquer outro dispositivo que está em situação perigosa. A potência fornecida para a carga é conhecida como potência comutada.

Contanto que o relé seja energizado, o circuito se completa e a potência é fornecida para a carga. Pressionar a parada ou o botão *E-Stop* interrompe o circuito, permitindo que o relé retorne para sua posição aberta.

Existem vários níveis de confiabilidade definidos para circuitos *E-Stop*: simples, de único canal, de único canal monitorado e de **controle confiável**, que inclui circuitos monitorados por canal duplo. A Figura 2.18 mostra um circuito simples e um circuito de controle confiável (monitorado).

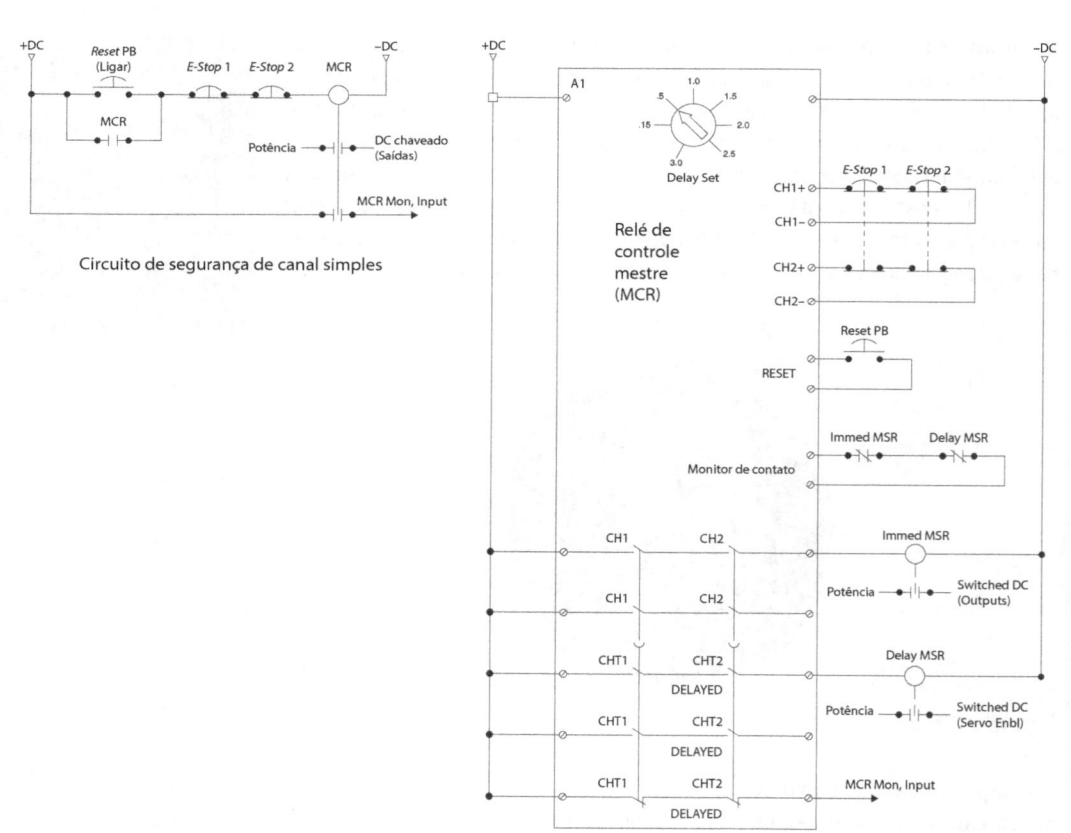

Figura 2.18 Circuitos para *E-Stop* de canal simples e de canal duplo.

» Proteção física

A proteção física em uma situação de risco é o método mais simples de segurança. Uma capa ou uma barreira física é interposta entre a situação de risco e o operador. Geralmente, a capa precisa ser removida com ferramentas ou, se for articulada como uma porta, deve ter uma chave de segurança. As chaves de segurança contêm mecanismos de fechamento liberados apenas com uma condição *E-Stop*, se for requerida pela análise de segurança e perigo.

A malha de proteção geralmente é utilizada em torno da máquina, permitindo a visibilidade do equipamento. O tamanho das aberturas da malha depende da distância entre ela e a área de perigo e do modo como o operador controla a máquina, com um dedo ou um braço, por exemplo. A Figura 2.19 mostra a malha de proteção em torno de um robô que está em operação.

Figura 2.19 Malha de proteção em torno de um robô.

Os avisos de perigo e as sinalizações são necessários em uma máquina sempre que existirem agentes de risco, como pontos de compressão ou riscos elétricos. Os símbolos e as cores para esses sinais são padronizados e devem ser adquiridos de um fornecedor apropriado.

> » **ATENÇÃO**
> Os avisos de perigo e as sinalizações são necessários em uma máquina sempre que existirem agentes de risco, como pontos de compressão ou riscos elétricos. Os símbolos e as cores para esses sinais são padronizados e devem ser adquiridos de um fornecedor apropriado.

» Bloqueio/sinalização (*lockout/tagout*)

Deve-se notar que os sistemas *E-Stop* não podem ser usados para o isolamento de energia em um procedimento de controle de energias perigosas, também denominado *lockout* (bloqueio). Os dispositivos para esse propósito devem separar fisicamente a fonte de energia dos componentes a jusante. Há muitas exigências que descrevem como a ramificação deve ser aplicada, mas todas as máquinas autônomas devem ter uma desconexão que remove a potência de todo o equipamento.

As desconexões são geralmente projetadas com um recurso que permite que um dispositivo com serviço de *lockout* (geralmente uma trava ou uma montagem de metal que possibilita que diversos bloqueios sejam inseridos) trave a desconexão na posição desenergizada. Uma etiqueta é então fixada em cada trava com o nome da pessoa responsável e a data. O *lockout/tagout* é usado sempre que a potência precisa ser removida de uma máquina ou de um sistema para manutenção, ou quando alguém corre o risco de levar um choque elétrico.

As desconexões são projetadas com um mecanismo que previne a abertura de um invólucro elétrico quando a desconexão está na posição ligado. Os mecanismos anuladores que permitem que a porta seja aberta com uma ferramenta quando a alimentação está sendo aplicada também fazem parte do desenvolvimento do projeto de desconexões.

» Mitigação no projeto

Outro método para a redução de riscos é desenvolver um projeto nas máquinas ou no sistema. Um exemplo disso é o arredondamento dos cantos ou a colocação de peças móveis e atuadores em locais de difícil acesso para uma pessoa. Essas soluções em geral são de baixo custo e um bom projetista levará isso em conta. O uso de dedeiras para proteção dos dedos da mão e de amortecedores de borracha ou almofadas são exemplos de redução de exposição.

» Dispositivos de proteção

Existem vários tipos de dispositivos de proteção desenvolvidos para aplicações de segurança. Os mais comuns são as cortinas de luz e os escâneres de piso de segurança. Quase todos esses dispositivos são desenvolvidos para uso com circuitos de controle confiável (monitorados por canal duplo). Para conseguir isso, os dispositivos do circuito, como os controladores de relés de segurança, monitoram a atuação dos contatos de segurança com relação ao estado dos feixes de luz recebidos. As cortinas de luz são especificadas pelo tamanho da área coberta e pelo tom ou pela distância entre os feixes. Ao especificar uma cortina de luz, é importante basear a distância da área de perigo até o dispositivo de proteção no tempo de reação do circuito de segurança e na sua capacidade de parar o movimento antes que um operador chegue ao perigo. Existem programas e mecanismos de testes para estimar as distâncias apropriadas e verificar a eficácia dos dispositivos.

A Figura 2.20 mostra uma cortina de luz de 12 polegadas de rápida desconexão.

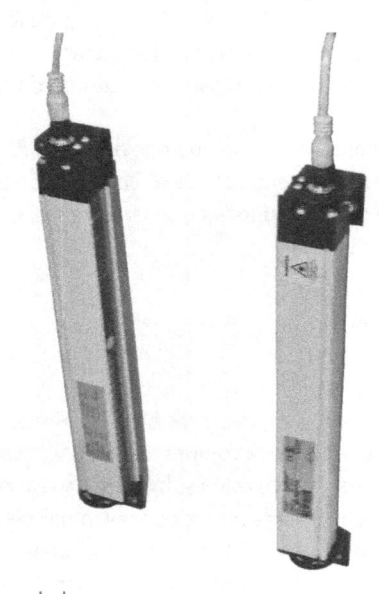

Figura 2.20 Cortina de luz.

Os escâneres de chão e as cortinas de luz também podem ser "silenciados" para ignorar áreas cobertas ou da cortina. Isso pode ser feito em uma base permanente, por exemplo, ensinar um escâner de piso a identificar os objetos fixos, como as pernas de uma esteira, ou os elementos condicionais, como um operador que deve entrar em uma área protegida durante uma operação normal. Esses tipos de circuitos podem ser reiniciados automaticamente quando a obstrução é removida. Isso em geral é feito por um sensor, como um sensor fotocélula que percebe quando um objeto está se movendo pela zona segura ao longo de um caminho predefinido, como um objeto em uma esteira.

Outros tipos de sensores de segurança são utilizados em circuitos de proteção. Os tapetes de segurança "sentem" o peso de um operador e desabilitam movimentos perigosos enquanto esse peso está presente. Outro exemplo são as chaves de segurança que monitoram a posição de uma porta ou de um portão que dá acesso a áreas perigosas. Esses tipos de sensores são conectados em um circuito separado dos botões E-Stop para permitir uma reinicialização automática. Os diagramas de circuitos para os circuitos de proteção são parecidos com os dos circuitos de segurança, que removem a potência dos dispositivos de saída enquanto as pessoas estão nas áreas de segurança.

>> **EXEMPLO**
Cortinas de luz, escâneres de chão e tapetes de segurança são alguns dos exemplos de dispositivos de proteção.

Um componente que está se popularizando rapidamente nos sistemas de segurança é o controlador de segurança. Enquanto muitos dispositivos e circuitos devem ser conectados e redundantes, os controladores de segurança permitem que funções lógicas sejam inclusas em um circuito sem a necessidade de usar relés e temporizadores. Eles podem assumir a forma de um "CLP de segurança", em que a lógica é programada em lógica ladder, ou de um controlador de segurança genérico programado por seleções de funções e código simples. Todos os controladores de segurança devem atender aos requisitos de segurança da Diretiva de Máquina, padrão europeu que indica que o equipamento está em conformidade com a CE.

Os controladores de segurança são um método de consolidar chaves de proteção de portas, dispositivos *E-Stop*, entradas de servos e robôs em um único ponto de controle. Isso permite que o circuito fique separado e seja priorizado, atendendo assim às normas de segurança.

» Software

Além dos métodos de hardware descritos anteriormente, cuidados adicionais devem ser tomados para garantir a conformidade do software com os requisitos de segurança. As análises de riscos para softwares são realizadas para identificar riscos potenciais que podem ser causados ou prevenidos pela programação. Para os softwares que controlam ou monitoram funcionalidades de risco, as melhores práticas da indústria para realizar uma análise de risco de segurança são definidas no padrão IEEE STD-1228-1994, intitulado Planos de Segurança de Software.

Assim como acontece com o padrão ANSI para classificações de risco descrito anteriormente, a gravidade das consequências estabelece o nível crítico do software. Os níveis críticos são categorias representadas pelas letras de A a E, de "catastrófico" a "nenhum efeito de segurança". Os níveis A e B exigem altos níveis de rigor nas tarefas afetadas pelo software.

As análises de softwares para riscos devem ser realizadas por grupos de programadores ou por conhecedores da linguagem de programação. Os modelos e padrões de programação também estruturam os programas de forma que as condições possam ser automonitoradas. Um exemplo seria assegurar que a proximidade estendida e retraída de um sensor não possa ser ativada em um mesmo instante de tempo, ou que uma fotocélula seja bloqueada somente uma vez durante todo o ciclo.

O gerador de autoteste integrado (BIST, *Built-In Self-Test*) é obrigatório para programas de software. Ele pode ser uma verificação de rotina que analisa uma máquina autônoma para descobrir se ela precisa de manutenção ou reparos, ou que determina se a máquina pode ser iniciada de forma segura. Isso é mais comum nas forças armadas ou em aplicações computacionais, porém é visto algumas vezes na programação de PLCs e DCSs.

As falhas ou os alarmes de máquinas são produzidos sempre que os dispositivos de segurança são armados ou que condições impróprias são detectadas, como as descritas anteriormente. Essas falhas podem desativar ou retrair os atuadores para proteger o pessoal, o hardware da máquina ou os produtos. As falhas e os alarmes podem desencadear um ciclo ou gerar comandos de parada imediata, ou ainda remover a força pneumática de uma máquina utilizando uma válvula de despejo de ar ou uma válvula de verificação controlada. Em alguns casos, quando uma falha é detectada, a potência pode ser removida de terminais de saída com fios.

> **IMPORTANTE**
> As falhas ou os alarmes de máquinas são produzidos sempre que os dispositivos de segurança são armados ou que condições impróprias são detectadas.

» Segurança intrínseca

Quando os controles e a instrumentação devem ser operados em ambientes de risco, como atmosferas explosivas ou inflamáveis, uma técnica de proteção conhecida como segurança intrínseca (IS, *Intrinsic Safety*) pode ser aplicada. Em condições normais, os equipamentos elétricos com frequência criam pequenas faíscas internas em disjuntores, escovas de motores, conectores ou algum outro lugar. Tais faíscas podem atingir substâncias inflamáveis presentes no ar. Um dispositivo conhecido como **intrinsecamente seguro** é desenvolvido para não conter componentes capazes de produzir faíscas ou de conservar energia suficiente para gerar uma faísca potente o bastante para provocar uma ignição.

> **DEFINIÇÃO**
> A segurança intrínseca consiste em uma série de medidas que visam a prevenção de acidentes em ambientes de risco, como atmosferas explosivas ou inflamáveis.

Originalmente, o conceito de IS foi desenvolvido para a instrumentação do controle de processos em áreas de risco, como as plataformas de gás. A ideia por trás da aplicação é garantir que a energia elétrica ou térmica em um ambiente exposto seja baixa o suficiente para impedir que a ignição de uma atmosfera explosiva ou inflamável ocorra. As barreiras de segurança IS permitem somente tensões e correntes baixas em ambientes de risco. O sinal de energia e os fios de alimentação são protegidos com um circuito de diodo Zener ou de isolação galvânica dentro da barreira. A Figura 2.21 é um exemplo de vários trilhos do tipo DIN montados em barreiras intrínsecas.

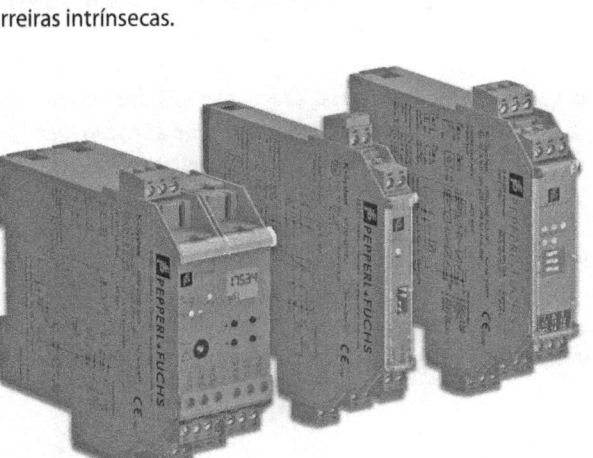

Figura 2.21 Barreiras de segurança intrínseca (cortesia da Pepperl+Fuchs).

Na utilização dessas barreiras, um dispositivo de baixa tensão (comumente abaixo de 8VCC) ou um sensor é conectado no lado do campo da barreira e o outro lado é conectado nas entradas padronizadas de um controlador (geralmente 24VCC). As barreiras estão localizadas na parte de fora de uma área de risco.

Os sensores Namur são dois sensores com fios que mudam a resistência quando um alvo se aproxima. A Namur é uma associação alemã que representa os usuários da tecnologia de mensuração e controle na indústria química. Eles padronizaram o uso de sensores de segurança intrínseca comumente utilizados com barreiras. Quando um sensor Namur "vê" um alvo, a resistência vai de baixa para alta. Isso é o oposto da ação de uma chave de limite convencional, em que a resistência vai de alta (infinito) para baixa (conectado) quando a chave está ativada. Frequentemente, essa característica causa confusão. Os sensores Namur exigem uma interface, como uma barreira intrinsecamente segura, que tenha uma chave de seleção na parte frontal, usada para reverter a ação dos contatos do relé de saída. Isso faz ele se comportar como uma chave de limite (note que a ação do relé é revertida, não a ação do sensor). Esses sensores seguem o padrão europeu EN 60947-5-6 (antes EN 50227).

Na aplicação de técnicas de IS, existem outras considerações, como a temperatura de componente anormal. Um curto-circuito em um pequeno componente em uma placa de circuito pode fazer a energia térmica das imediações ser muito maior do que durante o uso normal. A limitação de corrente feita por meio de resistores e fusíveis em circuitos derivados pode ser usada para prevenir a autoignição de uma atmosfera inflamável.

Caixas à prova de explosão também são usadas para conter o fogo ou as explosões em uma área confinada. Essas caixas são fechadas com múltiplos parafusos por meio de uma tampa removível, e um conduíte é empregado para fazer a fiação do dispositivo. Essas caixas são usadas em aplicações que requerem a utilização de dispositivos ou instrumentação que não são IS.

As fábricas químicas e petroquímicas são as maiores usuárias de dispositivos e produtos IS. Os processadores de grãos e os silos de armazenagem também são considerados grandes usuários devido à natureza inflamável e explosiva da poeira orgânica.

Muitos sensores e dispositivos de fábrica são desenvolvidos para serem utilizados em áreas de risco ou com barreiras, ou como unidades independentes. Uma fabricante bem conhecida de barreiras e dispositivos é a alemã Pepperl+Fuchs. Mais informações são encontradas nos catálogos de seus produtos.

>> Eficácia geral de equipamentos

A eficácia geral de equipamentos (OEE, *Overall Equipment Effectiveness*) é um método de monitoramento e aperfeiçoamento da eficácia dos processos de manufatura. Máquinas, células de manufatura e linhas de produção se beneficiam dessa técnica de manutenção da fabricação enxuta e da produtividade total. A OEE e as telas de produtividade são comumente encontradas nas IHMs de sistemas de controle para máquinas.

A OEE pega as fontes de perda de produtividade mais comuns e importantes, as separa em três categorias e aplica métricas que permitem a avaliação do processo. A avaliação e as análises OEE começam com a quantidade de tempo que a linha de produção está disponível para a operação. Esse tempo refere-se ao tempo operacional da planta ou da linha. A partir desse número, uma categoria de tempo é extraída, conhecida como parada planejada, que consiste em todos os eventos que devem ser excluídos dos cálculos da OEE, por não existir a intenção de funcionamento da linha. Exemplos disso incluem almoço e outros intervalos, manutenção agendada, feriados e períodos em que não existem produtos para processamento. O tempo restante depois de subtrair o tempo das paradas planejadas do tempo operacional é conhecido como tempo de produção planejada.

Nos sistemas automatizados, quando uma máquina está no modo automático, sem defeitos, porém sem estar em execução (em geral por falha do operador ao introduzir um material ou paralisações), esse tempo é registrado como "tempo ocioso". Os fabricantes das máquinas excluem esse tempo de seus cálculos de tempo de paralisação (*downtime*) durante os escoamentos das máquinas ou os testes de aceitação de fábrica (FATs, *Factory Acceptance Tests*), uma vez que será realizada uma OEE mínima para a aceitação da máquina. Como o tempo de paralisação induzido pelo operador é uma fonte importante de desperdício (ou, em japonês, "muda"), ele deve ser incluído nos cálculos da OEE. O tempo ocioso talvez tenha que ser discutido como um item à parte durante o escoamento, se ele for considerado excessivo.

> **>> DEFINIÇÃO**
> A eficácia geral de equipamentos (OEE, *Overall Equipment Effectiveness*) é um método de monitoramento e aperfeiçoamento da eficácia dos processos de manufatura. A OEE e as telas de produtividade são comumente encontradas nas IHMs de sistemas de controle para máquinas.

>> Disponibilidade

Para determinar a disponibilidade de um equipamento, são definidas e analisadas a eficiência e as perdas de produtividade. A primeira categoria de perda a ser considerada é o tempo de parada. Esse tempo é composto por qualquer evento que pare a produção por um tempo suficiente para ser registrado como evento. Ele pode variar, dependendo se os eventos são registrados automaticamente por meio do sistema de controle ou manualmente por meio de um operador. Os tempos de parada incluem falhas ou defeitos de equipamentos, escassez de material ou tempo de transição. As falhas e a escassez de materiais podem ser eliminadas por completo em uma situação ideal, enquanto o tempo de transição deve ser minimizado.

Depois de subtrair o tempo de paralisação do tempo de produção planejada, o tempo restante é conhecido como tempo operacional. Ele também pode ser expresso como uma porcentagem: basta dividir o tempo operacional pelo tempo de produção planejada e multiplicar por 100.

$$\text{Disponibilidade (\%)} = (\text{tempo operacional} / \text{tempo de produção planejada}) \times 100 \quad (2.2)$$

>> Desempenho (performance)

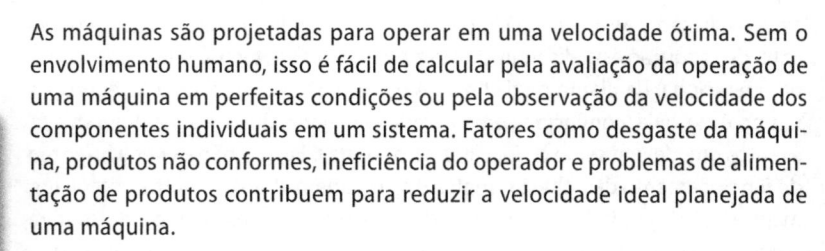

As máquinas são projetadas para operar em uma velocidade ótima. Sem o envolvimento humano, isso é fácil de calcular pela avaliação da operação de uma máquina em perfeitas condições ou pela observação da velocidade dos componentes individuais em um sistema. Fatores como desgaste da máquina, produtos não conformes, ineficiência do operador e problemas de alimentação de produtos contribuem para reduzir a velocidade ideal planejada de uma máquina.

O tempo operacional líquido de uma máquina pode ser determinado por meio da subtração do tempo de parada devido ao desempenho do tempo operacional calculado anteriormente. Isso pode ser difícil em um ambiente automatizado, assim, o desempenho geralmente é expresso em porcentagem. Divide-se a saída de uma máquina ou de uma linha de produção pela sua saída ideal para se determinar a porcentagem de perda de velocidade. Esse valor pode então ser usado para se calcular o tempo de parada devido ao desempenho.

$$\text{Desempenho (\%)} = [(\text{tempo de ciclo ideal} \times \text{total de peças}) / \text{tempo operacional}] \times 100 \quad (2.3)$$

> **>> ATENÇÃO**
> Fatores como desgaste da máquina, produtos não conformes, ineficiência do operador e problemas de alimentação de produtos contribuem para reduzir a velocidade ideal planejada de uma máquina.

>> Qualidade

A qualidade de um processo é determinada ao se subtrair as peças rejeitadas (refugos) ou defeituosas do total do número de peças produzidas. O resultado serve para calcular a porcentagem de perdas geradas devido aos problemas de qualidade, o que inclui peças que têm de ser retrabalhadas.

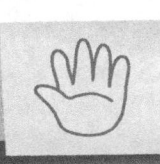

Os refugos podem ser subdivididos em perdas incorridas devido às atividades de inicialização e perdas que são realmente peças ruins. Deve-se diferenciar as atividades, como aquecimento, emendas e erros de configuração, das peças com falhas. O objetivo do cálculo da OEE é melhorar ou eliminar as causas de tempos de paradas e de desperdício, assim, se torna útil a divisão de causas em várias categorias possíveis.

$$\text{Qualidade (\%)} = (\text{peças boas} / \text{total de peças}) \times 100 \qquad (2.4)$$

» Cálculo da OEE

Os resultados dos cálculos da disponibilidade, do desempenho e da qualidade podem ser multiplicados para determinar a OEE total da máquina.

$$\text{OEE} = \text{disponibilidade} \times \text{desempenho} \times \text{qualidade} \qquad (2.5)$$

A melhoria total da OEE é um objetivo importante, mas não pode ser analisado de forma tão simples. Por exemplo, poucas companhias trocariam uma melhoria de 5% na disponibilidade por um aumento de 3% nos refugos, mesmo que no geral o OEE fosse melhor. Todos os fatores que contribuem para o desempenho da máquina devem ser ponderados e calculados cuidadosamente.

As IHMs das máquinas são programadas com telas de produtividade acessíveis a partir de uma tela principal. Informações como turnos, tempos de ciclo ideais e tempos de parada/intervalo podem ser definidas pela equipe de qualidade, permitindo que a OEE seja calculada e armazenada na memória do controlador. Os dados podem ser recuperados por turno, dia ou semana e avaliados junto com o tempo de parada devido às falhas individuais, os eventos registrados manualmente pelo operador e outros dados. Qualquer caso que possa ser detectado automaticamente deve ser programado nos controladores por categoria. Causas de tempos de parada e tipos de refugos podem ser associados a "códigos de razão" para avaliações futuras.

> **» DICA**
> A melhoria total da eficácia geral de equipamento é um objetivo importante, mas não pode ser analisado de forma simplista. Todos os fatores que contribuem para o desempenho da máquina devem ser ponderados e calculados cuidadosamente.

» Descarga eletroestática

Quando dois objetos carregados entram em contato ou são aproximados um do outro, um súbito fluxo de eletricidade pode criar faíscas ou picos de tensão. Isso tem como causa o acúmulo de eletricidade eletroestática ou a indução eletroestática. A descarga eletroestática (ESD) pode causar incêndios, explosões ou danos em dispositivos eletrônicos sensíveis.

Além das precauções listadas na seção de IS deste capítulo, outros cuidados têm de ser tomados para prevenir riscos relacionados à ESD. Para os fabricantes de eletrônicos, mesmo uma pequena descarga que não crie uma faísca pode ser o bastante para danificar um dispositivo semicondutor. Ao trabalhar com peças

> **» DEFINIÇÃO**
> Uma descarga eletroestática ocorre quando dois objetos carregados entram em contato ou são aproximados um do outro, gerando um súbito fluxo de eletricidade que pode criar faíscas ou picos de tensão.

sensíveis à ESD, praticamente tudo em uma determinada região da peça deve ser aterrado. Essa área é conhecida como área preventiva eletrostática (EPA, *Electrostatic Preventive Area*). As peças dentro da EPA devem ser feitas com materiais condutivos, como aço inox ou alumínio eletrolítico; alguns plásticos dissipativos também podem ser usados. Os operadores e os técnicos que trabalham no chão de fábrica usam sapatos com solas condutivas, e o chão pode ser pintado com tinta epóxi dissipativa ou condutiva. Tiras condutivas nos pulsos e nos pés são necessárias, e esteiras eletroestáticas e controle de umidade são comuns. A prevenção da ESD pode ir além da EPA e abarcar o uso de materiais de embalagem seguros contra ESD e de técnicas de design para a proteção externa dos componentes ou a proteção dos pinos de entrada e de saída.

capítulo 3

Componentes e hardware

Os sistemas automatizados utilizam diversos produtos mecânicos e elétricos de uma grande variedade de fabricantes. Os catálogos dessas empresas, tanto impressos quanto em formato eletrônico, são uma ótima fonte de informações técnicas, não somente sobre um produto específico, mas também sobre técnicas gerais de controle e automação.

Objetivos de aprendizagem

» Explicar o funcionamento e a aplicação dos vários tipos de dispositivos de controle em um sistema de automação.

» Descrever a função e a serventia das interfaces do operador como meios de entrada, para permitir que o usuário envie sinais ou dados a um sistema ou controlador, e de saída, para que o sistema controle os efeitos da manipulação do usuário.

» Identificar os vários tipos de sensores e suas funções, desde sistemas de visão e termopares até códigos de barra, RFID e cromatografia gasosa.

» Aprofundar seus conhecimentos acerca do controle e da distribuição de energia e do uso de diferentes dispositivos e ferramentas.

» Descrever as funções de atuadores pneumáticos, hidráulicos e elétricos na movimentação e no posicionamento do ferramental em uma máquina.

» Diferenciar o funcionamento de motores CA e CC e seus vários tipos.

» Empregar os mecanismos e os elementos de uma máquina para transferir ou transformar a força.

» Reconhecer as estruturas que servem de base para a construção de máquinas, assim como as principais especificações de caixas elétricas.

❯❯ Controladores

Os controladores fornecem a computação, os cálculos e o gerenciamento da parte de I/O de um sistema de automação. Eles podem atuar como um núcleo ou ser ligados em rede e distribuídos por todo o sistema.

❯❯ Computadores

Além de serem utilizados como uma ferramenta para escrever os programas para os sistemas de controle, os computadores servem como o controlador real em algumas máquinas. Eles possuem a vantagem de ter um custo relativamente baixo, devido à sua ampla disponibilidade. Como os computadores já possuem um monitor e algum tipo de dispositivo indicador, como um mouse, os programas de Interface Homem-Máquina (IHM) também são facilmente implementados por meio de computadores padrão.

> ❯❯ **DEFINIÇÃO**
> O Windows CE é um sistema operacional para computadores criado especificamente para ser utilizado em sistemas de controle em tempo real.

Os sistemas operacionais dos computadores em geral não são otimizados para a execução de controle em tempo real nas máquinas. A maioria dos sistemas de PCs executa uma variedade do sistema operacional Microsoft Windows, que possui muitos componentes que não são necessários ou desejados em um sistema de controle. Por causa disso, uma plataforma especial, chamada Microsoft Windows CE, foi desenvolvida para remover muitos dos recursos que não eram necessários em um sistema de controle. O Windows CE não é tão baseado em componentes e consome menos memória, o que o torna mais apropriado para sistemas de controle em tempo real. Os controladores embarcados estão começando a usá-lo como uma plataforma padrão.

❯❯ Sistemas de controle distribuído

Os sistemas de controle distribuído (DCS, *Distributed Control Systems*) são encontrados em aplicações de controle de processos, como as fábricas de produtos químicos. Eles são usados em processos contínuos ou em processos por batelada. Os DCSs são conectados aos sensores e atuadores e usam o controle por ponto de ajuste para controlar o fluxo de material em uma planta. O exemplo mais comum é uma malha de controle por ponto de ajuste que possui um sensor de pressão, um controlador e uma válvula de controle. As medidas de pressão e de vazão são transmitidas para o controlador, em geral com o auxílio de um dispositivo de condicionamento de sinais de I/O. Quando as variáveis de medição atingem um certo ponto, o controlador ordena que a válvula, ou o dispositivo de atuação, abra ou feche até que o fluxo do fluido do processo atinja o ponto de ajuste desejado. As grandes refinarias de petróleo possuem milhares de pontos de I/O e utilizam grandes DCSs. No entanto, os processos não são limitados ao fluxo de fluidos dentro de tubulações. Eles podem incluir outros elementos, como máquinas de papel e seus drives de velocidade variável, centros de controle de motores, fornos de cimento, operações de mineração, fábricas de processamento de minério e muitos outros.

Um sistema DCS possui controladores digitais funcional e/ou geograficamente distribuídos capazes de executar de uma até 256 malhas de controle regulares dentro de uma caixa de controle. Os dispositivos de I/O podem ser ligados diretamente ao controlador ou localizados remotamente por meio de uma rede de campo. Outro nome para isso é I/Os distribuídas. Os controladores modernos possuem capacidades computacionais extensivas e, além do controle PID, conseguem realizar controles lógicos e sequenciais.

Um DCS pode utilizar uma ou mais estações de trabalho, e pode ser configurado na estação de trabalho ou por um PC off-line. A comunicação local ocorre por meio de uma rede de controle, e a transmissão é feita por meio de um cabo par trançado, coaxial ou de fibra óptica. Um processador de servidor e/ou de aplicações pode ser incluso no sistema para garantir mais capacidade computacional, de coleta de dados e de reporte.

>> Controladores lógicos programáveis

Os controladores lógicos programáveis (PLC, *Programmable Logic Controllers*, ou CLPs) são muito utilizados para controlar os sistemas de automação de chão de fábrica. Eles são, essencialmente, computadores digitais que servem para controlar processos eletromecânicos. Os CLPs são usados em várias indústrias e máquinas, como máquinas para embalagens e semicondutores. Ao contrário dos computadores para uso geral, os CLPs são desenvolvidos com várias entradas e saídas, faixas estendidas de temperatura, imunidade para ruídos elétricos e resistência a vibrações e impactos. Os programas utilizados para controlar as operações da máquina costumam ser armazenados em memórias alimentadas por bateria ou não voláteis. Um CLP é um exemplo de um sistema em tempo real, pois os resultados de suas saídas devem ser produzidos em resposta às condições de entrada em um tempo determinado; caso contrário, ocorrerá uma operação indesejada.

A principal diferença entre os CLPs e os outros computadores é que aqueles são preparados para condições severas (poeira, umidade, frio, etc.) e possuem facilidade para arranjos de I/O extensivos. Esses arranjos conectam o CLP aos sensores e atuadores. Os CLPs fazem a leitura de chaves de fim de curso ou outros sensores, variáveis de processo analógicas (como temperatura e pressão) e posições de sistemas de posicionamento complexos. No lado do atuador, os CLPs operam motores elétricos, cilindros pneumáticos ou hidráulicos, relés magnéticos ou solenoides, ou ainda saídas analógicas. Os arranjos de I/O podem ser construídos

>> DEFINIÇÃO
Os controladores lógicos programáveis são, essencialmente, computadores digitais que servem para controlar processos eletromecânicos. Ao contrário dos computadores para uso geral, os CLPs são desenvolvidos com várias entradas e saídas, faixas estendidas de temperatura, imunidade para ruídos elétricos e resistência a vibrações e impactos.

em um CLP simples, na forma de "tijolos", ou o CLP pode possuir módulos digitais e analógicos de I/O conectados em *racks*. Os módulos de comunicação em *racks* também podem ser usados para fazer a interface entre os blocos de I/O remotos e o processador. Um exemplo de CLP baseado em *racks* é mostrado na Figura 3.1.

Figura 3.1 CLP ControlLogix Allen-Bradley.

Os principais fabricantes também vendem softwares para programar suas plataformas. Esses pacotes de software são específicos para cada plataforma, e não podem ser utilizados em hardwares de outros fabricantes. Softwares adicionais são necessários para configurar as comunicações de rede e programar as IHMs, mas eles podem estar imclusos em um pacote comum de software.

Antes do avanço dos sistemas de computadores, a lógica era desenhada manualmente, com as mesmas técnicas utilizadas no desenvolvimento de sistemas de controle de relés físicos, e era então convertida em uma taquigrafia que seria inserida por meio de um teclado portátil ou de um computador baseado em texto. Com o avanço da tecnologia, a lógica pode ser desenhada em uma tela de computador. Essa lógica ainda era convertida em texto e ficava à disposição para documentação. Ela também era impressa em um formato gráfico.

Devido às limitações de memória, os comentários descritivos para as bobinas, os contatos e outras instruções não eram armazenados na memória do CLP. Símbolos serviam de referência para esses dispositivos, mas em geral eles eram referenciados simplesmente por um bit ou por um número inteiro. Os registradores de memória eram reservados para os tipos de dados usados: bit, palavra ou valores de pontos flutuantes. Temporizadores e contadores também reservavam áreas, bem como registradores matemáticos.

Nos CLPs modernos, o tamanho da memória não é mais um problema. Mais etiquetas descritivas (*tags*) podem ser armazenadas e outros métodos, como texto estruturado e diagramas de funções sequenciais, são plenamente utilizáveis. Os programadores podem até empregar uma combinação desses itens e de lógica ladder com base no que for mais apropriado. Mais informações sobre softwares de CLPs estão no Capítulo 6.

>> **NA HISTÓRIA**
Antes do avanço dos sistemas de computadores, a lógica era desenhada manualmente, com as mesmas técnicas utilizadas no desenvolvimento de sistemas de controle de relés físicos, e era então convertida em uma taquigrafia que seria inserida por meio de um teclado portátil ou de um computador baseado em texto.

» Controladores e sistemas embarcados

Os sistemas embarcados são sistemas de computação de propósito específico. Em geral, são desenvolvidos para realizar uma ou algumas funções dedicadas, muitas vezes com restrições computacionais de tempo real. Eles são **embarcados** como parte de um dispositivo completo, incluindo hardware e partes mecânicas. Em contrapartida, um computador de uso geral, como um computador pessoal, consegue realizar muitas tarefas diferentes, dependendo da sua programação. Os sistemas de controle embarcados controlam vários dos dispositivos mais utilizados atualmente. Os componentes de controle comuns de um sistema embarcado são o microprocessador ou a CPU, a memória RAM e a memória flash.

Em geral, **sistemas embarcados** não é uma expressão muito precisa, pois muitos sistemas têm algum elemento de programabilidade. Por exemplo, os computadores de mão compartilham alguns elementos com os sistemas embarcados – como o sistema operacional e o microprocessador –, mas não são um sistema embarcado de verdade, pois permitem que diferentes aplicações sejam carregadas e que periféricos sejam conectados.

> **» DEFINIÇÃO**
> Os sistemas embarcados são sistemas de computação de propósito específico. Em geral, são desenvolvidos para realizar uma ou algumas funções dedicadas, muitas vezes com restrições computacionais de tempo real. Eles são embarcados como parte de um dispositivo completo, incluindo hardware e partes mecânicas.

Controladores de temperatura e de processos

Um tipo de controlador de propósito específico muito utilizado é o controlador de temperatura. Esse dispositivo realiza um controle simples de liga e desliga de um aquecedor em reação a uma temperatura detectada, ou controla várias áreas por meio de um controlador PID. Os controladores podem ser desenvolvidos para um tipo específico de sensor de temperatura, ou ser configurados via software ou por chaves DIP.

Os controladores de temperatura independentes são dimensionados com base no sistema alemão DIN (*Deutsches Institute für Normung*), sendo então classificados segundo os tamanhos 1/16 DIN, 1/8 DIN ou 1/4 DIN. Os temporizadores e os contadores também são dimensionados dessa maneira. Isso assegura que os controladores se fixarão em um corte exato em um painel. A Figura 3.2 mostra um controlador de temperatura 1/4 DIN para montagem em um painel. Os parâmetros, como a variável de processo (PV) e o ponto de ajuste (SP), são mostrados em diferentes cores para facilitar a leitura. A configuração dos parâmetros é feita por meio de um teclado com botões de membrana localizado na parte da frente do controlador.

Figura 3.2 Controlador de temperatura DIN 1/4 (cortesia da Omron).

A temperatura não é o único parâmetro que pode ser monitorado por um controlador autônomo. Praticamente qualquer variável de processo pode ser controlada por uma unidade independente montada em um painel. Os controladores de processo podem ser usados para controlar a posição de uma válvula com base no fluxo ou na pressão; eles efetivamente usam variáveis de entrada para controlar uma variável de saída, conforme mostrado na Figura 2.3, que ilustra um sistema de retroalimentação em malha fechada. Os controladores de processo fisicamente se parecem com os controladores de temperatura; a grande diferença é o tipo do circuito de entrada.

> **» DICA**
> A temperatura não é o único parâmetro que pode ser monitorado por um controlador autônomo. Praticamente qualquer variável de processo pode ser controlada por uma unidade independente montada em um painel.

» Interfaces de operador

Os operadores precisam interagir com as máquinas que controlam a fim de ativar dispositivos ou processos e obter os estados de retorno. Historicamente, isso era feito com *push buttons*, chaves e sinalizadores. Com o avanço tecnológico, esses itens foram substituídos por textos dedicados e displays gráficos, que usam teclados com botões de membrana e telas sensíveis ao toque (*touch screens*). Os computadores industriais que possuem um monitor com um teclado e dispositivos apontadores (como um mouse) são outra forma de interface de máquina. As interfaces computacionais com controladores dedicados são muito utilizadas. A interface com o operador inclui os componentes de hardware (a parte física) e os componentes de software (a parte lógica). Como dito anteriormente na descrição dos sistemas automatizados, as interfaces de operadores oferecem um meio de:

- Entrada, permitindo que o usuário envie sinais ou dados para um sistema ou controlador;
- Saída, permitindo que o sistema controle os efeitos da manipulação dos usuários.

Uma interface com operador é programada por meio de um software em um terminal de computação padrão. Ela deve ser desenvolvida para produzir uma interface de usuário que torne a operação da máquina simples e eficiente. O operador tem de oferecer uma entrada mínima para produzir o resultado desejado, e a interface deve fornecer somente a informação desejada como retorno ao operador. Isso requer um planejamento cuidadoso da estrutura do menu na tela e dos gráficos e ícones representativos da máquina, além de displays organizados com consistência para que haja uma interface eficaz.

Outros termos associados com as interfaces de operador são MMI (*Man-Machine Interface*), IHMs (Interface Homem-Máquina), GUI (*Graphical User Interface,* interface gráfica do usuário) e OIT (*Operator Interface Terminal*, terminal de interface do usuário).

>> Interfaces baseadas em texto

As interfaces de operador podem ser baseadas em texto, o que é feito por meio do fornecimento de instruções ou estados de máquina ao operador. Elas podem incluir ou não botões de entrada. Os displays são telas de LCD, mas podem ser fluorescentes. Os displays de LED também são comuns em grandes interfaces de mensagens, porém com uma distância maior entre o operador e a interface. As luzes individuais são organizadas em um padrão, permitindo que pontos selecionados se iluminem na forma de caracteres alfanuméricos. Eles podem ser organizados em várias linhas ou colunas, dependendo do tamanho da mensagem desejada e do tamanho dos caracteres. A Figura 3.3 mostra os dados de produção em uma célula de trabalho. As cores são configuradas por campo para tornar a exibição mais legível; ela pode até ser programada para mudar a cor com base em limites numéricos.

> **>> DICA**
> Em um display, as cores podem ser configuradas por campo e programadas com base em limites numéricos.

Figura 3.3 Display de texto (cortesia da Mills Products).

» Interfaces gráficas

Com os avanços na tecnologia, tornou-se padrão que as máquinas usem interfaces gráficas com ilustrações da máquina ou da linha de produção para fins de diagnóstico. Essas interfaces podem ser monocromáticas ou coloridas e possuir botões tipo membrana, telas sensíveis ao toque (*touch screens*) ou ambos.

As interfaces gráficas são produzidas pela maioria dos fabricantes de CLPs ou de DCSs, e também por terceiros especializados nesse tipo de produto. Elas podem usar um sistema operacional proprietário ou ser baseadas em sistemas operacionais contidos nas plataformas de computador, como o Microsoft Windows. Os programas utilizados na programação dessas interfaces de operador costumam ser de propriedade dos fabricantes. Os drivers estão disponíveis para a maioria das plataformas de controle conhecidas.

As interfaces gráficas proporcionam a capacidade de criar um número praticamente ilimitado de telas e objetos de interfaces. As telas pequenas podem ser sobrepostas sobre as maiores ou minimizadas como no sistema operacional Windows.

Os *faceplates* também podem ser utilizados com uma interface gráfica. Um *faceplate* é um objeto que contém um conjunto padronizado de botões e indicadores que podem ser preenchidos via software com diferentes dados de dispositivos. Desse modo, se existirem vários dispositivos semelhantes, como motores ou esteiras, todos eles podem usar o mesmo *faceplate,* cada um com seus próprios botões de liga e desliga e indicadores de estado.

» Telas sensíveis ao toque (*touch screens*)

> **» DEFINIÇÃO**
> Uma tela sensível ao toque é um display eletrônico visual que detecta a presença e a localização de um toque feito nele. A determinação da localização do toque exige dois valores de medida, um sobre o eixo X e outro sobre o eixo Y.

Uma tela sensível ao toque é um display eletrônico visual que detecta a presença e a localização de um toque feito nele. A determinação da localização do toque exige dois valores de medida, um sobre o eixo X e outro sobre o eixo Y. O termo "toque" geralmente se refere ao toque feito no display do dispositivo com o dedo ou a mão. Ele permite a interação direta com o que é exibido na tela, e não indireta, como acontece com um ponteiro controlado por um mouse, um *trackball* ou um *touch pad*.

As coordenadas de medidas estão na forma analógica e costumam ser convertidas de analógico para digital por meio de um conversor de 10 bits, fornecendo 1.024 posições nas direções X e Y. Os pontos de toque são então passados para um computador ou um microprocessador de uma IHM por meio de comunicação serial. A seguir são mostrados alguns exemplos de diferentes telas sensíveis ao toque.

Resistiva

As telas sensíveis ao toque resistivas são feitas de várias camadas de um mesmo material. Uma superfície exterior rígida fornece o isolamento entre o dedo do operador e os materiais condutivos internos. Atrás dessa camada existem duas camadas elétricas finas separadas por um pequeno espaço ou lacuna. A lacuna é separada por uma variedade de pontos isolantes transparentes e bem pequenos; quando essa superfície é pressionada, as camadas internas se tocam e o painel atua como um par de divisores de tensão. Isso cria correntes elétricas que indicam onde a tela foi pressionada. A informação é então enviada para o controlador, que a interpreta com base no endereço do botão ou no controle que foi desenhado nesse ponto.

As telas sensíveis ao toque resistivas possuem um bom custo-benefício e são usadas em restaurantes e hospitais, além de fábricas, devido à sua resistência a líquidos e outros contaminantes. Algumas desvantagens dessa tecnologia incluem a facilidade de ser danificada por objetos pontiagudos, como ferramentas, e o fornecimento de apenas 75% de transparência óptica, devido às camadas extras e aos isoladores.

Ondas acústicas de superfície

As telas sensíveis ao toque que utilizam a tecnologia de ondas acústicas de superfície possuem uma superfície de vidro, logo, são mais resistentes a objetos pontiagudos do que as telas resistivas. Os dispositivos SAW (*Surface Acoustic Wave*) consistem em dois vetores transdutores interdigitais (IDTs, *Interdigital Transducer Arrays*) que transmitem ondas ultrassônicas pela superfície da tela. Quando a tela é tocada, ela absorve uma parte da onda, registrando a localização na superfície. Essa informação é enviada para o seu controlador para ser interpretada.

A clareza da imagem obtida pela tecnologia SAW é melhor do que a alcançada pelas telas resistivas ou capacitivas, pois não existem camadas extras entre a imagem e o vidro. Múltiplos pontos tocados também são percebidos simultaneamente. Porém, os contaminantes na superfície da tela podem interferir nas ondas ultrassônicas. Devido à exposição dos transdutores de transmissão e de recepção nas bordas da tela, eles podem não ser perceptíveis e ser danificados por grandes quantidades de líquidos, sujeira ou poeira. Eles devem ser tocados por objetos relativamente largos, como um dedo; uma caneta dificilmente funcionará.

Capacitivas

Um painel de tela sensível ao toque capacitiva consiste em um isolador, como um vidro, revestido com um condutor transparente. O corpo humano também é um condutor elétrico, assim, o contato com a superfície da tela resulta em uma distorção do seu campo eletroestático, mensurável como uma mudança na ca-

> **» CURIOSIDADE**
> As telas sensíveis ao toque que utilizam a tecnologia de ondas acústicas de superfície possuem uma superfície de vidro, logo, são mais resistentes a objetos pontiagudos do que as telas resistivas.

pacitância. A localização é então enviada ao controlador para processamento. Diferentemente do que ocorre com a tela sensível ao toque resistiva, não é possível utilizar uma tela sensível ao toque capacitiva com um material eletricamente isolante, como uma luva padrão. Uma caneta capacitiva especial ou uma luva com as pontas dos dedos feitas de um material que gera eletricidade estática é utilizada algumas vezes, mas isso se torna inconveniente para uso diário.

Existem diferentes tipos de tecnologias capacitivas para telas, cada uma com suas vantagens técnicas e econômicas. A tecnologia de capacitância de superfície fornece um produto bastante durável e barato, porém limitado na resolução, propenso a erros e que requer calibração durante o processo de fabricação. As telas sensíveis ao toque capacitivas projetadas (PCT, *Projected Capacitive Touch*) são mais precisas devido à sua maior resolução. A camada do topo também é de vidro, o que a torna mais resistente a objetos pontiagudos. Contudo, como a camada condutora é gravada, a nitidez e o brilho são reduzidos.

As telas sensíveis ao toque capacitivas mútuas (MCT, *Mutual Capacitive Touch*) possuem um capacitor na intersecção de cada linha e coluna. Ele permite a detecção do registro de múltiplos toques, porém essa tecnologia é mais cara do que a das telas com superfície capacitiva. Os sensores de autocapacitância também podem ser usados com a mesma grade X-Y. Eles fornecem um sinal mais forte do que o tipo de capacitância mútua, porém não conseguem lidar com mais de um dedo ou toque por vez.

Infravermelho

Uma tela sensível ao toque do tipo infravermelho utiliza um vetor de LEDs infravermelhos e pares de fotodetectores ao redor das bordas da tela para detectar uma interrupção no padrão de feixes. Esses feixes de LED se cruzam formando vigas transversais entre si na vertical e na horizontal, no padrão X-Y, permitindo que os sensores identifiquem a localização exata do toque. Esse tipo de tecnologia detecta praticamente qualquer entrada, incluindo um dedo, uma luva e uma caneta. Essa tecnologia é utilizada em aplicações que não podem depender de condutores (como os dedos descobertos) para ativar um toque na tela. As telas infravermelhas não precisam de qualquer padronização no vidro, o que aumenta sua durabilidade e a clareza óptica de todo o sistema, diferentemente do que ocorre no caso das tecnologias capacitivas ou resistivas.

Imageamento óptico

O imageamento óptico utiliza os sensores de imagem dos dispositivos de carga acoplada (CCD, *Charge-Coupled Device*), semelhantes a uma câmera digital, junto com uma luz de fundo infravermelha. Um objeto é então detectado como uma sombra. Esse processo pode ser usado para detectar tanto a localização quanto o tamanho do objeto tocado. Como o custo dos componentes do CCD está diminuindo, essa tecnologia tem se tornado mais popular. Ela é bem versátil e dimensionável, especialmente para aplicações em telas grandes.

Tecnologia do sinal dispersivo

Essa tecnologia utiliza sensores para detectar a piezoeletricidade gerada no vidro a partir do toque. Como as vibrações mecânicas servem para detectar o contato, qualquer objeto pode ser usado para tocar na tela. Assim como ocorre com a SAW e com a tecnologia de imageamento óptico, não existem objetos ou gravuras por trás da tela, portanto a claridade óptica é excelente. Devido ao aspecto mecânico dessa tecnologia, depois dos toques iniciais o sistema não consegue detectar um dedo parado.

> **» DEFINIÇÃO**
> Um sensor é um dispositivo que fornece dados de entrada para sistemas de controle.

Reconhecimento de pulso acústico

Outra tecnologia interessante é a tecnologia de reconhecimento de pulso acústico (APR, *Acoustic Pulse Recognition*). Quatro pequenos transdutores colocados nas bordas da tela detectam o som de um objeto que encosta no vidro. Este som é então comparado com uma tabela de referência que possui um som pré-gravado para todas as posições no vidro. A APR ignora o som ambiente, pois ele não corresponde aos sons digitais gravados. Assim como na tecnologia do sinal dispersivo, depois do toque inicial o dedo parado não pode ser detectado. Contudo, o método da tabela de referência é muito mais simples do que o algoritmo complexo usado para detectar o contato piezoelétrico.

» Sensores

Os sensores fornecem os dados de entrada para os sistemas de controle e têm diferentes formatos. Os sensores discretos indicam a ausência ou a presença de um objeto, ou a posição de um atuador, enquanto os sensores analógicos são usados para detectar uma pressão, uma posição ou muitos outros fenômenos físicos que podem ser descritos numericamente.

» Dispositivos discretos

Os sensores discretos são digitais e fornecem um sinal de liga ou desliga (*on* ou *off*). Muitos deles vêm com um cabo ligado para a terminação em um gabinete de controle, mas outros possuem uma variedade de opções de cabos com "desconexões rápidas" (QD, *Quick Disconnect*). Eles estão disponíveis nas configurações de sinais de saída em 24VCC, 120VCA ou contato fechado.

Os sensores CC utilizam transistores de estado sólido como método de chaveamento. Existem dois tipos, dependendo da natureza do dispositivo de entrada com o qual eles possuem interface: PNP, ou "que fornece", e NPN, ou "que consome". Um sensor fornecedor oferece um sinal de referência positivo para uma entrada, ou "fornece" a corrente. Isso significa que ele deve ser ligado a um dispositivo de entrada consumidor, ou do tipo NPN. O oposto é verdadeiro para um sensor consumidor, conectado no ponto de entrada fornecedor, que oferece o fluxo de corrente de positiva para negativa ao sensor.

Os cabos QD são padronizados para os sensores; a maioria é do tipo Micro ou Pico QD. Dependendo da configuração do sensor, os cabos estão disponíveis em três, quatro ou cinco variedades de fios. Para grandes dispositivos, como cortinas de luz, é indicado um cabo QD com mais condutores.

Botões, chaves e fechamentos de contato

Os botões e as chaves são usados pelas máquinas ou pelos operadores de sistemas para sinalizar a um sistema de controle que ele deve desempenhar uma determinada tarefa ou definir um estado, como o modo de controle manual ou automático. Um botão possui somente dois estados, ligado ou desligado, e pode ser mantido em cada posição (*toggle*) – momentaneamente ligado ou momentaneamente desligado. A maioria dos botões é mecânica e possui um conjunto de contatos elétricos conectados na sua parte interna. Os contatos podem estar configurados em normalmente abertos (NO, *Normally Open*) ou normalmente fechados (NC, *Normally Closed*). Alguns botões podem ser do tipo sensível ao toque sensitivo ou capacitivo, com contatos mecânicos ou de estado sólido. A Figura 3.4 mostra símbolos para alguns desses diferentes tipos de dispositivos com entradas discretas.

> **» APLICAÇÃO**
> Os botões e as chaves são usados pelas máquinas ou pelos operadores de sistemas para sinalizar a um sistema de controle que ele deve desempenhar uma determinada tarefa ou definir um estado, como o modo de controle manual ou automático.

	Normalmente fechado	Normalmente aberto
Chave		
Relé		
Botão		
3 polos Seletor Chave		

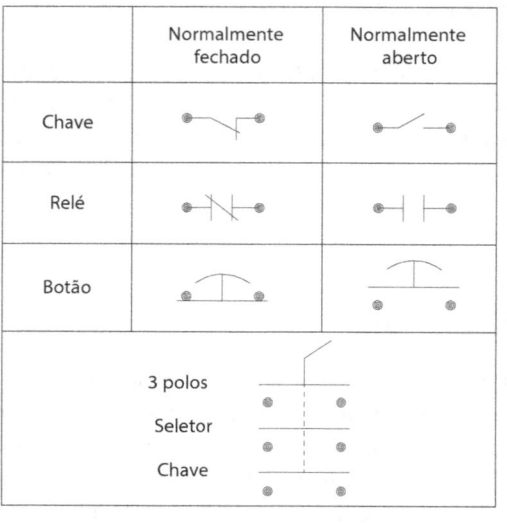

Figura 3.4 Símbolos esquemáticos de fechamento de contato.

As chaves seletoras têm várias posições, cada uma com um contato independente ou um grupo de contatos associados. Os interruptores são mantidos em cada posição, ou no retorno da mola, dando ao interruptor a posição "inicial" ou o efeito momentâneo.

Os fechamentos de contato são controlados pela mola de um relé ou por um sinal de estado sólido. Muitas vezes, eles são ligados à entrada de um controlador para indicar um estado ou uma condição. Um subproduto da utilização de contatos físicos em circuitos elétricos são os transientes. Sempre que um interruptor é aberto ou fechado em um circuito elétrico, um pico de tensão é criado. A corrente não é interrompida imediatamente, e um pequeno arco é formado entre os pontos de contato. Esse processo pode ter um efeito nos contatos, causando corrosão. Ele também pode criar uma faísca, que talvez gere problemas em atmosferas inflamáveis ou explosivas. Se um controlador está procurando uma única mudança de estado em uma entrada, ele eventualmente pode detectar múltiplos *bounces* dos contatos devido ao transiente. Isso pode causar problemas se uma entrada é usada como contador.

Os dispositivos físicos, como os diodos, são usados algumas vezes em bobinas e contatos para ajudar a minimizar esses efeitos, enquanto um programa do tipo *deboucing* serve para garantir que os pulsos estejam em uma duração específica antes de serem aceitos como entradas válidas. Os dispositivos de estado sólido também são utilizados para minimizar os efeitos dos transientes.

Fotoelétricos

Os sensores fotoelétricos transmitem e recebem um sinal de luz. O sensor muda de estado quando a luz muda de "recebida" para "não recebida", ou vice-versa. Existem duas condições de saída para o sensor fotoelétrico – luz acesa, em que a saída do sensor é energizada quando uma luz é detectada, e apagada, em que a saída do sensor é energizada quando não é recebida luz. Esse costuma ser um parâmetro selecionável com uma chave ou uma seleção de fios.

Os sensores fotoelétricos geralmente estão disponíveis em CC e CA, sendo o CC o mais comum. As saídas do sensor fotoelétrico CC são configuradas para saídas PNP (fornecedoras) e NPN (consumidoras). Existem também indicadores de luz no corpo do sensor para indicar a energia, o estado do interruptor ou a margem (a quantidade de luz recebida).

Os sensores fotoelétricos utilizam um LED para gerar o sinal de luz. Uma lente é colocada na parte frontal dos emissores e dos receptores para ajudar a amplificar o sinal de luz. O LED pode ter várias cores na faixa de luz visível ou no espectro infravermelho, o que dá à luz um alcance maior. Os *lasers* também servem para uma detecção precisa ou para aplicações de maior alcance. Os LEDs visíveis geralmente são vermelhos, mas os verdes e os azuis também são empregados em aplicações difusas ou que detectam cores.

Quando os sensores fotoelétricos são colocados bem próximos um do outro, existe a possibilidade de que a luz de um emissor fotoelétrico dispare o receptor de um sensor diferente. Para reduzir essa possibilidade, os fabricantes modulam a luz em diferentes frequências para diferentes sensores de um mesmo grupo de produtos. Nem todos os sensores fotoelétricos possuem essa característica, mas, para aqueles que a possuem, existem números de série ou outras características que permitem diferenciá-los.

Além da classificação definida pelo tipo de saída, existem várias configurações físicas de sensores.

Os sensores fotoelétricos de **barreira** possuem um emissor autônomo, que transmite a luz, e um receptor, que recebe o sinal e controla o estado da saída. A Figura 3.5 mostra essa configuração. Como o sensor precisa ter dois cabos separados terminados para energia e sinal e possui duas partes físicas, ele é mais caro tanto em termos de tempo de instalação quanto em custo de hardware, se comparado às outras configurações. Os sensores fotoelétricos de barreira têm uma faixa maior e são considerados mais confiáveis na detecção da ausência ou da presença de objetos.

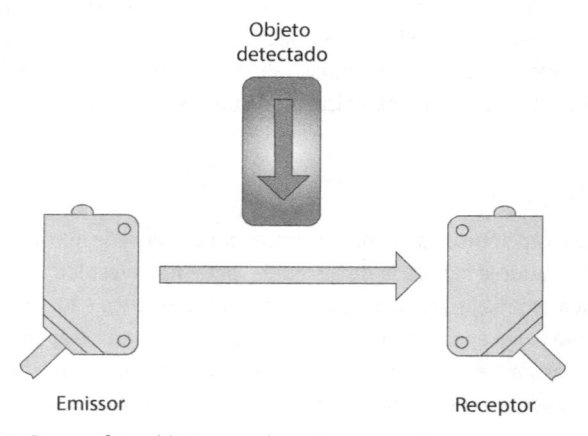

Figura 3.5 Sensor fotoelétrico por barreira.

Os sensores fotoelétricos retrorreflexivos utilizam uma fita reflexiva ou um plástico refletor para devolver a luz ao seu receptor, conforme mostrado na Figura 3.6. O emissor e o receptor são reunidos no mesmo corpo e utilizam um mesmo fio de energia, o que reduz os custos em comparação aos de barreira, porém torna a faixa menor.

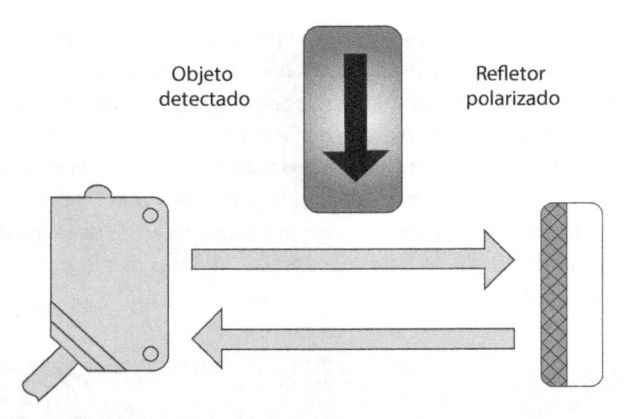

Figura 3.6 Sensor fotoelétrico retrorreflexivo.

Para minimizar a interferência da luz saltando para outras superfícies reflexivas, muitas vezes é utilizado um sinal polarizado. Um refletor do tipo canto de cubo muda a luz em 90º antes de ela ser recebida, e somente a luz fora de fase com a luz transmitida é aceita como sinal. Isso permite que o ganho do circuito de entrada seja configurado em um nível mais alto, já que o sensor ignorará os sinais de objetos altamente reflexivos que não estão fora de fase.

Os sensores fotoelétricos difusos usam como alvo o objeto a ser detectado, conforme mostrado na Figura 3.7. A luz é transmitida pelo emissor e recebida de forma semelhante àquelas utilizadas pelas outras configurações; porém, a luz recebida indica a presença de um alvo, em vez de sua ausência, assim como nas configurações de barreira e retrorreflexiva. Os sensores fotoelétricos difusos não são ideais para a detecção simples da presença ou da ausência de um objeto, pois a quantidade de luz recebida é afetada pela reflexividade ou pelas cores do alvo. Essa propriedade pode, porém, ser usada quando um sensor deve diferenciar cores. Um sinal de LED vermelho refletirá com muito mais força um objeto vermelho do que um objeto verde, ou vice-versa. As técnicas que empregam luzes de LED vermelhas, verdes, azuis, amarelas e brancas como fontes de luz com frequência são usadas em sensores fotoelétricos de detecção de cores.

> **» DICA**
> Os sensores fotoelétricos difusos não são ideais para a detecção simples da presença ou da ausência de um objeto, pois a quantidade de luz recebida é afetada pela reflexividade ou pelas cores do alvo.

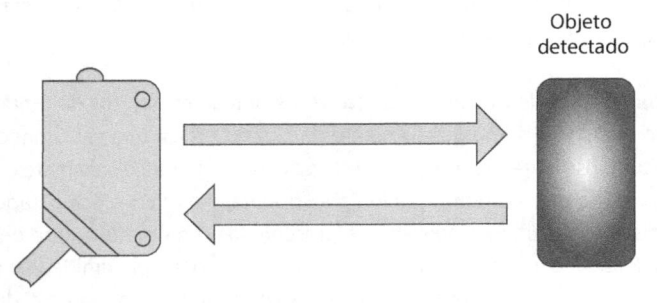

Figura 3.7 Sensor fotoelétrico difuso.

Existem várias outras configurações físicas para os sensores fotoelétricos. O amplificador que alimenta os LEDs transmissores e receptores pode ser independente com lentes ou ter uma cabeça para fixação de fibras ópticas (ver a Figura 3.8). As fibras podem ser feitas de plástico ou de vidro. As fibras de plástico possuem um revestimento de plástico na parte exterior da fibra interna. Ele protege a fibra e funciona como um guia de onda para a luz refletir de volta ao núcleo, mantendo-a luz confinada. As fibras de vidro servem para aplicações de longa distância e são mais frágeis do que as fibras de plástico. As fibras de plástico podem ser dobradas em um raio menor do que as de vidro.

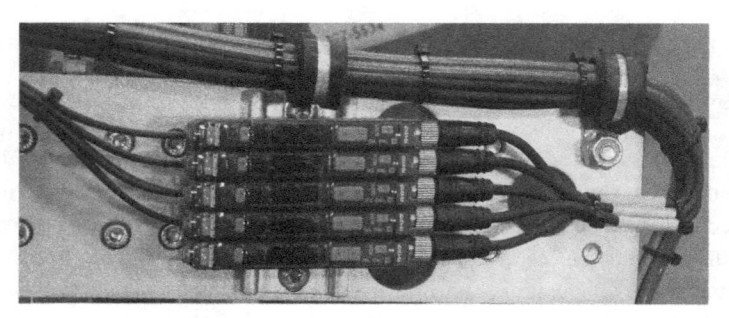

Figura 3.8 Amplificadores de fibra óptica.

As lentes e as pontas em ângulo reto são usadas para as fibras ópticas. A extremidade de montagem dos cabos de fibra óptica pode ser encadeada para uso com porcas. As fibras de plástico podem ser cortadas pelo comprimento com o uso de um pequeno cortador, em geral disponibilizado pelo fabricante do sensor fotoelétrico. As fibras de vidro possuem extremidades fabricadas para evitar que elas sejam danificadas e devem ser adquiridas no comprimento desejado.

Sensores de proximidade

Os sensores de proximidade servem para detectar a posição de um objeto. Embora os sensores fotoelétricos por algumas vezes também sejam chamados de sensores de proximidade, aqui serão tratados apenas os tipos indutivos, capacitivos, interruptores de limite e de efeito Hall.

Os interruptores de proximidade **indutivos** detectam objetos de metal. Uma bobina de fio fino é energizada com uma corrente fraca que está conectada a um circuito oscilante. Quando um pedaço de metal grande o suficiente entra no campo criado pela corrente que flui pela bobina, o oscilador fica parado e um sinal discreto é gerado, sinalizando a presença de um objeto. O tipo de metal sendo detectado influencia muito a faixa de um sensor de proximidade indutivo. Os metais, como o aço que contém ferro, são os melhores, enquanto o alumínio reduz a faixa de sensibilidade em aproximadamente 60%.

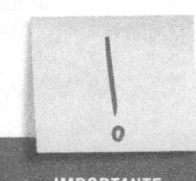

> » **IMPORTANTE**
> Os sensores de proximidade servem para detectar a posição de um objeto.

Além de terem suas saídas divididas em PNP ou NPN, os sensores de proximidade indutivos são classificados como blindados ou não blindados. Os blindados possuem uma parte de metal que vai até a face de detecção do sensor. Isso reduz a faixa, mas permite que o sensor seja montado em nível com a superfície de metal, sem detectar o metal ao lado. Os que são não blindados possuem um maior alcance, pois o campo se estende a partir dos lados do sensor, mas são mais suscetíveis a danos ou interferências.

Os sensores de proximidade estão disponíveis no estilo cano rosqueado, para montagem em superfícies planas, ou em várias outras configurações. Os sensores de proximidade de cano rosqueado possuem uma caixa de metal com uma superfície de detecção coberta por plástico, mas eles também podem ser feitos inteiramente de aço inoxidável, o que aumenta sua resistência. A Figura 3.9 mostra um sensor de proximidade cilíndrico blindado utilizado na detecção de blocos de metal. Note que ele é completamente enroscado em seu bloco de montagem, o que indica que é blindado.

> » **DICA**
> Os sensores de proximidade capacitivos podem ser usados para detectar objetos sólidos não metálicos e líquidos.

Figura 3.9 Sensor de proximidade em um cano.

Os sensores de proximidade **capacitivos** usam uma superfície de detecção capacitiva que se descarrega quando um objeto é colocado perto dela. Assim, eles podem ser usados para detectar objetos sólidos não metálicos e líquidos. Um uso comum dos sensores de proximidade capacitivos é detectar um líquido através de recipientes de plástico ou de fibra de vidro. Contanto que as paredes do recipiente sejam bem finas, os sensores podem ser configurados para detectar a diferença de massa entre um recipiente vazio e um cheio. Os sensores de proximidade capacitivos são usados, às vezes, como botões para fins ergonômicos, já que eles não precisam de pressão para sua ativação, diferentemente dos botões mecânicos.

Assim como os sensores de proximidade indutivos, os capacitivos possuem uma faixa de detecção bem pequena. Em geral, eles são maiores do que seus primos indutivos.

O **sensor de efeito Hall** cria uma diferença de tensão com base na quantidade de campos magnéticos detectados e, por isso, serve para detectar objetos magnéticos, como um ímã que se movimenta com um pistão dentro do corpo de um cilindro. Qualquer condutor de carga de corrente cria seu próprio campo magnético fraco, transversal à direção do fluxo de corrente. Com um campo magnético conhecido, sua distância da placa do sensor Hall pode ser determinada. Isso torna os sensores de efeito Hall uma boa escolha de sensores de fim de curso em cilindros, já que eles conseguem detectar o ímã através de um corpo de metal (comumente o alumínio). Isso é ilustrado na Figura 3.10; dentro do corpo de alumínio do cilindro da Festo está um ímã conectado à cabeça do pistão do cilindro. Esses transdutores eletromagnéticos são usados para sensores de proximidade, posicionamento, detecção de velocidade e aplicações de detecção de corrente.

Os sensores Hall e os sensores de proximidade indutivos são os mais comuns para a detecção da posição de cilindros ou de atuadores. Qual é a maior diferença entre um sensor Hall e um sensor de detecção de proximidade indutivo? Essencialmente, o sensor de efeito Hall consegue detectar um campo magnético, enquanto o sensor de proximidade indutivo cria seu próprio campo magnético.

Figura 3.10 Sensor de efeito Hall em um cilindro pneumático.

>> **DEFINIÇÃO**
Os interruptores de limite são dispositivos mecanicamente ativados que abrem ou fecham contatos elétricos quando um objeto entra em contato com eles.

Os **interruptores de limite** são dispositivos mecanicamente ativados que abrem ou fecham contatos elétricos quando um objeto entra em contato com eles. Existe uma grande variedade de configurações, tamanhos e graus de robustez para os interruptores de limite. Os interruptores de limite do tipo **roller** possuem um rolo de metal ou de plástico que permite que um objeto, por exemplo, um came, deslize ao longo do ponto de contato. Os interruptores do tipo **lever arm** e **whisker** aumentam o alcance do interruptor. A Figura 3.11 mostra um conjunto desses interruptores montados em um display rotativo em uma feira; conforme o braço gira no centro do display, o interruptor *lever arm* se move atuando os contatos internos do interruptor.

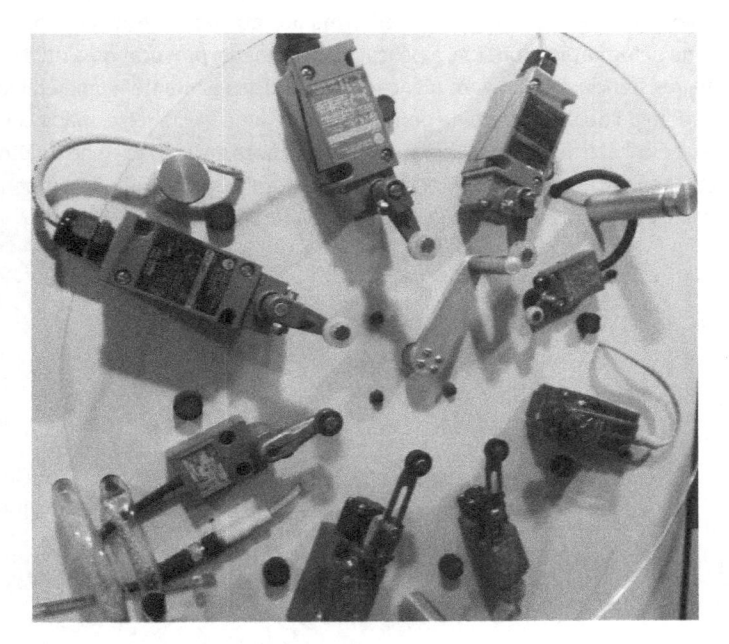

Figura 3.11 Interruptores de limite do tipo *roller*.

Os interruptores de limite de precisão são usados para controlar com precisão o ponto de atuação de um interruptor para posicionamento ou mensuração. Eles são interruptores do tipo pistão com um curso reduzido.

❯❯ Analógicos

Os sensores analógicos produzem uma saída que é proporcional a uma propriedade de medida. Frequentemente há compensações (*offsets*) e erros lineares associados aos sensores analógicos que precisam ser levados em conta ao se utilizar as medidas resultantes, e uma calibração em relação a um padrão conhecido costuma ser requerida. Os sensores analógicos são chamados **transdutores**.

Os sensores analógicos são usados na calibração automatizada e na manual. Máquinas com propósitos especiais frequentemente são construídas com base em um tipo específico de calibrador ou em um grupo de dispositivos de calibração, como uma estação de teste.

Sensor de pressão, força, fluxo e torque

A força é medida por meio de uma variedade de dispositivos. Um elemento comum na mensuração da força exercida em um objeto é o **medidor de deformação** (*strain gauge*). Como os fios do medidor de deformação são frágeis e difíceis de manusear, eles são conectados por um adesivo (como uma supercola) a uma base flexível e isolante, como o plástico. À medida que tensão é aplicada no medidor de deformação montado, a película é deformada, provocando a mudança de sua resistência elétrica. A mudança de resistência resultante – em geral medida por meio de um circuito de ponte de Wheatstone – está relacionada com a tensão pelo "coeficiente de calibração" ou com a razão entre a resistência elétrica e a tensão mecânica, considerando também a temperatura, que desempenha um papel pequeno. Esse circuito é mostrado na Figura 3.12.

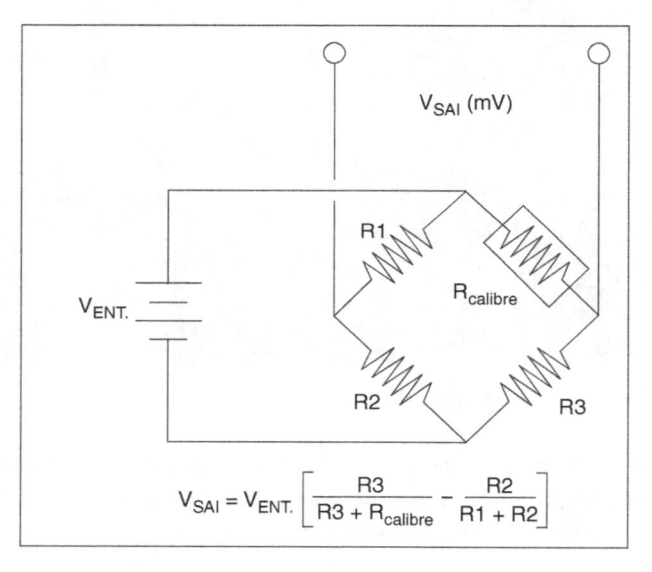

$$V_{SAI} = V_{ENT.} \left[\frac{R3}{R3 + R_{calibre}} - \frac{R2}{R1 + R2} \right]$$

Figura 3.12 Circuito em ponte de Wheatstone para medidor de tensão.

Um medidor de deformação pode ser configurado em uma variedade de pacotes físicos para medir a força ou o peso, ou para determinar a vibração e a aceleração.

Para pequenas medidas de deformação, os medidores de tensão de semicondutores conhecidos como piezorresistores são preferíveis, pois geralmente possuem fatores de calibração maiores – ou mudanças na resistência sobre uma faixa de deformação – do que os de um extensômetro de película (*foil gauge*), permitindo assim mais precisão. As desvantagens dos medidores de semicondutores incluem os altos custos, a fragilidade e uma maior sensibilidade a mudanças de temperatura.

Uma **célula de carga** é um transdutor que converte uma força mecânica de entrada em um sinal de saída elétrico mensurável. Ao aplicar o peso, ou a carga, o medidor de deformação se deforma, mudando a resistência elétrica dos medidores em proporção à carga. O medidor de tensão mede a deformação como um sinal elétrico à medida que a corrente passa pelo elemento medidor.

A fim de assegurar máxima sensibilidade e levar em consideração mudanças de temperatura, uma célula de carga consiste em quatro medidores de tensão em uma configuração de ponte de Wheatstone. Também estão disponíveis células de carga com um medidor de tensão e um circuito com quarto de ponte, ou dois medidores de tensão e uma meia ponte.

Devido à pequena quantidade de saída de sinal elétrico gerada, comumente apenas na faixa de milivolts, a amplificação por meio de um amplificador se torna necessária. A saída amplificada é então fornecida para um algoritmo, que calcula e dimensiona a força aplicada no transdutor.

A pressão é medida por medidores de tensão piezorresistivos, conforme descrito anteriormente. O medidor é conectado a um elemento que acumula força, como um diafragma, um pistão ou membranas, e a deflexão é medida proporcionalmente à mudança da pressão. Pressões absolutas, diferenciais, de medidor ou de vácuo podem ser medidas por meio desse método. Um diafragma com uma cavidade de pressão pode ser usado para produzir um capacitor variável que é eficaz na detecção de mudanças baixas de pressão. O deslocamento do diafragma pode ser medido indutivamente pela medida da deflexão de um ímã, pelo uso de transdutores lineares diferenciais variáveis (LVDT, *Linear Variable Differential Transducer*), ou pela detecção de correntes induzidas (correntes de Eddy). Esses métodos também são conhecidos como sensor de pressão eletromagnético. Os métodos ópticos também são úteis para detectar mudanças na transmissão de luz através de uma fibra óptica à medida que ela se deforma.

Os **fluidos** de líquidos ou gases são medidos de várias maneiras. Um potenciômetro rotativo (elemento resistivo) é geralmente conectado a uma palheta que produz um fluido ou um gás. Outros sensores de fluxo são baseados em dispositivos que medem a transferência de calor causada pelo meio em movimento. Esse princípio é comum quando são utilizados microssensores para medir o fluxo. Os medidores de fluxo estão relacionados aos dispositivos chamados velocímetros, que medem a velocidade dos fluidos que fluem por eles. A interferometria baseada em *laser* é usada para medições de fluxo de ar, mas, é mais fácil usar algum tipo de deformação física para medir o fluxo de líquidos. Outra opção são os métodos baseados em Doppler para medidas de fluxo. Os sensores de efeito Hall podem ser usados em uma válvula de paleta para detectar a posição da paleta, conforme deslocada pelo fluxo do fluido.

A detecção do fluido ou da pressão e a medida das posições da válvula em processos industriais são conhecidas como **instrumentação**. Analisadores que detectam propriedades como acidez, viscosidade ou densidade são incluídos nesse grupo. As saídas da instrumentação são conectadas aos **transmissores**, que convertem os sinais em faixas padrão, por exemplo, sinais de 4 a 20 mA, ou de 0 a 10V.

> **» DEFINIÇÃO**
> A detecção do fluido ou da pressão e a medida das posições da válvula em processos industriais são conhecidas como instrumentação.

Geralmente, os **sensores de torque**, ou os transdutores de torque, utilizam medidores de deformação aplicados em um eixo em rotação. Devido ao relativo movimento do eixo, é necessário um meio sem contato para alimentar a ponte do medidor de deformação, bem como um meio para receber o sinal a partir do eixo em rotação. Isso pode ser realizado utilizando anéis coletores, telemetria sem fio ou transformadores rotativos. Novos tipos de transdutores de torque adicionam um condicionamento eletrônico e um ADC no eixo rotativo (rotor). Então, um estator eletrônico lê o sinal digital e converte-o em um sinal de saída analógico de alto nível, como +/- 10VCC.

Cor e refletividade

Como descrito anteriormente no tópico sobre os sensores digitais, várias cores de luzes de LED refletem diferentes materiais coloridos com intensidades variadas. Essa propriedade pode ser usada para amostrar a quantidade de luz de retorno de um receptor e determinar a cor. As combinações de luzes refletidas de vermelho, verde e azul podem ser analisadas para determinar tons e tonalidades usados para separar itens com diferentes propriedades de cores. Apesar de esse assunto ser tratado nesta seção, os sensores de cor costumam ser programados para "ler" um tipo de cor, e a saída é comutada se a cor for detectada.

Para uma maior precisão na determinação da cor, um CCD é usado para capturar uma região colorida. Os CCDs reagem a fótons, e quando um filtro, conhecido como Bayer Mask, é colocado sobre o CCD, ele se torna um dispositivo sensível a cores. Os CCDs também são usados para criar imagens em preto e branco que podem ser convertidas em uma escala para medidas de intensidade.

LVDTs

Os LVDTs (*Linear Variable Differential Transducer*, transdutor diferencial variável linear) são um tipo de sensor elétrico usado para medir deslocamentos lineares. O dispositivo, semelhante a um transformador, possui três bobinas solenoides colocadas de ponta a ponta em volta do tubo. A bobina central é a primária, e as duas externas são as secundárias. Um núcleo ferromagnético cilíndrico, conectado ao objeto cuja posição deve ser medida, desliza ao longo do eixo do tubo.

Uma corrente alternada é impulsionada através da primária, induzindo em cada secundária uma tensão proporcional à indutância que elas têm em comum com a primária. A frequência está geralmente na faixa de 1 a 10 kHz.

Com o deslocamento do núcleo, essas indutâncias comuns mudam, alterando também a tensão induzida em cada secundária. As bobinas são conectadas em série reversa, de modo que a tensão de saída é a diferença (daí o termo diferencial) entre as duas tensões secundárias. Quando o núcleo está em sua posição central, equidistante das duas secundárias, tensões iguais, mas opostas, são induzidas nas duas bobinas, de modo que a tensão de saída é igual a 0.

> » **IMPORTANTE**
> Várias cores de luzes de LED refletem de diferentes materiais coloridos com intensidades variadas. Essa propriedade pode ser usada para amostrar a quantidade de luz de retorno de um receptor e determinar a cor.

Quando o núcleo se desloca em uma direção, a tensão em uma bobina aumenta enquanto a tensão na outra diminui. Isso eleva a tensão de saída de 0 até a máxima. A tensão de saída está em fase com a tensão primária. Quando o núcleo se move na outra direção, a tensão de saída também aumenta de 0 até a máxima, porém sua fase é oposta àquela da primária. A magnitude da tensão de saída é proporcional à distância percorrida pelo núcleo (até o seu limite de curso), razão pela qual o dispositivo é descrito como "linear". A fase da tensão indica a direção do deslocamento. A Figura 3.13 mostra a disposição interna de um LVDT.

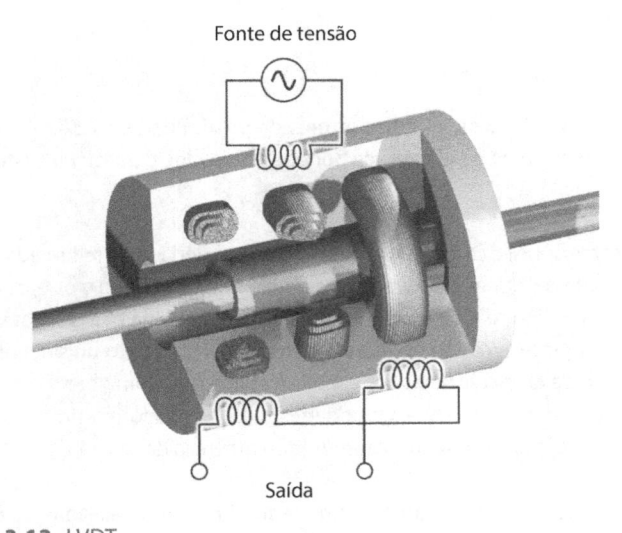

Figura 3.13 LVDT.

Como o núcleo deslizante não toca a parte interna do tubo, ele pode se mover sem atrito, tornando o LVDT um dispositivo altamente confiável. A ausência de qualquer contato deslizante ou rotativo permite que o LVDT seja completamente isolado do ambiente.

Os LVDTs são usados para garantir um retorno de posição nos servomecanismos e um sistema de medida automatizado em máquinas-ferramenta e em vários outros tipos de aplicações científicas e industriais.

Ultrassônicos

Os sensores ultrassônicos transmitem pulsos de som em uma alta frequência e avaliam o eco recebido de volta do sensor. Os sensores calculam o intervalo de tempo entre o sinal enviado e o eco recebido para determinar a distância de um objeto.

> **APLICAÇÃO**
> Os sensores ultrassônicos são usados para medir distâncias, sendo comuns em aplicações que medem líquidos e níveis de tanques.

Os sensores ultrassônicos são usados para medir distâncias, sendo comuns em aplicações que medem líquidos e níveis de tanques. Essa tecnologia é limitada pelas formas das superfícies e pela densidade ou consistência de um material; por exemplo, a espuma na superfície de um fluido em um tanque pode distorcer uma leitura.

Devido ao efeito do ar sobre a velocidade do som no sinal, os sensores ultrassônicos não são particularmente repetitivos ou precisos. Porém, eles podem ser usados em distâncias longas e tendem a ter um efeito de alisamento ou nivelamento quando são feitas medidas em superfícies irregulares ou em movimento.

Distância e dimensões

Os sensores fotoelétricos, os interruptores de proximidade, os LVDTs, os sensores ultrassônicos e os codificadores podem ser usados para medir distâncias e dimensões.

Com sensores ópticos, como os fotoelétricos, a propriedade de refletividade pode ser usada para determinar a distância relativa entre um objeto e o sensor. À medida que um objeto se afasta, a quantidade de luz recebida pelo sensor torna-se menor. No entanto, a cor do objeto também possui um efeito no sinal recebido, assim, a medida de distância óptica é melhor aplicada em um objeto consistente. Os dispositivos baseados em *laser* podem ser usados de forma similar aos LEDs fotoelétricos com faixas maiores e menos dependência das cores.

As linhas de LEDs ou *lasers* que podem medir dimensões baseadas no número de feixes quebrados ou na quantidade de luz recebida e os dispositivos baseados em CCD que medem distâncias com precisão são outros métodos ópticos úteis. Esses métodos não dependem da refletividade e servem para medir praticamente qualquer objeto, desde que ele não seja grande demais. As técnicas que empregam ferramentas de precisão e contato físico com alvo, como os LVDTs, são comuns onde o contato com o alvo é viável.

Para cursos de distâncias mais longas, os LVDTs talvez não ofereçam precisão suficiente para uma aplicação. Uma excelente opção para medidas de distâncias é o sensor de posição magnetoestritivo baseado no tempo. A magnetoestrição utiliza um elemento de medição ferromagnético conhecido como guia de onda, junto com um ímã de posição móvel. O ímã gera um campo magnético de eixo direto dentro da guia de onda. Quando uma corrente ou um "pulso de sensibilização" passa através da guia de onda, um segundo campo magnético é criado radialmente em torno dela. A interação entre os dois campos gera um pulso de deformação que corre a uma velocidade constante do ponto de geração no ímã (o ponto de medida) até o fim da guia de onda. Um sensor detecta o pulso e gera uma leitura de alta precisão por meio dos componentes eletrônicos do contador de alta velocidade.

Os sensores magnetoestritivos fornecem uma leitura de posição absoluta que nunca precisa de recalibração ou *homing* após uma queda de energia. Isso se torna uma vantagem significativa em relação ao uso de LDVTs e decodificadores. A única limitação dessa tecnologia é que ela não pode ser usada para medidas de dimensões de curtas distâncias; o intervalo mínimo é de aproximadamente 25 mm. Uma fabricante conhecida e pioneira na elaboração de produtos que empregam essa tecnologia é a MTS Systems, desenvolvedora dos sensores Temposonics.

Sensores termopares e de temperatura

Existe uma variedade de dispositivos para medir a temperatura, mas um dos mais comuns é o **termopar**. Um termopar é uma junção entre dois metais diferentes que produz uma tensão relacionada a uma diferença de temperatura. Ele tem baixo custo substituível, possui conectores padrão e consegue medir uma ampla faixa de temperaturas. A principal limitação dos termopares é a sua baixa precisão; erros de sistema de menos de um kelvin (K) podem ser difíceis de alcançar.

Qualquer circuito feito de materiais diferentes produzirá uma diferença de tensão relacionada à temperatura. Os termopares utilizados para medir temperaturas são feitos de ligas específicas que, combinadas, possuem uma relação previsível e repetível entre temperatura e tensão. No entanto, essa relação não é linear, e a curva de tensão deve ser linearizada no instrumento de entrada. Os controladores de malha de temperatura possuem algoritmos de linearização para os tipos mais comuns de termopares. A seleção do tipo de termopar pode ser feita por meio da configuração de **microinterruptores** (*dipswitches*) ou de parâmetros de software.

Diferentes ligas são usadas para diferentes faixas de temperatura e para diferentes níveis de resistência à corrosão. Quando o ponto de medição está distante do instrumento de medida, uma conexão intermediária pode ser feita por meio de fios extensores, que são mais baratos do que os materiais usados para fazer o próprio sensor. Os termopares são padronizados para uma temperatura de 0ºC. Os instrumentos então usam métodos eletrônicos de compensação de junta fria para ajustar a variação da temperatura nos terminais de instrumentação. Os instrumentos eletrônicos também compensam as características variáveis do termopar dentro do algoritmo de linearização e ajudam a melhorar a precisão das medidas. Um exemplo de termopar é mostrado na Figura 3.14. A sonda na parte inferior é o elemento de detecção dentro de uma "proteção", enquanto o recipiente no topo é a cabeça, que contém os pontos de terminação do fio do termopar.

> **» DEFINIÇÃO**
> Um termopar é uma junção entre dois metais diferentes que produz uma tensão relacionada a uma diferença de temperatura. Ele tem baixo custo substituível, possui conectores padrão e consegue medir uma ampla faixa de temperaturas.

Figura 3.14 Termopar.

Os termopares são empregados na ciência e na indústria. Algumas aplicações incluem medidas de temperatura em fornos e na moldagem de plásticos por injeção, medidas de temperaturas exaustivas de turbinas de gás, motores a diesel, fornos e vários outros processos industriais.

O termopar mais comum é o do tipo K (cromel-alumel), que abrange as faixas de temperatura de -200ºC até 1.350ºC. Ele é barato e está disponível em vários modelos. Os termopares do tipo J (ferro-constantan) são menos populares do que os do tipo K devido à sua baixa faixa de temperatura utilizada, de -40ºC até 750ºC. Outros tipos de termopares são E, N, B, R, S, T, C, M e cromel-dourado. Uma tabela para os diferentes tipos de termopares está no Apêndice F.

Um detalhe sobre a polaridade do termopar: existe uma polaridade classificada em + ou - para a ligação dos terminais de entrada. Contrariando o que ocorre comumente na maioria dos circuitos CC, o fio vermelho é sempre tensão negativa para os termopares. Nem todos os pares dos termopares possuem um fio vermelho, mas, quando for utilizado o código de cores da ANSI (American National Standards Institute), a perna vermelha sempre será negativa.

Os **termorresistores** são um tipo de resistor com uma resistência proporcional à sua temperatura. Os termorresistores são fabricados com cerâmica ou polímero. Eles têm uma alta precisão sobre uma faixa limitada de temperatura, comumente de -90ºC até 130ºC.

Os **detectores de temperatura de resistência** (RTD, *Resistance Temperature Detectors*) também alteram a resistência proporcionalmente à temperatura, porém

>> **EXEMPLO**

Os termopares são empregados na ciência e na indústria. Algumas aplicações incluem medidas de temperatura em fornos e na moldagem de plásticos por injeção, medidas de temperaturas exaustivas de turbinas de gás, motores a diesel, fornos e vários outros processos industriais.

são construídos de metal puro. Eles são úteis sobre faixas de temperatura mais amplas do que aquelas atendidas pelos termorresistores, porém possuem menor precisão. Os RTDs e os termorresistores podem ser utilizados com entradas padrão analógicas e uma tensão de excitação devido à sua linearidade, diferentemente dos termopares, que devem usar uma entrada especial para linearizar o sinal.

Os **termopares infravermelhos** ou sensores de temperatura infravermelhos são usados como métodos de sensoriamento de temperatura sem contato. Eles utilizam a emissão térmica do objeto para transformar a temperatura em um valor legível. Por conveniência, são fabricados para substituírem os termopares do tipo J ou K.

» Sensores para fins especiais

Existem vários tipos de sensores que não são nem digitais, nem analógicos, pois utilizam elementos de ambas as tecnologias.

Codificadores e decodificadores

Um **codificador** é um tipo de transdutor que detecta uma posição ou uma orientação, em geral para uso como referência ou como um retorno ativo para o controle de posição. Os codificadores podem ser rotativos ou lineares, ópticos ou magnéticos, analógicos ou digitais, dependendo do tipo de aplicação.

Os codificadores rotativos ópticos utilizam um vidro rotativo ou um disco de metal com ranhuras ou perfurações ao longo da circunferência. Um LED emite uma luz ao longo do caminho das ranhuras, criando um trem de pulsos que pode ser usado para contar ou medir uma distância. A Figura 3.15 mostra um codificador de estilo aberto.

> » **DEFINIÇÃO**
> Um codificador é um tipo de transdutor que detecta uma posição ou uma orientação, em geral para uso como referência ou como um retorno ativo para o controle de posição.

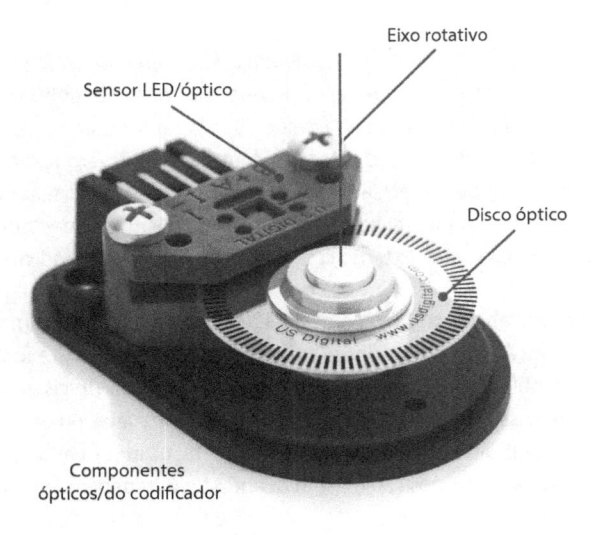

Figura 3.15 Codificador (cortesia da U.S. Digital).

Os codificadores podem ser abertos, como o da figura, mas em geral são alojados em uma caixa de metal resistente com rolamentos e eixos para conexão a um motor com um acoplamento. A caixa é impermeável e pode ter um cabo enclausurado ou um conector de múltiplos pinos para terminação.

Ao colocar dois conjuntos de ranhuras a 90º fora de fase um do outro, a direção da rotação também pode ser determinada. Esses dois sinais são conhecidos como pulsos A e B do codificador. Os inversos dos pulsos A e B do codificador também são usados, conhecidos como não A e não B. Uma ranhura simples também é colocada ao longo da circunferência e é conhecida como índice ou pulso Z; ela serve para identificar a posição inicial ou de referência do codificador ou dispositivo conectado. Essa configuração do deslocamento dos pulsos de A e de B é conhecida como **quadratura** e mostrada na Figura 3.16.

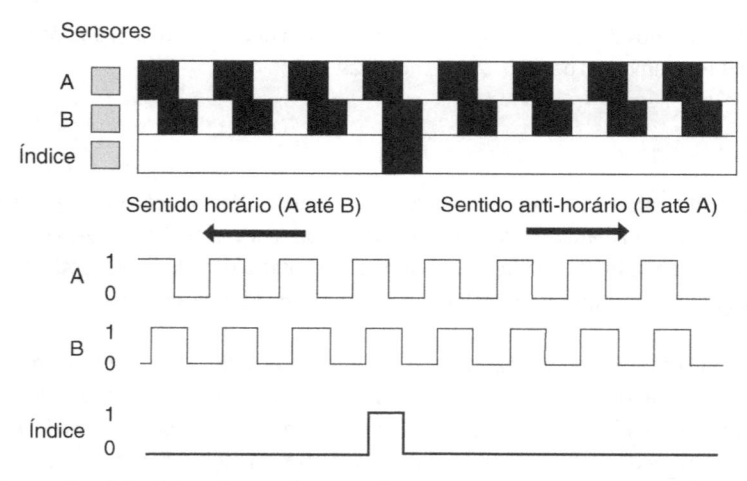

Figura 3.16 Padrões de quadraturas de um disco codificador incremental.

Os codificadores são da variedade multivoltas. Isto é, eles vão virar várias vezes, fornecendo uma contagem bem maior do que o número de ranhuras no disco. Isso significa que o contador de alta velocidade ou o módulo servo ao qual o codificador está conectado deve manter o controle do número de voltas ou da soma total de pulsos. Se a energia é removida do contador ou do sistema de controle, é necessário voltar ao início do eixo ou do dispositivo conectado ao codificador, em geral um sensor externo com a posição de início e o índice de pulso.

Os **codificadores absolutos** usam um sinal paralelo para fornecer uma soma binária para a posição do codificador. O sinal do codificador absoluto fornece uma posição não ambígua dentro de sua faixa de percurso sem precisar conhecer a posição anterior. Isso significa que o codificador terá uma faixa ou um número de voltas fixo. Os codificadores absolutos são geralmente usados quando um sistema ou eixo deve lembrar sua posição mesmo quando for desligado ou movimentado. Os codificadores absolutos e incrementais oferecem a mesma precisão, mas os codificadores absolutos são mais resistentes a interrupções no sinal do transdutor.

Os **decodificadores** também servem para detectar uma posição rotativa ou a velocidade. Um decodificador é melhor descrito como um transformador elétrico rotativo que fornece uma saída senoidal, que é então convertida em um valor digital que representa a posição. Um tipo comum é o decodificador transmissor sem escovas. Ele é parecido com um motor elétrico, pois possui um rotor e um estator. A parte do estator é composta de um enrolamento de excitação e dois rolamentos de duas fases, denominados X e Y. Esses rolamentos estão localizados em um ângulo de 90° uns dos outros. Quando uma corrente alternada é introduzida no rolamento de excitação, o sinal é transferido para os rolamentos do rotor e então de volta aos rolamentos X e Y. Isso fornece uma corrente de retorno senoidal e cossenoidal, que é medida para determinar o ângulo do rotor. Em uma volta completa, os dois sinais de retorno repetem suas formas de onda. Como os decodificadores são de natureza analógica, eles efetivamente possuem infinitas resoluções. A Figura 3.17 mostra um decodificador em uma caixa industrial.

Figura 3.17 Decodificador.

Sistemas de visão

Também conhecidos como máquinas de visão, os sistemas de visão aplicam um processamento de visão baseado em microprocessador ou em computadores nas tarefas de inspeção, medição e orientação. Enquanto a visão computacional é mais focada no processamento de imagens, as máquinas de visão talvez precisem de dispositivos de I/O digitais para controlar outros equipamentos de manufatura. As máquinas de visão são usadas para inspecionar produtos manufaturados, como chips semicondutores, peças automotivas e produtos alimentícios e farmacêuticos. Esse tipo de sistema também é usado como um método de orientação para robôs.

> **DEFINIÇÃO**
> Os sistemas de máquinas de visão utilizam câmeras inteligentes ou digitais com software de processamento de imagens baseados em computadores para realizar inspeções em peças que estão em fase de fabricação e avaliar sua qualidade.

Assim como os seres humanos trabalham em linhas de montagem para inspecionar visualmente as peças que estão em fase de fabricação e avaliar sua qualidade, os sistemas de máquinas de visão utilizam câmeras inteligentes ou digitais com software de processamento de imagens baseados em computadores para realizar inspeções similares. É possível atribuir parâmetros às características individuais das peças a fim de verificar a presença/ausência de itens, as tolerâncias de medição, as cores, os defeitos na superfície e vários outros aspectos que podem ser determinados visualmente.

Os sistemas de máquinas de visão também são programados para realizar tarefas simples, como contar objetos em uma esteira, ler números seriais e medir peças. Os fabricantes preferem esse tipo de sistema nos casos que requerem operações de 24 horas, alta velocidade, alta ampliação e/ou repetitividade de medições. Os sistemas de visão são mais consistentes do que os seres humanos por causa da distração, das doenças e de outras limitações físicas ou mentais a que estes são suscetíveis; os humanos são melhores em fazer julgamentos qualitativos mais finos e em adaptarem-se a novos defeitos indefinidos.

Os computadores não enxergam da mesma forma que os seres humanos. As câmeras não são equivalentes à óptica humana. Os dispositivos computacionais "enxergam" pela análise de pixels individuais das imagens, processando-os, na tentativa de chegar a conclusões com a ajuda de bases de conhecimento e características, como as máquinas de reconhecimento de padrões. Embora alguns algoritmos de máquinas de visão tenham sido desenvolvidos para imitar a percepção da visão humana, nenhuma máquina de sistema de visão possui a capacidade da visão humana em termos de compreensão de imagens, tolerância às variações de iluminação e variabilidade de partes.

Diversos métodos foram desenvolvidos para processar imagens e identificar características de imagem relevantes de maneira eficaz e consistente. Entre esses métodos estão várias ferramentas que usam linhas, circulares e áreas para a detecção de bordas ou a contagem de pixels dentro de uma faixa de intensidade ou de brilho definida. Entre elas, estão as ferramentas do tipo "gota", que identificam padrões ou formas de certos tamanhos, e as ferramentas de reconhecimento de textos e de cores.

Um sistema típico de máquina de visão é constituído de vários dos seguintes componentes:

1. Uma câmera digital ou analógica (em preto e branco ou colorida) com óptica para a captação de imagens;

2. Interface de câmera para digitalização de imagens (conhecida como "placa de aquisição"). Ela converte a imagem em um formato digital, comumente uma gama bidimensional de valores de intensidade. Isso então é colocado na memória para ser analisado pelos algoritmos do software.

3. Um processador (geralmente um PC ou um processador embarcado, como os processadores digitais de sinais – DSP, *Digital Signal Processor*).

4. Hardware de I/O (I/O digital) ou links de comunicação (geralmente uma rede ou uma conexão RS-232) para transmitir os resultados.

5. Uma lente para focar o campo de visualização desejado no sensor de imagem.

6. Fontes de luz adequadas, geralmente muito especializadas (iluminadores de LED, lâmpadas fluorescentes ou halógenas, iluminação *on-axis*, entre outras). A iluminação aumenta e destaca certas características, enquanto minimiza e obscurece outras que não são de interesse. A geração e a eliminação de sombras são algumas das principais funções do acréscimo de iluminação.

7. Um programa que processa imagens e detecta características importantes.

8. Um sensor de sincronização para a detecção de partes (em geral um sensor fotoelétrico ou um sensor de proximidade) e para disparar a aquisição e o processamento de imagem. Esse sensor pode também ser usado para disparar um pulso de luminosidade sincronizado a fim de congelar uma imagem nítida.

Alguns ou todos esses itens podem ser combinados em um único dispositivo, conhecido como câmera inteligente. O uso de um processador embarcado elimina a necessidade de uma placa de aquisição e de um computador externo, reduzindo os custos e a complexidade do sistema e proporcionando um poder de processamento dedicado para cada câmera. As câmeras inteligentes são mais baratas do que os sistemas compostos por câmera, placa e computador externo. A Figura 3.18 mostra dois tipos de câmeras. A câmera da direita é usada para a leitura de imagens de código de barras. Note as lentes ajustáveis na câmera à esquerda; elas são usadas para regular a entrada de luz e o foco da imagem.

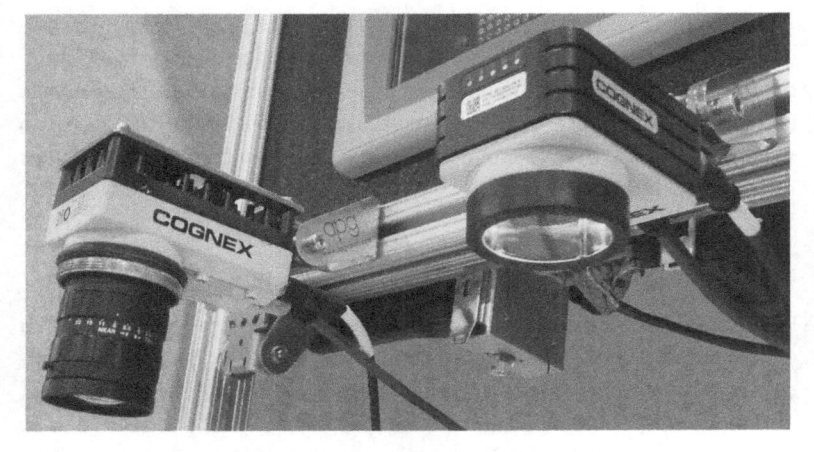

Figura 3.18 Câmeras inteligentes Cognex In-Sight.

A própria câmera utiliza sensores de imagem CCD ou CMOS. Esses dois dispositivos convertem luz em sinal elétrico. A gama de pixels cria uma imagem ao padronizar o padrão claro e escuro focado no sensor pela óptica da câmera. Os níveis de intensidade são então processados pelo software em padrões que podem ser analisados por várias ferramentas.

Geralmente, o software realiza várias etapas para processar uma imagem. Primeiro, a imagem é processada para reduzir ruídos. Ele pode também converter os vários tons analógicos de cinza em uma combinação mais simples de pixels em preto e branco, no processo conhecido como binarização. Para fazer isso, um limite analógico é definido no software. Depois dessa simplificação da imagem, o software pode contar ou identificar objetos e medir ou determinar o tamanho dos padrões e das características. O passo final é a aprovação ou a rejeição da imagem capturada com base nos critérios definidos pelo usuário. O resultado é então enviado por meio de sinais ou comunicações digitais a um sistema de controle que pode se basear nas informações para rejeitar ou processar o produto.

Apesar de a maioria dos sistemas de máquinas de visão ainda depender de câmeras em preto e branco, o uso de câmeras coloridas está se tornando mais popular. É cada vez mais comum que os sistemas de máquinas de visão incluam equipamentos de câmera digital para conexões diretas, em vez de uma câmera e de uma placa de aquisição externa, reduzindo assim a degradação do sinal.

Os sensores de raios X são às vezes usados para descobrir falhas em materiais, como fissuras ou bolhas. Quando combinados com a tecnologia de visão, esses sensores servem para a triagem automática de materiais.

Cromatografia gasosa

A espectrometria de cromatografia de massa de gás (GC-MS) é um método usado em algumas plantas químicas e de processo como um meio de identificar e separar substâncias. Ele requer que uma amostra da substância seja capturada, ionizada, defletida e detectada a nível molecular. Os instrumentos que fazem isso são um pouco caros e são usados nas indústrias de alimentos, bebidas, perfumes e produtos farmacêuticos.

Código de barras, RFID e identificação indutiva

Um **código de barras** é um método de representação de dados que os coloca em um formato que é visível e legível por uma máquina. Originalmente, os códigos de barras eram representados somente por linhas paralelas que variavam em largura e espaçamento para codificar dados alfanuméricos. Isso é chamado codificação unidimensional (1D) ou codificação de barra linear. Os métodos bidimensionais são muito usados nos dias de hoje devido ao avanço da tecnologia de leitura.

Os leitores lineares ou de 1D possuem uma fonte de luz que reflete as linhas pretas e brancas da mesma forma que um sensor fotoelétrico difuso. A fonte de luz é geralmente um LED vermelho ou um *laser*. Para cobrir uma área de leitura maior, a luz transmitida rastreará ou se moverá para cima ou para baixo algumas vezes. A Figura 3.19 mostra um código de barras linear.

Figura 3.19 Código de barras.

> **» CURIOSIDADE**
> Existem mais de 30 códigos de 1D em uso. A maioria deles pertence a dois grupos, discreto ou contínuo, dependendo se os caracteres começam e terminam com uma barra ou não.

O mapeamento de padrões em caracteres é conhecido como simbologia. Essa especificação inclui a codificação para caracteres alfanuméricos, junto com os caracteres de início e de fim e os cálculos do *checksum* (um esquema simples para detecção de erros).

Existem mais de 30 códigos de 1D em uso. A maioria deles pertence a dois grupos, discreto ou contínuo, dependendo se os caracteres começam e terminam com uma barra ou não. Existem também dois tamanhos ou vários tamanhos de classificação de espessura. Algumas das simbologias mais comuns são UPC, Código 39, intercalado 2 de 5. A maioria dos leitores de 1D pode ser configurada para ler qualquer um dos formatos mais comuns.

> **» DEFINIÇÃO**
> Os códigos de barras bidimensionais são formados por retângulos, hexágonos ou outras formas geométricas. Eles são uma evolução dos códigos de barras unidimensionais.

Os códigos de barras evoluíram para outros padrões geométricos em duas dimensões (2D). Esses códigos de barras são formados por retângulos, pontos, hexágonos ou outras formas geométricas organizadas em um padrão de grade. Os leitores de códigos de barras de 2D usam uma câmera CCD para capturar a imagem do código de barras. A simbologia bidimensional não pode ser lida por um *laser*, pois não há um padrão de varredura que consiga abranger todo o símbolo. A Figura 3.20 mostra um código de barras em 2D.

Figura 3.20 Código de barras de duas dimensões.

Alguns dos códigos mais comuns para códigos de barras 2D são DataMatrix, Codablock, EZCode e QR Code. A indústria automotiva é a maior usuária dos códigos 2D DataMatrix, pois o padrão pode ser impresso diretamente na parte metálica por meio de um sistema de marcação por micropercussão (*pinstamp*) ou por pontos de impressão. A gravação a *laser* pode ser usada para a mesma finalidade.

Os sistemas de **identificação por rádio frequência** (RFID, *Radio Frequency Identification*) são outro método de marcação e identificação de peças. Diferentemente do código de barras, a marca não precisa estar na faixa da linha de visão do leitor e pode até estar incorporada a um objeto. Um uso comum dos sistemas de RFID na automação industrial é rastrear paletes ou veículos em um processo. Um sistema RFID consiste em um rádio receptor-transmissor para comunicação bidirecional com interface com um processador que recebe as informações e as etiquetas RFID que possuem as informações. As etiquetas possuem um circuito integrado que contém os dados e uma antena. O leitor de RFID envia um sinal para a etiqueta e lê a sua resposta. Ele pode funcionar como um sistema de leitura-escrita que transmite dados para a etiqueta para fins de rastreamento.

As etiquetas RFID podem ser passivas, usando a energia de rádio transmitida pelo leitor para alimentar seu circuito, ou ativas com uma pequena bateria. Outra opção são as etiquetas passivas alimentadas por bateria, que são ativadas somente na presença de um leitor. As etiquetas passivas podem ser bem menores e são mais baratas do que as ativas ou do que as etiquetas passivas alimentadas por bateria, mas devem ser aproximadas do leitor para que o campo seja forte o bastante para ativar a etiqueta. A Figura 3.21 mostra um leitor e um conjunto de etiquetas RFID.

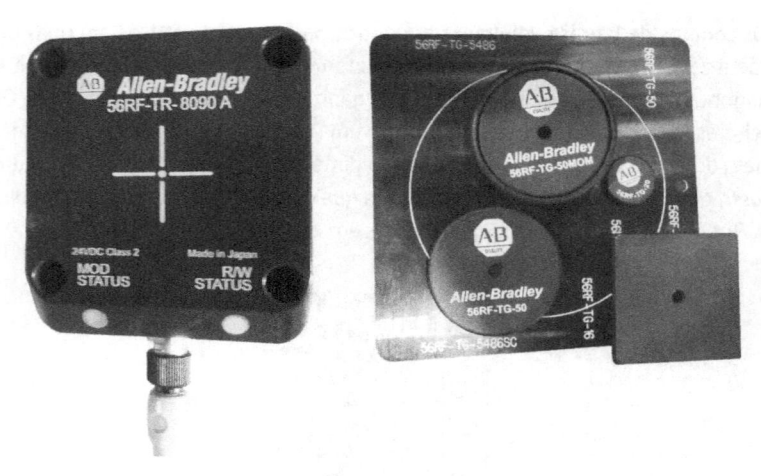

Figura 3.21 Leitores e etiquetas de RFID.

As etiquetas podem conter um número de série único pré-codificado para pesquisas em uma base de dados ou manter informações relacionadas a um determinado produto, como o número de uma peça, a data de produção ou o número do lote. As etiquetas de leitura-escrita podem ser codificadas em várias localizações conforme uma peça percorre a linha de produção, ou elas podem ser da variedade "única escrita, várias leituras", caso em que também são conhecidas como etiquetas de campo programáveis. As informações codificadas em uma etiqueta são armazenadas eletronicamente por meio de uma memória não volátil.

Os sistemas RFID operam em faixas de frequências altas (HF, *High Frequency*) ou ultra-altas (UHF, *Ultrahigh-Frequency*) do espectro de radiofrequências. A distância em que uma etiqueta RFID pode ser lida varia de menos de 30 cm (para algumas etiquetas passivas pequenas e mais baratas) até centenas de metros (para algumas etiquetas ativas maiores). Mais de uma etiqueta pode responder ao mesmo tempo ao sinal de requisição transmitido por um leitor, por isso, a detecção de colisões costuma ser uma característica importante para um controlador RFID.

Os sistemas de **identificação indutiva** possuem uma função semelhante à dos sistemas de RFID, porém eles usam uma bobina de fio parecida com um sensor de proximidade. O leitor excitará um circuito oscilador na etiqueta que transmitirá um código serial. Os sistemas de identificação indutiva são mais baratos e menos suscetíveis a interferências de rádio, mas normalmente lidam com menos informações e possuem uma faixa menor. Assim como as etiquetas de RFID, as etiquetas indutivas podem ser ativas ou passivas, de leitura-escrita ou somente de leitura.

Interfaces de teclado

Uma interface de teclado é uma interface que permite que um dispositivo, como um escâner de código de barras ou um leitor de fita magnética, emule um teclado. O nome "interface" descreve a posição física que ele ocupa na interface entre o teclado e a porta do computador – a Figura 3.22 mostra esse arranjo. Por exemplo, um leitor de código de barras converte um código escaneado em um formato alfanumérico legível por humanos, e então o transmite pela interface como se ele fosse digitado em um teclado. O computador não sabe se o dado veio do teclado ou de outro dispositivo, e o dado é traduzido sem problemas.

> **» IMPORTANTE**
> As etiquetas podem conter um número de série único pré-codificado para pesquisas em uma base de dados ou manter informações relacionadas a um determinado produto, como o número de uma peça, a data de produção ou o número do lote.

> **» DEFINIÇÃO**
> Uma interface de teclado é uma interface que permite que um dispositivo, como um escâner de código de barras ou um leitor de fita magnética, emule um teclado.

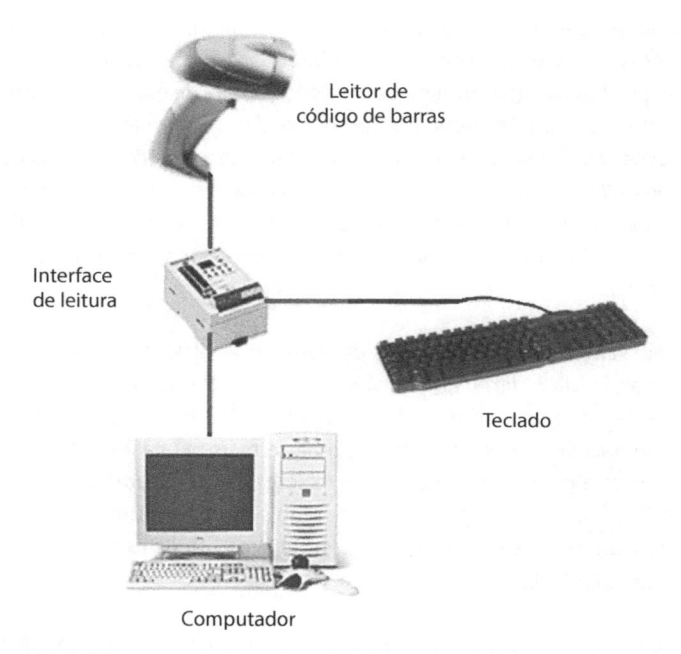

Figura 3.22 Diagrama da interface de leitura via teclado.

Uma interface também pode ser um programa de computador que leva as informações em uma porta USB ou em uma porta COM e as encaminha pelo *buffer* do teclado. Novamente, esse é um processo inexistente a partir da perspectiva do computador. Apesar de esse ser um dos métodos mais baratos de interface entre escâneres de cartão ou leitores de código de barras e um sistema de controle, os projetistas escolheriam utilizar uma porta dedicada para dispositivos periféricos que são usados com mais frequência.

›› Controle de potência, distribuição e controle discreto

A partir da entrada de serviços da maioria das instalações industriais, a energia é distribuída por meio de um barramento trifásico ou instalada em painéis de distribuição. Geralmente, a tensão na entrada de serviço é reduzida via transformador para 480VCA trifásica. Várias desconexões fundidas ou disjuntores estão localizados para fornecer proteção para as ramificações do sistema de distribuição. As desconexões que só podem ser alcançadas por longas varas com ganchos nas extremidades ficam localizadas no ponto da energia para as máquinas individuais. A fiação é distribuída em um conduíte rígido para locais fixos, ou em *Sealtites* flexíveis ou cabos de energia para pontos mais temporários ou móveis. A bandeja de cabos geralmente é montada no teto com um controle multicondutor ou um cabo de alimentação que chega até os pontos de utilização. É importante consultar o Código de Eletricidade Nacional ou as regulamentações locais ao planejar sistemas de distribuição de energia.

Os fios e os cabos são dimensionados segundo uma classificação feita com base na quantidade de corrente que eles conseguem carregar em certas condições, como temperatura ou isolamento. Os fios são classificados pela bitola e dimensionados em termos da *American Wire Gauge* (AWG), da bitola de fio padrão (SWG, *Standard Wire Gauge*) ou da bitola imperial. O fio costuma ser classificado pela ampacitância, outro nome dado para a quantidade de corrente que ele consegue carregar com segurança.

Os relés e os contatores são dispositivos de comutação que aplicam ou removem a energia de um circuito com base em um sinal remoto ou externo. Os temporizadores e os contadores também chaveam a energia ou os sinais com base em um atraso (*delay*) ou em um número estabelecido de pulsos.

> **» IMPORTANTE**
> É importante consultar o Código de Eletricidade Nacional ou as regulamentações locais ao planejar sistemas de distribuição de energia.

» Desconectores, disjuntores e fusíveis

Em geral, tanto uma linha de equipamentos de automação como uma única máquina terão um desconector principal para permitir que a energia seja removida de uma única fonte. Esse desconector possui um conjunto de fusíveis ou um disjuntor apropriadamente classificado para os equipamentos que ele irá alimentar. Muitas vezes haverá diversos níveis de proteção de ramificações de circuitos depois do desconector principal na forma de fusíveis ou disjuntores. Na maioria dos casos, eles também servem como uma desconexão manual para os ramos, embora alguns circuitos de motores simplesmente tenham um grampo de fusível sem meio de desconexão a montante. Existem regulamentos relativos à presença de desconectores a uma determinada distância do motor, assim, os desconectores sem fusão às vezes são colocados próximos para a remoção rápida de energia. Os desconectores consistem em um conjunto de contatos classificados pela quantidade de corrente que eles devem parar por meios manuais de atuação. Eles podem incluir também um meio de atuação, ou controle, remoto.

Disjuntores

Um disjuntor é um dispositivo de proteção de circuito que pode ser redefinido depois da detecção de uma falha elétrica. Assim como todos os dispositivos de proteção, sua proposta é remover a energia de um dispositivo elétrico, ou de um grupo de dispositivos, protegendo o circuito de danos. Os disjuntores são classificados

> **» DEFINIÇÃO**
> Um disjuntor é um dispositivo de proteção de circuito que pode ser redefinido depois da detecção de uma falha elétrica.

> **IMPORTANTE**
> Os disjuntores são classificados pela corrente em que eles foram projetados para disparar, bem como pela máxima corrente que eles podem interromper com segurança durante um curto-circuito.

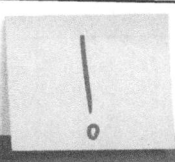

pela corrente em que eles foram projetados para disparar, bem como pela máxima corrente que eles podem interromper com segurança durante um curto-circuito.

Os disjuntores interrompem uma corrente automaticamente; isso requer algum tipo de energia mecânica armazenada, como uma mola ou uma fonte de energia interna, para atuar o mecanismo de disparo. Os disjuntores pequenos, como aqueles usados nos circuitos de ramificação ou na proteção de um componente em uma máquina, em geral são independentes e ficam dentro de uma caixa de plástico moldada. Os disjuntores maiores possuem um dispositivo piloto que identifica um pico de corrente e opera um mecanismo de disparo separado. A corrente é detectada de várias formas. Os disjuntores magnéticos encaminham a corrente através de um circuito eletromagnético. À medida que a corrente aumenta, a força de tração em uma trava também aumenta, finalmente abrindo os contatos pela ação da mola. Os disjuntores magnéticos térmicos usam uma tira bimetálica para detectar condições de sobrecorrente de longo prazo enquanto empregam um circuito magnético para responder imediatamente a grandes surtos, como um curto-circuito.

Os disjuntores possuem uma alavanca para o disparo e o reinício manual do circuito. Essa é uma vantagem sobre o uso de fusíveis, que devem ser substituídos após o uso. Na indústria, a maioria dos disjuntores é usada em aplicações de baixa tensão (abaixo de 1.000 V). Os disjuntores para médias tensões (1.000 até 72k) e altas tensões (mais de 72,5 kV) são usados em aplicações de comutadores, mas raramente são vistos em plantas industriais, embora os de média tensão sejam empregados em algumas instalações de processos. Os disjuntores de baixa tensão podem ser AC ou CC e se enquadram nas categorias de disjuntores miniatura (geralmente montados em trilho DNI, acima de 100 A) e disjuntores em caixa moldada (independentes, acima de 2.500 A). Um exemplo de um disjuntor em uma caixa moldada é mostrado na Figura 3.23.

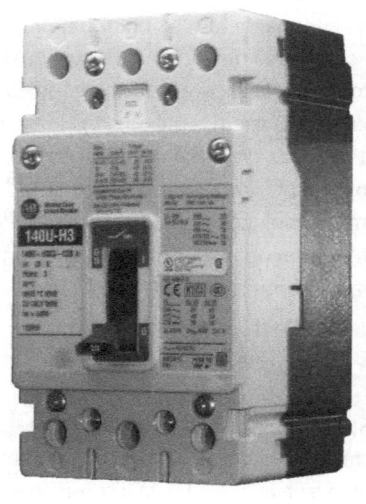

Figura 3.23 Disjuntor em caixa moldada.

Os disjuntores devem levar a carga de corrente planejada sem superaquecimento, bem como resistir ao arco gerado quando os contatos elétricos são abertos. Os contatos geralmente são feitos de cobre ou de uma variedade de ligas. A erosão dos contatos ocorre sempre que eles são abertos em carga; os disjuntores em miniatura são descartados quando os contatos estão gastos, mas alguns disjuntores maiores possuem contatos substituíveis.

Existem dois tipos de unidades de disparo nos disjuntores de baixa tensão: a magnética térmica e a eletrônica. As unidades de disparo magnéticas térmicas possuem um dispositivo térmico bimetálico que atua a abertura do disjuntor com um atraso, dependendo do valor de sobrecorrente. Ele é usado para proteção contra sobrecarga. O dispositivo de disparo magnético possui um limite fixo ou ajustável que aciona o disparo instantâneo do disjuntor em um valor pré-determinado de sobrecarga – comumente um múltiplo da taxa da corrente de sobrecarga.

As unidades de disparo eletrônicas usam um microprocessador para processar o sinal de corrente. O processamento digital fornece quatro funções de disparo: as funções de disparo de atraso de tempo longo ou curto segundo o código 51 da ANSI (o tempo da sobrecorrente CA), a função de disparo instantânea segundo o código 50 da ANSI (sobrecorrente instantânea) e a função de disparo de falta à terra segundo o código 51 N da ANSI (o tempo da sobrecorrente de falta à terra).

Os disjuntores são categorizados pelas suas curvas características para diferentes aplicações. Cargas altamente indutivas, como os transformadores, podem ter correntes de energização muito altas, de 10 a 20 vezes maiores do que as correntes nominais dos dispositivos. Nesse caso, os disjuntores são classificados como uma curva de classe D. Cargas normais indutivas, incluindo a maioria dos motores, possuem uma corrente de energização de cinco a 10 vezes maior do que as correntes nominais dos dispositivos e são classificadas como curvas de classe C. Uma curva de classe B é usada para a maioria das cargas leves não indutivas, e possui uma taxa de duas a cinco vezes a classificação do disjuntor.

Os disjuntores também são classificados para uso como dispositivos de ramificação, suplementares ou alimentadores. Os disjuntores alimentadores, em geral da variedade de caixa moldada, são desenvolvidos para alimentadores de energia principais. Eles são testados em uma taxa de interrupção de 20.000 A. A proteção do circuito de ramificação é testada em uma taxa de interrupção de pelo menos 5.000 A e é usada para circuitos de ramificação sob o disjuntor principal. Os disjuntores alimentadores e de ramificação devem ser listados pelo UL (*Underwriters Laboratory*).

Os dispositivos de proteção suplementar são empregados para a proteção de equipamentos em um circuito de ramificação. Eles são classificados como "componentes reconhecidos" pelo UL, em vez de serem listados. Eles são testados com proteção de circuito de ramificação a montante e classificados para 5.000 A ou menos.

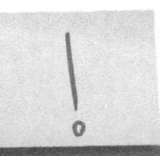

> **» IMPORTANTE**
> Os disjuntores devem levar a carga de corrente planejada sem superaquecimento, bem como resistir ao arco gerado quando os contatos elétricos são abertos.

Os circuitos de proteção para motores (MCP, *Motor Circuit Protection*) são disjuntores de aplicação especial com configurações magnéticas ajustáveis. Eles permitem que o operador configure o nível de proteção magnética do disjuntor acima do nível de energização (*inrush*) do motor. A proteção contra a sobrecarga do motor é fornecida no relé de sobrecarga do *starter*. Essa combinação permite a proteção do motor sem causar desarmes por ruídos. Os MCPs são componentes reconhecidos pelo UL.

Os disjuntores de proteção de motores (MPCBs, *Motor Protector Circuit Breakers*) são disjuntores listados pelo UL que têm proteção magnética fixa e proteção de sobrecarga do motor embutida. Essas unidades de disparo de disjuntores são ajustáveis para as taxas da *Motor FLA* e podem ser configurados para a classe de desarme de sobrecarga. Os MPCBs podem ser usados diretamente com um contator para uma partida completa do motor e pacotes de proteção.

Fusíveis

Um fusível é um dispositivo de proteção de sobrecarga planejado para derreter (ou "assoprar") quando uma corrente excessiva flui por ele. Ele é composto de uma tira metálica ou de um elemento de fio classificado em uma corrente específica mais uma pequena porcentagem. Ele é montado entre dois terminais elétricos e em geral é cercado por uma caixa de isolamento não inflamável.

Os fusíveis são colocados em série com o fluxo de corrente em uma ramificação ou um dispositivo. Se o fluxo de corrente que passa pelo elemento se torna muito alto, calor suficiente é gerado para derreter o elemento ou a junta de solda dentro do fusível.

Os fusíveis com elementos duplos possuem uma tira de metal que derrete instantaneamente em um curto-circuito, bem como uma junta de solda de baixa fusão para sobrecargas de longo prazo. O fusível de tempo de atraso permite pequenos períodos de condições de sobrecorrente e é usado em circuitos de motores, que podem ter uma entrada de corrente maior quando o motor é ligado ou iniciado.

Os fusíveis são feitos em diferentes formas, tamanhos e materiais, dependendo do fabricante e da aplicação. Enquanto os terminais e os elementos do fusível devem ser feitos de metal ou de liga para condutividade, o corpo do fusível pode ser de vidro, fibra de vidro, cerâmica ou fibras isolantes comprimidas. Os tamanhos e os métodos de montagem se dividem em vários formatos padronizados. A Figura 3.24 mostra fusíveis do tipo cartucho. Note que o maior fusível, à esquerda, possui uma área indentada ou uma ranhura na sua extremidade inferior. Ele é conhecido como fusível de rejeição, e essa característica garante que só possa ser colocado de uma única maneira em seu suporte.

>> **DEFINIÇÃO**
Um fusível é um dispositivo de proteção de sobrecarga planejado para derreter (ou "assoprar") quando uma corrente excessiva flui por ele.

>> **CURIOSIDADE**
Os fusíveis são feitos em diferentes formas, tamanhos e materiais, dependendo do fabricante e da aplicação. Enquanto os terminais e os elementos do fusível devem ser feitos de metal ou de liga para condutividade, o corpo do fusível pode ser de vidro, fibra de vidro, cerâmica ou fibras isolantes comprimidas.

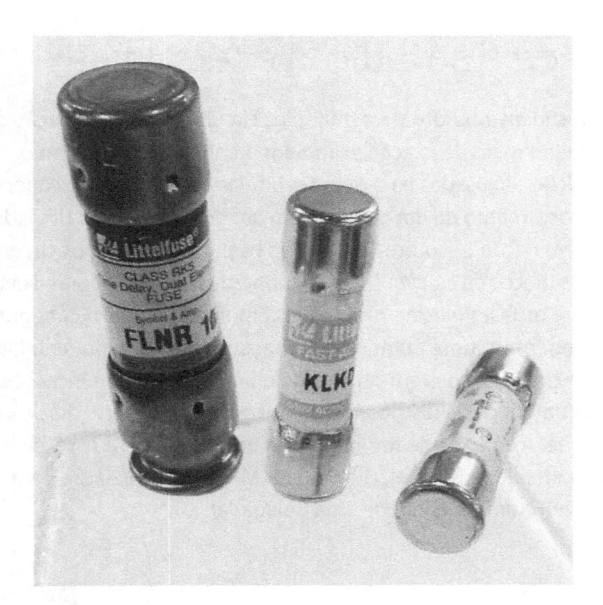

Figura 3.24 Fusíveis de cartucho.

A maioria dos fusíveis utilizados nas aplicações industriais são fusíveis de cartucho. Eles são cilíndricos e têm tampas de condução em cada extremidade. Essas tampas são separadas pelo fusível, que funciona como um elemento de ligação entre elas e é coberto pela caixa. Os fusíveis podem ter tamanhos pequenos e ser de vidro ou de cerâmica para cargas leves. Eles também podem ser maiores, do tipo J ou R. Os fusíveis de cartuchos também são conhecidos como fusíveis virola. As tampas podem ter as extremidades laminadas para inserção em clipes ou ter um buraco na lâmina para parafusamento em um terminal. Os métodos mais comuns são os grampos de mola ou os porta-fusíveis de estilo bloco.

Os fusíveis para uso em placas de circuito impresso (PCBs, *Printed Circuit Boards*) são soldados no lugar apropriado. Eles podem ter fios condutores ou pastilhas soldadas, dependendo da técnica de montagem desejada.

Comparação entre fusíveis e disjuntores

Os fusíveis são menos onerosos do que os disjuntores, mas devem ser substituídos sempre que ocorre um evento de sobrecorrente. Isso não é tão conveniente quanto simplesmente reajustar um disjuntor, mas ajuda a impedir que falhas intermitentes sejam ignoradas.

Os fusíveis reagem mais rápido do que os disjuntores, especialmente os fusíveis "limitadores de corrente". Esse tipo minimiza o dano para os equipamentos a jusante.

>> **DICA**
Os fusíveis reagem mais rápido do que os disjuntores, especialmente os fusíveis "limitadores de corrente". Esse tipo minimiza o dano para os equipamentos a jusante.

>> Blocos de distribuição e terminais

Cabos e fios são distribuídos para múltiplos circuitos pela terminação das extremidades em um meio de fixação, como um parafuso ou um grampo. Os **blocos de distribuição** são usados para grandes bitolas de fios. Eles são conectados por meio do enroscamento de um parafuso em um bloco de metal. Um lado terá um ponto de terminação e o outro terá múltiplos para alimentar os circuitos de ramificação. Os blocos de distribuição são montados em portadoras isolantes com divisões entre as fases e estão disponíveis em uma de quatro configurações de polo. Eles podem ter uma ou mais terminações para cada polo no lado de entrada e até 12 terminações em cada saída ou no lado das ramificações. A Figura 3.25 mostra um bloco de distribuição trifásico de estilo aberto; há seis conexões para cada fase. As bitolas de fios começam em torno de 14 AWG e chegam até os maiores tamanhos de MCM. O termo MCM é uma abreviação para *Thousand Circular Mil* (mil é um milésimo de uma polegada).

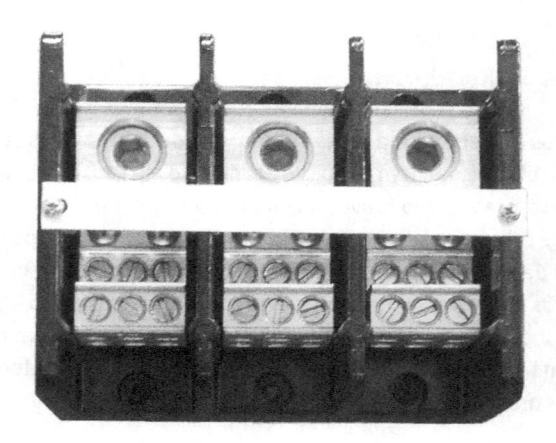

Figura 3.25 Bloco de distribuição.

Os barramentos multiterminais de cobre ou de alumínio com uma série de terminais de parafuso são empregados para terminações terra ou neutras em painéis e em geral para tamanhos de fios menores que não possuem tensão.

Os **blocos terminais** servem para fazer as conexões de fios e de cabos e para gerenciar a fiação. Eles são dimensionados para as faixas de fios e cabos que serão conectados. Os blocos terminais fixados com parafusos e os blocos terminais fixados com grampos de mola são ambos muito usados em condutores menores, mas, para grandes tamanhos de fio, apenas blocos terminais com parafusos, são empregados.

Há uma ampla variedade de estilos e fabricantes de blocos terminais. O principal propósito dos blocos terminais, além do gerenciamento da fiação, é isolar as extremidades expostas dos fios ao fazer conexões. A NEMA (National Electrical

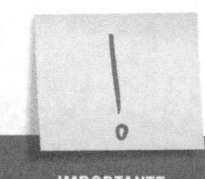

>> **IMPORTANTE**
Os blocos terminais servem para fazer as conexões de fios e de cabos e para gerenciar a fiação.

Manufacturers Association) e a International Electrotechnical Commission (IEC) estabelecem normas e especificações para blocos terminais, de modo que eles são classificados como estilo NEMA ou IEC. Os blocos da NEMA têm um estilo mais aberto, enquanto os da IEC são considerados extremamente seguros, com proteção contra o toque acidental com os dedos e com isolação em torno dos terminais de parafusos ou grampos.

Os blocos terminais são dimensionados para montagem em trilhos de metal de tamanho uniforme conhecidos como trilhos DIN. DIN é a abreviação do padrão alemão Deustches Institut für Normung. A Figura 3.26 mostra vários tipos de blocos terminais IEC montados em um trilho DIN. O bloco maior é um bloco terminal de porta-fusível do tipo cartucho.

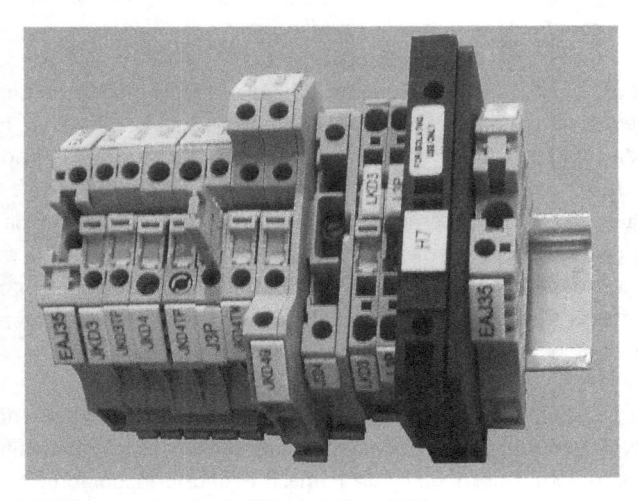

Figura 3.26 Blocos terminais IEC em trilhos DIN.

As conexões costumam ser feitas através do bloco, de terminal a terminal, mas *jumpers*, comutadores ou fusíveis removíveis algumas vezes são embutidos no bloco. Os blocos terminais para fusíveis também são chamados blocos de fusível. Eles são feitos para abrir, possibilitando a remoção do fusível, e ainda duplicam como uma desconexão de ramificação ou de componente. Os indicadores de LED também são embutidos em alguns blocos terminais para indicação de presença de energia ou de fusível queimado. Blocos terminais de propósito especial com contatos para termopares e tensões extremamente baixas ou altas também estão disponíveis.

Os blocos terminais geralmente estão disponíveis em configurações de um, dois e três níveis que visam à economia de espaço. Eles comumente são montados em algum tipo de trilho de metal, o mais comum sendo o trilho DIN. Ele permite que blocos de diferentes fabricantes sejam montados em uma superfície comum. Os trilhos DIN são feitos em uma grande variedade de cores, para a identificação do circuito.

Uma grande variedade de acessórios está disponível para blocos terminais, incluindo *jumpers* centrais e laterais para formar um barramento comum, trilhos DIN, etiquetas e *kits* para etiquetamento, tampas e âncoras.

» Transformadores e fontes de alimentação

Os transformadores são usados para isolar ou transferir energia na forma de corrente CA de um circuito para outro. Isso é feito por meio do princípio da indutância mútua. Se uma corrente em mudança é passada por uma bobina de fio, ela cria um campo magnético que pode ser usado para criar uma corrente em outra bobina de fio, por sua vez eletricamente isolada da primeira bobina. Isso é mais frequentemente realizado quando ambas as bobinas são envoltas em torno de um núcleo comum de um metal rico em ferro.

Um dos princípios dessa tensão induzida é que a tensão pode ser aumentada ou reduzida na proporção do número de voltas da bobina. Uma fórmula que pode ser usada para expressar essa relação é $Vp/Vs = Np/Ns$, onde V é a tensão, N é o número de voltas na bobina, p é a bobina primária ou a bobina onde a tensão é aplicada e s é a secundária onde a tensão convertida é aplicada na carga. Um transformador usado para aumentar a tensão da primária para a secundária é conhecido como transformador *step-up*, e o seu oposto é o transformador *step-down*. Pela lei de Ohm, quando uma tensão é aumentada, a corrente diminuirá proporcionalmente, e vice-versa.

A Figura 3.27 é um diagrama de fiação para um transformador de potência monofásico. Os transformadores podem ser "aproveitados" ou ligados de diferentes maneiras, conforme mostrado no diagrama. Este transformador fornece conversões de tensão de 480 para 120, 480 para 240, 240 para 120 e 240 para 240.

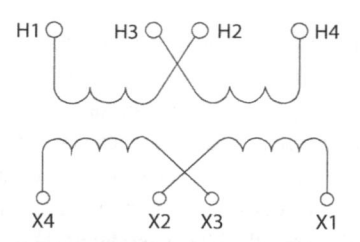

Conexões		
Tensões primárias	Interconexões	Linhas primárias Conectar em
480 V	H2-H3	H1, H4
240 V	H1-H3, H2-H4	H1, H4
Tensões secundárias	Interconexões	Linhas secundárias Conectar em
120 V	X1-X3, X2-X4	X1, X4
240 V	X2-X3	X1, X4

Figura 3.27 Diagrama de fiação de um transformador.

Os transformadores podem ser usados para propósitos de isolação, conforme mostrado na fiação 240 para 240 (que poderia ser também de 120 para 120). Já que uma tensão não pode mudar instantaneamente através de um indutor, os transformadores de isolação servem para proteger a carga de picos rápidos em um circuito. Eles são usados em sistemas de controle e em sistemas de acionamento.

Os transformadores são fabricados em uma variedade de tamanhos, desde pequenos transformadores montados internamente em um dispositivo, como fontes de alimentação CC, até grandes transformadores trifásicos que alimentam toda uma linha de produção ou toda uma seção de uma planta. Muitos transformadores disponíveis comercialmente possuem vários pontos de conexão, o que permite que o mesmo transformador forneça uma série de tensões diferentes, dependendo de como esses pontos de conexão estão acoplados.

> **CURIOSIDADE**
> Os transformadores são fabricados em uma variedade de tamanhos, desde pequenos transformadores montados internamente em um dispositivo, até grandes transformadores trifásicos.

Outro método para obter diferentes tensões de um transformador é a utilização de um **autotransformador**. O autotransformador é um transformador que só tem um enrolamento com conexões em cada extremidade e um em um ponto intermediário. A tensão é aplicada em dois dos terminais. O secundário é então tirado de um dos terminais primários e do terceiro terminal. A localização da conexão intermediária determina a taxa do enrolamento, isto é, a tensão de saída. Se o isolamento for removido de parte do enrolamento, é possível tornar a conexão intermediária móvel ao usar uma escova de deslizamento, tornando a tensão de saída variável similar à do potenciômetro.

O propósito de um transformador em um sistema de automação é converter uma tensão CA em uma tensão diferente para distribuição no sistema, ou isolar um circuito de outro. Geralmente, uma tensão de 480 VCA trifásica é aplicada para desconectar uma caixa de controle. Da desconexão, a energia é distribuída por várias ramificações com a proteção de circuitos para diferentes propósitos. Onde uma tensão mais baixa for necessária (geralmente de 240, 208 ou 120 VCA), será um transformador conectado para reduzir o nível de tensão. Os transformadores podem ser usados entre fases individuais para criar uma tensão monofásica, ou nas três fases. Os enrolamentos são roscados no centro e aterrados para criar duas fases de 180° fora de fase uma com a outra. Isso é semelhante a uma entrada de serviço residencial comum, onde uma tensão de 240 VCA é ligada em um painel de distribuição ou em um disjuntor, junto com um neutro (o terra da conexão central). A tensão de 240 V pode então ser usada para aparelhos de alta potência, e duas linhas de disjuntores de alimentação de 120 VCA podem ser usados para circuitos de ramificação. Os transformadores possuem uma proteção de circuito, como fusíveis ou fontes de alimentação, tanto no lado primário quanto no lado secundário.

> **DICA**
> O propósito de um transformador em um sistema de automação é converter uma tensão CA em uma tensão diferente para distribuição no sistema, ou isolar um circuito de outro.

As **fontes de alimentação** CC fornecem baixa tensão de alimentação CC para dispositivos de I/O, como sensores e válvulas solenoides. As fontes de alimentação possuem saídas reguladas para prevenir flutuações de corrente ou de tensão. Elas são geralmente protegidas no lado CA e no lado CC por fusíveis ou disjuntores.

A tensão mais comum usada para máquinas industriais é de 24 VCA. Ela é uma tensão baixa o suficiente para prevenir maiores danos, mas alta o suficiente para minimizar a interferência de ruídos e permitir a distribuição em uma distância razoável. A tensão de 12 VCA também é usada às vezes, enquanto níveis de tensão CC de 48 ou mais volts são vistos em motores CC, como os motores de passo. Os servomotores e os motores CC não usam fontes de alimentação independentes, mas geram em sua unidade a sua própria energia CC.

» Relés, contatores e *starters*

Um relé é um dispositivo que permite o chaveamento de um circuito por meios elétricos. Existem vários tipos de relés, incluindo os eletromecânicos, as bobinas de estado sólido e os relés de contato de mercúrio ou *reed*. Porém, o propósito deles é sempre o mesmo: controlar um circuito com uma tensão com um sinal de outro, ou usar um sinal para chavear múltiplos circuitos, conforme mostrado na Figura 3.28.

> » **DEFINIÇÃO**
> Um relé é um dispositivo que permite o chaveamento de um circuito por meios elétricos.

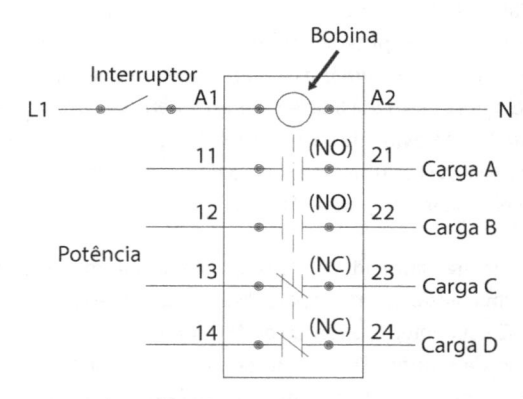

Figura 3.28 Esquemática de relé de quatro polos.

Os relés eletromecânicos usam uma bobina eletromagnética para puxar fisicamente um conjunto (ou conjuntos) de contatos tanto de uma posição aberta para uma fechada quanto de uma posição fechada para uma aberta. CAs ou CCs podem ser usadas para chavear a bobina; essa é uma das especificações de um relé, junto com o número de polos e a quantidade de corrente com a qual os contatos conseguem lidar. Os contatos são especificados como NO (*Normally Open*) ou NC (*Normally Close*), dependendo do seu estado de desenergização. Os relés podem ter múltiplos polos para contatos NO e NC. A Figura 3.29 mostra diferentes tipos de relés; à esquerda há um relé eletromecânico com base de tubo e soquete, e os dois seguintes são geralmente conhecidos como "cubo de gelo". O relé na parte inferior direita é um relé eletromecânico montado em um trilho DIN para aplicações pesadas, enquanto o que está na parte superior direita é um relé de tempo ajustável.

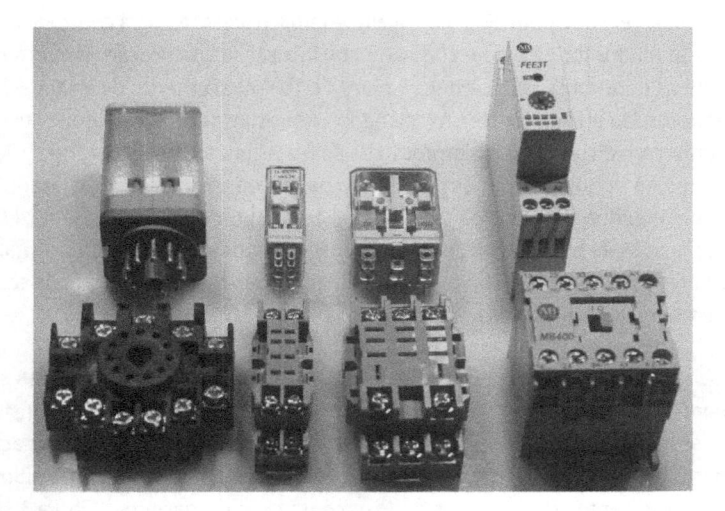

Figura 3.29 Relés.

Os relés de estado sólido utilizam a tecnologia de transistor para comutar o fluxo de corrente. Uma tensão é aplicada na bobina de estado sólido que pode ou comutar a corrente diretamente por meio de um transistor ou de um dispositivo CMOS, ou energizar um LED para isolar opticamente os circuitos. Os relés de estado sólido não possuem partes móveis, portanto têm mais longevidade do que os relés eletromecânicos; porém, eles possuem uma menor capacidade de comutação de corrente.

Alguns relés possuem uma bobina para travá-los e outra para redefini-los. Elas são usadas caso um estado do circuito precise ser mantido mesmo quando a energia é perdida. Esses relés são conhecidos como relés do tipo *latching* ou do tipo set-reset.

Os circuitos de segurança usam relés que possuem contatos guiados pela força. Isso significa que os contatos são mecanicamente unidos, de modo que todos comutam juntos. Isso assegura que, se um conjunto de contatos foi soldado por causa de um arco voltaico, um conjunto de contatos pode ser usado para monitorar de forma confiável o estado do relé. Esses relés de segurança usam conjuntos de relés redundantes para cada circuito pela mesma razão.

Os relés são fabricados em uma variedade de fatores de forma. Os relés grandes costumam ser parafusados ou montados diretamente no painel ou *backplane*, enquanto muitos relés industriais padrão possuem pinos redondos ou lâminas que podem ser plugadas em um soquete montado em um trilho DIN. Os soquetes estão disponíveis em base de tubo para pinos redondos e em base de lâminas ou pinos de soquete para relés pequenos. Os relés pequenos também podem ser soldados em uma placa de circuito.

> **DEFINIÇÃO**
> Um contator é um tipo de relé que pode lidar com a alta energia necessária para controlar diretamente um motor elétrico. Já um acionador é um contator com dispositivos de proteção de sobrecarga acoplados.

Um tipo de relé que pode lidar com a alta energia necessária para controlar diretamente um motor elétrico é chamado **contator**. As classificações de corrente contínuas para contatores comuns variam de 10 A até centenas de amperes. Os contatores são elementos de um acionador; um **acionador** é simplesmente um contator com dispositivos de proteção de sobrecarga acoplados. Os dispositivos de detecção de sobrecarga são uma forma de relé operado por temperatura, no qual uma bobina aquece uma tira bimetral ou um ponto de solda derrete, liberando uma mola para operar um conjunto de contatos auxiliares. Esses contatos auxiliares estão em série com a bobina. Se a sobrecarga percebe o excesso de corrente na carga, a bobina é desenergizada.

Os acionadores são categorizados em NEMA ou IEC. Os acionadores NEMA são maiores e têm elementos de sobrecarga substituíveis. Eles podem ser reconstruídos, se necessário; porém, são fisicamente maiores e mais caros do que os acionadores IEC da mesma classificação. Os acionadores IEC não são reconstruídos e são simplesmente descartados quando os contatos se desgastam. A Figura 3.30 é um acionador IEC em uma caixa de controle de motor manual.

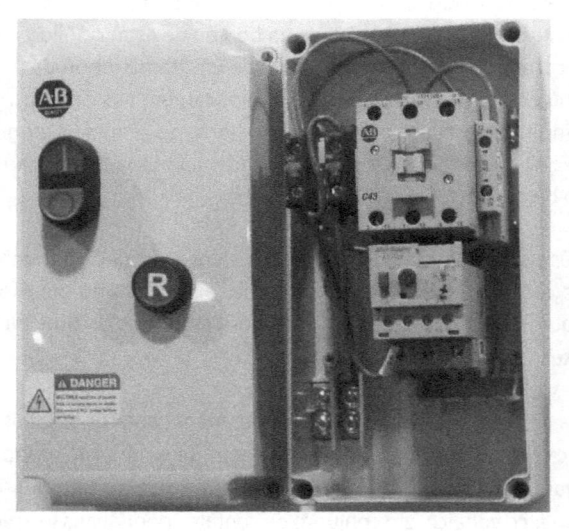

Figura 3.30 Motor de partida IEC.

» Temporizadores e contadores

Um temporizador reage a um sinal aplicado ou à alimentação de energia e comuta um conjunto de contatos com base em um atraso. Ele também pode criar uma série repetitiva de pulsos. Os temporizadores podem ser puramente mecânicos, como os temporizadores pneumáticos; eletromecânicos com um motor e embreagem; ou inteiramente eletrônicos. Eles estão disponíveis nos formatos analógico e digital.

Os temporizadores se enquadram nas seguintes categorias:

- Em atraso (*On Delay*): o temporizador muda de estado depois de um período específico de tempo e permanece nesse estado até que o sinal seja removido.
- Sem atraso (*Off Delay*): o temporizador muda o estado imediatamente e reverte o seu estado original depois de um período específico de tempo.
- Disparador (*One Shot*): o temporizador cria um único pulso de comprimento específico.
- Pulso ou ciclo de repetição (*Pulse / Repeat-Cycle*): o temporizador cria uma série de pulsos com tempos de liga e desliga (*on/off*) configuráveis até que o sinal seja removido.

Assim como os controladores de temperatura, os temporizadores e os contadores são dimensionados por meio do sistema DIN, o que garante que eles se encaixa em nos tamanhos adequados dos recortes do painel. Eles estão disponíveis nos tamanhos 1/16 DIN, 1/8 DIN e 1/4 DIN. A Figura 3.31 mostra um temporizador digital 1/16 DIN.

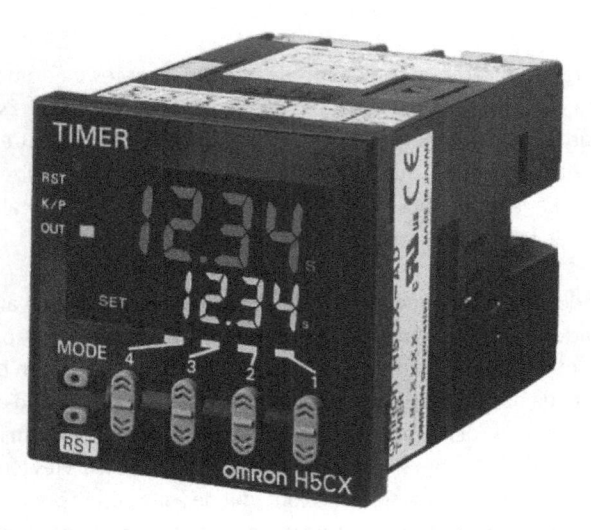

Figura 3.31 Temporizador digital 1/16 DIN (cortesia da Omron).

Os temporizadores eletromecânicos, como o temporizador Eagle Signal Cycle Flex, mostrado na Figura 3.32, são usados em aplicações em que os temporizadores eletrônicos podem não ser apropriados. Os contatos mecanicamente comutados também podem ser mais acessíveis do que os dispositivos semicondutores necessários para controlar iluminações fortes, motores e aquecedores. Um temporizador mecânico de um came usa um pequeno motor CA sincronizado que gira o came contra um banco de contatos de comutação. O motor CA é ligado a uma taxa exata pela frequência aplicada, que é regulada de forma muito precisa pelas companhias de energia. As engrenagens movem um eixo a uma velocidade

>> **DICA**
Os temporizadores eletromecânicos, são usados em aplicações em que os temporizadores eletrônicos podem não ser apropriados.

desejada e giram o came. Esses temporizadores ainda estão em uso em muitas instalações industriais, pois eles são facilmente reconstruídos, são robustos e comutam em cargas de altas correntes; porém, eles são frequentemente substituídos por temporizadores eletrônicos mais rentáveis e mais confiáveis.

Figura 3.32 Temporizador eletromecânico Eagle Signal.

Atualmente, a aplicação mais comum dos temporizadores eletromecânicos é em máquinas de lavar roupa, secadoras e máquinas de lavar louça. Esse tipo de temporizador frequentemente tem uma embreagem de fricção entre as engrenagens e o came, de modo que o came pode ser girado para reinicializar o tempo. Esse método é mais rentável do que uma versão eletrônica para realizar vários segmentos de tempo com comutação de carga de alta corrente.

Um contador também reage a sinais de entrada, totalizando-os e alterando o sinal quando uma contagem específica é atingida. Os contadores são classificados em contadores *up*, quando as mudanças de estado aumentam o valor até que o ponto de definição seja atingido, ou contadores *down*, quando o contador começa no ponto de definição e diminui até 0. Os contadores também podem ser combinacionais, tanto para sinais *up* quanto para sinais *down*. Eles têm uma entrada de redefinição para configurar o contador de volta ao seu ponto de partida e podem ser ou mecânicos por natureza, como os totalizadores, ou eletronicamente incrementados.

» Botões, luzes piloto e controles discretos

Antes do advento das telas sensíveis ao toque, a sinalização e o controle de máquinas tinham de ser feitos com botões, interruptores e luzes de indicação. Uma grande variedade de componentes ainda é usada atualmente como interface discreta entre o operador e a máquina.

Botões e interruptores

Um *botão* é um método carregado de mola operado manualmente para abrir ou fechar um conjunto de contatos elétricos. Os botões industriais geralmente são fabricados em vários padrões de tamanho; os diâmetros variam entre 30mm, 22mm e 16mm. Além desses, existem outros tamanhos maiores e menores, mas a grande maioria dos botões, dos interruptores e das luzes piloto utiliza as dimensões padronizadas.

> **» DEFINIÇÃO**
> Um botão é um método carregado de mola operado manualmente para abrir ou fechar um conjunto de contatos elétricos.

Os botões maiores (de 22 e 30 mm) são modulares por natureza, possuindo anéis e painéis de montagem removíveis e um atuador no qual blocos de contato podem ser montados. Os blocos de contato estão disponíveis nas configurações NO e NC, e podem ser misturados e combinados conforme a necessidade. Esses blocos podem ser empilhados uns em cima dos outros em até quatro conjuntos de contatos. Os botões podem ter uma luz interna iluminada a partir de uma saída de controle ou por meio de um dos conjuntos de contatos, que são geralmente bulbos com base baioneta LED ou incandescente.

Os botões são fabricados em várias cores, em geral preto, vermelho, amarelo, verde, azul ou branco, embora modelos em outras cores possam ser encontrados. O atuador pode ser do tipo cabeça de cogumelo, estendido ou nivelado com o painel. Ele também pode ser do tipo momentâneo (mola de retorno) ou conservado (com alternância). A Figura 3.33 mostra um botão nivelado de 30 mm.

Figura 3.33 Botão de 30 mm.

As **chaves seletoras** têm muitas das características de um botão; elas usam o mesmo tipo de blocos de contato e são fabricadas com os diâmetros 16, 22 e 30 mm. A cor geralmente utilizada é a preta, embora as inserções possam ser feitas em várias cores. As chaves seletoras geralmente não usam luzes.

Assim como os botões, as chaves podem ser do tipo conservada ou mola de retorno. A maioria das chaves possui duas ou três posições, embora as de quatro ou mais posições sejam utilizadas às vezes. Diferentemente dos botões, porém, todos os contatos não comutam em um mesmo instante. Para chaves de três posições, os contatos de um lado comutarão no lado esquerdo, e o lado oposto comutará na posição da direita. Ambos os lados permanecem não comutados no centro. Os blocos de contato são atuados com a rotação do came com o corpo da chave.

Parte da montagem do botão ou da chave seletora é, em geral, um anel antirrotação. Ele é, basicamente, um anel com uma conexão que se ajusta em uma ranhura do dispositivo e outra que se encaixa em um corte dentro dos furos no gabinete ou na caixa.

Luzes piloto e colunas luminosas

As luzes piloto estão disponíveis nos mesmos tamanhos padrão dos botões e interruptores, embora luzes maiores sejam usadas algumas vezes para aumentar a visibilidade; pequenas luzes de 8 e 10 mm são mais comuns para displays de maior densidade. As lâmpadas para luzes piloto são do tipo incandescente ou de LED. A maioria das luzes é branca, e um revestimento plástico é usado para alterar a cor delas. Elas estão disponíveis para aplicações de "tensão total" de 120 a 240 VCA, que usam um pequeno transformador, bem como de 12 e 24VCC. Para baixas tensões ou saídas de cartões de computadores, lâmpadas de 5 e 6VCC são geralmente usadas. Algumas luzes piloto possuem uma característica de "botão de teste" acionado por mola que iluminará a lâmpada, embora não existam contatos externos para elas como nos botões iluminados. Se uma luz piloto está conectada à saída de um controlador, um "botão de teste" separado eventualmente é usado às vezes para iluminar de uma só vez todas as lâmpadas em um painel.

As **colunas luminosas**, também conhecidas como torres luminosas, são um conjunto de luzes colunares que indicam o estado de uma máquina ou de um sistema de controle. Elas também são modulares, em geral começando com uma unidade base que pode incluir ou não uma buzina ou a sirene. Essa base pode ser conectada a um cabo de rápida desconexão ou a terminais com uma entrada de alívio de tensão. As unidades de luz são então empilhadas sobre a base na ordem necessária, geralmente até cinco unidades de altura. Uma combinação comum dessas luzes reúne a vermelha, a amarela e a verde (de cima para baixo). Nesse caso, a luz vermelha significa falha ou alarme, a luz amarela indica que o sistema requer atenção ou está no modo manual/manutenção, e a luz verde mostra que a máquina está no modo automático ou em funcionamento. Não existe um padrão universal para essas cores, e cada companhia ou planta pode ter as suas próprias especificações. Piscar as luzes para indicar se o sistema começou a funcionar ou se as condições são de parada de ciclo ou de parada imediata é um exemplo de como uma luz que pisca pode ser útil para transmitir informações adicionais. As luzes azul ou branca são adicionadas para transmitir outros sinais, como sinais baixos ou funis, ou possam assumir outra função especial definida pelo projetista. A Figura 3.34 mostra um conjunto de arranjos de lâmpadas empilhadas de quatro cores; as duas mais à direita possuem uma sirene ou um alerta audível na parte de cima.

> **» DEFINIÇÃO**
> As colunas luminosas, também conhecidas como torres luminosas, são um conjunto de luzes colunares que indicam o estado de uma máquina ou de um sistema de controle.

Figura 3.34 Colunas luminosas (cortesia da Banner).

Assim como as luzes piloto, as colunas luminosas também são energizadas em 24VCC, 120VCA ou vários outros tipos de tensão, conforme necessário. Outros módulos que podem ser usados para reproduzir uma voz gravada ou uma música também estão disponíveis. Uma característica benéfica de algumas lâmpadas empilhadas é a sua base flexível, que reduz a chance de essa pilha se quebrar quando colocada por baixo de um gabinete ou máquina. Elas podem ser fixadas em hastes ou montadas nas laterais, dependendo da utilização.

Outros dispositivos montados em painel

Alguns itens agrupados sob a denominação "controles discretos" podem não ser discretos. Um exemplo é o potenciômetro montado em painel para o controle analógico da velocidade do acionamento de um motor. Ele está disponível nos mesmos fatores de forma das chaves seletoras, nos tamanhos de 22 ou 30 mm. Controladores de temperatura, temporizadores e contadores também são dispositivos posicionados na parte da frente de uma caixa de controle.

Buzinas e sirenes são outros dispositivos discretos que podem ser montados em um painel. As buzinas são piezoelétricas e suscetíveis à umidade, uma vez que não podem ser facilmente seladas.

Todos os dispositivos que podem ser montados em uma caixa de controle precisam de etiquetas para identificação. Etiquetas gravadas em plástico ou etiquetas de metal com encaixes de tamanho apropriado são usadas em botões, chaves e luzes piloto. As etiquetas gravadas em plástico ou as etiquetas de metal são de

>> **ATENÇÃO**
Todos os dispositivos que podem ser montados em uma caixa de controle precisam de etiquetas para identificação. Etiquetas gravadas em plástico ou etiquetas de metal com encaixes de tamanho apropriado são usadas em botões, chaves e luzes piloto.

duas cores, uma na parte interna e outra na parte externa. Um exemplo é o plástico Gravoply, que pode ser preto ou vermelho na parte de dentro e é branco na parte de fora. Quando os caracteres são cortados dentro do plástico, a cor interna transparece. As etiquetas podem ser pré-fabricadas com termos como *stop*, *start* e assim por diante, ou ser vendidas em branco para que o usuário as grave.

As etiquetas não são usadas apenas para identificar dispositivos localizados dentro da caixa de controle, mas também são utilizadas, por exemplo, no interior de um gabinete ou perto do sensor de uma máquina. Elas podem ser gravadas ou impressas e conter um esquemático, um símbolo I/O ou um texto descritivo dos componentes. Mensagens de aviso também podem ser compradas prontas ou pré-fabricadas.

» Cabeamento e fiação

O cabeamento e a fiação são importantes na distribuição de energia e sinais por todo um sistema. Fios e cabos multicondutores são usados para conectar os vários dispositivos de controle e os componentes de distribuição dentro de uma máquina ou de um sistema. Os tamanhos ou as bitolas dos fios são especificados conforme descrito nos apêndices deste livro. O fio é feito de qualquer metal condutor, mas geralmente é usado cobre ou alumínio. Ele é protegido por uma isolação termoplástica disponível em uma ampla variedade de cores e é fabricado nas formas sólidas ou entrelaçadas, dependendo da aplicação.

Os cabos multicondutores consistem em um conjunto de fios isolados dentro de um revestimento de proteção. Os fios podem ser trançados em pares para imunidade de ruídos ou simplesmente correr em paralelo. Os cabos multicondutores possuem um **fio dreno** ou **blindado** para ajudar a afastar sinais parasitas indesejados. Esse fio deve ser aterrado em **apenas uma extremidade** para evitar um loop de terra. Uma cobertura de alumínio adicional é enrolada em torno do conjunto de feixe interno do revestimento e mantida em contato com o fio blindado. Exemplos de cabos muticondutores são mostrados na Figura 3.35.

Figura 3.35 Cabos multicondutores.

Para aplicações de movimento altamente flexível e repetitivo, o cabo multicondutor é feito com um trançado fino que melhora seu raio de encurvamento e aumenta sua vida útil. Especificações sobre o número esperado de ciclos e o raio mínimo de encurvamento aparecem nos catálogos de fios.

A conexão de fios ou cabos multicondutores pode ser feita com blocos terminais, mas em alguns casos eles devem ser emendados. Isso é feito por meio de um friso aplicado em peças metálicas maleáveis conhecidas como emendas, ou da solda dos fios. Depois da solda, o fio de junção deve ser isolado com fita isolante ou **contração térmica**.

Alívio de tensão

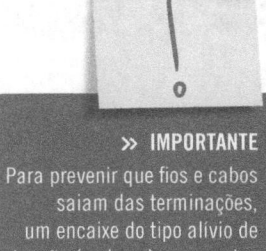

Para prevenir que fios e cabos saiam das terminações, um encaixe do tipo alívio de tensão é colocado nos pontos de entrada das caixas e incorporado em plugues de cabos. Eles podem ser do tipo pinça de parafuso ou em forma de "rosquinha" de borracha, que se fixa abaixo do cabo quando um encaixe é apertado. Outro tipo de alívio de tensão possui uma série de saliências no ponto onde o cabo se conecta com a caixa ou com a caixa de junção. O principal objetivo do alívio de tensão é reduzir o desgaste ou o estresse no ponto de entrada quando um cabo é puxado. Os alívios de tensão fornecem proteção contra a entrada de líquidos e são padronizados pelo tamanho dos furos, como os acessórios elétricos; as opções são 3/8, 1/2 e 3/4 polegada. Uma ou mais polegadas são tamanhos padrão. Os encaixes de alívio de tensão podem ser de metal galvanizado ou de plástico. A Figura 3.36 mostra um cabo de alívio de tensão de meia polegada instalado na lateral de uma caixa.

> » **IMPORTANTE**
> Para prevenir que fios e cabos saiam das terminações, um encaixe do tipo alívio de tensão é colocado nos pontos de entrada das caixas e incorporado em plugues de cabos.

Figura 3.36 Cabo de aderência de alívio de tensão (cortesia de Thomas & Belts).

Ponteira

Uma ponteira é uma braçadeira ou uma luva circular usada para unir e anexar as fibras ou os fios. Para isso, ela deve ser apertada permanentemente na extremidade do fio. As ponteiras de fiação possuem peças de plástico com códigos de cores moldadas em torno de uma extremidade para permitir a entrada fácil dos fios e a identificação de suas bitolas. As ponteiras impedem que fios trançados menores se deformem e fornecem uma conexão elétrica sólida para grampos ou parafusos de blocos terminais. Ferramentas de crimpagem especiais com moldes selecionáveis são usadas para crimpar a ponteira firmemente na extremidade exposta do fio. A Figura 3.37 mostra diferentes tamanhos de ponteiras com isolamento.

> **» DEFINIÇÃO**
> Uma ponteira é uma braçadeira ou uma luva circular usada para unir e anexar as fibras ou os fios.

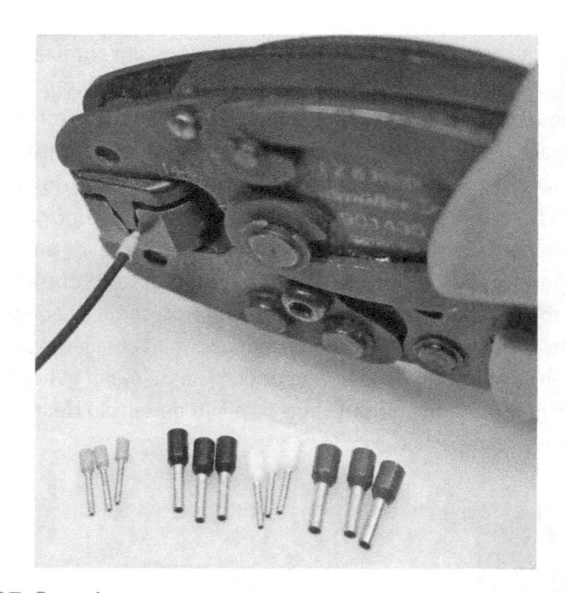

Figura 3.37 Ponteiras.

Soldagem

Um método comum de conectar os fios uns aos outros ou a pinos em tomadas é a soldagem. Ela é usada em eletrônica para conectar fiações elétricas e componentes eletrônicos em placas de circuito impresso e também é empregada em encanamentos para a conexão de canos de metal pelos quais passarão água e gás.

A solda é um material de preenchimento de metal que se funde a baixas temperaturas. Para conexões elétricas, ela é composta de várias proporções de estanho e chumbo, a mais comum sendo 63% de estanho e 37% de chumbo. Essa proporção tem a vantagem de ser eutética, isto é, ela passa diretamente do estado líquido para o estado sólido. Isso é importante porque os metais que passam por uma

> **» DEFINIÇÃO**
> A solda é um material de preenchimento de metal que se funde a baixas temperaturas.

fase de "plástico" intermediária estão sujeitos a quebrar se forem perturbados durante o resfriamento.

Outras ligas metálicas empregadas para conexões elétricas são as de chumbo-prata para altas resistências, estanho-zinco ou zinco e alumínio para juntar com o alumínio, e estanho-prata e estanho bismuto para outros equipamentos eletrônicos. Todas essas ligas se fundem em temperaturas mais baixas do que as dos materiais que elas estão unindo. Essa é a principal diferença entre a solda branda e a solda, que funde parte da peça de trabalho. Todas essas ligas são conhecidas como soldas macias, embora as soldas de prata sejam algumas vezes exceção a essa classificação.

O processo de soldagem envolve derreter a solda e fazê-la fluir pelos fios ou componentes unidos. Esse processo é facilitado pelo uso de um tipo de fluxo com breu à base de água ou "não limpo" para revestir as peças soldadas; a solda flui para onde quer que o fluxo seja aplicado. Muitas soldas possuem um núcleo de fluxo que auxilia nesse processo. O fluxo não só ajuda a solda a fluir, mas também limpa os materiais e previne a oxidação. Em fios trançados, a solda é aplicada primeiro nas extremidades dos fios separadamente, processo conhecido como estanhar os fios. Se o fluxo for aplicado nos trançados antecipadamente ou como parte do núcleo de solda, a solda será absorvida nos trançados pela ação capilar, o que é conhecido como escorrimento (*wicking*).

As soldagens à mão são realizadas com um ferro de solda, que é uma ferramenta eletricamente aquecida que possui um cabo isolante e diferentes tamanhos de ponta. Muitos desses soldadores têm ajustes de temperatura para diferentes tamanhos de materiais. A Figura 3.38 mostra um ferro de solda e um rolo de núcleo de solda com núcleo de breu. Em soldagens de componentes em estado sólido, um "dissipador de calor" é usado entre o fio condutor e o componente para prevenir danos; a temperatura adequada e o tamanho da ponta são importantes nesse caso.

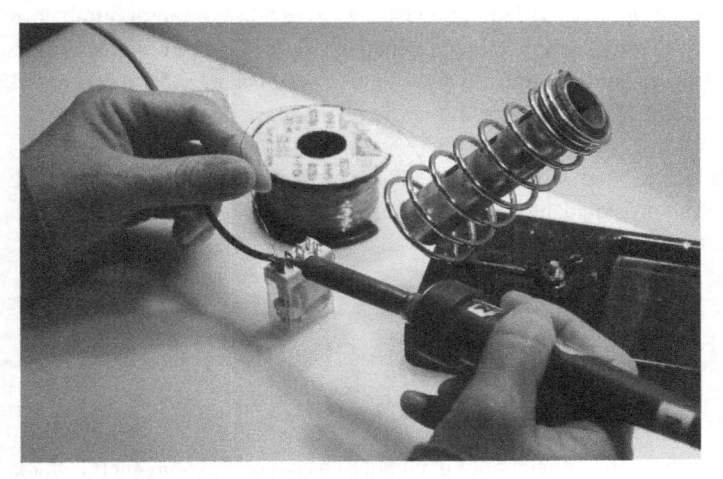

Figura 3.38 Solda e ferro de solda.

A soldagem dos componentes de uma placa de circuito impresso em uma linha de produção é feita pelo processo conhecido como soldagem por onda. Os componentes são colados na placa por um adesivo com terminais que se estendem pelos furos da placa e tocam os *pads* de contato. A placa é então passada por poças de solda derretida que são vibradas, criando ondas. Isso faz a solda tocar os blocos e as ligações sem imergir toda a parte inferior da placa de circuito.

Outro método de soldagem por produção é aplicar pó de solda e uma mistura de fluxo em pequenos pedaços na junta de solda. Isso pode então ser derretido com o uso de uma lâmpada aquecida, um lápis de ar quente ou um forno. Esse método é conhecido como solda por refluxo. Uma combinação de solda por onda, por refluxo e à mão é empregada na mesma placa de circuito impresso.

» Atuadores e movimento

Os atuadores servem para movimentar ferramentas em uma máquina, em geral a fim de controlar o movimento e a posição de uma peça de trabalho ou de um sensor. Eles podem ser de natureza linear ou rotativa, ou uma combinação das duas. Os atuadores lineares são usados para gerar movimento rotativo ao empurrar uma peça rotativa em um eixo. Já os dispositivos rotativos, como motores, podem ser usados para gerar movimento linear por meio de uma correia ou de um parafuso de esfera. As aplicações desse tipo de atuadores são abordadas mais adiante.

Uma ressalva sobre a nomenclatura utilizada na atuação: as palavras **inicial**, **avançada**, **estendida**, **devolvida** e **de retorno** descrevem a posição de um atuador ou de seus equipamentos. Um grande cuidado deve ser tomado para identificar se o projetista está falando dos equipamentos ou do próprio atuador. Essas posições podem ser opostas umas às outras e causar retrabalhos físicos e mudanças de software se forem mal interpretadas. É preferível se referir à posição do equipamento em geral, uma vez que é a mais fácil de ser identificada pelos profissionais de manutenção ou pelos operadores.

Descrições como "ferramenta levantada" ou "palete parada estendida" ajudam a reduzir a ambiguidade de etiquetas de movimentos genéricos utilizadas por projetistas elétricos e mecânicos.

> **» DEFINIÇÃO**
> Os atuadores servem para movimentar ferramentas em uma máquina, em geral a fim de controlar o movimento ou a posição de uma peça de trabalho ou de um sensor.

» Atuadores e válvulas pneumáticas e hidráulicas

O uso de energia pneumática e hidráulica é conhecido como energia fluida (ou simplesmente hidráulica). A operação dos atuadores nas aplicações de energia fluida é similar para o fluxo de líquidos e o de gases através dos sistemas; porém, os sistemas pneumáticos usam ar facilmente comprimido (ou outros gases inertes), enquanto a energia hidráulica é gerada pelo fluxo de fluidos muito menos compressíveis, geralmente o óleo.

Os atuadores pneumáticos e hidráulicos têm natureza linear ou rotativa. Os cilindros de ar geram um movimento linear pela injeção de ar através de uma porta em um lado ou no outro de uma superfície de pistão arredondado dentro de uma caixa tubular. À medida que o ar é injetado através de uma válvula em uma extremidade do cilindro, a mesma válvula libera ar do outro lado. Um diagrama da configuração interna de um cilindro de ar é mostrado na Figura 3.39. A extremidade da haste do pistão é de rosca para sua fixação em outras partes de outros equipamentos, como uma manilha ou uma extremidade de uma esfera.

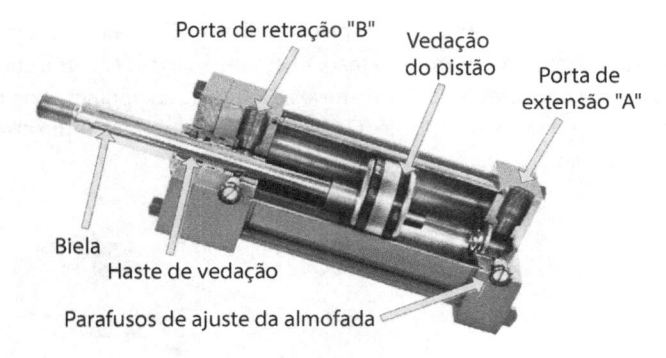

Figura 3.39 Diagrama de um cilindro pneumático.

Os cilindros de atuação simples usam a energia fornecida pelo ar para se movimentar em uma direção (geralmente fora ou "avançado") e uma mola para voltar à posição "inicial" (*home position*) ou retraída. Os cilindros de atuação dupla usam o ar para se mover nas direções estendida e retraída. Eles possuem duas portas para permitir a entrada de ar: uma para o curso externo e outra para o curso de retorno. Para um cilindro típico, a face arredondada do pistão é conectada à haste que se estende da extremidade do corpo do cilindro. Alguns cilindros possuem uma haste conectada a ambas as faces da face do pistão e ela se estende de ambas as extremidades do corpo do cilindro. Eles também são chamados de cilindros de haste dupla ou cilindros alternativos.

Os cilindros de ar são especificados pelo seu **diâmetro**, ou o diâmetro do pistão, e pelo seu **curso**, ou o quanto a extremidade do eixo se move. Outras especificações, como amortecedores para retardar a última parte do movimento, tamanhos de porta e método de montagem, são incluídos no número de peças. Os tamanhos podem ser especificados em medidas métricas e padrão. Como o curso é especificado em incrementos, as distâncias dos cursos às vezes são limitadas pelo uso de golas no eixo ou pela restrição do movimento do equipamento com paradas. Quando isso é feito, o amortecedor pode não ser mais útil, pois ele está na posição mais distante do curso do cilindro.

A Figura 3.40 mostra um cilindro com curso longo guiado. Esses cilindros possuem rolamentos em um bloco de guia que suporta a carga do lado da haste do pistão e assegura que a força seja aplicada linearmente. Os blocos de guia podem ser ordenados como uma unidade separada para montar o cilindro.

Figura 3.40 Cilindro guiado a ar.

Os cilindros sem haste não possuem pistão de haste. Eles são atuadores que usam um acoplamento mecânico ou magnético para transmitir a força, em geral para uma mesa ou outro corpo que se move ao longo do comprimento do corpo do cilindro, mas não se estende além dele. Eles são conhecidos como cilindros sem haste de banda e aparecem na Figura 3.41.

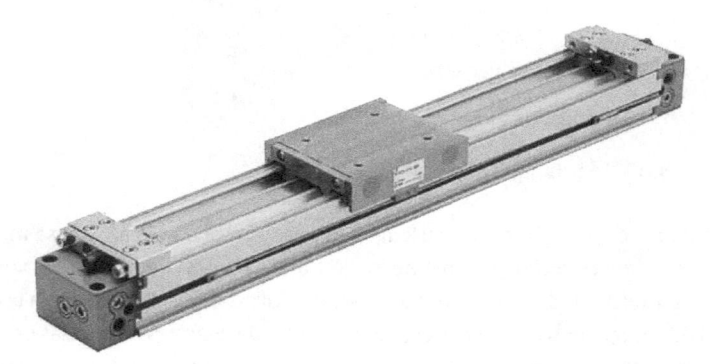

Figura 3.41 Cilindro sem haste (cortesia da SMC).

Os cilindros de ar estão disponíveis em vários tamanhos, desde cilindros de ar pequenos com 2,5 mm de diâmetro, usados para pegar um pequeno componente eletrônico, até cilindros de ar de 400 mm de diâmetro, que possuem força suficiente para levantar um carro. Alguns cilindros pneumáticos atingem 1.000 mm de diâmetro e são usados no lugar dos cilindros hidráulicos para circunstâncias especiais nas quais o vazamento de óleo hidráulico possa gerar algum tipo de perigo.

As válvulas pneumáticas funcionam com o uso de um **solenoide** operado eletricamente, que move uma bobina dentro da válvula. Essa bobina permite que o ar passe de uma porta de entrada para uma porta de saída, bem como que o ar fuja do lado de escape do cilindro através da válvula. Essas válvulas podem ser organizadas em diferentes formas, dependendo dos requisitos da aplicação. As válvulas pneumáticas são geralmente descritas pelo número de portas no corpo da válvula e pelo número de posições que a bobina deve ter. Assim como os circuitos elétricos, elas também são especificadas como NC e NO, de acordo com os seus estados de desenergização. Exemplos dessas válvulas são 2/2 e 3/2. A maioria dos sistemas automatizados tende a utilizar bancos de válvulas de 5/2 e 5/3 com centros abertos ou bloqueados, dependendo se é desejável ser capaz de mover o atuador manualmente no estado desenergizado ou não.

Além das válvulas, acessórios e dispositivos como controladores de fluxo, reguladores de pressão, filtros e uma grande quantidade de tubos e mangueiras são necessários para completar um sistema pneumático ou hidráulico. Os acumuladores e os intensificadores de pressão também são componentes usados às vezes em circuitos pneumáticos. A Tabela 3.1 mostra os símbolos pneumáticos para algumas dessas válvulas e dispositivos.

Tabela 3.1 » Símbolos pneumáticos.

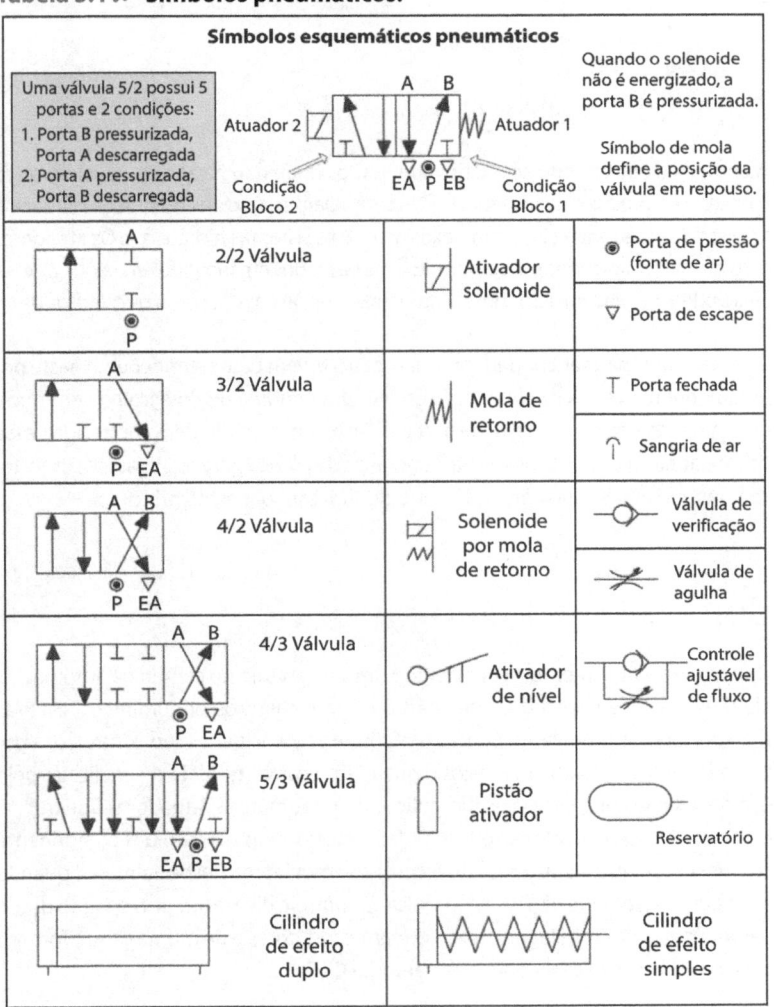

Símbolos esquemáticos pneumáticos				
Uma válvula 5/2 possui 5 portas e 2 condições: 1. Porta B pressurizada, Porta A descarregada 2. Porta A pressurizada, Porta B descarregada	Atuador 2 → [diagrama A B / EA P EB] ← Atuador 1 Condição Bloco 2 / Condição Bloco 1		Quando o solenoide não é energizado, a porta B é pressurizada. Símbolo de mola define a posição da válvula em repouso.	
[diagrama A / P]	2/2 Válvula	Ativador solenoide	⊙ Porta de pressão (fonte de ar)	
			▽ Porta de escape	
[diagrama A / P EA]	3/2 Válvula	Mola de retorno	⊤ Porta fechada	
			↑ Sangria de ar	
[diagrama A B / P EA]	4/2 Válvula	Solenoide por mola de retorno	Válvula de verificação	
			Válvula de agulha	
[diagrama A B / P EA]	4/3 Válvula	Ativador de nível	Controle ajustável de fluxo	
[diagrama A B / EA P EB]	5/3 Válvula	Pistão ativador	Reservatório	
[diagrama cilindro]	Cilindro de efeito duplo	[diagrama mola]	Cilindro de efeito simples	

Os cilindros e os atuadores hidráulicos operam de forma similar aos pneumáticos, exceto que eles devem ser capazes de suportar pressões e forças muito maiores. Além disso, mais cuidado deve ser tomado para prevenir a saída de fluidos do atuador. Por causa disso, os atuadores hidráulicos são mais robustamente construídos do que os cilindros pneumáticos típicos. As hastes externas são enroscadas nos tampões para ajudá-los a resistir à maior força exercida dentro do cilindro. Os cilindros hidráulicos são usados em aplicações que requerem muita força, como as prensas.

Diferentemente dos sistemas pneumáticos, os quais são fornecidos a partir de um sistema para toda a planta, os sistemas hidráulicos possuem bombas dedicadas. Quando o óleo é comprimido, ele gera calor, assim o fluido hidráulico também deve ser resfriado. Devido a esses componentes extras, os sistemas hidráulicos são bem mais caros do que os sistemas pneumáticos. Os dispositivos híbridos, como os atuadores ar-óleo, às vezes ajudam a reduzir os custos e a complexidade dos sistemas hidráulicos.

>> Atuadores elétricos

Atuadores eletricamente acionados são usados onde não há ar disponível ou onde é necessária precisão na localização. Embora sejam mais caros do que os cilindros a ar, eles são mais rentáveis e complexos do que os sistemas hidráulicos. Os atuadores elétricos são conduzidos por servomotores e baseados em fusos de esfera ou correias. Eles podem ser encontrados em muitas configurações, assim como os cilindros de ar.

Os solenoides magnéticos pequenos também servem para estender uma haste por uma pequena distância; eles consistem em uma bobina de fio enrolada em torno de uma bucha com uma haste de metal dentro. Um exemplo bem conhecido desse tipo de atuador é aquele usado nas máquinas de *pinball* para as aletas e os amortecedores. As bobinas nas válvulas solenoides utilizam o mesmo princípio.

>> Controle de movimento

O controle de movimento é considerado um subcapítulo no campo da automação. Ele difere dos controles discretos padrão, como cilindros pneumáticos, esteiras transportadoras e similares, pois as posições e as velocidades são controladas por métodos analógicos ou analógicos digitalmente convertidos. Isso é realizado pelo uso de válvulas proporcionais hidráulicas ou pneumáticas, atuadores lineares ou motores elétricos, geralmente servos. Os motores de passo são um componente comum em pequenos sistemas de controle de movimento, especialmente quando a realimentação pode não ser econômica. O controle de movimento é muito usado nas indústrias de embalagem, têxtil, de semicondutores e de montagem, e forma a base da robótica e das máquinas-ferramenta CNC.

>> **IMPORTANTE**
O controle de movimento difere dos controles discretos padrão, como cilindros pneumáticos, esteiras transportadoras e similares, pois as posições e as velocidades são controladas por métodos analógicos ou analógicos digitalmente convertidos.

A arquitetura básica de um sistema de controle de movimento consiste em:

- Um controlador de movimento para gerar a saída desejada ou o perfil de movimento. O movimento é baseado em pontos de ajuste programáveis e no fechamento de laços de realimentação de posição ou velocidade.
- Uma unidade ou um amplificador para transformar o sinal de controle do controlador de movimento em uma tensão ou corrente elétrica de controle de potência mais alta. Isso é aplicado no atuador e de fato faz ele se mover.
- Um atuador, como um cilindro hidráulico ou de ar, um atuador linear ou um motor elétrico para o movimento de saída.
- Um ou mais sensores de realimentação, como codificadores ópticos, *resolvers* ou dispositivos de efeito Hall. Esses retornam a posição ou a velocidade do atuador ao controlador de movimento a fim de fechar a malha de controle de posição ou velocidade. As unidades "inteligentes" mais recentes conseguem fechar as malhas de posição ou de velocidade internamente, o que resulta em um controle mais preciso.
- Componentes mecânicos para transformar o movimento do atuador no movimento desejado. Exemplos disso são engrenagens, eixos elétricos, eixo roscado, correias, sistemas articulados e rolamentos lineares e rotacionais.

A Figura 3.42 mostra o arranjo físico de um sistema de controle de movimento.

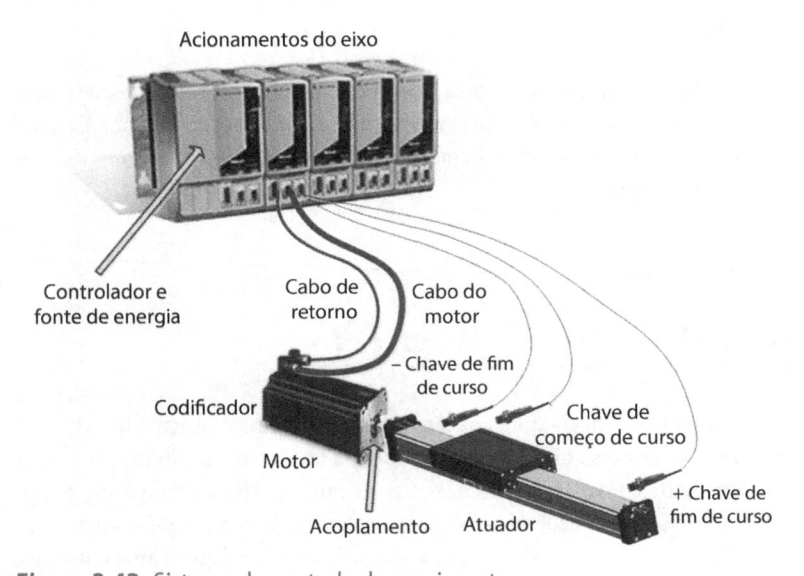

Figura 3.42 Sistema de controle de movimento.

Um eixo autônomo de controle de movimento é comum ao posicionar; porém, há momentos em que os movimentos devem ser coordenados rigorosamente, o que requer uma forte sincronização entre os eixos. Os sistemas robóticos são exemplos de sistemas de movimento que trabalham em conjunto. Antes do desenvolvimento das interfaces de comunicação de abertura rápida na década de 1990, o único método aberto de movimento coordenado era o controle analógico retornado ao controlador na forma de codificadores, *resolvers* e outros métodos analógicos, como os sinais de 4 a 20 mA e de 0 a 10 V. O primeiro barramento de automação digital aberto para satisfazer os requisitos de um controle de movimento coordenado foi o Sercos (www.sercos.com). Ele é um padrão internacional que fecha a malha de retorno no drive em vez de no controlador de movimento. Esse arranjo reduz a carga computacional sobre o controlador, permitindo que mais eixos sejam controlados de uma só vez. Desde o desenvolvimento do Sercos, outras interfaces foram desenvolvidas para esse propósito, incluindo ProfiNet IRT, CANOpen, EtherNet PowerLink e EtherCAT.

Além das funcionalidades comuns de controle de velocidade e posição, existem várias funções a considerar. Como o torque de retorno pode ser determinado a partir da corrente e da velocidade do servo, o controle da pressão ou da força é outra função de um servo atuador. As engrenagens eletrônicas servem para ligar dois ou mais eixos em uma conexão do tipo mestre-escravo. O perfil de came em que um eixo segue o movimento de um eixo principal é um exemplo disso.

Perfis mais detalhados, como os movimentos trapezoidais ou as curvas S, também podem ser calculados por um controlador de movimento que melhora movimentos posicionais padrão. Isso ajuda a eliminar os impactos de aceleração ou desaceleração, como um "empurrão".

Uma boa fonte on-line sobre a teoria e os componentes do controle de movimento é o site Motion Control Resource (www.motioncontrolresource.com). Ele possui links para a maioria dos fabricantes e distribuidores de componentes de controle de movimento.

> **» DICA**
> Uma boa fonte online sobre a teoria e os componentes do controle de movimento é o site Motion Control Resource (www.motioncontrolresource.com). Ele possui links para a maioria dos fabricantes e distribuidores de componentes de controle de movimento.

» Motores CA e CC

Uma máquina elétrica é uma ligação entre um sistema elétrico e um sistema mecânico. O processo de conversão de energia de uma dessas formas em outra é denominado conversão eletromecânica de energia. Nessas máquinas, o processo é reversível. Se a conversão é mecânica em elétrica, a máquina atua como um gerador, e se a conversão é elétrica em mecânica, a máquina atua como um motor.

> **» DEFINIÇÃO**
> Uma máquina elétrica é uma ligação entre um sistema elétrico e um sistema mecânico.

Três tipos de máquinas elétricas são usados na conversão de energia eletromecânica: motores CC, motores de indução e motores assíncronos. Outros tipos são os motores de ímã permanente (PM, *Permanent Magnet*), os motores de histerese e os motores de passo. A conversão da energia elétrica em energia mecânica baseia-se em dois princípios eletromagnéticos: quando um condutor se move dentro de um campo magnético, a tensão é induzida no condutor; simultaneamente, quando um condutor que carrega corrente é colocado em um campo magnético, o condutor sente uma força mecânica. Em um motor, um sistema elétrico faz a corrente fluir através dos condutores colocados no campo magnético e uma força é exercida em cada condutor. Se os condutores são colocados em uma estrutura que é livre para girar, um torque eletromagnético é produzido, fazendo a estrutura girar. Essa estrutura que gira é denominada **rotor**. A parte da máquina que não se move e produz um campo magnético é chamada **estator**. Geralmente essa é a estrutura externa da máquina ou do motor, com a exceção de casos especiais, como os rolos motorizados (rolos acionados).

O estator e o rotor são feitos de materiais ferromagnéticos (ricos em ferro). O núcleo de ferro serve para maximizar o acoplamento entre as bobina de fio, aumentando a densidade do fluxo magnético no motor e, assim, permitindo que seu tamanho seja reduzido. Na maioria dos motores, fendas são cortadas na parte interna do estator e na parte externa do rotor, e condutores são colocados nessas fendas. Se um sinal elétrico de tempo variável é colocado no estator ou no rotor (ou em ambos), o rotor exercerá um torque mecânico. Os condutores colocados nas fendas são interconectados para formar enrolamentos; o enrolamento pelo qual a corrente passa para criar a principal fonte de fluxo magnético é conhecido como enrolamento de campo, embora em alguns motores a fonte principal de fluxo magnético seja um ímã permanente (PM, *Permanent Magnet*).

Os motores elétricos são usados em muitas aplicações de sistemas de automação, desde sopradores, bombas e ventiladores até esteiras, robôs e atuadores. Eles podem ser alimentados pela CA fornecida por uma rede de energia em uma planta ou por um acionamento de motor, ou pela CC de baterias ou de conversores. Os motores são classificados pelo seu método de construção, por suas fontes de alimentação, por suas aplicações e pelo tipo de movimento que eles fornecem. No campo industrial, eles são padronizados pelo tamanho e por faixa de *horsepowers* (cavalo-vapor, ou hp) ou watts.

>> **APLICAÇÃO**
Os motores elétricos são usados em muitas aplicações de sistemas de automação, desde sopradores, bombas e ventiladores até esteiras, robôs e atuadores.

>> Motores CA

Um motor CA típico é constituído por duas partes: um estator com bobinas alimentadas por uma corrente CA para produzir um campo magnético rotativo e um rotor interno conectado a um eixo de saída. Um torque é fornecido ao rotor pelo campo rotativo gerado pela corrente alternada.

Os motores CA geralmente incluem denominações sobre sua construção física, como TE (*Totally Enclosed,* totalmente fechado), FC (*Fan Cooled*, ventilação forçada) e PM. Outras informações, como o tamanho do *frame*, também descrevem o motor fisicamente, incluindo opções de montagem, métodos de vedação e tamanho do eixo. Um bom catálogo de motor descreverá bem essas opções.

Motores síncronos

Um motor síncrono é uma máquina CA com um rotor que gira na mesma velocidade que a corrente alternada aplicada. Isso é realizado pela excitação do enrolamento de campo do rotor com uma corrente direta. Quando o rotor gira, a tensão é induzida no enrolamento da armadura do estator; isso produz um campo magnético rotativo cuja velocidade é igual à do rotor. Diferentemente dos motores de indução, um motor síncrono possui "deslizamento" zero durante a operação a uma determinada velocidade.

> **» DEFINIÇÃO**
> Um motor síncrono é uma máquina CA com um rotor que gira na mesma velocidade que a corrente alternada aplicada.

Os anéis coletores e as buchas são usados para conduzir a corrente ao rotor. Os polos do rotor são conectados uns aos outros e se movem na mesma velocidade; consequentemente, ele é denominado **motor síncrono**. Os motores síncronos são usados em aplicações nas quais uma velocidade constante é desejada. Eles não são tão comuns nas aplicações industriais quanto os motores de indução.

Um problema dos motores síncronos é que eles não possuem partida (inicialização) própria. Se uma tensão CA é aplicada nos terminais do estator e o rotor é excitado com uma corrente de campo, o motor simplesmente vibrará. Isso ocorre porque, à medida que a tensão CA é aplicada, ela está imediatamente girando o campo do estator em 60 Hz, o que é muito rápido para que os polos do rotor acompanhem. Por essa razão, os motores síncronos têm de ser inicializados ou por meio de uma alimentação de frequência variável (como um acionamento) ou pela inicialização da máquina como um motor de indução. Se um motor não é empregado, uma bobina adicional pode ser usada, conhecida como enrolamento "amortecedor". Nesse caso, o enrolamento do campo não é excitado por CC, mas é desviado por uma resistência. A corrente é induzida no enrolamento amortecedor, produzindo um torque; conforme o motor se aproxima da velocidade síncrona, a tensão CC é aplicada ao rotor e o motor travará no campo do estator.

Motor síncrono trifásico CA

O estator de um motor síncrono trifásico tem um enrolamento distribuído conhecido como enrolamento de armadura. Ele está ligado a uma fonte de alimentação CA e é desenvolvido para tensão e corrente altas. Uma corrente CC é aplicada nas bobinas do rotor do motor por meio de anéis coletores e escovas a partir de uma fonte separada. Isso cria um campo contínuo, e o rotor irá então girar sincronizadamente com a corrente alternada aplicada no estator.

Os motores síncronos ainda são divididos em dois tipos de construção: motores de alta velocidade com rotores cilíndricos e motores de baixa velocidade com rotores de polos salientes. O motor de polo não saliente ou cilíndrico possui um enrolamento distribuído e uma folga de ar uniforme entre o rotor e o estator. O rotor é geralmente comprido e tem um diâmetro pequeno. Esses motores são comumente usados em geradores.

Os motores de polo saliente possuem enrolamentos concentrados nos polos do motor e uma folga de ar não uniforme. Os rotores são menores e possuem um diâmetro maior do que os motores síncronos de rotores cilíndricos. Os motores de polo saliente são usados para acionar bombas ou misturadores.

O motor síncrono é utilizado em esquemas de **correção de fator de potência**; eles são conhecidos como condensadores síncronos. Esse método usa um aspecto do motor pelo qual ele consome energia em um fator de potência adiantado quando seu rotor é superexcitado. Para a fonte de alimentação, ele parece ser um capacitor, e pode então ser usado para corrigir o fator de potência atrasado que geralmente é apresentado à fonte de energia pelas cargas indutivas. Uma vez que as fábricas são taxadas pelo seu consumo extra de eletricidade se o fator de potência é muito baixo, isso pode ajudar a corrigir o perfil de potência de uma planta. A excitação é ajustada até que um fator de potência próximo da unidade seja obtido (em geral de forma automática). Os motores usados para essa finalidade são facilmente identificados, pois não possuem extensões de eixo.

Motores CA monofásicos síncronos

Pequenos motores CA monofásicos síncronos também são desenvolvidos com rotores PM. Como os rotores nesses motores não precisam de qualquer corrente indutiva, eles não irão deslizar para trás contra a frequência do estator; em vez disso, eles giram de forma sincronizada. Como são sincronizados de forma muito precisa com a frequência aplicada, que é cuidadosamente regulada na usina de energia, esses motores servem para alimentar relógios mecânicos, registradores gráficos ou qualquer dispositivo que precise de uma velocidade precisa.

Os **motores de histerese síncronos** usam a propriedade de histerese dos materiais magnéticos para produzir o torque. O rotor é um cilindro liso feito de uma liga magnética que permanece magnetizada, mas que pode ser facilmente desmagnetizada, bem como ser novamente magnetizada com os polos em uma nova localização. Os enrolamentos do estator são distribuídos para produzir um fluxo magnético senoidal. Devido à histerese do rotor magnetizado, ele tende a ficar para trás do campo rotativo. Isso cria um torque constante até a velocidade síncrona, uma característica útil para algumas aplicações. Um motor de histerese possui um funcionamento silencioso e suave; porém, ele é mais caro do que um motor de relutância na mesma classificação.

Um **motor de relutância** tem o enrolamento do estator monofásico distribuído e um rotor do tipo carga, conhecido como motor "gaiola de esquilo". Ele é um rotor de forma cilíndrica com barras espaçadas na parte interna. Em um motor

>> **DEFINIÇÃO**
O rotor é um cilindro liso feito de uma liga magnética que permanece magnetizada, mas que pode ser facilmente desmagnetizada, bem como ser novamente magnetizada com os polos em uma nova localização.

de relutância, alguns desses dentes são removidos. O estator de um motor de relutância monofásico possui um enrolamento principal e um enrolamento inicial auxiliar. Quando o estator é conectado a uma fonte monofásica, o motor é iniciado como um motor de indução. Uma chave centrífuga é então usada para desconectar o enrolamento auxiliar em aproximadamente 75% da velocidade síncrona. O motor continua a ganhar velocidade até que ele seja sincronizado com o campo rotativo. Os motores de relutância são geralmente maiores do que um motor de potência equivalente com excitação CC; porém, como não possuem anéis deslizantes, escovas ou enrolamentos de campo, eles são mais rentáveis e livres de manutenção. Um motor monofásico do tipo gaiola de esquilo é mostrado na Figura 3.43.

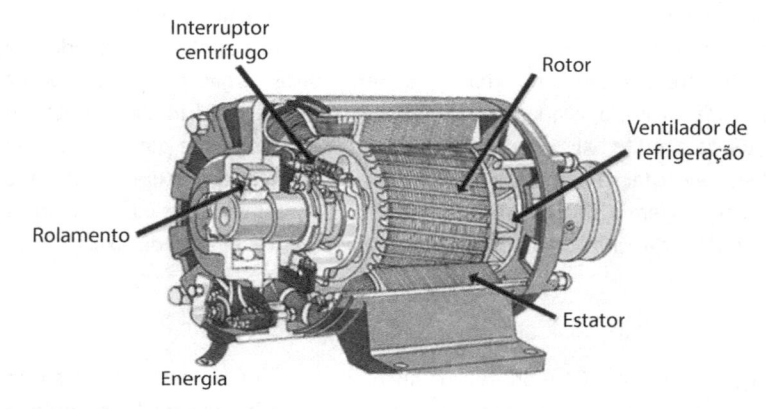

Figura 3.43 Motor monofásico "gaiola de esquilo".

Motores assíncronos

Os **motores de indução** são os mais robustos e os mais utilizados para aplicações industriais. Um motor de indução possui um estator e um rotor com uma lacuna de ar uniforme entre seus enrolamentos. O rotor é montado em rolamentos e é feito de folhas laminadas de metal ferromagnético, com ranhuras cortadas na superfície externa. Os enrolamentos do rotor podem ser do tipo gaiola de esquilo ou rotor enrolado. O estator também é feito de laminações de chapas de aço de alta qualidade com enrolamentos distribuídos. Nos motores de indução, a corrente alternada é aplicada tanto no estator quanto nos enrolamentos do rotor.

Motores de indução CA trifásicos

Os enrolamentos tanto do estator quanto do rotor de um motor trifásico são distribuídos em várias ranhuras nas folhas laminadas. Os terminais dos enrolamentos do rotor são ligados a três anéis coletores; usando escovas estacionárias, o rotor pode então ser conectado a um circuito externo. A energia aplicada nos enrolamentos trifásicos do estator e do rotor produz campos rotativos separados

>> **IMPORTANTE**
Os motores de indução são os mais robustos e os mais utilizados para aplicações industriais.

de 120° elétricos, conforme mostrado na forma de onda da energia trifásica no Capítulo 2. Um diagrama de corte de um motor de indução trifásico é mostrado na Figura 3.44.

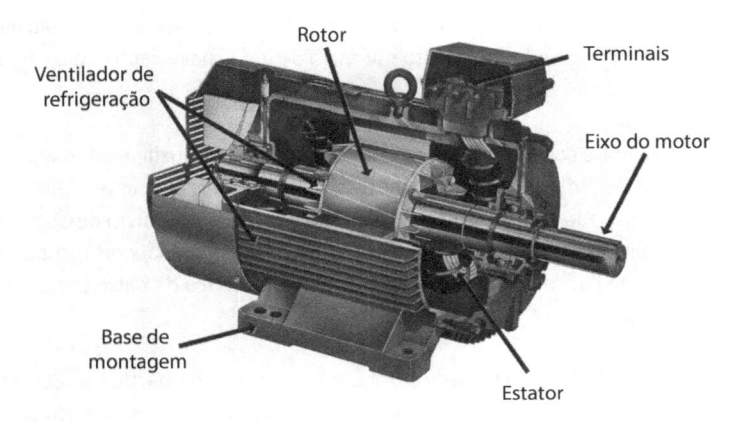

Figura 3.44 Motor de indução CA trifásico.

A corrente é induzida no rotor pelos campos rotativos do estator. Conforme o rotor gira, a velocidade relativa do rotor e dos campos diminui à medida que o motor acelera. Se a velocidade do rotor alcançasse a velocidade do campo rotativo, o rotor não forneceria torque. A diferença entre a velocidade do rotor e a velocidade síncrona é chamada velocidade de escorregamento ou **deslize**. Quando carregados, os motores padrão possuem entre 2 e 3% de deslize; um motor trifásico de 60 Hz roda em torno de 1.725 e 1.750 rpm, em oposição à velocidade calculada de 1.800 rpm.

Os motores de indução são os motores CA mais utilizados na automação industrial e são produzidos em tamanhos de chassis padronizados de até aproximadamente 500 kW ou 670 hp. Isso os torna facilmente intercambiáveis, embora os padrões europeus e norte-americanos sejam diferentes.

>> **IMPORTANTE**
Os motores de indução são os motores CA mais utilizados na automação industrial e são produzidos em tamanhos de chassis padronizados de até aproximadamente 500 kW ou 670 hp.

Motores de indução CA monofásicos

A maioria dos motores de indução monofásicos possui rotores do tipo gaiola de esquilo e um enrolamento de estator monofásico distribuído. Alguns motores de indução monofásicos usam um rotor bobinado (ou enrolado), mas são menos comuns. O motor de gaiola de esquilo tem esse nome por causa de sua forma – um anel em cada extremidade do rotor é conectado por barras que correm ao longo do seu comprimento, formando uma espécie de gaiola.

Os motores de indução monofásicos são classificados pelos métodos usados para sua partida. Os tipos mais comuns são resistência de partida ou de fase dividida, capacitor de partida, capacitor executado e polo sombreado.

O motor de indução de **fase dividida** possui um enrolamento principal e um enrolamento auxiliar no estator. O enrolamento auxiliar é usado para a partida conforme descrito nos motores de relutância síncronos. Os dois enrolamentos são colocados a 90º elétricos de distância e as suas correntes são deslocadas de fase umas das outras. Isso produz um torque de partida; o enrolamento auxiliar pode então ser removido do circuito por meio de uma chave centrífuga, conforme descrito anteriormente.

Se um capacitor é colocado em série com o enrolamento auxiliar, um maior ângulo de fase é criado, gerando um torque de partida mais alto. Esse método de partida é conhecido como motor de **capacitor de partida**. O custo desse motor é um pouco mais alto em comparação ao tipo de fase dividida, pois o circuito é usado somente para a partida; um capacitor CA eletrolítico de baixo custo pode ser empregado.

Em um motor de **capacitor de operação**, o capacitor de partida e o enrolamento auxiliar não são removidos do circuito enquanto ele estiver em plena velocidade. Isso requer um tipo diferente de capacitor, em geral um capacitor CA tipo papel-óleo. Embora os capacitores sejam mais caros do que os eletrolíticos, a chave centrífuga é removida, reduzindo os custos. O torque de partida não é tão alto quanto o do capacitor de partida; porém, o motor possui um funcionamento mais silencioso.

Se torques ótimos de partida e de operação são desejados, uma combinação do método de partida, chamada *capacitor de partida-capacitor de operação*, pode ser usada. Isso coloca um capacitor eletrolítico em série com o enrolamento auxiliar, e um valor menor do capacitor do tipo papel-óleo em série com o enrolamento principal. Esse é um motor mais caro do que os outros; porém, ele fornece o melhor desempenho.

Os motores de **polo sombreado** usam o método de construção de polo saliente descrito anteriormente no tópico sobre os motores síncronos. O enrolamento principal é enrolado sobre os polos salientes, porém uma volta de cobre em curto-circuito é colocada entre a bobina principal e o rotor. Isso cria um pequeno torque de partida. Esse método serve para aplicações de torque baixo, como ventiladores ou dispositivos pequenos.

Um motor de **partida de resistência** é um motor de indução de fase dividida com uma resistência colocada em série com o enrolamento de partida, criando um torque de partida. Essa resistência fornece auxílio na partida e na direção inicial de rotação, sem produzir excesso de corrente. O torque de partida em um motor de partida de resistência é maior do que aquele de um polo sombreado ou de um capacitor de motor executado, mas não tão alto quanto o de um capacitor de partida.

›› Motores CC

Um motor de corrente contínua coloca o enrolamento da armadura no rotor e os enrolamentos de campo no estator, que é o oposto do que fazem os motores CA descritos anteriormente. Ele é projetado para funcionar com energia CC, embora alterne a direção do fluxo de corrente nos enrolamentos por meio de comutação. O estator possui polos salientes ou projetados excitados por um ou mais enrolamentos de campo; esses produzem um campo magnético que é simétrico em relação ao eixo dos polos, também chamado eixo de campo ou direto. A tensão induzida nos enrolamentos da armadura alterna por meio da utilização de uma combinação comutador-escovas como retificador mecânico. Alternativamente, um motor CC sem escovas usa uma chave eletrônica externa sincronizada para a posição do rotor.

Os enrolamentos de campo e de armadura podem ser conectados de diversas formas para fornecer diferentes características de desempenho. Os enrolamentos de campo podem ser conectados em série, em derivação (paralelo com a armadura), ou como uma combinação de ambos, conhecida como motor composto. Os motores CC também possuem um PM.

Motores CC com escovas

O enrolamento de campo é colocado em um estator para excitar os polos do campo, e o enrolamento da armadura é posto no rotor. O comutador consiste em um anel dividido e conectado a cada extremidade dos enrolamentos do rotor. A tensão CC é então aplicada nas escovas; à medida que o rotor gira, as escovas contatam alternativamente as diferentes metades do anel, mudando a direção do fluxo de corrente e assim criando um campo alternado. Esse campo nunca se alinha totalmente com os polos salientes do estator, que mantém o movimento do rotor.

Frequentemente, mais de um conjunto de anéis e polos é usado em motores CC maiores. A distância entre os centros dos polos adjacentes é conhecida como passo polar, enquanto a diferença entre os dois lados da bobina é conhecida como passo da bobina. Se o passo polar e o passo da bobina são iguais, isso é chamado bobina de passo pleno. Um passo de bobina que é menor do que o passo polar é conhecido como bobina de passo encurtado. Os motores CA geralmente possuem bobinas de passo encurtado, enquanto os motores CC possuem bobinas de passo pleno. A Figura 3.45 mostra a construção de um motor CC com escovas.

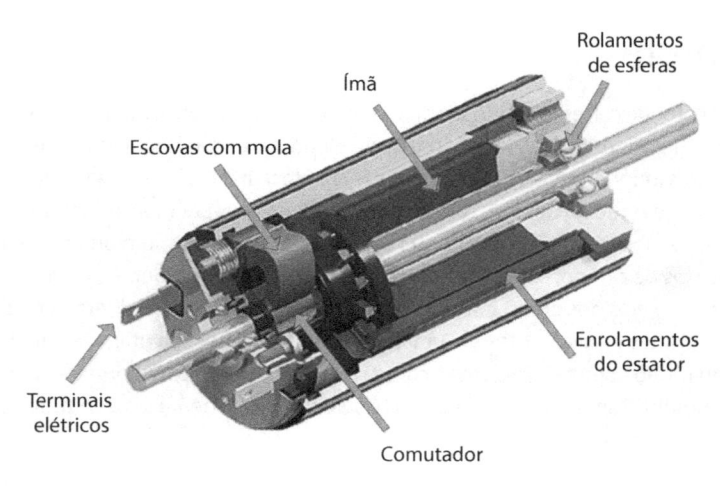

Figura 3.45 Motor CC com escovas.

Desvantagens das escovas

Como as escovas se desgastam constante conforme pressionam os anéis dos comutadores, elas têm de ser substituídas. As escovas também criam faíscas à medida que cruzam as lacunas isolantes no comutador. Em altas velocidades, as escovas possuem mais dificuldade de manter contato com o comutador, o que também cria faíscas. As faíscas podem esburacar a superfície do comutador, criando irregularidades e fazendo os contatos saltarem das escovas, o que causa mais faíscas. Isso pode causar um superaquecimento e finalmente destruir o comutador e as escovas. Os motores CC escovados também criam um pouco de ruído elétrico por conta dessa faísca, e a velocidade máxima é limitada.

> » **DICA**
> Muitos dos problemas criados pelas escovas são eliminados em motores sem escova, que duram mais tempo e são mais eficientes em seu uso de energia.

Muitos dos problemas criados pelas escovas são eliminados em motores sem escova, que duram mais tempo e são mais eficientes em seu uso de energia.

Alguns problemas dos motores CC escovados são eliminados no projeto dos não escovados. Nesse motor, a "chave rotativa" mecânica ou o conjunto de engrenagens da escova do comutador é substituído por uma chave eletrônica externa sincronizada com a posição do rotor. Os motores sem escova têm de 85 a 90% ou mais de eficiência (uma eficiência de até 96,5% foi relatada por pesquisadores da Universidade de Tokai, no Japão, em 2009), enquanto os motores CC com escovas possuem uma eficiência de 75 a 80%.

Motores CC sem escovas

Os motores CC sem escovas substituem as escovas e o comutador por um pulso eletronicamente alternado que está sincronizado com a posição do rotor. Os sensores de efeito Hall servem para detectar a posição dos PMs no rotor, e as bobinas de condução são ativadas sequencialmente. As bobinas são geralmente organizadas em grupos de três, atuando de forma similar aos motores síncronos trifásicos.

Outro método para detectar a posição do rotor é a detecção da força contraeletromotriz (*fcem*) nas bobinas de condução inativadas. Isso permite que a eletrônica dos acionamentos detecte a posição e a velocidade do motor. Esses motores são usados em aplicações que requerem um controle muito preciso da velocidade.

Os motores CC sem escovas duram muito mais do que os motores com escovas e funcionam de forma mais fria do que os motores CA. Eles são mais silenciosos tanto do ponto de vista do ruído elétrico quanto do sonoro. Eles não criam faíscas como os motores com escovas, portanto são mais adequados para ambientes químicos ou explosivos.

Motores CC sem núcleo ou sem núcleo de ferro

Um motor capaz de ter uma aceleração muito rápida é o motor sem núcleo ou sem núcleo de ferro. Esse motor faz uso de um rotor muito leve, formado quase inteiramente dos próprios enrolamentos sem aço ou de algum material ferromagnético. Esse método de construção tem aplicação em escovas e comutadores, ou em motores sem escovas. O rotor pode ser colocado dentro dos ímãs do estator ou formar uma cesta cilíndrica fora do estator. Os enrolamentos desses rotores são geralmente encapsulados em epóxi para estabilidade física. Esses motores são um tanto pequenos e também tendem a gerar um pouco de calor, uma vez que não há metal para atuar como dissipador de calor; por isso, em geral necessitam de um método de resfriamento adicional, por exemplo, forçar o ar sobre os enrolamentos do rotor.

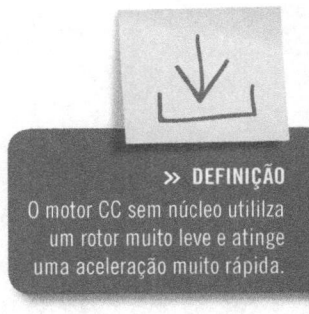

> **» DEFINIÇÃO**
> O motor CC sem núcleo utiliza um rotor muito leve e atinge uma aceleração muito rápida.

Motores universais e motores série CC enrolados

Os motores CC com enrolamentos de campo e de armadura colocados em série permitem que o motor funcione com energia CA ou CC. Esses motores são conhecidos como universais ou em série enrolados. Embora sejam muito flexíveis quanto ao consumo de energia, eles possuem várias desvantagens quando comparados com as variedades CA ou CC padrão.

À medida que o motor universal aumenta sua velocidade, sua saída de torque diminui, tornando-o inviável para aplicações de altas velocidades e grandes torques. Sem uma carga acoplada, esses motores também tendem a "fugir", potencialmente danificando o motor. Uma carga permanente, como um ventilador de resfriamento, é acoplada no eixo para limitar esse problema. O alto torque de partida é útil em algumas aplicações de partida.

Os motores universais operam melhor usando CC do que CA e são melhores para usos não contínuos. O controle de velocidade preciso também pode ser problemático.

>> Motores lineares

Os motores lineares operam de forma similar aos motores elétricos convencionais, exceto pelo fato de que o rotor e o estator são colocados próximos um do outro de forma linear, ou "desenrolados". Geralmente, os motores lineares são classificados como de aceleração baixa ou de aceleração alta. Os motores de indução CC lineares (LIMs, *Linear Induction Motors*) servem para aplicações com altas acelerações. Eles utilizam um enrolamento do estator energizado com uma placa condutora para desempenhar a função do rotor que suporta a carga.

Os motores lineares síncronos (LSM, *Linear Synchronous Motors*) são usados em grandes motores que requerem alta velocidade ou alto torque. Eles também utilizam um enrolamento de estator energizado, porém empregam uma gama de ímãs de polos alternados montados na armação de suporte de carga como rotor. Esses motores possuem uma aceleração mais baixa do que a do tipo LIM.

>> Servomotores e motores de passo

Os servomotores são especialmente desenvolvidos e construídos para uso em sistemas de controle de retroalimentação. Esses sistemas precisam de altas velocidades de retorno, que os servomotores atingem ao ter uma baixa inércia no rotor. Os servomotores são, portanto, menores em diâmetro e mais longos do que os fatores de forma dos motores CA e CC típicos. Eles operam em uma velocidade baixa ou zero, o que os torna normalmente maiores do que os motores convencionais com potência semelhante. Os valores de pico de torque são três vezes maiores do que o torque contínuo, mas podem ser até 10 vezes mais altos.

A potência dos servos varia desde uma fração de um watt até várias centenas de watts. Dentro de uma faixa específica de potência, inércias diferentes podem ser especificadas por alguns fabricantes de motores. Esses motores aparecem em uma grande variedade de aplicações industriais, como robótica, máquinas-ferramenta, sistemas posicionadores e controle de processo. Servomotores CA e CC são usados na indústria.

Os servomotores sem escovas usam uma comutação senoidal para produzir um movimento suave em velocidades mais baixas. Se o método mais tradicional de comutação CC trapezoidal ou de seis passos for utilizado, os motores tendem a "escavar" ou produzir um movimento brusco em velocidades baixas, em parte

> **>> APLICAÇÃO**
> Os motores lineares síncronos são usados em grandes motores que requerem alta velocidade ou alto torque.

devido à baixa inércia dos servomotores. Os motores giram por causa do torque produzido pela interação dos campos magnéticos do rotor e do estator. O torque é proporcional às magnitudes dos campos multiplicadas pelo seno do ângulo entre eles. O torque máximo é produzido quando os ângulos do rotor e do estator estão em 90°. O torque pode então ser controlado pela variação do ângulo entre as duas formas de onda. Para detectar as posições relativas do rotor e do estator, um codificador de comutação pode ser usado a fim de encontrar os ângulos de fase de um em relação ao outro. Eles são codificadores incrementais com faixas adicionais para regular a comutação do motor.

Os servomotores são acionados por servoacionamentos, que fornecem velocidade precisa, torque e controle de posição ao utilizar um codificador, um *resolver* e/ou sinais de corrente que abarcam os componentes de retroalimentação de um servomecanismo. Os componentes adicionais de um atuador de um servomecanismo são um interruptor de início, para estabelecer uma posição de referência, e as chaves de fim de curso, para prevenir danos no atuador ou na ferramenta.

>> **IMPORTANTE**
Os servomotores são acionados por servoacionamentos, que fornecem velocidade precisa, torque e controle de posição.

Servos CC

Os servomotores CC podem ser separadamente excitados ou motores PM CC. O princípio de operação é o mesmo dos motores CC. Eles são normalmente controlados pela variação da tensão da armadura, que tem uma grande resistência, assegurando que a taxa torque-velocidade seja linear. A resposta do torque é muito rápida nesses motores, tornando-os ideais para mudanças rápidas na posição ou na velocidade.

Servos CA

Os servos CA são mais robustos em sua construção e possuem uma inércia mais baixa, em comparação com os servomotores CC. Porém, eles são não lineares na sua resposta torque-velocidade e eles podem ter uma capacidade de torque menor do que a dos servos CC de tamanho similar.

A maioria dos servos CA são motores bifásicos do tipo gaiola de esquilo. O estator possui dois enrolamentos distribuídos deslocados em 90° eletricamente. Um enrolamento, denominado enrolamento referência ou de fase fixa, é conectado a uma fonte de tensão constante. O outro enrolamento é conhecido como fase de controle e recebe uma tensão variável na mesma frequência da fase de referência. Para aplicações industriais, a frequência é geralmente de 60Hz. A tensão da fase de controle é fornecida por um servo amplificador, que controla a direção da rotação ao deslocar a fase mais ou menos 90° a partir da tensão de referência.

A Figura 3.46 mostra um servomotor CA típico com suas conexões de cabos elétricos. Uma caixa de engrenagens é aparafusada ao flange do motor.

Figura 3.46 Servomotor CA.

O rotor do tipo gaiola de esquilo possui uma alta resistência, como os enrolamentos do rotor CC; a variação dessa resistência fornece diferentes características de torque-velocidade. Diminuir a resistência diminui o torque a uma velocidade baixa e o aumenta a uma velocidade mais alta, tornando a curva não linear. Isso não é desejável em sistemas de controle.

Os motores CA bifásicos são construídos como atuadores de alta velocidade e baixo torque, sendo geralmente reduzidos para alcançar o resultado desejado. As velocidades típicas desses motores variam de 3.000 até 5.000 rpm.

Motores de passo

Um motor de passo é um motor CC que gira um dado número de graus com base em sua construção, isto é, o número de polos. Ele converte entradas de pulsos digitais em rotações do eixo; um trem de pulsos deve fazer o eixo rodar por passos, o que permite que a posição seja controlada precisamente, sem um mecanismo de retorno. As resoluções de motores de passo mais comuns no mercado variam de alguns passos por rotação até 400 passos. Eles podem seguir sinais de até 1.200 pulsos por segundo e ser avaliados em até vários cavalos de potência.

Existem vários tipos de motores de passo, incluindo os motores de relutância variável de pilha simples e múltipla e os motores do tipo PM. Os motores de relutância variável operam ao excitar os polos do estator, fazendo o rotor se alinhar com o campo magnético. Os polos podem ser energizados em combinações, permitindo que o rotor se alinhe entre os polos do estator, bem como diretamente com eles. As versões de empilhamento múltiplo alinham os polos em vários níveis ou "empilhamentos", permitindo uma resolução de posição mais precisa ao escalonar de empilhamento a empilhamento.

Os motores de passo PM usam um ímã para os polos do rotor. Eles possuem uma inércia maior do que os motores de relutância variável e, portanto, não conseguem acelerar tão rápido; porém, produzem mais torque por ampere da corrente do estator. A Figura 3.47 mostra motores de passo com quatro polos dispostos com PMs; os polos A, B, C e D são energizados na sequência em uma polaridade; depois disso, as polaridades são revertidas para alcançar oito posições por rotação.

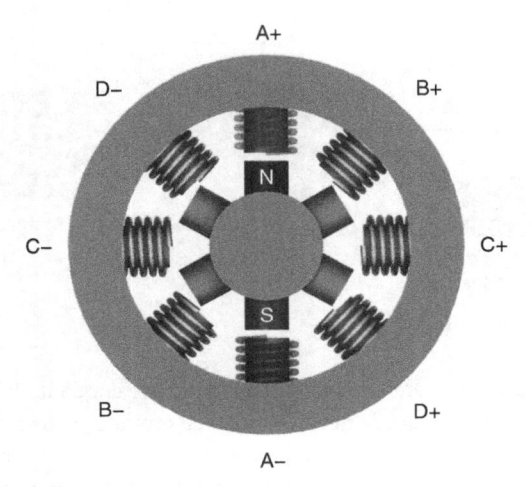

Figura 3.47 Diagrama de um motor de passo.

Os motores de passo híbridos usam uma combinação de relutância variável e técnicas de motores PM. Isso fornece uma máxima potência em um tamanho compacto. Os motores de passo híbridos são, provavelmente, os motores de passo mais utilizados de na automação industrial.

Embora os motores de passo sejam considerados uma alternativa mais rentável do que os servos para aplicações de posição, já que um retorno não é necessário, eles não fornecem tanto torque como os servomotores, especialmente em altas velocidades.

Os sinais de comando para os motores de passo são geralmente circuitos lógicos de baixa potência, usando transistores TTL ou CMOS; estágios de amplificação de potência são colocados entre os geradores de trem de pulso e os motores.

>> Inversores de frequência variável

Os inversores de frequência variável (VFDs, *Variable Frequency Drives*) são conversores de energia de estado sólido. Eles primeiro convertem uma tensão CA de entrada em CC e, em seguida, reconstroem uma forma de onda CA ao alterar a alimentação CC rapidamente na frequência e tensão desejadas para aproximar

>> **DEFINIÇÃO**
Os inversores de frequência variável são conversores de energia de estado sólido.

um sinal senoidal. O retificador que converte a tensão de entrada em CC geralmente é de onda trifásica completa em ponte; a energia monofásica também pode ser usada para VFDs pequenos. A Figura 3.48 é um diagrama desse sistema.

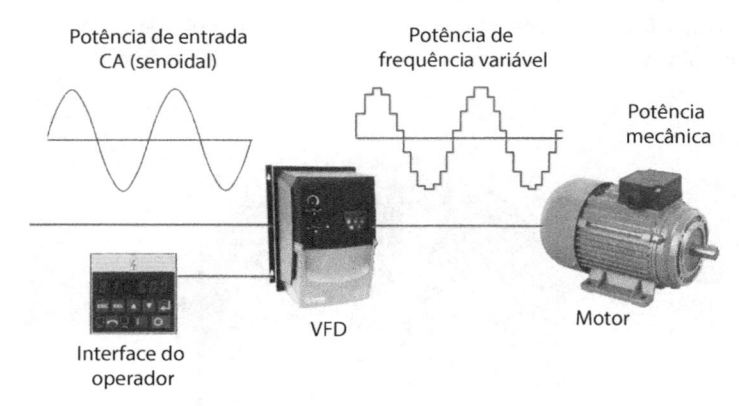

Figura 3.48 Sistema VFD.

A fim de proporcionar um valor de torque constante enquanto há variação da velocidade, a tensão aplicada deve ser ajustada proporcionalmente com a frequência. Se um motor é classificado para 480 VCA em 60 Hz, a tensão deve ser reduzida para 240 VCA em 30 Hz, 120 VCA em 15 Hz, e assim sucessivamente. Isso em geral é chamado controle de tensão por hertz. Métodos adicionais, como controle vetorial e controle de torque direto, permitem que o fluxo magnético e o torque mecânico do motor sejam controlados com mais precisão.

O estágio que converte CC de volta em uma forma senoidal é conhecido como circuito inversor. Esse circuito usa uma modulação por largura de pulso (PWM, *Pulse Width Modulation*) para ajustar a frequência da tensão de saída e a própria tensão conforme desejado. Isso é mostrado na Figura 3.49.

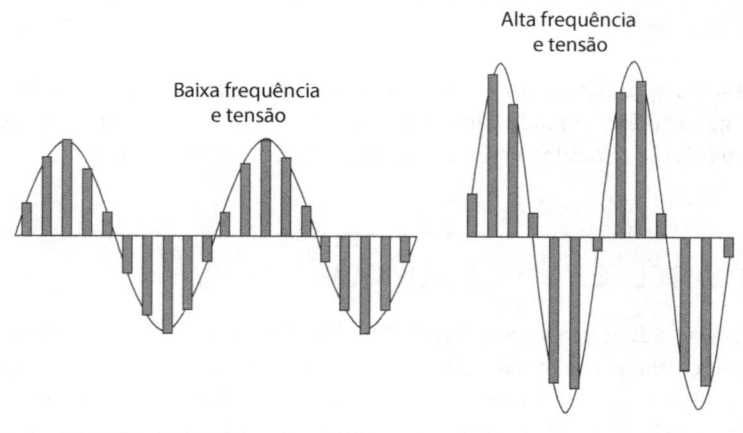

Figura 3.49 Modulação por largura de pulso.

Os novos inversores usam transistores especiais, conhecidos como IGBTs (*Insulated Gate Bipolar Transistors*, transistores bipolares de porta isolada). Eles são interruptores eletrônicos que operam em uma ampla faixa de corrente, possuem alta eficiência e rápida comutação, o que os torna ideais para PWM.

Um microprocessador serve para controlar a operação do VFD. Há uma série de parâmetros que podem ser configurados para controlar a operação do inversor: aceleração e desaceleração, velocidade máxima e pontos de ajuste de velocidade e picos de corrente são alguns dos valores mais comuns. As conexões digitais de I/O para partida/parada, alarmes e seleção de velocidades predefinidas também são comuns. Elas podem ser baseadas em fios ou em comunicações. Os valores analógicos também podem ser interfaciados fisicamente com o inversor, como em um sinal de 0 a 10 V ou de 4 a 20mA, ou via mapeamento dos valores de comunicação de um controlador.

Um OIT pode ser montado na parte frontal do inversor para configurar os parâmetros e visualizar os dados operacionais, como corrente ou velocidade. Ele pode ser incorporado no inversor ou removível, de modo que seja compartilhado entre os VFDs. Assim como os sistemas servos, os VFDs podem ser usados com dispositivos de retorno, como codificadores e *resolvers*, para melhorar o controle; porém, um controlador, como um CLP ou um DCS, é empregado como intermediário entre o dispositivo e o inversor.

Os VFDs podem ser operados acima das velocidades listadas na placa de identificação do motor, dependendo da aplicação. Em faixas acima de 150%, é recomendado que uma caixa de câmbio seja usada. Outra consideração ao planejar sistemas que usam VFD é a distância entre o motor e o inversor. Em distâncias de 45 metros ou mais, um fenômeno conhecido como onda refletida pode ocorrer, devido à rápida comutação dos transistores, o que gera altas tensões no cabeamento e no motor. Existem várias maneiras de atenuar isso, incluindo o uso de filtros e de motores do tipo *inverter duty*, mas o ideal é que o inversor fique relativamente próximo do motor.

» Elementos de máquinas e mecanismos

Os elementos de máquinas ou mecanismos formam os componentes básicos dos sistemas mecânicos. O propósito principal de um mecanismo é transferir ou transformar a força de uma forma ou direção em outra. Os elementos básicos dos mecanismos foram descritos como "máquinas simples" pelos cientistas do Renascimento e incluíam:

> **» IMPORTANTE**
> O propósito principal de um mecanismo é transferir ou transformar a força de uma forma ou direção em outra.

- Alavanca
- Roda e eixo
- Polia
- Plano inclinado
- Rampa
- Parafuso

As engrenagens e os cames foram desenvolvidos como uma ramificação de vários desses elementos e também são mecanismos importantes. O conceito clássico de decompor as máquinas nesses elementos simples ainda possui relevância atualmente, embora existam elementos que não se enquadrem diretamente nessas categorias. Mecanismos e máquinas simples são considerados blocos de construção de máquinas mais complexas.

Os elementos de máquinas possuem componentes que permitem que a energia seja transmitida de um mecanismo para outro. Elementos como rolamentos, acoplamentos, garras, freios, correias e correntes são exemplos desses componentes que facilitam o movimento.

» Dispositivos acionados por cames

Um método para transformar o movimento de rotação em um movimento linear é o uso de um came em um eixo rotativo. Pela compensação do centro de um disco em forma de círculo ou oval no eixo, a superfície do came vai variar em distância a partir do centro do eixo. Isso serve para conduzir um eixo linearmente; o eixo linear é conhecido como seguidor. Molas são usadas para manter a extremidade do seguidor em contato com o came à medida que ele gira. A Figura 3.50 mostra um arranjo com um came e um seguidor.

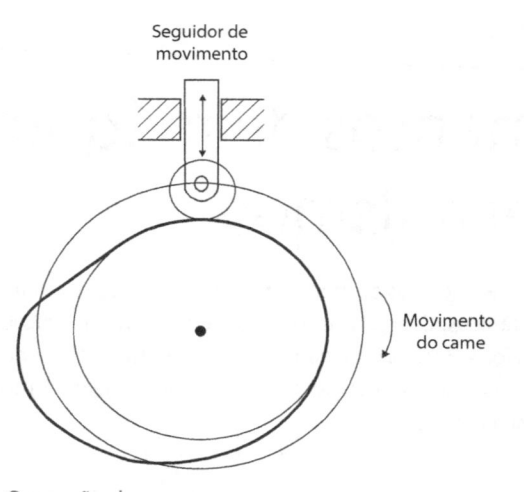

Figura 3.50 Operação do came.

Os cames são muito usados em aplicações do tipo linha de eixo. Eles permitem que estações sejam sincronizadas com o motor mestre e girem em velocidades mais altas do que as aplicações assíncronas padrão. A desvantagem é que os perfis de movimento são mais difíceis de alterar quando os cames precisam ser reparados ou substituídos.

» Sistemas de catracas e linguetas

Uma catraca é um mecanismo que permite um movimento linear ou rotativo somente em uma direção. Movimentos em direções opostas são prevenidos por uma lingueta de mola que encaixa os dentes no roquete quando ela gira. Esses dentes são inclinados de forma que a lingueta não seja forçada para fora das ranhuras entre os dentes da catraca quando a catraca é revertida. A Figura 3.51 mostra esse arranjo.

> » **DEFINIÇÃO**
> Uma catraca é um mecanismo que permite um movimento linear ou rotativo somente em uma direção.

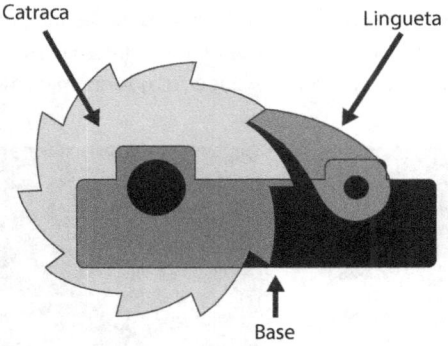

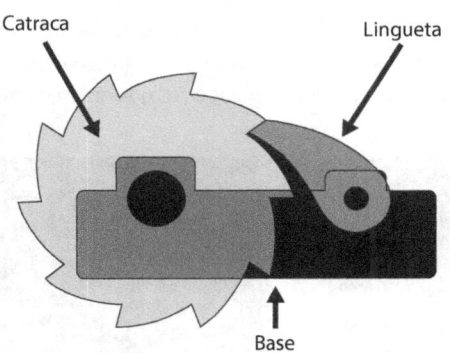

Figura 3.51 Catraca e lingueta.

Os sistemas de catraca e linguetas são usados em mecanismos de levantamento, como mecanismos de macacos e enrolamentos, e também em abraçadeiras de plástico. As engrenagens das catracas servem para transmitir um movimento intermitente ou simplesmente para evitar o movimento reverso da engrenagem.

» Engrenagem e caixa de redução

As engrenagens são empregadas para transformar um movimento rotativo de uma velocidade, direção ou força em outro. Uma engrenagem é um mecanismo, em geral redondo, que tem dentes que se envolvem com outro dispositivo dentado. A interface de acoplamento entre as duas partes da máquina é conhecida como ranhura.

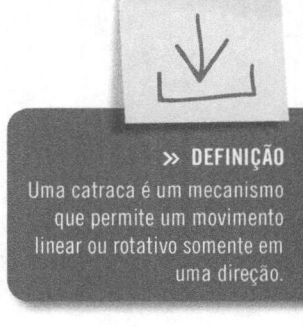

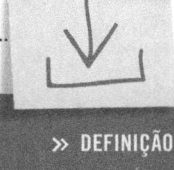

> » **DEFINIÇÃO**
> Uma engrenagem é um mecanismo, em geral redondo, que tem dentes que se envolvem com outro dispositivo dentado.

As engrenagens podem ser combinadas em "trens", que mudam a velocidade e, consequentemente, as saídas de torque, por incrementos, e não de uma vez só. Elas podem ter dentes na parte interna ou externa da circunferência ou em uma combinação de ambas. Os perfis dos dentes das engrenagens são quase sempre ligeiramente curvados em uma forma conhecida como curva involuta. Essa curva é baseada no diâmetro da engrenagem e é importante para manter constantes e suaves o seu movimento e a sua interface.

Uma caixa de redução é o processo de conversão de um componente de alta velocidade e baixo torque, como um servomotor, em uma saída de baixa velocidade e alto torque sem criar folgas excessivas. Isso é feito com um caixa de câmbio autônoma, que também pode mudar a direção do eixo ou da rotação.

O tipo mais simples de engrenagem é a **roda dentada** cilíndrica. Ela só engrena se os eixos de transmissão são paralelos uns com os outros. Existem dois tipos de rodas dentadas: internas e externas. As rodas dentadas externas transmitem energia entre eixos paralelos, fazendo-os girar em direções opostas. Isso é ilustrado na Figura 3.52. Eles funcionam bem em velocidades moderadas, mas podem ser barulhentos em altas velocidades. As rodas dentadas internas são conjuntos de rodas dentadas que transmitem movimento aos eixos que giram na mesma direção.

Figura 3.52 Rodas dentadas.

As **engrenagens helicoidais** possuem dentes cortados em ângulo com o eixo. Assim como o conjunto de rodas dentadas, elas podem ser agrupadas de forma externa ou interna. Diferentemente das rodas dentadas, porém, as engrenagens helicoidais também podem engrenar em eixos não paralelos. Enquanto as rodas dentadas devem estar em paralelo, mas produzem impulso somente perpendicular à carga, as engrenagens helicoidais produzem impulso axial quando agrupadas com os eixos paralelos. Esses eixos podem formar um ângulo entre si, ou mesmo ser completamente perpendiculares uns aos outros – isso é conhecido como arranjo de engrenagens helicoidais cruzadas. A Figura 3.53 mostra um conjunto de engrenagens helicoidais que formam um pequeno ângulo entre si.

Figura 3.53 Engrenagens helicoidais.

As engrenagens helicoidais podem ter mais torque do que as do tipo roda dentada e são geralmente usadas em aplicações de altas velocidades. O torque mais elevado causa mais impulso axial, mas isso pode ser atenuado por meio da utilização de duas engrenagens helicoidais. Isso equivale a duas engrenagens helicoidais espelhadas empilhadas uma em cima da outra, um arranjo que geralmente é conhecido como engrenagens do tipo espinha de peixe. Devido ao engajamento mais gradual dos dentes, as engrenagens helicoidais são mais silenciosas do que as do tipo roda dentada. O perfil mais complexo das engrenagens helicoidais duplas as torna mais caras do que as helicoidais ou as de roda dentada.

As **engrenagens chanfradas** são engrenagens cônicas com os dentes cortados em ângulo com o eixo. Elas são desenvolvidas para conectar dois eixos em intersecções, conforme observado na Figura 3.54. As engrenagens chanfradas retas possuem dentes cortados radialmente em direção ao ápice da seção cônica. As engrenagens chanfradas espirais possuem dentes oblíquos curvados, que reduzem o ruído e melhoram a suavidade das malhas entre as engrenagens, um efeito semelhante ao da engrenagem helicoidal.

Figura 3.54 Engrenagens cônicas.

As engrenagens hipoides são uma combinação das engrenagens chanfradas e das engrenagens helicoidais. Os eixos dessas engrenagens não se cruzam. A distância entre os eixos é chamada deslocamento. As engrenagens hipoides permitem uma maior proporção de engrenagem do que as engrenagens cônicas regulares, se tornando uma boa escolha para a caixa redutora em diferenciais mecânicos.

As engrenagens coroa possuem dentes que se projetam perpendicularmente ao plano da engrenagem ou em paralelo ao eixo. Elas são consideradas parte do grupo das cônicas e podem ser engrenadas com outras engrenagens cônicas ou dentadas.

As **engrenagens sem-fim** servem para transmitir o movimento em um ângulo reto para o seu eixo. Elas têm linhas de contato com os dentes e são geralmente engrenadas com engrenagens do tipo disco, conhecidas como roda ou roda sem-fim. Uma engrenagem de roda sem-fim se assemelha a um parafuso e pode ter uma ou mais faixas dentadas rodando em torno dela, conforme visto na Figura 3.55. Como o tamanho de fabricação da engrenagem pode ser muito reduzido, é possível alcançar altas taxas de redução de engrenagem; no entanto, isso vem à custa da eficiência. Quando uma roda sem-fim e uma engrenagem são combinadas, a roda sem-fim sempre consegue conduzir a engrenagem; porém o contrário nem sempre é verdadeiro. Se a taxa é alta o suficiente, os dentes podem travar juntos, porque a força exercida pela roda não consegue superar a fricção da engrenagem sem-fim. Isso é uma vantagem, se for preferível manter o objeto movido pela roda sem-fim em posição contra a força da gravidade.

> **DEFINIÇÃO**
> As engrenagens sem-fim servem para transmitir o movimento em um ângulo reto para o seu eixo. Elas têm linhas de contato com os dentes e são geralmente engrenadas com engrenagens do tipo disco, conhecidas como roda ou roda sem -fim.

Figura 3.55 Combinação entre uma engrenagem sem-fim e uma do tipo disco.

As engrenagens sem-fim podem ser divididas em duas categorias gerais – engrenagem de passo fino e grosso. O propósito principal das engrenagens de passo fino é transmitir movimento, em vez de energia, enquanto o oposto se aplica às de passo grosso.

A **cremalheira** é uma haste ou uma barra dentada linear que se engaja com uma engrenagem redonda chamada pinhão. Esse é um método comum de conversão de movimento rotativo em movimento linear e vice-versa. Assim como nos outros tipos de engrenagem, os dentes podem ser cortados em linha reta ou em um ângulo com o eixo do movimento. Uma cremalheira é definida na teoria das engrenagens como uma engrenagem de raio infinito.

Um sistema de pinhão e cremalheira é um excelente método para mover um eixo linear rapidamente por uma grande distância. A cremalheira é um componente fixo, e a engrenagem pinhão é girada a partir da peça de curso do sistema, que é guiada por rolamentos lineares. A Figura 3.56 mostra uma cremalheira e um pinhão industrial.

Figura 3.56 Engrenagem de pinhão e cremalheira.

As engrenagens planetárias ou epicíclicas são um método de combinar engrenagens de modo que um ou mais eixos da engrenagem sejam móveis, geralmente um girando em torno do outro. Existem vários tipos de conjuntos que fazem isso usando engrenagens cônicas ou do tipo roda dentada. A engrenagem epicíclica é um método bem compacto para atingir a redução de engrenagem e costuma ser usada em caixas de câmbio de servos. A Figura 3.57 mostra uma parte de uma caixa de câmbio de uma engrenagem planetária.

Figura 3.57 Caixa de câmbio de engrenagens planetárias (cortesia de JVL).

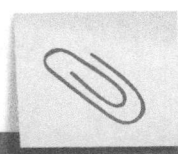

>> JUNTANDO TUDO

Os rolamentos se enquadram em três categorias gerais baseadas no seu propósito: rolamentos radiais que suportam eixos de rotação ou periódicos, rolamentos axiais que suportam cargas axiais nos elementos rotativos e rolamentos guiados que suportam e guiam elementos em movimento em uma linha reta.

>> Rolamentos e polias

Os rolamentos permitem o contato deslizante ou rotacional entre duas ou mais partes. Eles se enquadram em três categorias gerais baseadas no seu propósito: rolamentos radiais que suportam eixos de rotação ou periódicos, rolamentos axiais que suportam cargas axiais nos elementos rotativos e rolamentos guiados que suportam e guiam elementos em movimento em uma linha reta. Os rolamentos são descritos pelo princípio de operação ou pela direção da carga aplicada.

Os rolamentos que fornecem contato deslizante são conhecidos como rolamentos de esfera. O movimento relativo entre as partes dos rolamentos de esfera pode ser do tipo lubrificado, uma interface hidrodinâmica (uma cunha ou um acúmulo de película de lubrificante é produzido pela superfície do rolamento) ou uma interface hidrostática (um lubrificante é introduzido nas superfícies de contato sob pressão). A interface de movimento também pode ser deslubrificada com materiais como *nylon*, latão ou *teflon*. Os rolamentos planos são conhecidos como buchas quando operam em um eixo.

Os rolamentos de rolos usam elementos rolantes, como bolas ou rolos, em vez de lubrificantes ou de contato direto. A Figura 3.58 mostra um corte de um rolamento com rolos cilíndricos. Os rolamentos com rolos possuem um coeficiente de fricção bem menor do que os rolamentos planos e, por consequência, têm menos perda de energia. Eles também suportam tolerâncias mais apertadas, logo, são mais precisos. Normalmente, os elementos rolantes e as pistas nas quais eles correm são enrijecidos para reduzir o desgaste. Os rolamentos com rolos em geral são blindados ou selados para reduzir a chance da entrada de contaminantes na corrida dos rolamentos.

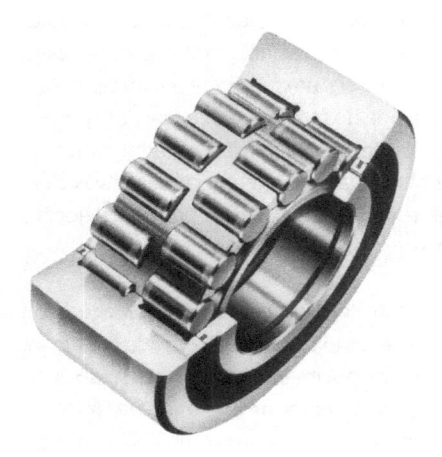

Figura 3.58 Rolamento de rolos cilíndricos.

O uso de rolamentos com rolos lineares e trilhos é um dos métodos mais comuns de orientação para movimentos lineares. Esses rolamentos suportam fusos de esfera ou eixos movidos por engrenagens sem-fim em aplicações de controle de movimento. Um trilho com dois blocos de rolamentos é mostrado na Figura 3.59.

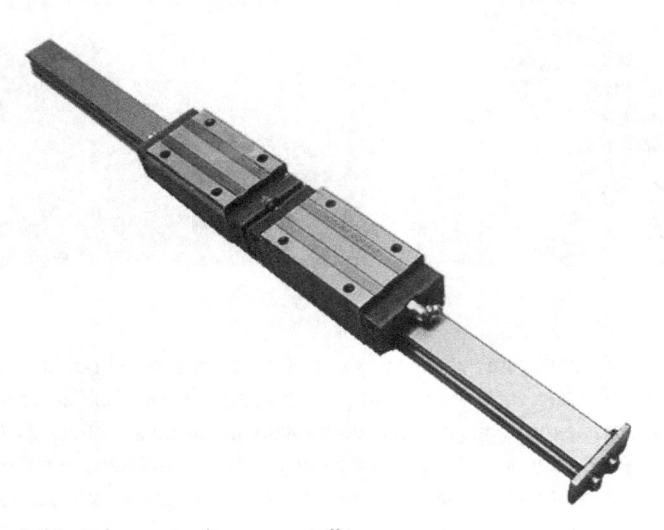

Figura 3.59 Rolamentos lineares e trilho.

Um **rolamento a ar** é um dispositivo pneumático que usa uma película de ar entre as superfícies. Ele é usado na movimentação de cargas pesadas em uma superfície de piso, semelhante a um aerodeslizador ou a uma mesa de *hockey* aéreo. Rolamentos rotativos, de eixo e mancais praticamente não oferecem resistência ao movimento e são bem precisos. Os rolamentos a ar podem ser pressurizados externamente com um fluxo contínuo ou gerar uma película de ar a partir do movimento relativo das duas superfícies.

> » **IMPORTANTE**
> Uma polia muda a direção e a velocidade do movimento, do mesmo modo que uma engrenagem.

Uma **polia**, também denominada roldana, é uma roda ou um tambor montado sobre um eixo. Ela em geral possui uma ranhura, ou um canal, entre dois flanges que transportam uma correia, uma corrente ou um cabo. As polias podem mudar a direção ou a velocidade do movimento, do mesmo modo que as engrenagens. As polias de diferentes dimensões transferem as mudanças de velocidade na proporção dos diâmetros ou das circunferências das polias. Por exemplo, se um par de polias tem uma taxa de diâmetro de 2 para 1, a velocidade será aumentada proporcionalmente.

As polias são usadas com correias flexíveis em aplicações industriais. O uso mais comum é uma correia dentada reforçada com aço em um atuador acionado por correia para fornecer um movimento linear. Nesse caso, a polia terá ranhuras na superfície paralela ao eixo, conforme mostrado na Figura 3.60. Elas são chamadas correias de transmissão positivas. As combinações entre correias e polias sem acionamento positivo são conhecidas como discos de fricção.

Figura 3.60 Correias de transmissão dentadas positivas.

O número de graus com que uma correia está em contato com a polia é chamado ângulo de enrolamento. As combinações entre a correia e a bobina devem ser selecionadas de modo que o ângulo de enrolamento na polia menor seja de pelo menos 120° para uma correia de disco de fricção. Para correias dentadas, o ângulo de enrolamento pode estar mais próximo de 90°. Qualquer valor abaixo disso pode fazer a correia pular de seus dentes.

As polias podem ser agrupadas em combinações para proporcionar uma vantagem mecânica junto com a redução de velocidade. Para qualquer par de polias, é melhor não exceder o limite de 8 para 1; 6 para 1 é um máximo razoável. Se uma proporção maior é desejada, o melhor é usar uma unidade composta de várias polias, o que é ilustrado na Figura 3.61.

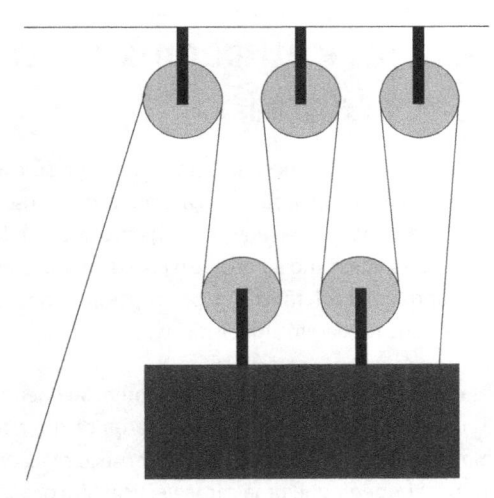

Figura 3.61 Unidade composta de várias polias.

» Servomecanismos

Um **servomecanismo** é uma combinação de hardware mecânico e de controle que utiliza um retorno para influenciar o controle de um sistema. O retorno está na forma de erro ou da diferença entre o parâmetro monitorado e seu valor desejado. Os servomecanismos operam com base no princípio do retorno negativo, no qual o erro é subtraído da saída. Um servomecanismo é conhecido como um sistema em malha fechada. Isso já foi descrito nas seções sobre controle PID e servomotores; porém, é importante mencionar que os servomecanismos não controlam apenas a posição, a velocidade e o torque, mas também outras variáveis, como temperatura, pressão ou outro tipo de variável que possa ser medida. Um exemplo de servomecanismo que não envolve um servomotor é um atuador hidráulico que tem sua velocidade e sua posição controladas por uma válvula distribuidora, usando o retorno de um sensor de posição analógico montado externamente. A Figura 3.62 mostra o esquema físico de um servossistema.

> » **DEFINIÇÃO**
> Um servomecanismo é uma combinação de hardware mecânico e de controle que utiliza um retorno para influenciar o controle de um sistema.

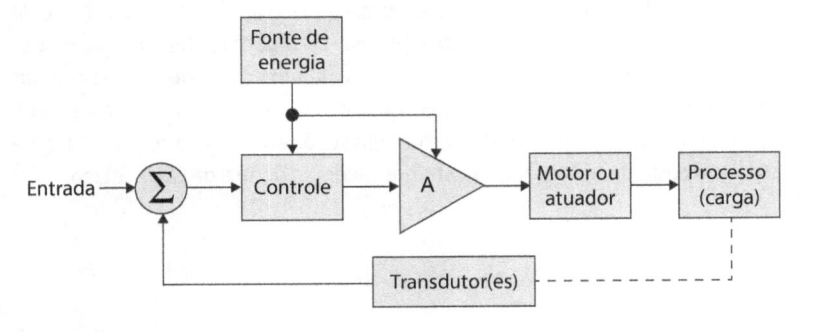

Figura 3.62 Servossistema.

» Fusos de esferas e atuadores lineares acionados por correia

Um **fuso de esfera** é um atuador mecânico linear que transforma movimento rotativo em movimento linear com pouca fricção. Um eixo de rosca fornece uma pista espiral para os rolamentos de esferas, que agem como parafusos de precisão. O conjunto de esferas age como a porca, e o eixo de rosca, como o parafuso. Eles são feitos para aproximar tolerâncias e, por consequência, são adequados para uso em situações que requerem alta precisão.

O pico do fuso de esfera determina a velocidade potencial linear do atuador linear, bem como sua capacidade de manter uma carga contra a força da gravidade. Um pico maior (mais voltas por polegada) fornece mais precisão e uma capacidade maior para impedir que uma carga vertical gire o parafuso, mas ele requer uma maior velocidade do motor para se mover na mesma taxa que um parafuso de pico mais baixo. A Figura 3.63 mostra um fuso de esfera de 12 mm e uma rosca com um passo de parafuso de 4 mm.

> » **IMPORTANTE**
> As correias dentadas utilizadas por atuadores lineares podem ser danificadas se a carga estiver pesada demais.

Figura 3.63 Parafuso de esfera.

Os **atuadores lineares acionados por correia** usam uma correia dentada e engrenagens para movimentar um carro transportador anexado à correia. A velocidade linear do atuador acionado por correia é mais rápida do que a do fuso de esfera, mas pode ser menos robusta e precisa. Os atuadores lineares acionados por correia são mais propensos a escorregar com uma carga pesada; as correias dentadas podem ser danificadas se a carga estiver mais pesada do que a especificada para o atuador, pois os dentes podem ser arrancados da correia. A Figura 3.64 é um corte de um atuador mostrando a correia dentro da caixa selada.

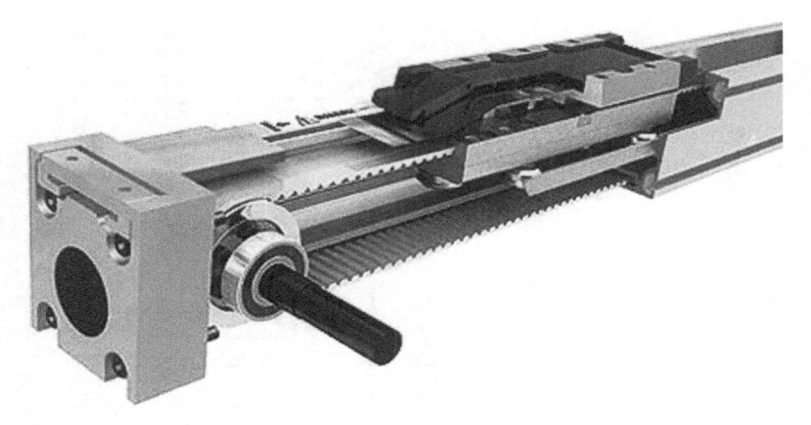

Figura 3.64 Atuador movido por correia.

>> Ligações e engates

Uma **ligação** é uma combinação de elementos rígidos e de dobradiças ou articulações que restringem o movimento do elemento. Uma ligação serve para multiplicar ou transformar a força ou o movimento entre mecanismos ou componentes. Exemplos de ligações são elevadores de tesoura e ligações com quatro barras.

A ligação mais simples é a alavanca. Ao fixar um ponto no comprimento da alavanca em uma posição fixa, a alavanca gira em torno desse ponto, denominado ponto de apoio. Um ponto mais próximo do ponto de apoio irá girar em um arco menor do que um ponto mais distante do ponto de apoio, criando uma multiplicação de distância ou velocidade. Com isso, vem uma redução na saída de força. O oposto disso também é verdadeiro: com um grande movimento impulsionando um menor, a saída de força é multiplicada proporcionalmente. Isso é conhecido como vantagem mecânica.

Uma ligação de quatro barras (pantográficas) é um grupo de quatro articulações e quatro barras que permite que os pontos na ligação se movam de formas restritas quando uma ou duas das articulações são fixadas em uma localização. Dependendo do comprimento das barras e de as articulações conseguirem rotacionar em um movimento circular completo, diferentes arcos e movimentos podem ser criados, conforme a Figura 3.65.

>> **DEFINIÇÃO**
Uma ligação é uma combinação de elementos rígidos e de dobradiças ou articulações que restringem o movimento do elemento.

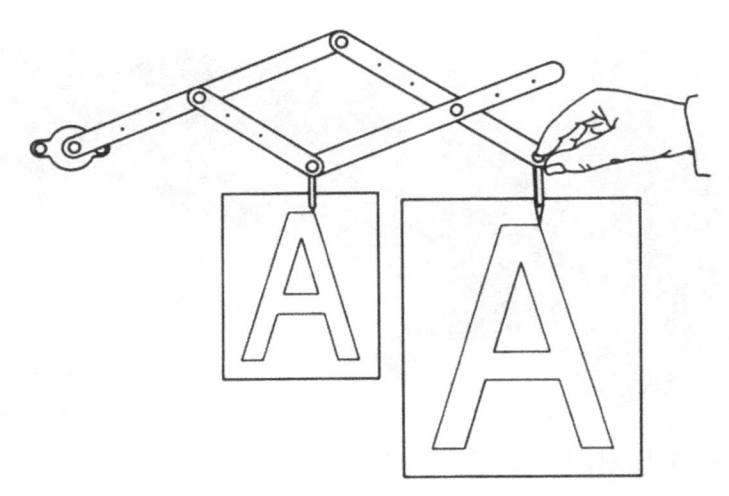

Figura 3.65 Ligações de quatro barras.

Esse tipo de mecanismo usa uma ligação de quatro barras com dois graus de liberdade, conhecido como pantógrafo. Ele permite que formas sejam multiplicadas em tamanhos dimensionados – uma ferramenta útil para letras de gravação. Arranjos similares servem para restringir movimentos em mecanismos.

Um tipo comum de mecanismo que usa uma articulação alternada é a braçadeira. Um mecanismo de articulação é um tipo de ligação com quatro barras que dobra e fecha em uma certa posição. Algumas braçadeiras acionadas pneumaticamente realizam movimentos de giro e abaixamento que são parcialmente baseados em came, mas uma braçadeira de alternância manual usa uma ligação de quatro barras para produzir uma força de aperto maior, conforme mostrado na Figura 3.66. Uma fabricante conhecida de braçadeiras de alternância e de outros tipos é a DE-STA-CO.

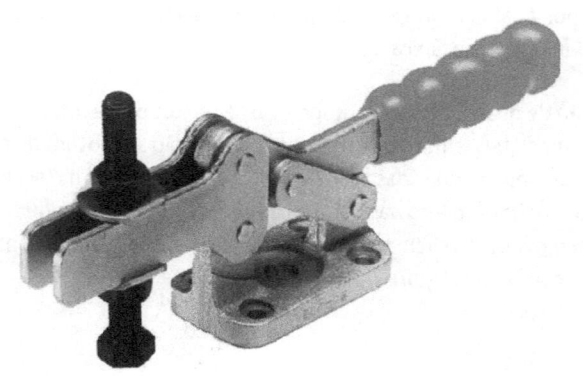

Figura 3.66 Grampo manual.

Um **acoplamento** conecta dois eixos ou membros rotativos. Ele pode ser rígido ou flexível. Um acoplamento rígido possui a vantagem de manter os eixos precisamente alinhados, conservando as extremidades com segurança. Os acoplamentos flexíveis permitem o desalinhamento e tendem a amortecer vibrações. Os acoplamentos flexíveis helicoidais são usados para acionar um eixo com um servomotor, um motor CA ou um motor CC em sistemas automatizados. Outro nome para acoplamentos helicoidais é acoplamento de feixe; um exemplo é mostrado na Figura 3.67.

Figura 3.67 Acoplamento helicoidal.

Um acoplamento Lovejoy ou do tipo aranha possui duas plataformas dentadas de metal e um elastômero ou uma "aranha" para reduzir vibrações. As três partes se combinam com um ajuste de pressão. Elas são usadas em servossistemas, mas não aceitam o desalinhamento angular tanto quanto os acoplamentos helicoidais.

As articulações universais permitem que os eixos sejam acionados em um ângulo, como ocorre nas juntas de engrenagens, sendo utilizadas na transmissão de energia. Para aplicações mais leves, acoplamentos do tipo mangueira ou fole são usados para eixos não alinhados.

» Embreagens e freios

Uma **embreagem** permite que dois elementos rotativos sejam engrenados ou desengrenados um do outro. O tipo mais comum de embreagem é a de fricção. Existem vários tipos de embreagens de fricção, incluindo as cônicas, expandidas radialmente, as de faixa de contração e as de disco de fricção. É comum que os membros de acionamento e acionados das embreagens de fricção sejam mantidos em contato um com o outro pela pressão de molas. Eles podem então ser acionados para a posição aberta por força pneumática, hidráulica, elétrica, magnética ou até centrífuga. As superfícies das embreagens podem ser de vários materiais, incluindo metais, cerâmicas, tecidos com fios de resina e borrachas com uma durabilidade maior.

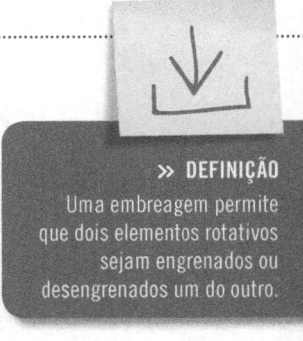

> » **DEFINIÇÃO**
> Uma embreagem permite que dois elementos rotativos sejam engrenados ou desengrenados um do outro.

> **DEFINIÇÃO**
> Os freios usam um disco ou um bloco para entrar em contato com uma superfície rotativa e fazê-la parar rapidamente.

Os **freios** servem para parar rapidamente um membro rotativo, também por meio de métodos de fricção. Os freios usam um disco ou um bloco para entrar em contato com uma superfície rotativa, como uma placa ou um eixo. Em aplicações industriais, a maioria dos freios é composta de materiais semimetálicos, orgânicos ou cerâmicos. Assim como as embreagens, os freios são atuados de várias formas, incluindo os métodos pneumáticos e hidráulicos, elétricos e mecânicos.

Um **freio de embreagem** é um dispositivo que, ou encaixa uma embreagem a fim de dar movimento de um membro rotativo para um membro não rotativo, ou para rapidamente o membro acionado quando a embreagem não está encaixada. Os freios de embreagem são usados em aplicações de transporte e em outros equipamentos acionados por motores ou servos.

>> Estruturas e enquadramento

As máquinas são fabricadas com uma estrutura de aço soldada ou parafusada como base. Atualmente, porém, cada vez mais máquinas são construídas com estruturas de extrusão de alumínio ou baseadas em tubos. Há também vários componentes de montagem estruturais pequenos fornecidos por vendedores de peças de máquinas.

Os componentes elétricos devem ser mantidos em um espaço fechado para ficarem protegidos ou para que as pessoas não tenham contato com as tensões. Há inúmeras classificações associadas a essa proteção.

>> Estruturas de aço

> **IMPORTANTE**
> Devido à ferrugem ou à oxidação do aço, é necessário que ele seja limpo por um esmeril antes de ser preparado e pintado.

A maioria das estruturas de aço é soldada para garantir rigidez e permanência. Tubulações de aço, planos laminados e algumas peças angulares são cortados pelo comprimento e unidos por solda, em geral usando uma giga, uma braçadeira ou um acessório para garantir o alinhamento desejado. Devido à ferrugem ou à oxidação do aço, é necessário que ele seja limpo por um esmeril antes de ser preparado e pintado. Para aplicações no processamento de alimentos ou de medicamentos, as estruturas são feitas com aço inoxidável para eliminar a necessidade de pintura, que pode causar contaminação.

As estruturas de aço pré-moldadas são adquiridas como um produto padrão de vários fabricantes. Elas consistem em uma base de aço tubular soldada, uma placa de aço colocada na parte superior para montagem dos componentes, pés ajustáveis e furos para parafusá-los no chão (nivelamento dos pés). Um exemplo é mostrado na Figura 3.68.

Figura 3.68 Base de máquina soldada.

As estruturas podem ser unidas por aparafusamento, e isso em geral é feito por uma de duas razões. Primeiro, o custo é bem menor em comparação com a soldagem; segundo, a capacidade de desaparafusar a caixa mais tarde facilita o transporte ou as modificações. Utilizar elementos de fixação para construir uma estrutura não é tão desejável como a soldagem, em especial para estruturas de uso robusto sujeitas à vibração.

Se os componentes serão montados em uma estrutura, um pedaço de aço é geralmente soldado na estrutura para depois ser usinado em uma espessura específica. Esse bloco da máquina pode então ser triturado, brocado e batido em uma localização precisa do componente ou da submontagem.

Durante o processo de soldagem e usinagem, tensões são induzidas na estrutura soldada. Antes da montagem, essas tensões são aliviadas pelo aquecimento da estrutura em um forno ou pela colocação de um vibrador de **alívio de tensão** na estrutura. Isso é especialmente importante em estruturas maiores ou que possuem dimensões críticas.

Calços

Um **calço** é um fino pedaço de material usado para preencher um espaço ou aumentar um pouco uma dimensão. Ele serve como um método de ajuste e em geral é colocado entre dois objetos unidos por aparafusamento como um espaçador.

Um calço pode ser adquirido em vários tamanhos e espessuras para ser cortado conforme desejado. Para equipamentos industriais, os calços são feitos de metal, embora compósitos plásticos sejam empregados algumas vezes. Os calços também estão disponíveis em folhas laminadas, que podem ser tiradas de uma pilha para formar uma superfície.

Cavilhas e tarugos

Uma cavilha ou um tarugo é um pedaço cilíndrico e sólido de material que pode ser prensado em um buraco como um dispositivo de posicionamento. As cavilhas para máquinas industriais são feitas de aço endurecido. O material da cavilha é usinado com tolerâncias bem pequenas. Esse material está disponível em seções longas conhecidas como hastes de cavilha, que são cortadas em pinos. As extremidades dos pinos são então levemente chanfradas. A Figura 3.69 mostra um par de cavilhas.

Figura 3.69 Cavilhas.

Os tarugos podem ter um diâmetro ligeiramente menor do que o buraco onde eles serão colocados, de modo que fluam livremente, ou ter o mesmo diâmetro que o buraco, o que implica em ter um ajuste prensado.

Usar parafusos como fixadores introduz um movimento mecânico no posicionamento da peça montada. Os fixadores possuem folgas devido ao superdimensionamento dos furos. Isso é proporcional ao tamanho do fixador. Ao usar cavilhas para posicionamentos precisos, esse movimento mecânico pode ser reduzido em até 10 vezes ou ser eliminado completamente. O uso de cavilhas aumenta a quantidade de tempo de montagem e desmontagem dos componentes, mas, quando exige-se precisão, esse custo adicional vale a pena.

As cavilhas não se destinam a dar apoio estrutural. Não se recomenda o uso de mais de duas cavilhas em um único conjunto. Logo que uma carga lateral é aplicada algumas vezes, o peso da força será transferido para uma das cavilhas, tornando as outras redundantes. Isso dificulta a remontagem das peças no caso de elas serem desmontadas. Fixadores ou chaves e aberturas devem ser usados para suportar as forças da carga lateral. As cavilhas devem ser usadas somente como método de posicionamento de precisão.

>> **IMPORTANTE**
As cavilhas devem ser usadas somente como método de posicionamento de precisão.

Chaves, chavetas e chaves de instalação

Uma chave serve para transmitir um torque entre um eixo e um furo. Se tanto o eixo quanto o furo têm uma ranhura (buraco) retangular ou chaveta colocada na direção axial, uma chave pode ser montada nas ranhuras, fornecendo uma superfície positiva contra a qual o eixo do motor exercerá uma força.

As chavetas são dimensionadas com base no diâmetro do eixo tanto na largura quanto na profundidade. A ANSI fornece uma tabela de dimensionamento de tamanhos das chaves e de profundidades das chavetas. As chaves de *stock* e as barras de *stock* estão disponíveis em dimensões padrão ou métricas, e seus cortes transversais podem ser retangulares ou quadrados.

A Figura 3.70 mostra um eixo de motor chaveado com uma chave inserida. Como essa chave é capturada (isto é, a chaveta não se estende até a extremidade do eixo), ela deve ser inserida antes de ser deslizada em um acoplamento.

Figura 3.70 Eixo de motor com chave.

As chaves de instalação servem para fixar precisamente os acessórios ou os componentes de uma máquina. Elas são montadas em um furo ou em uma fenda usinada. Existem diferentes tipos de chaves de instalação, desde as mais simples, quadradas ou retangulares inseridas em fendas em duas superfícies de acoplamento (Figura 3.71), até as chaves escalonadas ou do tipo seno. Elas são feitas em dimensões métricas ou padrão, em geral de aço temperado. Os parafusos de cabeça de soquete algumas vezes são enroscados na chave para fixação.

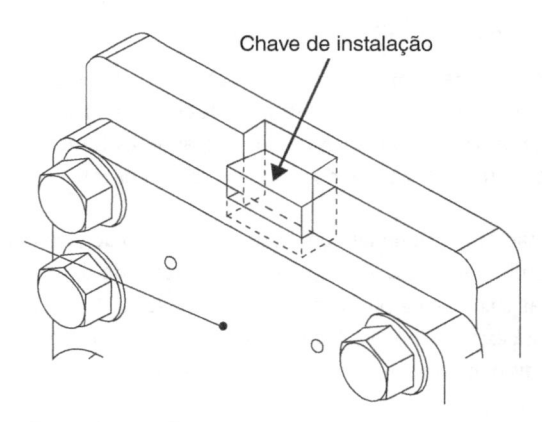

Figura 3.71 Chave de instalação.

Diferentemente das cavilhas, as chaves de instalação são desenvolvidas para espalhar uma carga sobre uma superfície e são, portanto, apropriadas para suportes perpendiculares, isto é, "carga lateral".

Pastilhas de máquinas e espaçadores

As pastilhas de máquinas são pedaços de laminados planos soldados em uma estrutura a fim de que alguma coisa seja montada sobre eles. Esssas pastilhas muitas vezes têm buracos ou fendas para acomodar os parafusos durante a montagem do acoplamento. Existem duas razões principais para usar pastilhas de máquinas em vez de montar diretamente em uma estrutura: fornecer uma espessura para puncionar ou para a integridade estrutural, bem como uma superfície que possa ser moída para tornar-se plana e paralela a outras superfícies.

Para grandes montagens que serão colocadas em uma pastilha de máquina ou em outra superfície, os espaçadores são muitas vezes incorporados em uma máquina. Eles são pedaços de metal propositadamente inseridos entre a superfície plana da máquina em uma estrutura e uma montagem. Isso permite que eles sejam moídos em diferentes espessuras, de modo a compensar uma pequena diferença nas superfícies paralelas. Em vez de moer uma grande montagem, ou uma pastilha em uma estrutura, os espaçadores podem ser facilmente removidos e moídos de forma individual.

> **DEFINIÇÃO**
> As pastilhas de máquinas são pedaços de laminados planos soldados em uma estrutura a fim de que alguma coisa seja montada sobre eles.

> **DEFINIÇÃO**
> Os fixadores são quaisquer dispositivos usados para juntar dois pedaços de materiais. Eles são classificados como rebite, porcas e parafusos.

Fixadores

Os fixadores são quaisquer dispositivos usados para juntar dois pedaços de materiais. Eles são classificados como rebite, porcas e parafusos.

Um rebite é usado para fixar itens permanentemente. Existem vários tipos de rebites, incluindo os sólidos, os tubulares e os cegos (também conhecidos como rebites "pop"). Os rebites consistem em um eixo com uma cabeça em uma extremidade e são deformados depois de serem inseridos em uma fresta que atravessa ambas as peças a serem unidas. Isso cria uma conexão que precisa ser moída ou desparafusada para ser removida. Os rebites sólidos são deformados com um martelo, uma ferramenta de compressão de rebites ou um crimpador que pode ser pneumático, hidráulico ou eletromagnético. Esses métodos de rebitagem são usados perto da borda dos materiais a serem fixados, de modo que a ferramenta de rebitagem consiga acessar ambos os lados do rebite.

Para as conexões feitas a certa distância da borda dos materiais, um rebite cego, conforme mostrado na Figura 3.72, é usado. Ele é um rebite tubular com uma cabeça larga, que tem um eixo com um mandril no centro. O rebite é inserido através da fresta, sendo necessária a utilização de uma ferramenta especial para puxar a cabeça do mandril no rebite. O mandril é projetado para romper quando uma força suficiente é aplicada.

Figura 3.72 Rebite cego ou pop.

Os rebites podem ser de aço, alumínio ou outros materiais metálicos. Na automação industrial, um dos usos mais comuns dos rebites é anexar um condutor ou outros componentes permanentemente em um painel elétrico.

Um **parafuso** ou uma **rosca** é um fixador com eixo de rosca que tem uma cabeça em uma extremidade, usada para aplicar um torque, guiando o fixador em um furo roscado ou em uma porca. As roscas são usadas para guiar em uma fresta sem o uso de uma porca, e criam seus próprios segmentos na fresta, enquanto os parafusos podem ser rosqueados em uma fresta pré-aparafusada ou em uma porca. Os parafusos e as cabeças dos parafusos são fabricados em diferentes formatos, dependendo do tipo de ferramenta que será usada para guiá-los nas frestas. Os de cabeça cilíndrica e cabeça de soquete são os mais comuns para roscas, enquanto os tipos Phillips ou cabeças de fenda são os mais comuns para parafusos. As cabeças dos parafusos podem ser panorâmicas ou em forma de cúpula, arredondadas, rebaixadas e assim por diante. Outras formas especiais de cabeças de parafusos ou roscas incluem hexagonais, Robertson – ou com unidade quadrada – Torx, de cabeça chave e uma variedade das famosas cabeças "seguras".

Os parafusos e as roscas são rosqueados na direção da mão direita, isto é, o fixador deve ser girado no sentido horário para apertar e no sentido anti-horário para desapertar. O tamanho dos parafusos e das roscas segue dimensões padrão e métricas, que especificam o diâmetro do eixo e o passo da rosca.

>> Extrusão de alumínio

Os perfis extrudados de alumínio são usados para a proteção de máquinas, mas também servem para construir máquinas de tamanhos substanciais. Os perfis de alumínio estão disponíveis em tamanhos padrão e métricos e são produzidos por diversos fabricantes. Existe uma grande variedade de acessórios, como colchetes, fixadores, dobradiças, capas plásticas e tampas. Os perfis são quadrados ou retangulares em seus cortes transversais e têm uma "ranhura em T" na lateral para fixadores, painéis ou encaminhamento de cabos ou mangueiras. Fornecedores conhecidos desses produtos incluem 80/20 Inc., Item e Bosch. A Figura 3.73 mostra um equipamento utilizado para unir duas peças de extrusão de alumínio.

> **>> IMPORTANTE**
> Os perfis extrudados de alumínio são usados para a proteção de máquinas, mas também servem para construir máquinas de tamanhos substanciais.

Figura 3.73 Extrusão de alumínio (cortesia da Bosch).

A extrusão de alumínio também é fabricada em diferentes cores, embora o prata/cinza natural anodizado seja o mais comum.

Embora um perfil de alumínio seja mais caro do que um tubo de aço de tamanho equivalente, isso é compensado pelo custo de soldagem, pintura e mão de obra. O alumínio não está sujeito à oxidação e em geral é anodizado para durabilidade e resistência elétrica.

Tubulação e outros sistemas estruturais

Para aplicações de carga mais leve, as estruturas podem ser construídas com tubos de rosca, tubos de ângulo e planos laminados. Assim como a extrusão de alumínio, esses sistemas são comercializados por diferentes empresas. A Creform é provavelmente a mais conhecida no ramo de sistemas de tubulação rosqueados. Esses sistemas estruturais são usados em carrinhos, estandes de transporte com rolos e raques. Elementos de automação, como os sensores *pick-to-light* e as esteiras de rolo por gravidade, também podem ser montados com acessórios ou peças desses sistemas. A Figura 3.74 mostra um rack feito de tubos de rosca.

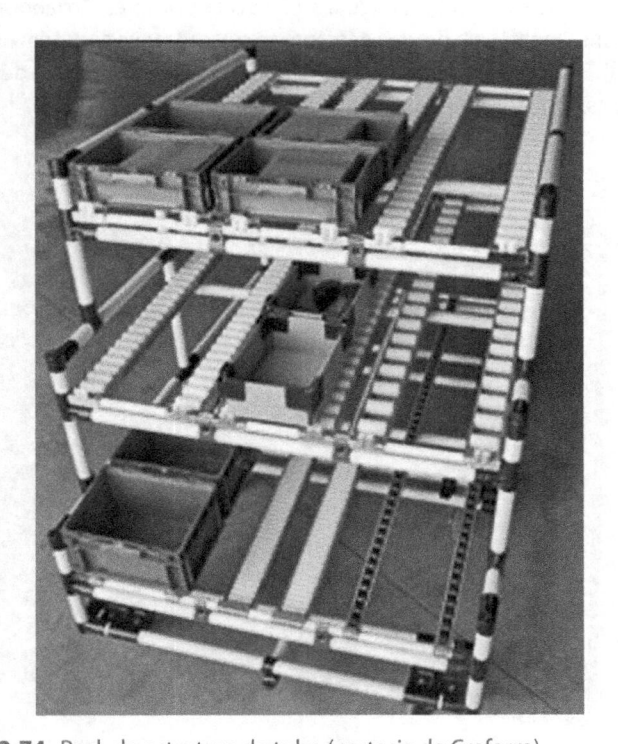

Figura 3.74 Rack de estrutura de tubo (cortesia da Creform).

Em uma menor escala, outros fornecedores, como a Misumi, fazem itens estruturais para montar sensores, medidores e outros dispositivos. Esses itens, também conhecidos como "*tinkertoys*" (em alusão ao brinquedo de madeira americano com o mesmo nome), estão disponíveis em tamanhos métricos e padrão. Pequenos suportes, rolamentos, sistemas de engrenagem e vários outros itens também são comercializados por esse fornecedor.

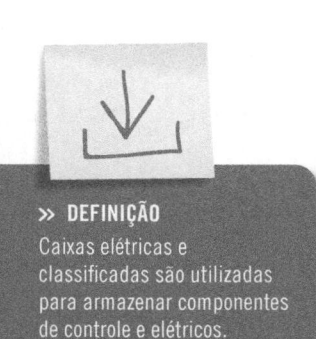

≫ Caixas elétricas e classificadas

Componentes de controle e elétricos em geral são alojados em caixas de metal ou não metal. As caixas podem ser de aço, chapa galvanizada, fibra de vidro ou plástico. Essas caixas são disponibilizadas por vários fornecedores em uma grande variedade de tamanhos e configurações. Elas possuem tampas de rosca ou portas giratórias para o acesso aos componentes internos e à fiação.

> ≫ **DEFINIÇÃO**
> Caixas elétricas e classificadas são utilizadas para armazenar componentes de controle e elétricos.

O tamanho varia desde pequenas caixas de junção ou caixas com botões até grandes caixas multiportas. As caixas são classificadas para diferentes ambientes, definidos pela NEMA e pela IEC, conforme explicado na próxima seção. Uma caixa do tipo NEMA 12 é mostrada na Figura 3.75. As caixas maiores são fabricadas com frestas para a montagem de uma desconexão colocada pela porta, em um flange na lateral. Essas caixas podem ser especificadas para desconectores de grandes fabricantes, como Allen-Bradley, Square D, Cutler-Hammer ou outros.

Figura 3.75 Caixa elétrica NEMA 12.

Outros acessórios, como respiradores (aberturas) filtrados, ventiladores ou mesmo ares-condicionados, são fornecidos por fabricantes de caixas. Luzes fluorescentes ativadas quando uma porta é aberta são outro acessório padrão.

A maioria das caixas é fabricada com rebites em que podem ser presos painéis metálicos, usados para a montagem de componentes. Os painéis podem ser de aço ou de metal galvanizado e em geral são aterrados durante a fabricação do painel. Fabricantes conhecidos de caixas incluem Hoffman e Rittal.

Classificações NEMA

As caixas elétricas recebem uma classificação da NEMA. As seguintes definições são obtidas da Publicação de Padrões NEMA 250-2003, "Caixas para Equipamentos Elétricos (Máximo de 100 V)":

Em **zonas não perigosas**, os tipos específicos de caixas, as suas aplicações e as condições do ambiente que elas devem proteger, quando completamente e apropriadamente instaladas, são:

Tipo 1 - Caixas de uso interno construídas para fornecer um nível de proteção às pessoas contra o acesso a materiais perigosos, bem como um nível de proteção aos equipamentos dentro da caixa contra a entrada de objetos sólidos estranhos (sujeira).

Tipo 2 - Caixas de uso interno construídas para fornecer um nível de proteção às pessoas contra o acesso a materiais perigosos, um nível de proteção aos equipamentos dentro da caixa contra a entrada de objetos sólidos estranhos (sujeira), além de um nível de proteção em relação aos efeitos nocivos que podem ser causados no equipamento devido à entrada de água (gotejamento e leve respingo).

Tipo 3 - Caixas de uso tanto interno quanto externo construídas para fornecer um nível de proteção às pessoas contra o acesso a materiais perigosos, um nível de proteção aos equipamentos dentro da caixa contra a entrada de objetos sólidos estranhos (sujeira e poeiras transportadas pelo vento), além de um nível de proteção em relação aos efeitos nocivos que podem ser causados no equipamento devido à entrada de água (chuva, chuva com neve, neve) e em relação às partes que serão danificadas devido à formação de gelo no exterior da caixa.

Tipo 3R - Caixas de uso tanto interno quanto externo construídas para fornecer um nível de proteção às pessoas contra o acesso a materiais perigosos, um nível de proteção aos equipamentos dentro da caixa contra a entrada de objetos sólidos estranhos (sujeira), além de um nível de proteção em relação aos efeitos nocivos que podem ser causados no equipamento devido à entrada de água (chuva, chuva com neve, neve) e em relação às partes que serão danificadas devido à formação de gelo no exterior da caixa.

Tipo 3S - Caixas de uso tanto interno quanto externo construídas para fornecer um nível de proteção às pessoas contra o acesso a materiais perigosos, um nível de proteção aos equipamentos dentro da caixa contra a entrada de objetos sólidos estranhos (sujeira ou poeiras transportadas pelo vento), além de um nível de proteção em relação aos efeitos nocivos que podem ser causados no equipamento devido à entrada de água (chuva, chuva com neve, neve), de modo que os mecanismos externos se mantenham operacionais quando estiverem cobertos de gelo.

Tipo 3X - Caixas de uso tanto interno quanto externo construídas para fornecer um nível de proteção às pessoas contra o acesso a materiais perigosos, um nível de proteção aos equipamentos dentro da caixa contra a entrada de objetos sólidos estranhos (sujeira ou poeiras transportadas pelo vento), além de um nível de proteção em relação aos efeitos nocivos que podem ser causados nos equipamentos devido à entrada de água (chuva, chuva com neve, neve); devem oferecer também um nível adicional de proteção contra corrosão e contra danos causados pela formação de gelo na parte exterior da caixa.

Tipo 3RX - Caixas de uso tanto interno quanto externo construídas para fornecer um nível de proteção pessoal contra o acesso a materiais perigosos, um nível de proteção aos equipamentos dentro da caixa contra a entrada de objetos sólidos estranhos (sujeira), um nível de proteção em relação aos efeitos nocivos que podem ser causados no equipamento devido à entrada de água (chuva, chuva com neve, neve), além de proteção contra corrosão e contra danos causados pela formação de gelo na parte exterior da caixa.

Tipo 3SX - Caixas de uso tanto interno quanto externo construídas para fornecer um nível de proteção às pessoas contra o acesso a materiais perigosos, um nível de proteção aos equipamentos dentro da caixa contra a entrada de objetos sólidos estranhos (sujeira ou poeiras transportadas pelo vento), um grau de proteção em relação aos equipamentos devido à entrada de água (chuva, chuva com neve, neve), além de um nível adicional de proteção contra a corrosão e em benefício dos mecanismos externos que precisam continuar em operação quando cobertos de gelo.

Tipo 4 - Caixas de uso tanto interno quanto externo construídas para fornecer um nível de proteção às pessoas contra o acesso a materiais perigosos, um nível de proteção aos equipamentos dentro da caixa contra a entrada de objetos sólidos estranhos (sujeira ou poeiras transportadas pelo vento), além de um grau de proteção em relação aos efeitos nocivos que podem ser causados no equipamento devido à entrada de água (chuva, chuva com neve, neve, respingos de água e água de mangueira) e em relação às partes que não devem ser danificadas pela formação de gelo no exterior da caixa.

Tipo 4X - Caixas de uso tanto interno quanto externo construídas para fornecer um nível de proteção às pessoas contra o acesso a materiais perigosos, um nível de proteção aos equipamentos dentro da caixa contra a entrada de objetos sólidos estranhos (poeira transportada pelo vento), além de um grau de proteção em relação aos efeitos nocivos ao equipamento causados pela entrada de água (chuva, chuva com neve, neve, respingos de água e água de mangueira); devem fornecer um nível adicional de proteção contra corrosão e ainda contra danos devidos à formação de gelo na parte exterior da caixa.

Tipo 5 - Caixas de uso tanto interno quanto externo construídas para fornecer um nível de proteção às pessoas contra o acesso a materiais perigosos, um nível de proteção aos equipamentos dentro da caixa contra a entrada de objetos sólidos estranhos (sujeira, poeiras no ar, fiapos, fibras e objetos voadores), além de um nível de proteção em relação aos efeitos nocivos que podem ser causados no equipamento devido à entrada de água (gotejamento e leve respingo).

Tipo 6 - Caixas de uso tanto interno quanto externo construídas para fornecer um nível de proteção às pessoas contra o acesso a materiais perigosos, um nível de proteção aos equipamentos dentro da caixa contra a entrada de objetos sólidos estranhos (queda de sujeira), além de um grau de proteção em relação aos efeitos nocivos que podem ser causados no equipamento devido à entrada de água (vinda diretamente de uma mangueira ou durante submersão temporária ocasional a uma profundidade limitada), além de um nível adicional de proteção contra corrosão e contra danos devidos à formação de gelo na parte exterior da caixa.

Tipo 6P - Caixas de uso tanto interno quanto externo construídas para fornecer um nível de proteção às pessoas contra o acesso a materiais perigosos, um nível de proteção aos equipamentos dentro da caixa contra a entrada de objetos sólidos estranhos (sujeira), além de um grau de proteção em relação aos efeitos nocivos que podem ser causados no equipamento devido à entrada de água (vinda diretamente de uma mangueira de água ou durante a submersão prolongada a uma profundidade limitada); devem fornecer um nível adicional de proteção contra corrosão e contra danos devidos à formação de gelo na parte exterior da caixa.

Tipo 12 - Caixas (sem marcação) de uso interno construídas para fornecer um nível de proteção às pessoas contra o acesso a materiais perigosos, um nível de proteção aos equipamentos dentro da caixa contra a entrada de objetos sólidos estranhos (sujeira e circulação de poeira, fiapos, fibras e objetos voadores), além de um nível de proteção em relação aos efeitos nocivos que podem ser causados no equipamento devido à entrada de água (gotejamento e respingo leve).

Tipo 12K - Caixas (sem marcação) de uso interno construídas para fornecer um nível de proteção às pessoas contra o acesso a materiais perigosos, um nível de proteção aos equipamentos dentro da caixa contra a entrada de objetos sólidos estranhos (sujeira e circulação de poeira, fiapos, fibras e objetos voadores), além de um nível de proteção em relação aos efeitos nocivos que podem ser causados no equipamento devido à entrada de água (gotejamento e respingo leve).

Tipo 13 - Caixas de uso interno construídas para fornecer um nível de proteção às pessoas contra o acesso a materiais perigosos, um nível de proteção aos equipamentos dentro da caixa contra a entrada de objetos sólidos estranhos (sujeira e circulação de poeira, fiapos, fibras e objetos voadores), além de um nível de proteção em relação aos efeitos nocivos que podem ser causados no equipamento devido à entrada de água (gotejamento e respingo leve) e de um nível de proteção contra a pulverização, o espirro e a infiltração de óleo e líquidos de arrefecimento não corrosivos.

Em **locais perigosos**, quando completa e corretamente instaladas e mantidas, as caixas dos Tipos 7 e 10 são desenvolvidas para conter uma explosão interna sem causar perigo externo. As caixas do Tipo 8 são desenvolvidas para prevenir combustão pelo uso de equipamentos imersos em óleo. As do Tipo 9 são desenvolvidas para prevenir a ignição de poeiras combustíveis.

Tipo 7 - Caixas construídas para uso interno em localizações perigosas classificadas como Classe I, Divisão 1, Grupos A, B, C ou D, conforme definido na NFPA 70.

Tipo 8 - Caixas construídas para uso tanto externo quanto interno em localizações perigosas classificadas como Classe I, Divisão 1, Grupos A, B, C ou D, conforme definido na NFPA 70.

Tipo 9 - Caixas construídas para uso interno em localizações perigosas classificadas como Classe II, Divisão 1, Grupos E, F ou G, conforme definido na NFPA 70.

Tipo 10 - Caixas construídas para atender aos requisitos da Mine Safety and Health Administration, 30 CFR, Parte 18.

As tabelas da NEMA 250-2003 estão no Apêndice D.

Classificações IEC e IP

A IEC também classifica as caixas e outros dispositivos elétricos para adequação em vários ambientes. Uma classificação conhecida como IP, para proteção de entrada (*Ingress Protection*), é usada. Ela pode ser convertida em uma classificação NEMA equivalente por meio da Tabela 3.2.

Tabela 3.2 » **Equivalência IP/NEMA.**

Código IP	Classificação mínima NEMA para satisfazer o código IP
IP20	1
IP54	3
IP65	4, 4X
IP67	6
IP68	6P

O código IP consiste nas letras I e P seguidas por dois dígitos, ou um dígito e uma letra e uma letra opcional. Conforme definido no padrão internacional IEC 60529, o código IP classifica e avalia os graus de proteção fornecidos contra a penetração de objetos sólidos (incluindo partes do corpo, como mãos e dedos), poeira, contato acidental e água em carcaças mecânicas e caixas elétricas.

O padrão visa a fornecer aos usuários informações mais detalhadas do que os termos vagos de marketing, por exemplo, "à prova d'água". Porém, nenhuma edição das normas é publicada abertamente para leitores (usuários) não licenciados, o que deixa espaço para diversas interpretações.

Os dígitos (números IP) indicam a conformidade com as condições resumidas nas tabelas a seguir. Se não existe uma classificação de proteção no que diz respeito a um dos critérios, o dígito é substituído pela letra X.

Por exemplo, uma tomada elétrica classificada com IP22 é protegida contra a inserção de dedos e não será danificada ou se tornará insegura durante um teste específico em que ela será exposta a gotejamento de água. O IP22 ou 2X são os requisitos mínimos para o projeto de acessórios para uso interno.

> **» IMPORTANTE**
> O código IP classifica e avalia os graus de proteção fornecidos contra a penetração de objetos sólidos (incluindo partes do corpo, como mãos e dedos), poeira, contato acidental e água em carcaças mecânicas e caixas elétricas.

Sólidos, primeiro dígito

O primeiro dígito indica o nível de proteção que a caixa oferece contra o acesso a materiais perigosos (por exemplo, condutores elétricos, partes móveis) e contra a entrada de objetos sólidos estranhos, conforme mostrado na Tabela 3.3.

Tabela 3.3 » **Código IP para sólidos (primeiro dígito)**

Nível	Proteção contra tamanho de objetos	Eficaz contra
0	—	Sem proteção contra contato ou entrada de objetos
1	> 50 mm	Qualquer superfície grande de corpo, como a parte de trás da mão, mas sem proteção contra contato intencional com um corpo
2	> 12.5 mm	Dedos ou objetos similares, etc.
3	> 2.5 mm	Ferramentas, fios grossos, etc.
4	> 1 mm	A maioria dos fios, parafusos, etc.
5	Proteção contra poeira	A entrada de poeira não está totalmente barrada, mas ela não deve ter quantidade suficiente para interferir na operação satisfatória de um equipamento; proteção completa contra contatos.
6	A prova de poeiras	Sem entrada de poeira; proteção completa conta contato.

Líquidos, segundo dígito

O segundo dígito caracteriza a proteção dos equipamentos localizados dentro de uma caixa contra a entrada nociva de água, conforme mostrado na Tabela 3.4.

Tabela 3.4 » **Código IP para líquidos (segundo dígito)**

Nível	Proteção contra	Teste para	Detalhes
0	Sem proteção	—	—
1	Gotejamento de água	O gotejamento de água (gotejamento vertical) não terá efeito nocivo.	Duração dos testes: 10 minutos de água é equivalente a 1 mm de chuva por minuto.
2	Gotejamento de água quando inclinado em até 15°	O gotejamento vertical não deve ter efeito prejudicial quando a caixa está inclinada em um ângulo superior a 15° de sua posição normal.	Duração dos testes: 10 min. Volume de água de 3 mm, o que equivale a 1 mm de chuva por minuto.
3	Pulverização de água	Água caindo na forma de um borrifo, em um ângulo superior a 60° em relação a posição vertical, não deve ter efeito prejudicial.	Duração dos testes: 5 min. Volume de água: 0,7 litros por minuto. Pressão: de 80 a 100 kN/m².
4	Espirro de água	Espirro de água contra uma caixa de qualquer direção não deve ter efeito prejudicial.	Duração dos testes: 5 min. Volume de água: 10 litros por minuto. Pressão: de 80 a 100 kN/m².
5	Jatos de água	Jatos de água projetados por um bico (6,3 mm) contra a caixa a partir de qualquer direção, não deve ter efeito prejudicial.	Duração dos testes: pelo menos 3 minutos. Volume de água: 12,5 litros por minuto. Pressão: 30 kN/m² a uma distância de 3 m.
6	Jatos de água fortes	Jatos de água projetados (bico de 12,5 mm) contra a caixa a partir de qualquer direção, não deve ter efeito prejudicial.	Duração dos testes: pelo menos 3 minutos. Volume de água: 100 litros por minuto. Pressão: 100 kN/m² em uma distância de 3 m.

Tabela 3.4 » **Código IP para líquidos (segundo dígito)**

Nível	Proteção contra	Teste para	Detalhes
7	Imersão de até 1 m	Entrada de água em quantidade prejudicial não deve ser possível quando a caixa é imersa na água sobre condições de pressão e tempo definidos (além de 1 m de submersão).	Duração dos testes: 30 minutos de imersão a uma profundidade de 1 m.
8	Imersão além de 1 m	O equipamento é adequado para condições de imersão na água sobre condições que devem ser especificadas pelo fabricante. Normalmente, isto significará que o equipamento é hermeticamente selado. Porém, com certos tipos de equipamentos, isto pode significar que a água pode entrar de tal maneira que não cause danos.	Duração dos testes: imersão contínua na água. Profundidade especificada pelo fabricante.

Letras adicionais

O padrão define letras adicionais que podem ser acrescentadas para classificar somente o nível de proteção contra o acesso a materiais perigosos por pessoas, conforme mostrado na Tabela 3.5.

Tabela 3.5 » **Código IP para materiais perigosos**

Nível	Proteção contra o acesso a materiais perigosos por
A	Dorso de mão
B	Dedo
C	Ferramenta
D	Fio

Letras adicionais podem ser utilizadas para acrescentar informações relacionadas à proteção de dispositivos, conforme mostrado na Tabela 3.6.

Tabela 3.6 » **Código IP descrevendo condições de testes**

Letra	Significado
H	Equipamento de alta tensão
M	Dispositivo em movimento durante teste com água
S	Dispositivo parado durante teste com água
W	Condições meteorológicas

Resistência ao impacto mecânico

Um número adicional em geral é usado para especificar a resistência de um equipamento a um impacto mecânico. Esse impacto mecânico é identificado pela energia necessária para classificar um nível de resistência específico, medido em joules (J). O número IK separado, especificado na EN 62262, agora substituiu essa medida.

Embora tenham sido retiradas a partir da terceira edição da IEC 60529 – e estejam ausentes na versão EN –, especificações antigas de caixas podem ter o terceiro dígito IP opcional indicando resistência ao impacto. É provável que os produtos mais recentes recebam uma classificação IK. Não existe uma correspondência exata dos valores entre o padrão antigo e o novo. Esses códigos são mostrados na Tabela 3.7.

Tabela 3.7 >> **Códigos de resistência ao impacto**

Nível IP de queda	Energia de impacto	Massa da queda equivalente à altura
0	—	—
1	0,225 J	150 gramas deixados cair de 15 cm
2	0,375 J	250 gramas deixados cair de 15 cm
3	0,5 J	250 gramas deixados cair de 20 cm
5	2 J	500 gramas deixados cair de 40 cm
7	6 J	1,5 quilo deixado cair de 40 cm
9	20 J	5 quilos deixados cair de 40 cm
Número IK	Energia de impacto (joules)	Impacto equivalente
00	Desprotegido	Sem testes
01	0,15	queda de um objeto de 200g de 7,5 cm de altura
02	0,2	queda de um objeto de 200g de 10 cm de altura
03	0,35	queda de um objeto de 200g de 17,5 cm de altura
04	0,5	queda de um objeto de 200g de 25 cm de altura
05	0,7	queda de um objeto de 200g de 35 cm de altura
06	1	queda de um objeto de 500g de 20 cm de altura
07	2	queda de um objeto de 500g de 40 cm de altura
08	5	queda de um objeto de 1,7 kg de 29,5 cm de altura
09	10	queda de um objeto de 5 kg de 20 cm de altura
10	20	queda de um objeto de 5 kg de 40 cm de altura

capítulo 4

Sistemas de máquina

Os atuadores e as técnicas fundamentais descritas no Capítulo 3 são usados em conjunto para realizar diferentes tarefas. Por exemplo, motores, caixas de engrenagens, rolamentos e correias são combinados em uma estrutura para formar uma esteira ou atuadores pneumáticos; propulsores vibratórios e sensores são incorporados em um alimentador vibratório de peças. Os fabricantes normalmente combinam essas técnicas para criar produtos padrão; fabricantes de máquinas customizadas, por sua vez, usam esses sistemas para criar combinações únicas para cada aplicação.

Objetivos de aprendizagem

» Descrever os sistemas transportadores e suas formas e aplicações.

» Identificar os diferentes tipos de indexadores e de máquinas síncronas e sua importância no posicionamento de objetos, além de mecanismos *pick-and-place* para o transporte de itens de um local para outro.

» Explicar o que fazem os diversos tipos de alimentadores de peça nos vários processos de manufatura.

» Reconhecer a função da robótica e dos robôs nas tarefas automatizadas no ambiente de manufatura, com noções sobre a terminologia da área.

›› Sistemas transportadores

> ›› **DEFINIÇÃO**
> Os sistemas transportadores servem para transportar objetos ou substâncias de um determinado ponto para outro. Eles podem assumir muitas formas e, em geral, são movidos por um motor, pelo ar ou pela gravidade.

Os sistemas transportadores servem para transportar objetos ou substâncias de um determinado ponto para outro. Eles podem assumir muitas formas e, em geral, são movidos por um motor, pelo ar ou pela gravidade. Os grandes sistemas transportadores possuem um sistema de controle centralizado, comandado por um CLP. Devido às longas distâncias associadas aos sistemas transportadores, os sensores e atuadores foram historicamente construídos para operar em 120 VCA. No entanto, com os avanços da tecnologia por meio de I/Os distribuídos e normas de segurança modernas, os sistemas de 24 VCC são mais comuns hoje. A Figura 4.1 mostra um sistema transportador em uma fábrica de testes de algodão.

Figura 4.1 Sistema transportador.

Os motores nesses grandes sistemas são do tipo 480 VCA trifásicos. Eles precisam de pontos de I/O e de uma potência do motor para funcionarem separadamente se os pontos de I/O de 24 VCC forem usados devido ao potencial de interferência elétrica. Os pontos de I/O distribuídos que usam métodos de comunicação, como Profibus, Ethernet ou DeviceNet, precisam de um cabeamento adicional, que também é conectado ao conjunto dos sistemas transportadores. Uma desconexão local é fornecida perto de cada motor e pode ser monitorada por um sistema de controle. Dispositivos de segurança, como botões E-Stop e cabos de tração acionada E-Stop, são montados nesses conjuntos de sistemas transportadores.

As IHMs costumam representar o esboço (layout) do sistema, mostrando o estado dos componentes do sistema junto com as máquinas de produção ou embalagem integradas a ele. Os sistemas de controle dos sistemas transportadores podem ser muito elaborados e ter centenas ou milhares de pontos de I/O. Eles usam múltiplas variações dos tipos de transportadores descritos neste capítulo.

» Sistemas transportadores por correia

Um sistema transportador por correia consiste em duas ou mais polias ou rolos com um ciclo contínuo de material, em torno das quais o sistema transportador por correia gira. Uma ou as duas polias podem ser alimentadas, movendo a correia e o material nela para frente. As polias ou os rolos alimentados são conhecidos como condutores, enquanto os rolos ou as polias não condutores são conhecidos como polias ou rolos satélite ou intermediários. As polias ou os rolos satélite também podem estar localizados na parte inferior do transportador para dar suporte à fita de retorno da correia. Os motores dos sistemas transportadores ficam na cabeça (no topo) ou na polia da extremidade do sistema. Em sistemas transportadores reversos, o motor pode estar no meio.

As correias são fabricadas de diferentes materiais, desde compostos de borracha e de plástico até malha metálica. Muitas correias são feitas de compósitos, com uma camada inferior para dar resistência e um material de cobertura para proteger o produto. Os sistemas transportadores por correias são usados em aplicações que requerem uma superfície sólida, na qual os materiais não conseguem passar facilmente pelos rolos. Os materiais das correias são escolhidos com base em requisitos de resistência ou carga, na quantidade de atrito exigida, e no ambiente ao qual elas estarão expostas. As presilhas e as paredes laterais devem ser anexadas à superfície da esteira para ajudar no confinamento de materiais ou na redução da necessidade de superfícies de alto atrito, que podem danificar os produtos. O espaçamento das presilhas e a durabilidade são fatores-chave na escolha do material e dos métodos de colagem de uma correia com blocos salientes.

Se os sistemas transportadores por correia forem usados em subidas ou descidas, o coeficiente de fricção da correia será alto. Uma seção de *nose-over* é colocada na parte superior, na parte inferior ou em ambas as seções de um sistema transportador de inclinação para permitir transições fáceis de material entre diferentes transportadores ou vagões. A Figura 4.2 mostra um pequeno sistema de transporte por correias com blocos salientes sobre rodas que é utilizado para empacotamento.

> » APLICAÇÃO
> Os sistemas transportadores por correias são usados em aplicações que requerem uma superfície sólida, na qual os materiais não conseguem passar facilmente pelos rolos.

Figura 4.2 Sistema transportador com blocos inclinados (cortesia de Nalle Automation Systems).

Os sistemas transportadores por correia estão entre os mais rentáveis. Eles possuem uma estrutura metálica com rolos em cada extremidade. A correia pode ser puxada por meio de uma superfície plana ou de uma cama. Para cargas mais pesadas, ela pode se mover sobre rolos adicionais, conhecidos como transportadores de deslizamento sobre cama contínua e sobre roletes, respectivamente. O rolo da extremidade é ajustável para garantir que a correia esteja apertada adequadamente e rode bem entre os rolos. Os rolos podem ser coroados para garantir a centralização da correia.

» Sistemas transportadores por rolos

Os sistemas transportadores por rolos podem ter várias formas: ser alimentados ou não alimentados, ser impulsionados por correia ou corrente, ou mesmo compor uma série de rolos movidos individualmente.

Os rolos são formados por uma carcaça metálica com um eixo em cada extremidade. Dependendo do peso e do material sendo transportado, os rolos podem ser de alumínio de parede fina ou de aço mais pesado, revestidos de borracha ou "rodas de esqueite". Os rolos com paredes finas são facilmente dobrados, amassados ou cortados e não são adequados para todas as aplicações, porém servem para a manipulação de embalagens. Os eixos sobre esses rolos são movidos por mola para facilitar a remoção.

Os sistemas de transporte por rolos, em geral, servem para mover pacotes com fundos planos, como caixas. Os rolos devem ser espaçados de modo que três deles fiquem debaixo dos pacotes o tempo todo. Eles podem ser acionados de

> » **APLICAÇÃO**
> Os sistemas de transporte por rolos, em geral, servem para mover pacotes com fundos planos, como caixas. Os rolos devem ser espaçados de modo que três deles fiquem debaixo dos pacotes o tempo todo.

várias formas. Um eixo de linha pode ser colocado ao longo do comprimento do transportador com correias de uretano ligadas em cada rolo a partir de bobinas nos eixos. Outro método de acionamento dos rolos é colocar a correia plana ou em V na parte inferior deles.

A corrente de metal também pode ser usada para acionar os rolos. Uma única corrente pode acionar todos os rolos, ou eles podem ser unidos com ligações rolo a rolo. Muitas rodas dentadas em contato com a corrente permitem um carregamento mais pesado.

Os sistemas de transporte por rolos apresentam desafios especiais quando usados em seções curvas. Os rolos devem ser mais afastados na borda externa da curva. Usar uma seção dupla de rolos com mais rolos na seção externa pode atenuar esse problema. Alguns rolos são feitos maiores de um lado do que de outro. Uma ressalva sobre os transportadores curvos: os produtos nunca devem se acumular na curva.

A Figura 4.3 mostra uma parte do sistema de transporte por rolos feita para recipientes de papelão. Essa seção é conhecida como fusão.

Figura 4.3 Sistemas transportadores por rolos.

Um produto interessante algumas vezes utilizado em sistemas de transporte por rolos é o rolo alimentado individualmente, que em essência é um motor cilíndrico com eixos fixos comumente alimentados por CC que serve para mover produtos de seção para seção.

Os sistemas transportadores por rolos baseados na gravidade podem ser de rolos ou do tipo "rodas de esqueite". Esses sistemas transportadores sem energia são usados em corridas horizontais curtas em que os operadores passam seus produtos de uma extremidade para outra, ou quando os produtos vão de um nível para outro. Os sistemas rodas de esqueite são colocados em uma estrutura com rodas de modo que ela seja movida de uma localização para outra. Outro dispositivo não alimentado relacionado é a mesa de esferas, que permite que os produtos sejam movidos em qualquer direção ao empurrá-los ao longo de uma mesa incrustada com grandes rolamentos de esfera. Elas são usadas para mover sacolas de peças em áreas de carga e descarga de máquinas.

» Sistemas transportadores por correntes e esteiras

Os sistemas transportadores por correntes usam uma corrente contínua que corre de uma roda dentada para outra em cada extremidade de uma estrutura. Suportes ou recipientes podem ser conectados à corrente para contenção do produto e transporte. O tipo mais comum de sistema de transporte por correntes é o transportador de corrente de mesa, que possui placas planas ligadas à corrente. Presilhas às vezes são adicionadas a essas placas para separação e classificação dos produtos.

Os sistemas de transporte por correntes usam cordões de correntes paralelos montados em rodas dentadas duplas ou engrenagens em cada extremidade de um eixo ou de uma haste. Isso permite que dispositivos, como elevadores, batentes ou transferidores, sejam montados entre as correntes. Os sistemas transportadores por corrente de bancada com ripas ou placas podem então ser usados para mover paletes ou produtos entre esses dispositivos.

Os sistemas transportadores por corrente de bancada podem ser compostos de um material termoplástico ou de metal. A corrente costuma estar em um canal entre as rodas dentadas que a orientam. As placas podem permitir a sobreposição e o encurvamento, possibilitando que os sistemas de transporte curvados funcionem. Outro termo para esse tipo de transportador é **multiflexível**, uma vez que a corrente é flexível nas laterais e em uma inclinação. Um sistema transportador por corrente de bancada é mostrado na Figura 4.4. Como as placas possuem espaços entre si, elas também são eficientes para drenagem ou fluxo de ar – uma consideração importante ao se trabalhar com peças de máquinas de metal.

Os sistemas transportadores por corrente de bancada não são colocados sob tensão, como um sistema de correia, uma vez que uma roda dentada é usada para acioná-los. Uma catenária costuma ser usada nas extremidades da corrente; ela é um aro de suspensão que permite um retorno fácil da corrente na parte inferior da estrutura do sistema de transporte. A catenária sai da roda dentada, passa sobre um "calço" e entra em contenção por guias de Teflon na parte de baixo.

Figura 4.4 Sistema transportador por corrente de bancada.

Esses sistemas são usados para suspender peças ou suportes. Aplicações comuns desse tipo de sistema de transporte são as cabines de pintura ou os fornos. Nesse caso, a corrente é quase sempre de metal com ganchos dispostos em intervalos ao longo de toda a correia.

O sistema transportador de esteira de topo está relacionado à coluna simples de ligações usada em um sistema transportador por correia. Esse tipo de sistema transportador utiliza várias colunas de ligação unidas em uma esteira. Embora não seja tão flexível nas curvas quanto os sistemas transportadores por corrente de bancada, o sistema transportador de esteira de topo consegue suportar mais peso.

Os sistemas transportadores de esteira e por corrente são acionados por motores CA, em geral com acionamentos de velocidade variável para o controle de velocidade. Os sistemas transportadores de esteira e por corrente com grampos podem ser acionados com um servo para propósitos de classificação. Isso é feito por meio de um sensor colocado no grampo para parar o movimento de classificação e verificar a posição.

>> **APLICAÇÃO**
Os sistemas transportadores por corrente de bancada são usados para suspender peças ou suportes. Cabines de pintura e fornos utilizam esses sistemas.

❯❯ Sistemas transportadores por vibração

Os sistemas transportadores por vibração são utilizados para o transporte de materiais a granel. Às vezes denominados agitadores ou mesas agitadoras, eles possuem uma superfície sólida de transporte com lados para acondicionar o material transportado.

Os sistemas de transportes por vibração operam pelo princípio natural da frequência. Com apenas uma pequena entrada de energia, um objeto pode vibrar na mesma frequência ao armazenar ou liberar energia alternadamente por meio de molas de apoio. O mecanismo de condução é um motor elétrico com um eixo excêntrico fixo ou um peso rotativo. Um sistema transportador vibratório de bandeja plana transportará grande parte dos materiais em uma inclinação de 5° a partir da horizontal.

As aplicações de gradação de alimentos utilizam muito esse tipo de sistema de transporte. Como os sistemas de transporte por vibração são feitos de aço inoxidável e podem ser facilmente revestidos com outros materiais, como Teflon, eles são adequados para ambientes corrosivos e de *washdown*. Eles requerem baixa manutenção, são excelentes para aplicações sanitárias e também são usados em aplicações de classificação, blindagem, agrupamento e orientação de peças.

Os acessórios dos sistemas de transporte por vibração incluem membros de contrapeso para reduzir reações ao gerar uma resposta fora de fase ao movimento da transportadora e bases com pesos com molas de isolação para reduzir as vibrações transmitidas.

Os **separadores de ar laminares** são equipamentos usados para separar elementos pelo ar. Às vezes são usados como transportadores vibratórios, por serem considerados um método higiênico, pois não há contato com os materiais que eles transportam.

> ❯❯ **IMPORTANTE**
> Os sistemas de transportes por vibração operam pelo princípio natural da frequência. Com apenas uma pequena entrada de energia, um objeto pode vibrar na mesma frequência ao armazenar ou liberar energia alternadamente por meio de molas de apoio.

❯❯ Sistemas transportadores pneumáticos

Os sistemas transportadores pneumáticos usam tubos ou dutos para transportar materiais por meio de um fluxo (corrente) de ar. Os materiais mais comuns transportados por esse tipo de sistema são os materiais secos pulverizados ou pós de fluxo livre.

Os vagões também podem ser transportados a ar. Os itens podem simplesmente ser empurrados de um lugar para outro por meio de um sistema de pressão do tipo empurra ou puxa.

A seguir são listados três sistemas básicos utilizados para gerar altas velocidades de fluxo de ar para o transporte:

1. Sistemas de sucção ou a vácuo utilizam um vácuo criado na tubulação para mover o material com o ar circundante. O sistema é operado em baixa pressão, em geral entre 0,4 e 0,5 atm. Esse método é usado principalmente no transporte de materiais de fluxo livre.

2. Os sistemas de pressão usam uma pressão positiva para empurrar os materiais de um ponto para outro. O sistema é ideal para transportar materiais de um ponto de carga para inúmeros pontos de descarga. Eles operam em uma pressão de 6 atm ou mais.

3. Os sistemas de combinação usam um sistema de sucção para transportar materiais de inúmeros pontos de carga e um sistema de pressão para levá-los a diversos pontos de descarga.

A pressão do ar é gerada por meio de um soprador ou de um ventilador industrial. Alternativamente, ar comprimido é usado para aplicações de pequeno volume.

>> Acessórios

Além dos componentes dos sistemas transportadores, existem vários dispositivos empregados para guiar os produtos nesses sistemas.

Os **desviadores** são usados para mover os produtos em uma direção transversal à direção do sistema transportador. Conhecidos como arados quando usados para materiais a granel, os desviadores possuem uma articulação em uma extremidade. Eles servem para movimentar produtos da transportadora até os dentes ou para guiar produtos em raias para classificação.

Ao guiar objetos, é importante considerar o ângulo em que o desviador irá operar. Para garantir uma transição suave dos itens, como pacotes, é melhor operá-lo a 30º do fluxo da transportadora. Sob nenhuma circunstância os ângulos devem ser superiores a 45º. Materiais a granel podem operar em ângulos superiores.

Os desviadores são usados com sistemas transportadores por correias, rolos e correntes. Os desviadores de sistemas pneumáticos também são comuns. Os desviadores em geral usam cilindros de ar para atuação, mas aqueles operados por servos são mais comuns onde múltiplas posições são necessárias.

> **>> DICA**
> Ao guiar objetos, é importante considerar o ângulo em que o desviador irá operar. Para garantir uma transição suave dos itens, como pacotes, é melhor operá-lo a 30º do fluxo da transportadora.

Os **empurradores** movem os objetos em ângulos retos para o sistema transportador. Eles costumam ser pneumaticamente operados e empregados em sistemas transportadores por rolos; porém, não são apropriados para sistemas transportadores por correia.

As **portas** e as **sustentações** permitem a passagem de pessoas e de veículos. Essencialmente, elas são transportadores independentes sobre articulações.

Os **elevadores** movem os produtos de um nível para outro. Eles são operados pneumaticamente ou por motor, e em geral incluem um pequeno comprimento de esteira no interior da plataforma de elevação. Com dispositivos de segurança e sensores de controle de tráfego, eles costumam ser máquinas independentes.

›› Indexadores e máquinas síncronas

Os indexadores movem os objetos a uma distância fixa para posicionamentos repetitivos e para prevenção de erros cumulativos. Eles movem objetos entre estações fixas. Vigas andantes (*walking beams*) e mecanismos do tipo "pegue e posicione" (*pick-and-place*) também movem os objetos de um local para outro.

›› Indexadores por came rotativo

> ›› **DEFINIÇÃO**
> Uma mesa indexadora é um indexador rotativo com uma plataforma mecanizada para estações em suspensão.

Os indexadores rotativos servem para mover atuadores para pontos fixos em um caminho circular. Eles são construídos para mover para pontos discretos e estão disponíveis em configurações de 2 até 12 pontos. Devido ao acionamento por came, eles podem ser movidos a uma alta taxa de velocidade e suportar cargas pesadas. Eles podem ser acionados por motores de velocidade constante e acionar atuadores auxiliares para realizar outras tarefas repetitivas como parte de suas operações. Geralmente, o indexador rotativo com uma plataforma mecanizada para estações em suspensão é denominado mesa indexadora. Um exemplo de mesa indexadora de quatro estações é mostrado na Figura 4.5. Os fabricantes mais conhecidos desse tipo de equipamento incluem a Camco e a Stelron.

Figura 4.5 Mesa seletora.

Os sensores detectam quando o indexador está realizando a "habitação", de modo que os dispositivos da estação podem operar no produto. Um dispositivo comum em geral usado em mesas seletoras é uma embreagem de sobrecarga. Se o motor tenta classificar a marcação, mas algo está no caminho dele, o seletor "sai" da unidade de acionamento. Um sensor detecta essa condição, e o seletor deve ser colocado manualmente de volta em sua posição.

» Indexadores para paletes síncronos de chassis e paletes

Os chassis síncronos usam um motor e um eixo em linha para indexar paletes e sincronizar os dispositivos que realizam operações em torno do chassi. Os cames no eixo de linha servem para operar os dispositivos em determinado tempo com o movimento dos paletes, bem como controlar o movimento dos paletes e os tempos de parada. Os chassis síncronos são mais robustos do que os sistemas que usam sensores e controle independente de estações, mas menos flexíveis e mais difíceis de reconfigurar. As unidades de indexação e os movimentos do came são específicos para uma dada aplicação da máquina. O tempo da máquina é fixo mecanicamente, portanto, não há risco de perda de tempo ou de posicionamento nas estações de trabalho.

Uma embreagem pode ser usada para desconectar o mecanismo de acionamento a partir do chassi. Isso deve ser feito enquanto o came está no tempo de espera, ou na parte que não está acionada, do movimento do came. Caso contrário, um chassi deve ser atrasado em uma taxa gradual para reduzir a pressão nos mecanismos acionados pelo came.

> **DEFINIÇÃO**
> O sistema *pick-and-place* é baseado em um mecanismo de apanhamento, como uma pinça ou um ímã.

» Vigas andantes

Um sistema do tipo viga andante (*walking beam*) usa uma configuração de eixos X e Z para classificar peças repetidamente a uma distância fixa em uma única direção. O eixo X se move para frente com o eixo Z levantado, carregando ou empurrando a peça na direção desejada. O eixo Z é então abaixado e o eixo X retorna para sua origem, para iniciar outra classificação. Esse tipo de sistema é comum em operações de embalagem e montagem devido ao seu baixo custo e à sua precisão repetitiva. Os eixos podem ser atuados de forma pneumática ou por servos. A Figura 4.6 mostra o princípio desse tipo de sistema de dois eixos.

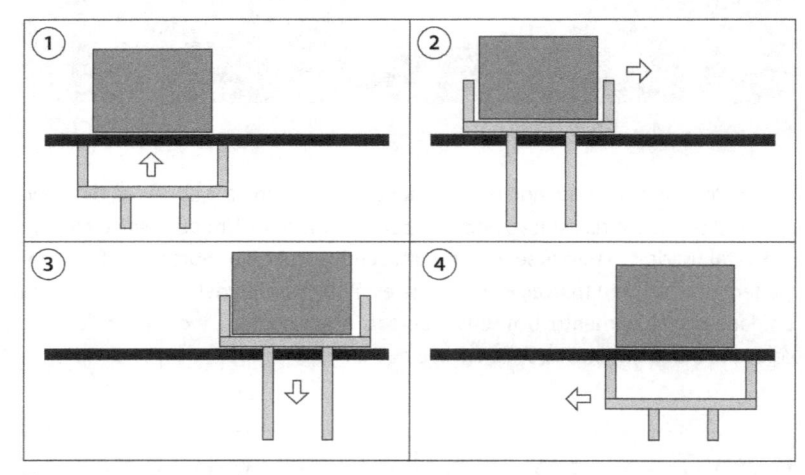

Figura 4.6 Vigas andantes.

Uma variedade de vigas andantes para caixas, bolsas ou produtos planos que não precisa de um eixo Z é denominada sistema com garras de mola. Esse sistema consiste em um eixo horizontal com garras inclinadas e mantidas em posições elevadas por meio de molas. Como a viga é movida para trás abaixo do produto, o produto empurra as garras para baixo; quando a viga se move para frente, a garra fica visível novamente, e o produto é impulsionado para frente.

» Pegue e posicione (*pick-and-place*)

Este tipo de sistema possui esse nome porque em geral pega um objeto e o posiciona em outro local. Ele consiste em um eixo X, ou horizontal, e um eixo Z, ou vertical. Além disso, tem um mecanismo de apanhamento, como um mecanismo de pinça, copos de vácuo ou ímã. Se outro eixo horizontal, ou Y, for adicionado, esse sistema é denominado **ponte**, conforme descrito mais adiante na seção sobre robótica.

Os mecanismos do tipo *pick-and-place* podem ser acionados pneumaticamente ou por servos, dependendo dos requisitos de velocidade e do número de localizações a serem acessadas. É comum ver mecanismos que são combinações de ambos. Os eixos servos fornecem flexibilidade, pois suas posições e velocidades podem ser reprogramadas para diferentes produtos. A Figura 4.7 é um robô de três eixos da Adept Robotics. Uma pinça pode ser ligada à extremidade inferior do eixo vertical, ou Z, criando um mecanismo *pick-and-place*.

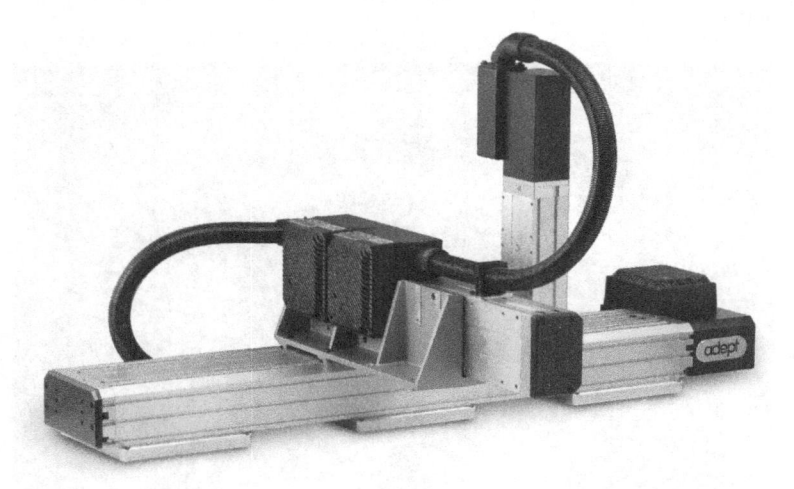

Figura 4.7 Robô de três eixos usado para sistemas pegue e posicione (cortesia da Adept).

Outras variações desse tipo de sistema são fabricadas com acoplamentos, cames e outros mecanismos básicos. Um exemplo é uma alimentadora de folhas que retira folhas de papel de um rack por meio de copos de vácuo e as coloca em uma superfície plana.

» Alimentadoras de peças

As alimentadoras de peças fornecem componentes para uma variedade de processos de manufatura. Elas são utilizadas como equipamentos de *buffer* e dispositivos de orientação de peças.

> » **DEFINIÇÃO**
> As alimentadoras de peças são equipamentos que fornecem componentes para uma variedade de processos de manufatura.

» Bacias e alimentadoras vibratórias

Bacias e alimentadoras vibratórias usam um controlador de amplitude variável para controlar uma unidade de acionamento com propulsores de mola orientados na direção do movimento da peça. Em um processo similar ao que ocorre no método de acionamento dos sistemas transportadores vibratórios, os feixes de mola são montados em uma base orientada na direção do percurso desejado da peça. Uma bacia com ferramentas e faixas dimensionadas de acordo com o componente é montada na outra extremidade da mola para conduzir as peças. As ferramentas também servem para guiar os componentes dentro da bacia, levando de volta para ela as peças com orientação errada e permitindo que as peças com orientação correta sigam. A Figura 4.8 mostra uma bacia vibratória usada para alimentar tampas de plástico.

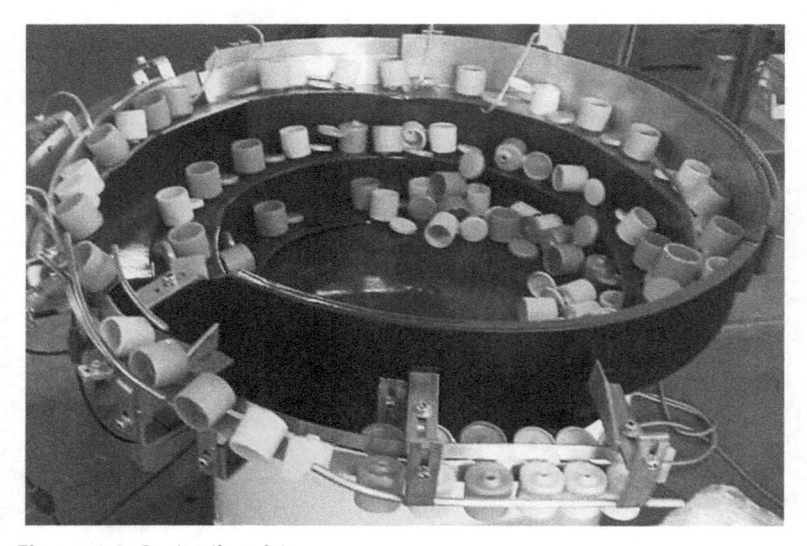

Figura 4.8 Bacia vibratória.

> **» IMPORTANTE**
> O tamanho da trilha, a largura e a profundidade são cuidadosamente escolhidos para se ajustar às aplicações, às formas e aos tamanhos dos componentes.

Trilhas lineares também usam unidades de acionamento vibratórias para mover as peças em linha reta. Sensores e pontos ou portas de parada podem ser usados para controlar o fluxo de peças ao longo das trilhas.

As unidades de acionamento estão disponíveis em acionamentos eletromagnéticos e pneumáticos. As peças são forçadas em uma trilha circular inclinada dentro da bacia. O tamanho da trilha, a largura e a profundidade são cuidadosamente escolhidos para se ajustar às aplicações, às formas e aos tamanhos dos componentes. Revestimentos especiais são aplicados de acordo com a forma, o dimensionamento e o material do componente, ajudando na tração, minimizando danos ao produto e reduzindo os níveis acústicos.

Diferentes materiais são conduzidos melhor em diferentes frequências de vibração. A amplitude e a frequência da unidade eletrônica de acionamento são configuradas com base na taxa do movimento ótimo da peça movimentada. Pesos podem ser adicionados ou removidos dos motores para ajustar taxas irregulares de alimentação. Os valores constantes e os comprimentos das molas são considerações importantes que afetam o movimento da peça.

Os alimentadores vibratórios são usados pela maioria das indústrias, incluindo farmacêuticas, automotivas, de alimentos, de embalagens e metalúrgicas. Eles são mais usados em processos de montagem, pois alinham os componentes para o acesso de outros mecanismos.

Funis e bandejas vibratórias são usadas para mover materiais a granel e nem sempre são associados com a condução ou a singularização de peças. Eles são mais usados nas indústrias de manuseio e de processo para o controle de fluxo.

» Alimentadores de passo e rotativos

Os alimentadores de passo removem peças de um funil de carga ao elevá-las com uma única placa móvel de passo em bordas estacionárias, conforme ilustrado na Figura 4.9, ou ao girar em sentidos opostos duas placas de passo. As placas são movidas em trilhas lineares, empurrando o produto para fora da caixa ou do funil. Os componentes são elevados até que eles atinjam a altura de transferência desejada, em geral alimentando uma trilha linear ou um sistema de transporte. Os alimentadores de passo são usados em peças cilíndricas que não são apropriadas para alimentadores vibratórios devido à abrasividade potencial do produto.

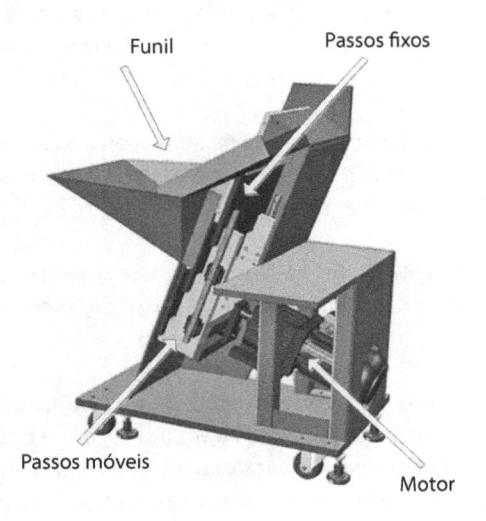

Figura 4.9 Alimentador de passo.

A principal característica dos alimentadores de passo é sua operação silenciosa e sem vibração. A largura e a espessura das placas dos alimentadores de passo são importantes variáveis a serem consideradas no projeto. Ao comparar um alimentador de passo com um sistema vibratório, é importante lembrar que naquela peça será elevada consideravelmente acima do nível do funil.

Os alimentadores centrífugos, também conhecidos como alimentadores rotativos, possuem um rotor cônico centralizado cercado por uma parede da bacia circular. O alimentador separa as peças usando a força rotacional; em seguida, as peças giram a altas velocidades e são puxadas para fora da bacia. Conforme as peças se acumulam na borda exterior da bacia, elas tendem a se alinhar, podendo ser orientadas e singuladas.

As alimentadoras centrífugas podem ser operadas a taxas de alimentação mais altas do que as bacias vibratórias. Elas também são melhores para lidar com peças cobertas de óleo, mas não funcionam bem com peças que se emaranham facilmente. Ferramentas especiais para guiar as peças são usadas da mesma maneira que a bacia vibratória, com saliências usinadas no trilho fora do alimentador.

» Escapes e manuseio de peças

Um **escape** é um par de atuadores que permite a singulação de peças. Se os componentes são separados por um espaço, portas ou paradas por *pop-ups* podem ser usadas entre as peças à medida que se movimentam pelo sistema. Quando uma peça é identificada na parada seguinte, outro ponto de parada é levantado atrás da peça. Depois que a parada seguinte permite que a peça saia e é levantada novamente, a parada anterior é abaixada, possibilitando que a peça se mova para frente, de forma que o ciclo seja repetido.

> » **DEFINIÇÃO**
> Um *escape* é um par de atuadores que permite a singulação de peças.

Os escapes podem assumir a forma de paradas operando de cima, de baixo ou pelos lados. Eles também podem pressionar a lateral da própria peça; isso é útil quando não há espaço entre as peças.

Os escapes, um dos elementos básicos no manuseio de peças, são usados em sistemas transportadores, alimentadores, de classificação de paletes e de montagem.

Em geral, o manuseio de peças envolve o controle do movimento dos componentes em um sistema. Uma boa regra é: uma vez que você tem o controle de peças aleatórias na orientação e na singulação, nunca o perca. Isso significa que, se as peças foram individualizadas ou separadas, não devem ser recombinadas. Se elas foram orientadas, não permita que elas voltem a se misturar.

> » **DICA**
> Uma vez que você tem o controle de peças aleatórias na orientação e na singulação, nunca o perca. Isso significa que, se as peças foram individualizadas ou separadas, não devem ser recombinadas. Se elas foram orientadas, não permita que elas voltem a se misturar.

Muitas das técnicas de manuseio de materiais foram discutidas em outras seções deste capítulo. Empurradores e desviadores, sistemas de pegar e posicionar e outros mecanismos baseados em atuadores são exemplos de manuseio de peças. Métodos adicionais incluem a utilização de sistemas transportadores de cordas de uretano em ângulo sobre os lados das peças para tirá-las dos bolsos do sistema de transporte em movimento, o uso de rodas de borracha para acelerar as peças de baixo atrito para a singulação e o emprego de ar para tirar as peças rejeitadas ou sem orientação de um sistema de transporte ou de uma trilha. Atuadores, ar e sensores podem ser usados de várias formas criativas a fim de encontrar o movimento desejado da peça.

>> Robôs e robótica

Um robô é uma máquina eletromecânica que consegue realizar tarefas de forma autônoma ou com algum tipo de orientação. Os robôs industriais são muito usados em todo o setor de manufatura, e há categorias desses robôs em diferentes configurações e tamanhos. Os robôs são acionados por servomotores de engrenagem sincronizada que se movem diretamente sobre eixos; porém, os robôs hidráulicos também são empregados em algumas aplicações.

Um **robô industrial** é definido pela ISO 8373 como um "manipulador polivalente automaticamente controlado, reprogramável, programável em três ou mais eixos". Na indústria, o termo **robótica** é definido como o projeto e a utilização de sistemas de robôs para a manufatura.

As configurações de robôs mais utilizadas são os robôs articulados, os robôs do tipo SCARA e os robôs de coordenadas cartesianas (também conhecidos como robôs de pórtico ou robôs x-y-z). Os requisitos de velocidade, as posições que devem ser atingidas e o custo do sistema são fatores que determinam que tipo de configuração será adotada para uma dada função.

> **>> DEFINIÇÃO**
> Um robô industrial é definido pela ISO 8373 como um "manipulador polivalente automaticamente controlado, reprogramável, programável em três ou mais eixos".

>> Robôs articulados

Um robô articulado utiliza articulações rotativas para acessar seu espaço de trabalho. Geralmente, as articulações são agrupadas em uma "cadeia", de modo que uma articulação sustente outra localizada mais adiante na cadeia. Outro termo usado para designar robôs articulados é "braço robótico".

Os robôs articulados possuem de três a seis eixos. Modelos com mais de seis articulações existem, mas em geral se enquadram na categoria personalizada. Outro termo usado para descrever esses robôs é "graus de liberdade", definido como o número de movimentos independentes que compõem a área de operação do robô. As articulações são definidas como J1-Jx, onde x é o número de junções no robô. J1 é a junção mais próxima à base do robô, e outras articulações são incrementadas a partir dela. J1 gira na horizontal em torno da base do robô. Devido aos cabos que precisam percorrer as várias articulações para fornecer a energia do servo e a sua posição, a rotação da articulação para J1 é menor que 360º. A Figura 4.10 mostra um braço robótico Denso de seis eixos montado em uma base.

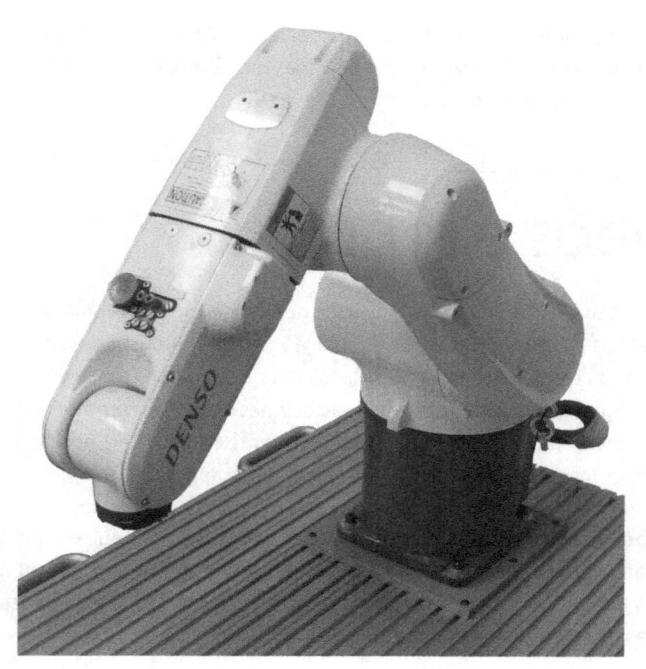

Figura 4.10 Braço robótico.

J2 e J3 costumam operar em um plano vertical. Junto com a rotação de J1, isso permite que as outras articulações sejam colocadas próximas a praticamente qualquer ponto dentro do invólucro operacional do robô. J4, J5 e J6 agem como manipuladores, com a última articulação, J6, sendo rotativa e tendo pinças ou outros dispositivos a ela ligados.

>> Robôs SCARA

SCARA é um acrônimo para *Selective Compliant Assembly Robot Arm* ou *Selective Compliant Articulated Robot Arm*. Esses robôs são do tipo de quatro eixos, com J1 e J2 sendo articulações rotativas horizontais usadas para acessar pontos X-Y, J3 sendo o eixo Z, e J4 sendo um eixo rotativo ou T montado na extremidade de J3.

Devido aos eixos paralelos de J1 e J2, a extremidade do eixo vertical J3 é rigidamente controlada na posição X-Y, daí a utilização do termo *selective compliance*. Os robôs SCARA são muito usados em operações de montagem que requerem rigidez no plano X-Y, como a colocação de um pino redondo em um buraco vertical sem nenhum tipo de ligação. Um exemplo de robô do tipo SCARA é o Adept, mostrado na Figura 4.11.

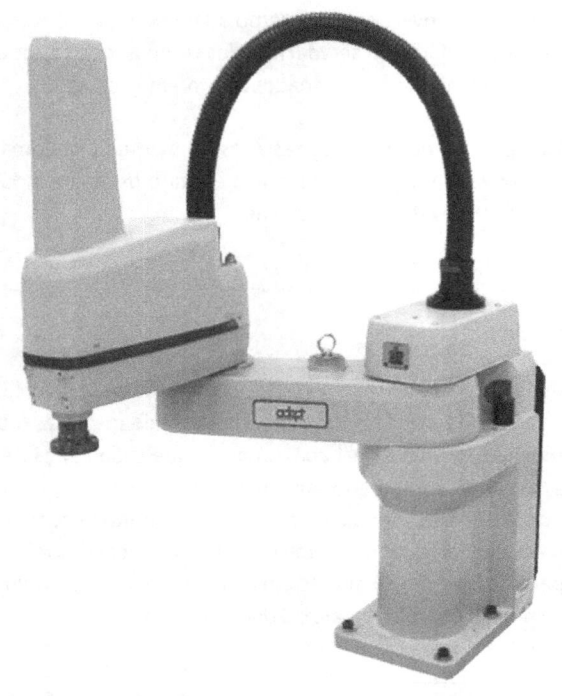

Figura 4.11 Robô SCARA (cortesia da Adept).

Os robôs do tipo SCARA são mais baratos em comparação aos robôs do mesmo tamanho, além de serem totalmente articulados em virtude da sua quantidade reduzida de articulações. Eles também são mais rápidos e mais compactos do que os sistemas pórticos cartesianos, pois a montagem do pedestal possui uma pegada menor do que a montagem de vários pontos de um pórtico.

≫ Robôs cartesianos

Um robô cartesiano, também conhecido como robô linear ou robô *gantry*, possui três eixos lineares de controle nas direções X, Y e Z. Em vez de ter juntas rotativas, o eixo X em geral é montado em ambas as extremidades, e o eixo Y é montado nele. Alguns robôs *gantry* suspendem o eixo Y entre dois eixos X usando um arranjo de quatro mecanismos. Isso cria um invólucro de trabalho em forma de caixa. O eixo Z é montado no eixo Y e pode ter um eixo rotacional adicional montado na extremidade. Anexa-se uma pinça ou outro efetor de extremidade para o manuseio da peça. O Adept "Python" de três eixos, mostrado na Figura 4.7, é um exemplo de robô cartesiano.

Os arranjos do *gantry* são os esquemas mais simples de controle para robôs, uma vez que as coordenadas estão no conhecido sistema X-Y-Z, ou sistema cartesiano, e não têm de ser convertidas ou interpoladas como os outros sistemas. Isso permite que controladores ou servoacionadores separados sejam usados para movimentos, se movimentos coordenados não forem necessários.

Uma aplicação popular dos robôs cartesianos é a máquina de Comando Numérico Computadorizado (CNC). Essa máquina é muito usada na indústria para a usinagem automatizada de peças de metal.

❯❯ Robôs paralelos

Um robô paralelo usa quatro ou mais ligações ou cadeias cinemáticas a partir de um ponto de atuação central até um efetor de extremidade. Esses robôs são considerados sistemas de malha fechada, uma vez que cada ligação é controlada pelas outras. Quando comparados aos manipuladores seriais, como os braços robóticos e os SCARAs, os membros estruturais são muito leves e, portanto, fornecem uma velocidade linear muito maior. A desvantagem dos robôs paralelos é que seu espaço de trabalho é limitado em comparação ao espaço que ele ocupa. A Figura 4.12 mostra um robô paralelo Adept "Quattro".

> ❯❯ **DEFINIÇÃO**
> Um robô paralelo usa quatro ou mais ligações ou cadeias cinemáticas a partir de um ponto de atuação central até um efetor de extremidade.

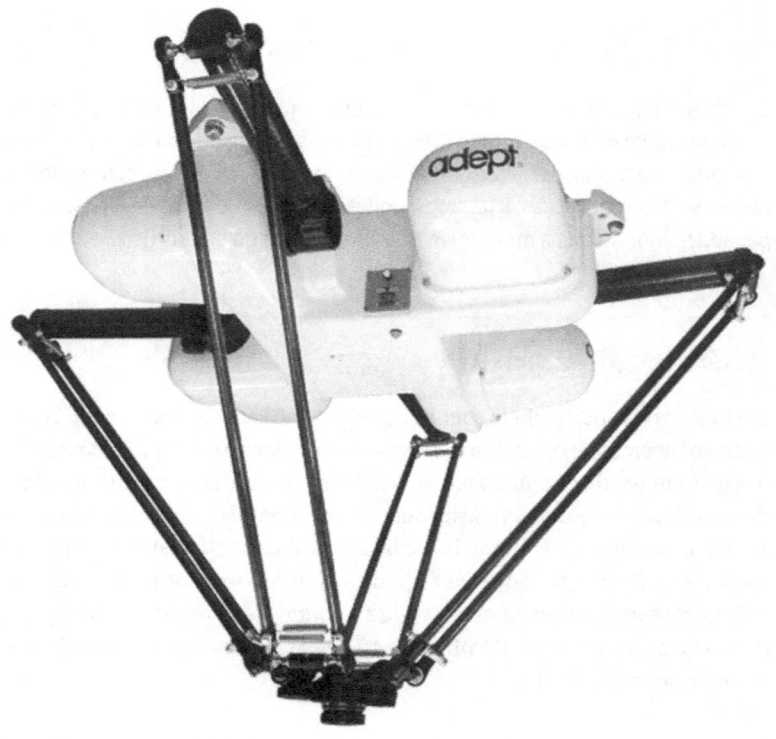

Figura 4.12 Robô paralelo (cortesia da Adept).

Os robôs paralelos são suspensos acima dos objetos manipulados. Um uso comum dos robôs paralelos é a inserção de componentes em placas de circuito impresso.

» Noções básicas e terminologia de robôs

Os sistemas robóticos são formados por vários componentes. O robô, com seus motores, junções e estruturas, forma a parte móvel do sistema. Os cabos do motor e de realimentação são passados pelos membros estruturais do robô para fins de proteção. Os motores usados em robôs menores em geral são CC de alta velocidade, baixo torque e com altas taxas de transmissão. Os robôs maiores usam vários tipos de servomotores, dependendo dos requisitos de velocidade e de carga, mas todos usam algum tipo de engrenagem ou de caixa de velocidade.

Em termos de estabilidade, o robô é montado em uma base, que em geral é aparafusada em uma fundação sólida ou em um quadro metálico. Essa base possui conexões de cabos a partir do controlador.

O controlador do robô possui acionamentos para cada um dos eixos, junto com o "cérebro" que executa os programas e coordena os movimentos dos eixos. Também há portas de comunicação para fazer a interface com os computadores de programação e outros controladores. As conexões de interface de segurança para E-Stop e circuitos de proteção em geral são montadas nessa parte como conexões terminais. Os cabos que se estendem até a base do robô se conectam ao controlador, bem como a uma porta que dá acesso ao seu painel de programação. Ali também é feita a conexão de energia do robô.

O painel do robô é usado para escrever ou editar os programas, bem como para mover manualmente o robô e alterar as posições "ensinadas". Os painéis se parecem com uma IHM com telas do tipo sensível ao toque e um teclado de membrana. Eles também possuem um botão do tipo E-Stop para integração com os circuitos de proteção de máquina. Uma chave do tipo *dead-man* é incorporada no painel e deve ser pressionada durante qualquer tipo de movimento manual do robô.

O efetor de extremidade é colocado na extremidade de trabalho do robô. Ele é usado para manipular peças, mas também para transportar uma ponta de solda ou uma cabeça pulverizadora. Os efetores de extremidade podem transportar pinças hidráulicas ou pneumáticas, ímãs, copos de sucção ou vários outros tipos de ferramentas. Alguns efetores de extremidade são complexos, com inúmeros atuadores e sensores. Câmeras e dispositivos de medida também são montados nos efetores de extremidade.

A terminologia de robôs e robótica varia muito, dependendo do fabricante. A seguir são mostrados alguns dos termos mais gerais aplicados a uma variedade de plataformas. Outros termos associados a plataformas específicas são encontrados nos documentos dos fabricantes.

> » **IMPORTANTE**
> A terminologia de robôs e robótica varia muito, dependendo do fabricante.

As especificações para um robô envolvem análises do produto e dos movimentos necessários. A **carga**, ou a capacidade de transporte, é a quantidade de peso que o robô deve levantar, incluindo o peso do efetor de extremidade. Ela pode ser afetada pela velocidade, pela aceleração e pela força exigidas. A **cinemática** é o arranjo de membros rígidos e junções, conforme descrito anteriormente. A escolha entre configurações articuladas, SCARA, cartesiana ou de outro tipo envolve a determinação do invólucro dos pontos que precisam ser acessados, bem como do ângulo. Dois eixos são necessários para acessar qualquer ponto em um plano, enquanto três eixos são necessários para atingir qualquer ponto em um espaço X-Y-Z. Para ter um controle total da orientação, três eixos rotacionais adicionais são necessários – passo, guinada e rolo. Eixos adicionais são utilizados quando se deseja alcançar um objeto que está em torno de obstruções ou em cavidades.

A **precisão** e **repetibilidade** são medidas de precisão com que os robôs operam. A precisão é uma medida de quão perto um robô se moverá até uma posição programada ou comandada, enquanto a repetibilidade é a medida de quão bem o robô retornará para a mesma posição a cada vez. A **observância** é uma medida de quanto o robô se moverá quando uma força for exercida contra ele. Quando uma carga é aplicada, as posições tendem a ser um pouco diferentes do que quando não há carga. A posição das junções pode ser detectada precisamente, porém mesmo os membros sólidos ou as articulações se encurvarão um pouco sob carga. A aceleração pode afetar a observância ainda mais e deve ser considerada devido ao potencial *overshoot* de posição.

Um **frame** ou uma **ferramenta** é uma coordenada de referência usada para permitir que todo um conjunto de pontos seja traduzido em uma nova localização. Por exemplo, se você orientou um grande grupo de pontos ao redor de uma estação que o robô vai acessar, então ou o robô ou a estação precisa se mover. Ao usar um frame gravado em X-Y-Z na estação, tudo o que precisa ser feito é orientar o novo frame, em vez de reensinar todos os pontos.

Uma **singularidade** é uma condição em que os robôs conseguem atingir um ponto por meio de mais de uma configuração de articulação, tornando os eixos redundantes. O padrão americano para robôs industriais e sistemas – requisitos de segurança (ANSI/RIA R15.06-1999) – define singularidade como "uma condição causada pelo alinhamento colinear de dois ou mais eixos do robô, resultando em movimentos e velocidades imprevisíveis". Isso é mais comum em braços robóticos que usam pulsos de rolo triplo, isto é, um pulso cujos três eixos – guinada de controle, passo e rolo – passam por um ponto comum.

> **» DEFINIÇÃO**
> Uma singularidade é uma condição em que os robôs conseguem atingir um ponto por meio de mais de uma configuração de articulação, tornando os eixos redundantes.

O padrão ANSI/RIA determina que todos os fabricantes de robôs alertem os usuários sobre as singularidades, caso elas possam ocorrer enquanto os robôs estão sendo manipulados manualmente. Alguns fabricantes de robôs industriais tentaram contornar a situação ao alterar ligeiramente o caminho do robô a fim de evitar condições de singularidade.

Frequentemente, os braços dos robôs SCARA são definidos como canhotos ou destros para evitar o surgimento de singularidades quando o robô pode acessar um ponto a partir de qualquer configuração. Os robôs articulados talvez tenham ainda mais combinações de junções que podem atingir teoricamente um dado ponto por meio de várias configurações de braço. Alguns problemas de singularidade são evitados ao se transformar, por meio de um programa, movimentos cartesianos em movimentos individuais de articulações. Outro método é baixar a velocidade de viagem do robô, reduzindo assim a velocidade necessária para que o punho faça a transição e evitando a condição conhecida como "virada de punho".

Uma definição ou um vetor de área pode ser usado para delimitar uma área para segurança ou controle de movimento. Ao definir um ponto ao longo das dimensões X, Y e Z, um espaço tridimensional pode ser usado para controlar as operações dentro da área. Isso é muito usado para configurar ou reinicializar uma saída quando o robô entra ou deixa um determinado espaço. A terminologia para isso varia muito para diferentes plataformas.

Um movimento de aproximação ou de afastamento em geral descreve um movimento para, ou a partir de, um ponto em certo ângulo. Em vez de ter de definir uma posição específica para um movimento, o movimento de aproximação ou de afastamento pode usar uma posição definida ao dizer ao robô para se mover em direção a, ou para longe de, um ponto usando a orientação atual do efetor de extremidade.

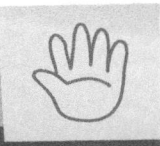

> **ATENÇÃO**
> O padrão ANSI/RIA determina que todos os fabricantes de robôs alertem os usuários sobre as singularidades, caso elas possam ocorrer enquanto os robôs estão sendo manipulados manualmente.

>> Robôs com sistemas de coordenadas

Os movimentos e as posições dos robôs são definidos em inúmeros sistemas de coordenadas. Os sistemas de coordenadas de "mundos" se aplicam a qualquer sistema de coordenadas que usa a base do robô como origem. As coordenadas de "ferramenta" usam a extremidade do braço robótico, onde as ferramentas são montadas, como origem. As coordenadas de "peça de trabalho" usam um ponto nas ferramentas da área de trabalho, em vez de um ponto no próprio robô, como origem.

As coordenadas mais conhecidas, X-Y-Z ou cartesianas, são mais simples para a visualização dos humanos e, por isso, são muito usadas para definições de posição. Coordenadas são adicionadas ao eixo X (horizontal primária), Y (horizontal secundária) e Z (vertical). Algumas vezes elas são denominadas A (rotação em torno de X), B (rotação em torno de Y) e C (rotação em torno de Z). Os robôs do tipo SCARA e *gantry* precisam de uma pequena interpolação ou conversão para usar esse sistema, que costuma ser chamado de sistema de coordenadas de "espaço".

As coordenadas articulares descrevem a posição angular de cada uma das junções do robô. Os controladores usam as coordenadas articulares e realizam cálculos matemáticos ou interpolações para atingir pontos no plano cartesiano. Isso pode ser feito em um programa por meio de variáveis como J1-Jx ou A1-Ax, dependendo da plataforma de software.

Ao operar um robô a partir de um painel, pode ser vantajoso comutar entre os diferentes sistemas de coordenadas e espaços de trabalho, dependendo da facilidade de visualização.

Mais informações sobre a programação e os softwares para robôs estão no Capítulo 6.

> **» DICA**
> Ao operar um robô a partir de um painel, pode ser vantajoso comutar entre os diferentes sistemas de coordenadas e espaços de trabalho, dependendo da facilidade de visualização.

capítulo 5

Sistemas de processos e máquinas automatizadas

O controle de processos é um método de fabricação que utiliza fórmulas e receitas, em vez de componentes de montagem, para produzir produtos. A principal forma de determinar se uma aplicação se enquadra na categoria de fabricação de processo é verificar se o produto final pode ser retornado a seus componentes básicos. Por exemplo, um automóvel pode ser desmontado e seus componentes podem retornar para o estoque, enquanto um frasco de xampu não pode voltar a seus ingredientes básicos. Neste capítulo vemos como a automação faz parte dos principais sistemas de processos que envolvem diversos materiais, como metais, plásticos, cerâmica e vidro, entre outros.

Objetivos de aprendizagem

» Reconhecer como a automação está presente no processamento de alimentos, bebidas e produtos químicos.

» Explicar o processo de embalagem na manufatura, levando em conta o estágio de produção e o tipo de produto.

» Identificar o maquinário empregado no manuseio de rolos de material e na sua conversão para diversos propósitos de produção.

» Descrever o processamento de metais, plásticos, cerâmica e vidro e escolher o maquinário adequado para cada propósito e tipo de material.

» Explicar a função das máquinas de montagem empregadas no manuseio de peças utilizadas para iniciar a formação de um produto, bem como das máquinas de inspeção e teste usadas para garantir a conformidade de um produto a padrões de qualidade, medida ou segurança.

A fabricação de processo é usada nas indústrias química, farmacêutica, biotecnológica, alimentícia, de bebidas e de embalagens. Na indústria de processos, ingredientes, fórmulas e granel são os elementos do produto final, em vez de peças, montagens e componentes. As matérias-primas também são processadas em formas intermediárias que podem ser usadas na fabricação de componentes. Os materiais processados pelas máquinas automatizadas possuem propriedades especiais e técnicas associadas à sua fabricação. Existem várias semelhanças no processamento de metais e plásticos. Por exemplo, ambos envolvem a mistura de diferentes elementos em um estado fundido e a usinagem ou criação de formas.

As máquinas automatizadas são criadas pela combinação de componentes e subsistemas de máquina descritos anteriormente neste livro. As linhas de produção automatizadas usam uma combinação de máquinas customizadas e máquinas de fabricantes originais de equipamentos (OEM, *Original Equipment Manufacturer*) para montar ou produzir um produto final.

Algumas máquinas são parcialmente padronizadas, como as prensas hidráulicas, os equipamentos de manipulação via Internet e as máquinas de moldagem por injeção. Essas máquinas em geral são fabricadas em vários tamanhos e configurações, e apenas as ferramentas precisam ser customizadas. Elas são fabricadas por OEMs especialistas em um tipo de máquina. Outras máquinas são customizadas para se ajustar a uma aplicação específica, como as máquinas de montagem e de medição. Os fabricantes de máquinas customizadas em geral usam uma combinação de produtos de OEM e máquinas customizadas, movendo componentes e produtos em uma linha de produção ou montagem a fim de produzir o resultado final. A combinação de várias máquinas e sistemas de controle em um único equipamento é um processo conhecido como **integração**.

>> Processamento químico

O processamento químico envolve a combinação ou mistura de ingredientes e muitas vezes a alteração de sua temperatura ou pressão. Alguns produtos ou compostos químicos são produzidos a granel para serem usados em processamentos futuros, incluindo produtos químicos básicos no estado sólido ou líquido, polímeros ou plásticos e petroquímicos. Esses produtos em geral são empacotados ou armazenados em grandes quantidades para serem enviados para outras fábricas ou processadores.

Os produtos químicos a granel podem ser processados para produzir especialidades ou produtos químicos finos, como adesivos, selantes, revestimentos, gases industriais, produtos químicos eletrônicos, catalizadores e compostos de limpeza. Eles também são usados em bens de consumo, como sabonetes, detergentes, loções e cosméticos. O setor de saúde utiliza produtos e compostos a granel na produção de medicamentos, vitaminas e produtos de diagnóstico. Devido ao alto custo de pesquisa e desenvolvimento e às especificações e regulações governamentais, esses produtos são produzidos em ambientes laboratoriais controlados, o que os torna mais caros.

As variáveis de processo fundamentais na produção de produtos e compostos químicos são tempo de residência (τ), volume (V), temperatura (T), pressão (P), concentrações dos produtos químicos ($C_1, C_2, C_3, ..., C_n$) e transferência de calor (h ou U). O processamento químico está concentrado em torno do controle e do monitoramento dessas variáveis.

A produção e o processamento de produtos químicos podem ser muito perigosos devido à natureza reativa dos produtos químicos. As pressões, as temperaturas, a acidez e as quantidades devem ser monitoradas e controladas de maneira precisa. Isso requer instrumentação e visualização realizadas por meio de uma ampla gama de produtos. As IHMs são usadas no campo e em salas de controle para mostrar os diagramas do processo e fornecer controle e alarmes detalhados. Os diagramas de P&ID são usados no projeto e na solução de problemas de sistemas de processamento químico, sendo acessados por computadores ou IHMs.

As válvulas que controlam o fluxo de líquidos e de gases em um processo costumam ser analógicas; elas não só podem ser completamente abertas ou fechadas, mas também podem se mover em posições intermediárias. Elas são conhecidas como **válvulas proporcionais** e possuem um sensor de retorno que verifica a posição, embora eventualmente um sensor de fluxo a jusante ou de pressão de retorno seja usado. As variáveis de processo são monitoradas por meio de limites padronizados, como H e L, indicando valores em que a operação é considerada normal, e HH e LL, indicando limites que precisam de alarmes e que podem iniciar o desligamento geral.

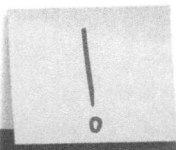

Devido à natureza cáustica e explosiva de muitos produtos químicos, a segurança é um fator primordial na indústria química. Os controles em geral são redundantes e os elementos mecânicos são projetados com altas margens de segurança. Produtos de IS (segurança intrínseca) e à prova de explosão são empregados nas fábricas de processamento químico. Os CLPs e os DCSs servem para controle, assim como controladores PIDs e de temperatura independentes. O layout físico de uma fábrica de processamento químico inclui uma tubulação elaborada com múltiplos vasos de contenção e de sustentação.

Os recipientes desenvolvidos para conter os produtos químicos conforme eles passam por misturas ou alterações em suas propriedades são conhecidos como **reatores**. Eles são desenvolvidos para maximizar seu valor para uma dada reação, fornecendo o máximo rendimento e ao mesmo tempo minimizando os cus-

>> APLICAÇÃO
Os produtos químicos a granel podem ser processados para produzir especialidades ou produtos químicos finos, como adesivos, selantes, revestimentos, gases industriais, produtos químicos eletrônicos, catalizadores e compostos de limpeza. Eles também são usados em bens de consumo, como sabonetes, detergentes, loções e cosméticos. O setor de saúde utiliza produtos e compostos a granel na produção de medicamentos, vitaminas e produtos de diagnóstico.

>> IMPORTANTE
Devido à natureza cáustica e explosiva de muitos produtos químicos, a segurança é um fator primordial na indústria química.

tos de materiais ou energia. Os tipos básicos de recipientes incluem tanques em vários formatos ou tubos (reatores tubulares). Eles podem operar em um estado estacionário, em que os materiais continuamente fluem para dentro e para fora do sistema, ou em um estado transiente, em que uma variável de processo, como calor ou pressão, muda ao longo do tempo.

Três modelos básicos para estimação de variáveis de processo são usados no processamento químico: o modelo de reator batelada (processamento em batelada), o modelo de reator de tanque agitado contínuo (CSTR, *Continuous Stirred Tank Reactor*) e o modelo de reator de fluxo em pistão (PFR, *Plug Flow Reactor*). Os catalisadores podem precisar de modelos ou técnicas diferentes desses três tipos básicos, como um modelo de reator catalítico.

❯❯ Processamento de bebidas e alimentos

O processamento de alimentos utiliza componentes de carnes, grãos e vegetais para produzir gêneros alimentícios empacotados para uso comercial. Assim como o processamento químico, o processamento de alimentos envolve o controle da temperatura e, muitas vezes, a mistura de ingredientes. A administração das regulamentações da indústria de processamento de alimentos nos Estados Unidos é monitorada pela FDA (*Food and Drug Administration*) e pelo Departamento de Agricultura; no Brasil, ela é feita pela ANVISA (Agência Nacional de Vigilância Sanitária). A principal preocupação é a sanidade e a eliminação de contaminação.

Técnicas específicas para a indústria de alimentos incluem limpeza do lugar, congelamento rápido, secagem por pulverização e vários métodos de filtragem. O tratamento de água também é uma etapa importante do processo devido à necessidade de limpeza dos equipamentos com substâncias cáusticas e às regulamentações federais que envolvem a descarga de águas residuais. O manuseio e o embalo de produtos ou materiais também são essenciais para a indústria de processamento de alimentos.

As máquinas de processamento de alimentos são construídas por OEMs que se especializam em aspectos específicos da produção, ou por fabricantes de máquinas customizadas cientes dos requisitos especiais do processamento de alimentos. As máquinas de processamento de alimentos podem ser usadas para preparação de ingredientes (corte, trituração, descamação ou moldagem), aplicação ou remoção de calor (cozimento ou congelamento), mistura de ingredientes ou tempero, ou enchimento de produtos. A maioria dos equipamentos utilizados no processamento de alimentos é feita de aço inoxidável e produzida com técnicas que permitem sua lavagem pressurizada. Um grande cuidado é tomado para garantir que o equipamento não tenha fendas onde contaminantes possam se alojar.

Os controles nas indústrias de processamento de alimentos e de bebidas são similares aos do processamento químico, embora a maioria deles seja controlada por CLP. A instrumentação é usada na medição de temperatura e de taxas de fluxos, e algumas vezes são usados controladores cujos dados são lidos em um sistema SCADA ou de monitoramento.

Os alimentos são produzidos por diferentes métodos. A produção **one-off**, ou individual, não é adequada aos métodos automatizados. Exemplos desse tipo de produção são os bolos de casamento ou as decorações do bolo. A produção em **batelada** em geral é usada em padarias, onde certo número de produtos de mesmo tamanho produzidos com os mesmos ingredientes é feito periodicamente. Os equipamentos são configurados com um número final em mente, e os ingredientes são encomendados com base em uma estimativa da demanda. Muitas máquinas de produção de alimentos de OEMs são construídas com informações sobre receitas, lotes e contagens incorporadas no software. As medidas de peso e de líquidos também são importantes no processo de batelada. A **produção em massa** é um método contínuo de produção de produtos. Ele é usado, por exemplo, na produção de alimentos enlatados e embalados, e de itens individuais, como balas. Nesse método, o produto passa de um estágio para outro ao longo de uma linha de produção.

O processamento de bebidas envolve a formulação dos produtos, bem como o engarrafamento e o empacotamento. Os ingredientes básicos podem ser misturados em forma de lote, para que seja possível controlar as proporções com precisão, ou de maneira contínua. Algumas bebidas, como cerveja ou uísque, requerem tempos longos para que os ingredientes ajam ou fermentem em um tanque a uma temperatura específica. Outros podem ser continuamente processados diretamente na área de engarrafamento ou empacotamento. O engarrafamento é um processo de alta velocidade e há muitos equipamentos de OEM envolvidos na fabricação de máquinas padrão ou semicustomizadas. Os equipamentos de empacotamento, desde os contêineres de produtos esterilizados até o transporte a granel, são elementos fundamentais das indústrias de processamento de bebidas e de alimentos.

Assim como a indústria de processamento químico, os processamentos de alimentos e de bebidas envolvem muita visualização do processo. As IHMs e os sistemas de controle integrados permitem a visualização de todo o processo, desde as matérias-primas até o embalo. Muitos fornecedores de componentes de controle possuem modelos de pacotes específicos para a indústria de alimentos e de bebidas com imagens tridimensionais, gerenciamento de receitas e coleta de dados históricos. Existem alguns poucos integradores e fabricantes de máquinas customizadas especializados em equipamentos de processamento de alimentos e de bebidas.

> **» IMPORTANTE**
> Assim como a indústria de processamento químico, os processamentos de alimentos e de bebidas envolvem muita visualização do processo.

» Embalagem

> » **DEFINIÇÃO**
> A indústria de embalagens engloba a contenção, a rotulagem, a orientação e o manuseio de produtos para distribuição, armazenamento e venda.

A indústria de embalagens engloba a contenção, a rotulagem, a orientação e o manuseio de produtos para distribuição, armazenamento e venda. Os produtos são empacotados de diversas formas, dependendo do estágio de produção e do tipo. Muitos produtos são produzidos a granel, mas devem ser embalados em unidades individuais para transporte ou venda.

As embalagens são classificadas em três grandes categorias. A embalagem primária é a primeira camada que envolve ou mantém o produto. Essa camada é a embalagem que chega ao consumidor, ela é rotulada para o marketing e está em contato direto com o produto. A embalagem secundária é usada para unir a embalagem primária e também é rotulada para uso do consumidor. A embalagem terciária serve para a movimentação de granéis, o armazenamento e o transporte.

As embalagens em geral são feitas de algum tipo de plástico ou de papelão, embora nas indústrias alimentícia e farmacêutica vidro e metais sejam muito usados. As máquinas de embalagem utilizam esses materiais disponíveis em forma de rolo ou colapsados, para envolver o produto.

Os métodos comuns de embalagens primárias incluem embalagem retrátil, empacotamento de papelão, embalagem *blister* e embalagem a vácuo. Esses métodos também são úteis na rotulagem fácil, baseada na aplicação de etiquetas adesivas, na impressão direta e nas embalagens e sacolas impressas. Os métodos secundários também incluem empacotamento, ensacamento e embalagem retrátil. As embalagens terciárias usam papelão ondulado, paletização, embalagens do tipo *bag-in-box* e outras técnicas. As embalagens para transporte são criadas para garantir mais a proteção e a facilidade de manuseio do que os aspectos de marketing e a aparência da unidade embalada.

As máquinas de embalagem podem ser adquiridas como equipamentos de série disponibilizados no mercado por vários OEMs. Etiquetadores, sistemas de checagem de peso, ensacadores, máquinas armadoras, enfaixadoras e retráteis para alimentos são fabricados em tamanhos padronizados por muitos fabricantes e podem ser encomendados para serem entregues em prazos curtos. Eles são ajustáveis para vários tamanhos padrão de embalagens e materiais de rotulagem. As máquinas podem ser customizadas pelos fabricantes a partir de projetos padrão, mas algumas devem ser fabricadas de forma customizada devido a requisitos especiais, como manuseio de materiais, tamanhos dos pacotes ou velocidade. Os usuários finais em geral customizam ou fabricam suas próprias embaladoras internamente.

Considerações que devem ser feitas ao escolher uma máquina de embalagem incluem o tipo de embalagem e sua aparência final, os requisitos de espaço, o rendimento, a confiabilidade, a manutenção, os requisitos de mão de obra para operar a máquina e a flexibilidade do equipamento em relação aos tamanhos do produto e a mudanças. As máquinas de embalagem são incorporadas em uma linha de manuseio de materiais e em um sistema de controle integrado. Acumular, orientar e arranjar fazem parte do processo de manuseio de materiais, bem como inspecionar e pesar produtos. A visão de máquina e a detecção de metais são comuns na indústria de embalagens. A Figura 5.1 mostra a estrutura mais comum de uma linha de embalagem.

> **» DICA**
> Considerações que devem ser feitas ao escolher uma máquina de embalagem incluem o tipo de embalagem e sua aparência final, os requisitos de espaço, o rendimento, a confiabilidade, a manutenção, os requisitos de mão de obra para operar a máquina e a flexibilidade do equipamento em relação aos tamanhos do produto e a mudanças.

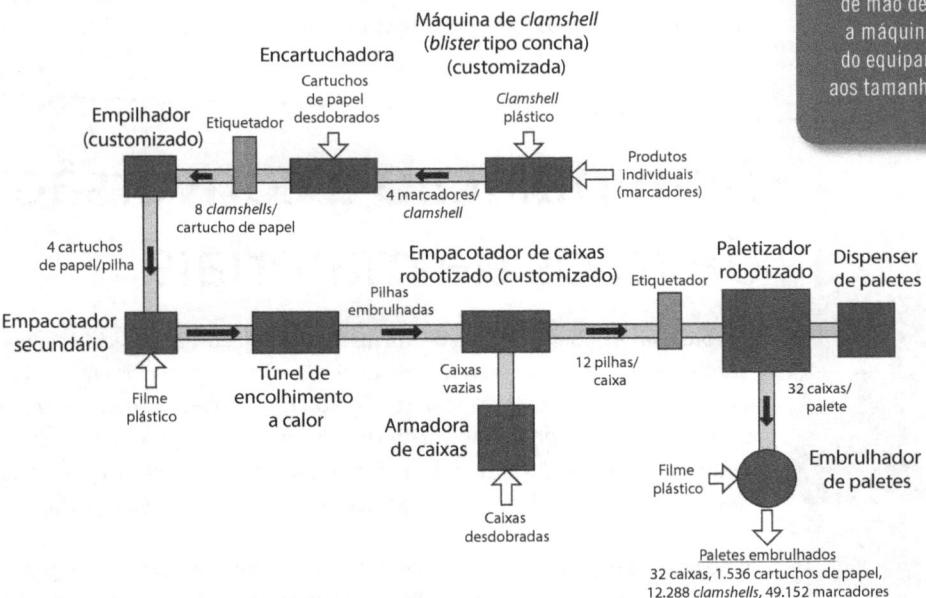

Figura 5.1 Estrutura de uma linha de empacotamento.

As embalagens de líquidos incluem enchimento, tamponamento, fechamento, costura e vedação. A esterilização e a limpeza são consideradas parte do processo de embalagem de líquidos pelo fato de esse tipo de empacotamento em geral envolver comida ou bebidas. A refrigeração e a secagem também são comuns em tarefas que envolvem manuseio de materiais e empacotamento de produtos.

A utilização de filme plástico envolve encolher o filme por meio de fornos e ar aquecido e vedar as embalagens com equipamentos de vedação. A temperatura e o tempo são variáveis importantes nesse processo e são controladas por dispositivos discretos, como controladores de temperatura, temporizadores e transportadores de velocidade variável. As máquinas de embalagem usam inúmeras tecnologias, desde componentes mecânicos e de controle simples até servos de alta velocidade e sistemas robóticos.

> **» IMPORTANTE**
> A esterilização e a limpeza são consideradas parte do processo de embalagem de líquidos pelo fato de esse tipo de empacotamento em geral envolver comida ou bebidas.

Os paletizadores servem para organizar as caixas e as embalagens em camadas em paletes de plástico ou de madeira. Eles são robotizados e podem ser programados em diferentes padrões. Os paletes são envolvidos com uma envolvedora giratória e transportados por uma empilhadeira para a área de expedição.

A rotulagem pode ser aplicada nos pacotes por meio de etiquetas adesivas a partir de um dispenser ou da impressão direta em embalagens, sacos ou caixas. Os rotuladores são controlados por um sensor de detecção de peças que atua como um gatilho, e também podem usar um codificador ou outro dispositivo de detecção de velocidade para controlar o espaçamento. Os códigos de barras, elementos importantes da indústria de rotulagem, podem ser pré-aplicados nas etiquetas ou impressos diretamente nos produtos.

>> Manipulação e conversão de rolos de materiais

> **>> APLICAÇÃO**
> As utilizações mais comuns do processamento de rolos de materiais incluem a colagem de materiais que estão em camadas, o corte de materiais em folhas ou em rolos menores, o corte ou a perfuração de partes dos materiais e a passagem do material por outros processos químicos, de aquecimento ou resfriamento.

Um **rolo** é uma bobina formada de um material enrolado. Papel, tecido e alguns materiais extrudados são exemplos de rolos. Os rolos de materiais em geral são movidos pelos processos por meio de cilindros, que também podem servir para aplicar tensão, calor ou frio nos materiais. Eles podem ser processados diretamente a partir dos fabricantes ou a partir de cilindros ou bobinas. Os materiais mais comuns processados em rolos são não tecidos, filmes, têxteis e papel.

Como os rolos de materiais são movidos continuamente, eles podem ser processados em velocidades mais altas do que as folhas de materiais. As utilizações mais comuns do processamento de rolos de materiais incluem a colagem de materiais que estão em camadas, o corte de materiais em folhas ou em rolos menores, o corte ou a perfuração de partes dos materiais e a passagem do material por outros processos químicos, de aquecimento ou resfriamento.

As máquinas de manipulação de rolos de materiais são compostas de unidades de acionamento organizadas de forma linear com seções realizando diferentes operações sequencialmente. Guiar e tensionar são facetas importantes do controle de rolos, e há uma variedade de produtos usados para ajudar nessas tarefas. Os **mecanismos de guias** e orientação detectam a posição das bordas do rolo e ajustam os cilindros em tempo real para corrigir o desalinhamento. Eles em geral são colocados imediatamente antes das seções críticas de uma linha, como a impressão. A tensão pode ser monitorada por células de carga e medidores de deformação, ou o retorno de torque pode ser monitorado por unidades de acionamento de cilindros. As lacunas entre os cilindros devem ser controladas e ajustadas cuidadosamente para o tensionamento ou a espessura do produto. As **unidades de tração** são seções de acionamento e de cilindro que possuem métodos incorporados para esses ajustes. Eles podem consistir em rolos nip ou em rolos de largura completa nas bordas. A Figura 5.2 mostra um rolo de material sendo processado.

Figura 5.2 Rolo de material.

Os **acumuladores** servem para isolar as seções dos rolos de materiais dos efeitos de tensão de outras seções. Eles também armazenam materiais enquanto os rolos sofrem modificações. Os acumuladores podem ser fabricados com várias polias ou adquirir a forma de um mecanismo de recolhimento simples. Os **desbobinadores** e os **enroladores** liberam rolos do material e os enrolam nas extremidades do processo. As **bobinas** são colocadas entre a estação de desenrolamento e um acumulador para permitir que o rolo de material saia constantemente. Essas estações podem ser totalmente automatizadas ou assistidas por operadores.

As **talhadeiras** são usadas para cortar os rolos de materiais longitudinalmente em uma base contínua. Elas podem ter lâminas estacionárias ou facas giratórias, e em geral são ajustáveis para diferentes larguras.

Algumas operações, como aquecimento, resfriamento e corte, são processos contínuos, enquanto outras, como solda ultrassônica, perfuração ou corte em todo o rolo de material, podem ser feitas ao iniciar e parar, ou ao pausar o rolo de materiais entre os acumuladores.

A **conversão** é o processo de transformar a matéria-prima, em geral enrolada ou em forma de folha, em novos produtos. Os materiais mais comuns usados no processo de conversão são tecidos e não tecidos, papel, adesivos, borracha, espuma e plásticos.

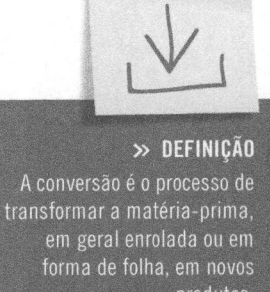

> **DEFINIÇÃO**
> A conversão é o processo de transformar a matéria-prima, em geral enrolada ou em forma de folha, em novos produtos.

Os rolos contínuos de materiais são enroscados nas máquinas de processamento, que depois realizam operações intermediárias ou finais para fabricar o produto. Um exemplo de conversão é pegar um rolo de material de duas camadas de plástico, fundir as bordas, vedar as extremidades e cortar para produzir sacolas plásticas. Operações comuns no processo de conversão incluem revestimento, aplicação de adesivos, solda ultrassônica ou outros tipos de colagem, vedação e padronização de materiais. Os métodos de conversão também são usados em processos de montagem.

>> Processamento de metal, plástico, cerâmica e vidro

O processamento de metais, plásticos, cerâmicas e vidros é parecido de diversas formas. Todos esses processos envolvem a combinação de matéria-prima e em geral a aplicação de aquecimento, resfriamento, produtos químicos e pressões. Esses materiais são processados em seus estados sólidos, líquidos ou de fundição, e com frequência passam por diversas formas e formatos intermediários antes de se transformarem em um produto final.

>> Metais

Os metais de base são extraídos do solo na forma de minérios que devem ser processados para que seja retirado deles o metal puro. O processamento inicial pode utilizar redução química ou eletrolítica, pirometalurgia (altas temperaturas) ou hidrometalurgia (química aquosa ou à base de água). Quando um minério é um composto iônico de um metal com impurezas, ele deve ser **fundido** para que seja extraído o metal puro. Os minérios, como ferro, alumínio e cobre, são misturados com outros compostos ou elementos químicos, que devem ser separados pela quebra das ligações, o que pode ser feito de forma elétrica ou química. Muitos metais comuns, como o ferro, são fundidos pela combinação do minério com o carbono como agente redutor em altas temperaturas.

Para separar o alumínio do minério bauxita – uma prática comum na metalurgia extrativa – carbono e eletricidade são introduzidos. O alumínio é extraído por meio de um processo eletroquímico realizado em uma cuba ou "célula" revestida de carbono, usando criólito fundido ou fluoreto de alumínio de sódio sintético. As fundições de alumínio consomem muita eletricidade devido ao alto ponto de fusão do metal.

O minério de cobre contém uma porcentagem muito baixa de metal de cobre e passa por vários estágios para purificar o metal. O minério é primeiro moído e separado de outros minerais. Em seguida, ele é submetido a procedimentos hidrometalúrgicos ou de flotação para refinar o metal antes de ele ser fundido. A fundição produz cerca de 70% de sulfureto de cobre, que é então refinado e purificado por meio de eletrólise.

Os metais purificados, ou as ligas, são transformados em formas sólidas, como lingotes, folhas ou bobinas, e enviados para outras unidades para processamentos posteriores.

Ligas

Uma liga é uma mistura de materiais em que o componente principal é um metal. As ligas de ferro são as mais comuns, incluindo aço-ferramenta, ferro fundido e aço inoxidável. As ligas de ferro com diferentes quantidades de carbono produzem aço com baixo, médio e alto teores de carbono. O carbono reduz a ductilidade, porém aumenta a dureza e a resistência do aço.

O ferro fundido é uma liga que contém ferro, carbono e silício. Ele é derretido e derramado em moldes para criar diferentes formas, que são processadas posteriormente. Usos comuns do ferro fundido são em carcaças de motores, tubulações e peças mecânicas. O ferro fundido pode ser quebrado de modo que outros elementos sejam ligados a ele a fim de aumentar a sua maleabilidade, rigidez ou resistência à tração. O ferro fundido possui um ponto de fusão relativamente baixo e é de fácil usinagem.

O aço inoxidável é feito de ligas de aço de carbono com cromo. Outros elementos, como níquel e molibdênio, são adicionados para torná-lo menos quebradiço ou aumentar sua rigidez. O aço inoxidável é usado principalmente por sua resistência à corrosão. Ele é usado no processamento de alimentos e em dispositivos médicos, pois é facilmente esterilizado e não precisa de pintura ou de outros revestimentos de superfície. O aço inoxidável em geral está na forma de bobinas, folhas, lâminas, barras, fios ou tubos antes de ser processado.

As ligas de cobre, alumínio, titânio e magnésio são produzidas para uso comercial. O cobre e suas ligas são geralmente usados em fios elétricos, enquanto as ligas de alumínio, titânio e magnésio são valorizadas por sua boa relação resistência/peso. As ligas projetadas para uma aplicação especial ou muito exigente podem conter mais de 10 elementos.

As fundições são grandes usuárias da automação. Devido às altas temperaturas e aos vapores tóxicos, é difícil para os operadores trabalhar perto dos materiais fundidos. O manuseio dos materiais, a distribuição de energia e o controle de processos são elementos importantes na formação de ligas e no refinamento. A visualização do processo é feita por meio de IHMs e de sistemas do tipo SCADA.

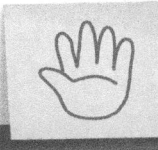

> » **DEFINIÇÃO**
> Uma liga é uma mistura de materiais em que o componente principal é um metal.

> » **ATENÇÃO**
> Devido às altas temperaturas e aos vapores tóxicos, é difícil para os operadores trabalhar perto dos materiais fundidos.

Processamento de metais

Uma vez obtida a liga de metal em sua constituição final, é necessário transformá-la em uma forma útil. É comum derreter a liga bruta em lingotes para tratamento futuro ou usar um processo contínuo para formá-la em lâminas ou placas. Isso costuma ser feito na fundidora antes do transporte, por meio de extrusoras ou laminadoras.

A **fundição** é um processo de formação que precisa da fusão de um metal e de sua modelagem em uma forma. Existe uma variedade de métodos para realizar esse processo. O metal fundido pode ser derramado diretamente nas formas com um investimento ou uma fundição por cera perdida. Os metais também podem ser forçados em um molde sob altas pressões (fundição sob pressão), derramados em um molde feito de areia (fundição em areia e casca) ou formados pela rotação de materiais fundidos dentro de um molde (centrífuga, rotação e rotomoldagem, ou *rotocasting*).

A **extrusão** utiliza os metais no estado líquido, plástico ou sólido para dar-lhes forma ao forçá-los em um molde. O metal é empurrado ou movido a altas pressões através da abertura da forma desejada. Ele é então esticado para ser ajustado. Esse processo pode ser contínuo ou produzir peças moldadas individualmente por meio de formas "em branco" ou tarugos. As prensas de extrusão podem ser acionadas hidráulica ou mecanicamente.

Os fios são normalmente feitos ao puxar um metal recozido através de um furo em uma matriz de produção. As matrizes utilizadas para a produção de fios são chamadas fieiras e podem ter mais de um orifício para puxar vários fios. O recozimento, processo de tratamento térmico, torna os metais ou fios mais flexíveis ou dúcteis. Em geral, o fio é puxado mais de uma vez, sendo afinado a cada passada. Ele pode ser puxado até três vezes antes de precisar ser recozido.

Os cabos mais grossos ou os fios flexíveis são entrelaçados ou torcidos a partir de fios individuais por equipamentos especializados, com frequência em um maquinário localizado diretamente depois das fieiras. Os fios são entrelaçados em uma rede de fios ou em um pano e uma malha de fio e muitas vezes recebem mais um tratamento por aquecimento ou produtos químicos para alterar suas propriedades depois de serem puxados. Os metais mais comuns usados para fios são cobre, alumínio, prata, platina, ferro e ouro, que possuem a ductilidade necessária.

A **laminação** é uma técnica por meio da qual o suprimento de metal passa entre um par de rolos. Isso pode ser feito a altas temperaturas, acima da temperatura de recristalização do metal, ou a temperaturas mais baixas, nos processos conhecidos, respectivamente, como laminação a quente e laminação a frio. Os metais podem ser enrolados em seções transversais retangulares como chapas ou placas, enrolados em uma espessura muito fina conhecida como folha, ou passados por rolos consecutivos para dar forma à seção transversal, processo conhecido como perfilação. A perfilação é geralmente realizada em rolos de aço em espiral. A Figura 5.3 mostra uma perfiladeira com moldes de formação progressivos.

> **» DEFINIÇÃO**
> A fundição é um processo de formação que precisa da fusão de um metal e de sua modelagem em uma forma.

Figura 5.3 Rolo formador (cortesia da Mills Products).

Se os metais são laminados em espessuras finas o suficiente, eles podem então ser relaminados para transporte. Grandes rolos são cortados em rolos menores para outras empresas e podem ser processados futuramente por meio de técnicas de corte, perfuração ou prensagem.

O **forjamento** utiliza a pressão para moldar metais em formatos desejados. Assim como a laminação, o forjamento pode acontecer a temperaturas acima ou abaixo das temperaturas de recristalização do metal, de modo que o processo pode ser conhecido como forjamento a quente ou a frio. As peças fundidas ou formadas podem ser processadas depois que a forma é resfriada. Elas costumam ser finalizadas em prensas ou máquinas-ferramenta.

A estampagem usa um peso grande ou um "martelo" para golpear e deformar a peça de trabalho, e utiliza matrizes abertas ou fechadas para formar o material. A estampagem com matrizes abertas é chamada forjamento de ferro, enquanto a estampagem com matrizes fechadas é conhecida como forjamento de impressão. No forjamento de impressão, as peças de trabalho são geralmente movidas por uma série de cavidades na matriz a fim de atingirem sua forma final. O martelo pode ser utilizado várias vezes, dependendo da complexidade da peça sendo forjada.

O forjamento por prensagem aplica uma pressão contínua no metal à medida que ele é formado. Assim como na estampagem, as matrizes podem ser parcialmente abertas, permitindo que o material flua para fora da matriz, ou completamente fechadas. As prensas são hidráulicas quando usadas para o forjamento. O forjamento por prensagem permite um controle mais completo do processo, uma vez que a taxa de compressão pode ser cronometrada.

>> **DEFINIÇÃO**
O forjamento utiliza a pressão para moldar metais em formatos desejados.

Outra forma de forjamento por prensagem é conhecida como forjamento por recalque, um método de aumento do diâmetro da peça de trabalho pela redução de seu comprimento. As matrizes nas recalcadoras possuem várias cavidades que servem para comprimir hastes ou fios (bastonetes) em matérias-primas para parafusos e outros elementos de fixação. A matéria-prima é então enrolada em outro maquinário. As válvulas de motores e os acoplamentos são exemplos de produtos fabricados por forjamento por recalque.

As prensas também são usadas em chapas de metal. Nesse caso, elas dão formas às chapas ao puxá-las ou esticá-las. Se o metal for mais esticado do que seu diâmetro, o processo é conhecido como estampagem profunda. A pressão e a lubrificação são variáveis importantes usadas no processo de estampagem, junto com a taxa de movimento da matriz. As prensas também são usadas para modelar formas em chapas metálicas ou para "cunhar" peças, imprimindo um padrão na superfície.

As prensas possuem sistemas de controle autônomos. As prensas hidráulicas possuem bombas para mover o fluido hidráulico nos cilindros, além de uma bomba de refrigeração. Partidas de motores ou acionadores de frequência variável fazem parte do painel de controle. As válvulas proporcionais e os retornos de posição são elementos típicos de uma prensa. As prensas são controladas por um CLP que também lida com segurança e com outros atuadores e sensores. A Figura 5.4 mostra uma prensa hidráulica com a matriz removida.

Figura 5.4 Prensa hidráulica.

A hidroformagem aplica água a alta pressão no interior de uma forma de metal fechada, por exemplo, um tubo. Isso permite a formação de formas contornadas, como alças curvas. O líquido pressurizado é introduzido na forma durante o fechamento final da matriz da prensa hidráulica.

A Metalurgia do Pó (M/P) é a compressão de pó metálico em uma forma. Inúmeros metais e suas ligas são usados no processo M/P, incluindo ferro, aço, aço inoxidável, cobre, estanho e chumbo. Os pós são produzidos por meio de atomização (transformação do vapor de um metal fundido em um spray de gotículas que se solidificam em pó), métodos químicos e processos eletrolíticos. Eles podem ser misturados e moídos em um moinho de bolas.

>> **DEFINIÇÃO**
A Metalurgia do Pó (M/P) é a compressão de pó metálico em uma forma.

A formação de componentes é feita por meio de uma variedade de técnicas de processamento. As prensas mecânicas, como as prensas de manivela e de alternância, são usadas se uma alta taxa de produção é necessária; porém, a força é limitada. As prensas hidráulicas são usadas para cargas mais altas, mas as taxas de produção são mais baixas. Os componentes formados são então aquecidos (mas não derretidos) para que ocorra a formação de uma ligação metalúrgica entre as partículas. O processo de formação ou compactação em geral é feito à temperatura ambiente em uma matriz. O resultado dessa operação é um briquete ou um compacto verde com uma forma sólida. Essa forma é bastante frágil e deve ser manuseada com cuidado.

O segundo passo na formação de um componente M/P é o aquecimento do componente, feito comumente em uma atmosfera de gás hidrocarbono. Os briquetes formados são aquecidos a entre 60 e 80% do ponto de fusão do constituinte com menor ponto de fusão. Esse processo é conhecido como **sinterização**. O resultado é um metal sólido que é menor do que o componente original. As operações secundárias, como reengate ou reforjamento, dimensionamento, tratamento térmico, impregnação, usinagem, moagem e acabamento, podem fazer parte do processo. As peças menores são feitas por meio de técnicas de M/P, pois a densidade do metal é controlada de maneira mais uniforme.

Outros métodos de processamento de metais incluem várias técnicas de corte e de usinagem. Cisalhamento, serragem e queima são métodos comuns de corte. Os métodos de erosão, como os jatos de água ou as descargas elétricas, também são usados para cortar metais. A usinagem por descargas elétricas (EDM, *Electrical Discharge Machining*) usa correntes elétricas para corroer os materiais e permitir cortes mais detalhados que estão além da capacidade dos processos de produção de microplaquetas.

>> **JUNTANDO TUDO**
A serragem, a queima, o cisalhamento, os jatos de água e as descargas elétricas são alguns métodos de processamento de metais.

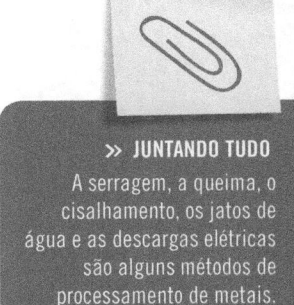

Os métodos de usinagem são processos de produção de plaquetas utilizados para formar metais. Uma das técnicas de usinagem mais comuns é a perfuração, que usa a ponta de uma ferramenta para criar furos no material. A moagem usa tanto o lado de uma ferramenta como sua face para remover material. A moagem e o polimento são outros métodos de usinagem. O torneamento usa a rotação da peça de trabalho e uma ferramenta fixa ou de lento movimento para remover material. Uma máquina comum que utiliza essa técnica é o torno. Onde o calor é gerado por uma ferramenta de fricção, os fluidos de corte, ou refrigerantes, são usados para removê-lo da peça de trabalho. O fluido refrigerante em geral é recapturado, filtrado e resfriado antes de ser reutilizado no produto.

As máquinas-ferramenta costumam ser automatizadas; os sistemas servos controlam precisamente as velocidades e as posições. As máquinas de Controle Numérico Computadorizado (CNC) permitem a intepretação de programas CAD e CAM e movimentam o ferramental automaticamente para produzir uma peça. As ferramentas muitas vezes são alteradas automaticamente por meio de "alteradores de ferramentas" robotizados. As operações dos robôs podem ser usadas para mover peças de uma estação para outra dentro de uma célula de trabalho.

As máquinas de CNC em geral são programadas com código G; porém, outras linguagens, como Step-NC e linguagens de controle semelhantes à BASIC, também são adotadas.

Após a formação dos metais na forma desejada, eles costumam ser tratados por meio de produtos químicos, calor e eletricidade a fim de alterar suas propriedades. Os tratamentos térmicos servem para mudar a ductilidade, a maleabilidade ou a dureza dos metais, enquanto os produtos químicos e os revestimentos são usados para mudar o seu acabamento ou a sua resistência à corrosão. A **galvanização** aplica um revestimento protetor de zinco no aço ou no ferro para prevenir ferrugem. A **anodização** aumenta a espessura da camada de oxidação natural das peças de metal usando um processo elétrico que melhora a resistência à corrosão e fornece uma boa superfície para adesivos ou tintas.

Assim como a indústria de fundição, o processamento de metais utiliza muito a automação. As espessuras e os comprimentos devem ser medidos precisamente, e a velocidade dos rolos, monitorada e controlada. Assim como ocorre com relação a outras indústrias, existem vários OEMs que fabricam equipamentos específicos para o processamento de metais. As máquinas em geral são fabricadas de acordo com um padrão para fornecer recursos de manipulação de materiais e de segurança. As linhas de produção são construídas com máquinas individuais, que recebem o produto em seu estado bruto, como chapas, lingotes ou peças mal-acabadas, e o transformam em sua forma acabada.

» Plásticos

Os plásticos são feitos de materiais orgânicos, em geral sólidos sintéticos ou semissintéticos. O óleo bruto é processado por meio de um método conhecido como craqueamento catalítico, empregado para quebrá-lo em substâncias como

> » **IMPORTANTE**
> Os tratamentos térmicos servem para mudar a ductilidade, a maleabilidade ou a dureza dos metais, enquanto os produtos químicos e os revestimentos são usados para mudar o seu acabamento ou a sua resistência à corrosão.

gasolina, óleos, etileno, propileno e butileno. O gás natural é processado por meio do craqueamento térmico para produzir muitos desses componentes. Os monômeros petroquímicos ou as matérias-primas derivadas dessas substâncias incluem etilenoglicol, isobuteno, isopropilbenzeno, tolueno, cloropreno, estireno, entre outros. Essas substâncias são processadas para produzir borrachas, adesivos, lubrificantes, asfaltos e plásticos.

Existem duas categorias de plásticos: os polímeros termoplásticos e os polímeros termoendurecíveis. Todos os plásticos são moldáveis quando aquecidos, daí o prefixo **termo**. Os **termoplásticos** não alteram suas propriedades químicas quando aquecidos e podem ser formados ou moldados várias vezes. Polietileno, polipropileno, poliestireno, cloreto de polivinila (PVC) e politetrafluoretileno são exemplos de termoplásticos.

> » IMPORTANTE
> Existem duas categorias de plásticos: os polímeros termoplásticos e os polímeros termoendurecíveis.

Os polímeros termofixos ou termoendurecíveis são moldados em uma forma uma vez. Depois de formados, eles permanecem sólidos. Os termofixos em geral são líquidos ou maleáveis antes de serem curados por processos térmicos ou químicos. Eles costumam ser mais resistentes do que os termoendurecíveis, mas também são mais quebradiços. Resinas epóxi, baquelite, borracha vulcanizada, duroplast e poliamidas são exemplos de materiais termofixos, assim como vários adesivos.

Os aditivos são usados para mudar a dureza, a cor, a inflamabilidade, a biodegradabilidade ou outras propriedades do plástico, podendo ser adicionados durante as fases de pré-processamento da criação do plástico, ou mais tarde, enquanto a peça é formada.

Extrusão

A extrusão plástica é um processo que forma o material plástico em um perfil contínuo. A extrusão serve para produzir tubos, fitas adesivas, fitas isolantes e vários perfis de moldação de plásticos.

> » DEFINIÇÃO
> A extrusão plástica é um processo que forma o material plástico em um perfil contínuo.

A matéria-prima do material termoplástico, na forma de grânulos ou de pastilhas, é alimentada, a partir do funil, na parte traseira do barril da extrusora. Um parafuso giratório força os grânulos, também conhecidos como resinas, para dentro do barril. Aditivos são misturados com a resina para colorir o plástico, ou para torná-lo resistente aos raios UV. O barril é aquecido para derreter o plástico, comumente entre 200ºC e 275ºC, dependendo do polímero. O aquecimento costuma ser feito em etapas, com diferentes controladores para cada uma, permitindo que os grânulos derretam gradativamente. A pressão e a fricção dentro do barril contribuem para o aquecimento do material fundido. Algumas vezes, ar ou água é usada para refrigerar o polímero, caso o material se torne muito quente. A Figura 5.5 mostra um material termofixo sendo extrudado a partir de uma matriz.

Figura 5.5 Extrusão.

Depois que o plástico fundido deixa o barril, ele passa por um crivo e uma placa porta-malhas para que sejam removidos os contaminantes. Ele então entra na matriz, onde é moldado no perfil desejado. Depois de sair da matriz, o material é colocado na seção de resfriamento, comumente um banho de água. As folhas de plástico algumas vezes são alimentadas por meio de rolos de refrigeração. Depois da refrigeração, processos secundários podem ser realizados, como a aplicação de adesivos às fitas. O produto acabado é então cortado em seções, enrolado ou bobinado.

Moldagem por injeção

A moldagem de plástico por injeção é um processo usado tanto para termofixos quanto para termoendurecíveis. Os estágios iniciais da moldagem por injeção são semelhantes à extrusão do plástico, com grânulos ou resina sendo alimentados em um barril aquecido a partir de um funil. O plástico então é injetado em uma cavidade de forma, onde esfria e endurece na forma referente ao molde. Os moldes são feitos de aço ou alumínio e usinados com precisão para formar as características da peça.

Os termoendurecíveis usam dois materiais injetados no barril. Esses materiais começam reações químicas que endurecem o material de forma irreversível. Isso pode causar problemas se o material endurecer dentro do barril, assim, é importante minimizar o tempo que ele fica no barril e no parafuso.

Os moldes possuem canais entre as cavidades para permitir o fluxo de material, chamado *sprue*, que deve ser removido do molde e do produto. O molde também precisa ser separado para remover a peça. Essa separação, junto com os pinos ejetores que ajudam a tirar a peça do molde, cria linhas e marcas no produto. O material que precisa ser removido a partir do produto é conhecido como rebarba e costuma ser removido manualmente. A Figura 5.6 mostra uma máquina de moldagem por injeção disponível no mercado.

Figura 5.6 Máquina de moldagem por injeção (cortesia da Hope Industries).

A moldagem por injeção é um processo comum para a fabricação de peças de qualquer tamanho. As máquinas de moldagem por injeção em geral são fabricadas por OEMs especializadas em plásticos. Elas são controladas por um CLP e configuradas por meio de IHMs. As receitas e o controle de temperatura, de tempo e de velocidade são características padrão. A descarga automática das peças é uma característica das máquinas de moldagem por injeção.

>> **CURIOSIDADE**
As máquinas de moldagem por injeção em geral são fabricadas por OEMs especializadas em plásticos.

Termoformagem

As folhas ou os filmes de plástico podem ser formados em um molde por meio do aquecimento do material, que depois deve ser puxado em um molde com vácuo. Esse processo é conhecido como termoformagem. O material deve ter as bordas aparadas depois do resfriamento. Os processos secundários, como perfuração ou punção, são realizados enquanto a peça ainda está na máquina. Esses e a operação de recorte podem ser incorporados ao sistema de controle, se necessário.

As máquinas automatizadas de termoformagem são bem mais simples de fabricar do que as máquinas de extrusão ou de moldagem por injeção. Elas são feitas por fabricantes de máquinas customizadas e oficinas mecânicas, em vez de OEMs, uma vez que consistem essencialmente em uma armação para segurar o molde, aquecedores e um encanamento para o vácuo. Se água ou ar refrigerado é necessário, isso é fácil de implementar no sistema.

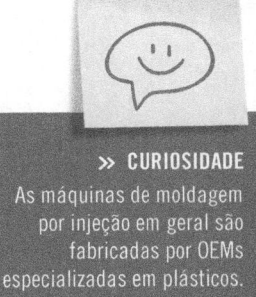

> **APLICAÇÃO**
> A termoformagem é usada em produtos como copos, tampas e bandejas para a indústria alimentícia; blisters e garras para a indústria de embalagens; e componentes especiais para a área médica.

A termoformagem é usada em produtos como copos, tampas e bandejas para a indústria alimentícia; blisters e garras para a indústria de embalagens; e componentes especiais para a área médica. Todos esses elementos são exemplos de termoformagem de calibre fino. As máquinas de produção em larga escala que produzem milhares de peças por hora são usadas para produtos de fina espessura. As peças podem ser produzidas continuamente em alta velocidade com o uso de uma folha ou um filme em um rolo, o que é semelhante ao processamento de rolos de materiais. Correias de classificação são usadas para o transporte do material ao longo dos moldes e nos fornos e nas zonas de resfriamento. Essas correias podem ter pinos ou grampos para segurar o material entre as áreas de moldagem, ajudando no processo de transporte. O material remanescente é enrolado no fim da linha, depois que as peças formadas foram removidas. O material pode então ser reciclado ao ser moído em um granulador.

Produtos de grosso calibre são feitos a uma velocidade bem mais lenta devido ao maior tempo de aquecimento e de resfriamento. Diferente do processamento dos produtos de calibre fino, o processamento de produtos de grosso calibre envolve carregar e classificar as folhas ao longo de várias estações. As folhas são colocadas ou presas em uma armadura na estação de carga. As estações podem ser classificadas linearmente ou em um carro giratório. A primeira estação aquece a folha, em geral em uma caixa de pressão com moldes de encaixe fechados sobre a folha. O vácuo e o ar pressurizado são usados para puxar ou empurrar a folha nos contornos do molde. Alguns moldes possuem seções móveis que ajudam a empurrar o material com um atuador; isso é chamado plugue ou contramolde (ou ainda placa de pressão). Os contramoldes auxiliares são usados para peças mais altas ou de estampagem profunda e atuam junto com o vácuo para ajudar a distribuir o material uniformemente.

Depois de um tempo de formação definido, o molde é aberto. Ao mesmo tempo, o vácuo é removido e uma rajada de ar é aplicada no molde – uma ação conhecida como ejeção de ar. Uma placa extratora também pode ser atuada para auxiliar na remoção da folha formada. Essa folha é então classificada em uma estação que a resfria e a corta com uma matriz. Portas automotivas e painéis de bordo, paletes plásticos e forros de bancos de caminhões são exemplos de termoformagem de grosso calibre.

Moldagem por sopro

Itens de plástico ocos, como garrafas, são formados em um processo conhecido como moldagem por sopro. Existem várias técnicas usadas nesse processo, incluindo a moldagem por extrusão-sopro (EBM, *Extrusion Blow Molding*), a moldagem por injeção-sopro (IBM, *Injection Blow Molding*) e a moldagem por sopro com estiramento (SBM, *Stretch B low Molding*).

O processo de moldagem por sopro se inicia com uma forma plástica conhecida como pré-forma, ou *parison* – um tubo de plástico com uma extremidade aberta para a injeção de ar. O *parison* é preso em um molde e aquecido, e o ar comprimido é assoprado na abertura, inflando a forma de acordo com o molde. Depois que o plástico esfria e endurece, o molde é aberto, e a peça, ejetada. Peças mais grossas em geral possuem excesso de rebarbas e devem ser aparadas. Em peças cilíndricas, isso costuma ser feito com um aparador rotativo, que gira a peça enquanto apara o material com uma lâmina de titânio. A Figura 5.7 mostra o processo de moldagem por sopro.

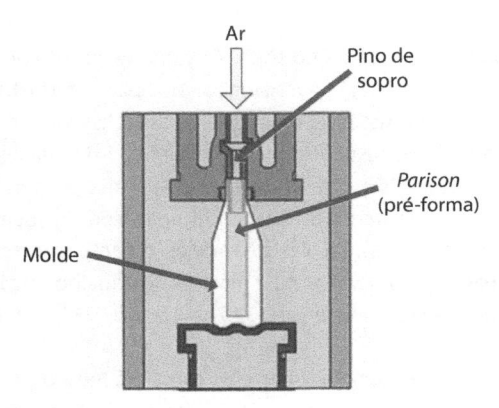

Figura 5.7 Moldagem por sopro.

A moldagem por estiramento utiliza uma pré-forma que muitas vezes possui características pré-moldadas, como um gargalo enroscado para uma tampa ligada ao *parison*. Essa pré-forma é então reaquecida em máquinas de moldagem por sopro de estiramento. O estiramento do plástico induz o seu encruamento, que é útil para garrafas que contêm bebidas gasosas.

A EBM é usada em perfis contínuos, como mangueiras e tubos. Isso é feito da mesma forma que a extrusão de plásticos padrão, embora o ar seja soprado em torno de um mandril através do centro do tubo.

Os plásticos comuns usados no processo de moldagem por sopro incluem PET, PC, PVC, HDPE, PE+LDPE e LLDPE. Outros produtos de marca, como BAREX e resina K, também são empregados. A maioria dos materiais usados na moldagem por sopro é termoplástica.

Folhas e materiais plásticos

As folhas e os filmes de plástico são produzidos por um processo de laminação conhecido como **calandragem**. O material é formado ao passar por uma série de rolos aquecidos. A espessura é definida pela configuração do espaçamento entre os rolos de calandragem. Para a embalagem e o transporte final, o filme pode ser

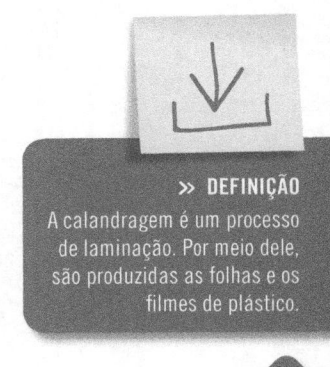

>> **DEFINIÇÃO**
A calandragem é um processo de laminação. Por meio dele, são produzidas as folhas e os filmes de plástico.

enrolado ou bobinado depois do resfriamento, enquanto as folhas de plástico mais espessas são cortadas e um filme protetivo removível em geral é aplicado antes de elas serem empilhadas e transportadas.

As folhas, os filmes e os plásticos usináveis são usados nas indústrias de embalagens e de construção de máquinas, por isso, é importante considerar algumas propriedades do plástico.

As seguintes informações foram compiladas da base de conhecimentos da US Plastic Corp.

Acrilonitrilo-butadieno-estireno (ABS, *Acrylonitrile-Butadiene-Styrene*): esse material termoplástico possui boa resistência ao impacto, formabilidade, rigidez e dureza, além de boa resistência química e de tensofissuramento. Material de uso geral bom e de baixo custo. Facilmente termoformado, sua resistência é afetada pela temperatura. Os de cor preta são resistentes aos raios UV, enquanto os brancos e os de cores naturais não são. As aplicações incluem acabamento interno de aeronaves, caixas, sacolas e bandejas, detentores de cassetes, peças automotivas e bagagem. A temperatura máxima de trabalho é de 85ºC (185ºF), e a temperatura de formação está entre 162,78 e 176,67ºC (325 a 350ºF).

ACETAL (Delrin): excelente para suporte de carga em tensão e compressão. Ele não absorve muita umidade. Resistência de alto rendimento em temperaturas elevadas. Usinável, fácil de ser fabricado. De baixa fricção e alta resistência ao desgaste. Atacado por ácidos fortes e agentes oxidantes, resistente a uma ampla variedade de solventes. Não é resistente aos raios UV. Excelente material para rolamentos, engrenagens, cames e peças pequenas. Atende às normas da FDA e da USDA. Faixa de temperatura de serviço: -6,67 a 85ºC, intermitente 93,33ºC (20 a 185ºF, intermitente 200ºF).

Acrílico: completamente transparente, flexível, resistente à quebra. Leve (metade do peso do vidro), praticamente não infectado por exposição à natureza, pulverização de sal e atmosferas corrosivas. Fácil de ser fabricado, pode ser serrado com lâminas de dentes finos, perfurado com brocas de plástico, lixado e polido. Pode ser cimentado com cimento acrílico. Atende à norma FDA, resistente aos raios UV, classificação de inflamabilidade UL 95. Usado em janelas de inspeção, visores, para-brisas, visores de medidores, capas protetoras, escudos de segurança, tanques, bandejas e monitores. Faixa de temperatura de serviço: -40 até 82,22ºC (-40 até 180ºF), temperatura de formação de 176,67ºC (350ºF).

Cloreto de polivinila clorado (CPVC, *Chlorinated Polyvinyl Chloride*): aumenta a temperatura de trabalho de outros termoplásticos de vinila rígidos em 15,55ºC (60ºF) sem afetar a resistência à corrosão. Lida com segurança com vários líquidos corrosivos. Praticamente imune a solventes e reagentes inorgânicos, hidrocarbonetos alifáticos e álcoois. Resistente à corrosão, leve, alta resistência à tração, incombustível, baixa resistência ao escoamento. Não resistente aos raios UV. Temperatura de trabalho entre 0 e 100°C (32 a 212°F), temperatura de formação entre 154,44 e 162,58°C (310 até 325°F).

Nylon: alta resistência ao desgaste e à abrasão, baixo coeficiente de fricção, alta relação resistência/peso. Resistente à corrosão para alcalinos e materiais químicos orgânicos. Não abrasivo para outros materiais, possui características de amortecimento de ruídos e é um bom isolante elétrico. Não é resistente aos raios UV e está de acordo com as normas da USDA e da FDA. Usado para rolamentos, buchas, arruelas, selos, guias, rolos, placas de desgaste, fixadores, isolantes, matrizes de formação, forros e ventiladores de refrigeração. Faixa de temperatura: -40 a 107,22°C (-40 a 225°F).

Policarbonato (Lexan): material de alto impacto, praticamente inquebrável. Resistente aos raios UV, pode ser serrado com lâminas de dentes finos, perfurado com brocas de plástico, lixado e polido. As aplicações incluem estufas, vidraças, proteções, tapetes para cadeira, gabinetes de equipamentos, sinais e portas. Faixa de serviço contínuo entre -40 e 115,56°C (-40 e 240°F).

Polietileno LDPE (baixa densidade): material semirrígido com bom impacto e resistência à abrasão. Excelente resistência à corrosão para uma grande variedade de itens. Suscetível a tensofissuramento quando exposto a raios ultravioleta e alguns produtos químicos; agentes umectantes e detergentes aceleraram isso. Ele pode ser formado por calor, moldado e soldado para fabricação de dutos, capô de motor e outros. Não pode ser cimentado, mas é facilmente soldado por meio de um soldador plástico. Ele pode ser cortado com uma serra de madeira e pedaços de metal regulares. Não é resistente aos raios UV, mas atende às normas da FDA. Temperatura de trabalho de -17,77 a 60°C (0 a 140°F), e temperatura de formação de 118,33°C (245°F).

Polietileno HDPE (alta densidade): a rigidez e a resistência à tração de resinas HDPE são maiores do que as de LDPE e MDPE; a resistência ao impacto é ligeiramente menor. Rígido com boa resistência à abrasão. Outras características e usos similares ao LDPE no que tange à utilização e à viabilidade. Temperatura de trabalho de -51,11 a 82,22°C (-60 a 180°F), temperatura de formação de 146,11°C (295°F).

Polipropileno: bom equilíbrio das propriedades térmicas, químicas e elétricas com resistência moderada. Superfície dura e de alto brilho é adequada para ambientes em que o acúmulo de bactérias pode interferir no fluxo. Outras características e usos similares aos do LDPE e do HDPE, com respeito à utilização e à viabilidade. Não é resistente aos raios UV, mas atende às normas da USDA e da FDA. Temperatura de trabalho de 0 a 98,88°C (32 a 210°F), temperatura de formação de 154,44 a 162,78°C (310 a 325°F).

Poliuretano: alta capacidade de suporte de carga e excelente resistência à ruptura. Resistência à abrasão, a óleos e solventes, e alta resistência à luz solar e ao intemperismo. Fornece propriedades superiores de amortecimento de som em relação à borracha e ao plástico. Bom isolante elétrico. Aplicações incluem juntas, selos, embreagens, rodas, rolamentos, amortecedores, correias de transmissão, assentos de válvulas, abafadores de ruídos, rampas alimentadoras de fornos, cabeças de marretas e linhas de solventes. A faixa de temperatura de trabalho é de -67,77 a 82,22ºC (-90 a 180ºF).

Cloreto de Polivinila (PVC): excelente resistência à corrosão e ao intemperismo. Bom isolante elétrico e térmico. Autoextinguível pelo UL Test 94. Não resistente aos raios UV e não aprovado pela FDA. As aplicações incluem tanques resistentes à corrosão, dutos, exaustores e tubulações, peças fabricadas, forros de tanques e espaçadores. A temperatura de trabalho é de 0,55 a 71,11ºC (33 a 160ºF), e a temperatura de formação é de 118,33ºC (245ºF).

Folha expandida de PVC (Sintra): moderadamente expandida e de alta densidade, material de espuma com aproximadamente a metade do peso do PVC. Fácil de ser cortado, serrado, perfurado e fabricado. Pode ser pintado e serigrafado. Durável e resistente ao desgaste, resiste à maioria dos produtos químicos e à água. Retardador do fogo e amortecedor do som. Aprovado pela USDA e recomendado para sinalização interna e monitores.

Estireno: resistência a alto impacto, dimensionalmente estável. Baixa absorção de água e calor e vedável eletricamente. Não tóxico e inodoro. Pode ser pintado e possui boas propriedades de formação utilizando pressão de vácuo. Pode ser perfurado, enroscado, serrado, tosquiado, puncionado e usinado. Usado para modelos, protótipos, sinais, monitores, caixas e muito mais. Não é resistente aos raios UV, mas atende às normas da FDA. Máxima resistência ao calor de 82,22ºC (180ºF), temperatura de formação de 162,78 a 176,67ºC (325 a 350ºF).

>> **CURIOSIDADE**
O teflon tem coeficientes de atrito menores do que os de qualquer outro sólido.

Teflon: quase impermeável a produtos químicos; somente metais alcalinos fundidos e flúor gasoso a altas temperaturas e pressões o atacam. Menores coeficientes de atrito de qualquer sólido, sem características de *slip-stick* (os coeficientes estáticos e dinâmicos são iguais). Nada se adere às superfícies não aquecidas. Graus virgens e mecânicos resistentes aos raios UV; materiais virgens atendem às normas da FDA e são aprovados pela USDA. Faixa de temperatura de trabalho entre -28,88 e 260ºC (-20 e 500ºF).

Polietileno de peso molecular ultraelevado (UHMW, *Ultra High Molecular Weight Polyethylene*): resistência excepcionalmente alta à abrasão e ao impacto. Durará mais com metais, nylons, uretanos e fluoroplásticos. Resistência à corrosão é similar à de outros polietilenos. Superfícies autolubrificantes, não aderentes. Aplicações incluem calhas-guia, placas de desgaste, rolos, brocas de transporte, compartimentos e forros de funil, calhas, rolamentos, buchas e engrenagens. De acordo com as normas da FDA e da USDA para ter contato com alimentos e medicamentos. Faixa de temperatura de trabalho entre -51,11 e 93,33°C (-60 e 200°F).

Materiais compósitos e reforçados

Os materiais compósitos são resinas plásticas que foram reforçadas com materiais orgânicos ou inorgânicos. Eles diferem dos materiais reforçados, pois a estrutura da fibra do material reforçado é contínua.

> » **DEFINIÇÃO**
> Os materiais compósitos são resinas plásticas que foram reforçadas com materiais orgânicos ou inorgânicos.

As resinas plásticas podem ser reforçadas com pano, papel, fibras de vidro e fibras de grafite. Geralmente, essas fibras são pedaços pequenos aleatoriamente orientados, uma vez que eles são simplesmente misturados com a resina. As fibras não possuem a mesma resistência que os verdadeiros materiais compósitos, que passam continuamente pela resina. Os plásticos reforçados são extremamente fortes, duráveis e leves. Eles são fabricados de diferentes formas, incluindo a calandragem do tecido com um revestimento plástico. Os revestimentos plásticos também podem ser escovados ou pulverizados sobre os materiais.

A laminação é o processo de estratificação de diferentes materiais. Muitas vezes feitas a altas pressões, as folhas de materiais são colocadas entre as placas de aço aquecidas e comprimidas hidraulicamente. Isso une as camadas de um laminado em uma folha rígida. Essas lâminas podem ser colocadas em torno dos cantos e ligadas a outros materiais.

Outro processo comum é a fibragem. Camadas alternadas de tecidos de fibras de vidro e resinas de plástico são revestidas sobre uma forma ou um molde. Enquanto a resina se encontra em estado líquido, pequenos pedaços de fibra de vidro podem ser misturados para formar uma estrutura adicional. Depois do endurecimento, a fibra de vidro pode ser acabada com o uso de abrasivos mecânicos, como lixamento e polimento. As fibras de vidro são comuns na fabricação de piscinas e de cascos de barcos.

Os compósitos são muito leves e duráveis. Um material compósito popular é a resina de epóxi reforçada com fibras de grafite. As fibras formam o componente estrutural principal do compósito, geralmente a fibra reforçada, representando cerca de metade do peso total do material. Os materiais termoplásticos e os termoendurecíveis são usados em compósitos. Os termoendurecíveis são preferidos porque resistem a altas temperaturas.

Os compósitos podem ser fabricados de várias formas. Um método é o processo conhecido como extrusão reversa, ou "pultrusão". Nesse processo, a porção de fibra é puxada ou arrastada por uma resina líquida e então por uma matriz aquecida. Os membros estruturais e a tubulação podem ser feitos dessa maneira. Outro método consiste em enrolar os filamentos para frente e para trás em torno de uma forma e revestir as fibras com resina de epóxi. Esse método é usado para formar produtos ocos, como tanques e vasos de pressão; depois que a forma é curada, ela é removida da parte interna do vaso. O terceiro método de fabricação de compósitos é a laminação de camadas alternadas de resina contendo fibras estruturais.

>> Cerâmica e vidro

As cerâmicas industriais são feitas a partir de óxidos de metais, como silício, alumínio e magnésio. Carbonetos, boretos, nitretos, feldspato e materiais baseados em argila também são ingredientes importantes. As cerâmicas são produzidas por meio de métodos parecidos com os utilizados na fabricação dos metais e dos plásticos; a extrusão, a prensagem, a fundição, a moldagem por injeção e a sinterização são métodos em comum. A maioria das peças de cerâmica inicia com um pó cerâmico, que pode ser misturado com outras substâncias, dependendo das propriedades necessárias. A matéria-prima pode ser uma mistura úmida ou seca com outros ingredientes, como elementos ligantes e lubrificantes.

A formação resfriada é o processo mais comum na indústria cerâmica, embora os processos de formação a quente também sejam usados em algumas circunstâncias. As técnicas de prensagem incluem prensagem a seco, prensagem isoestática e prensagem a quente. A colagem de barbotina é um método comum de produção de formas com paredes finas e complexas; esse método às vezes é combinado com o uso de pressão aplicada ou vácuo.

A extrusão é usada para formar perfis contínuos e formas ocas. Isso é feito de maneira similar à extrusão plástica, mas sem a aplicação de calor. A forma plástica do material cerâmico é simplesmente a mistura de argila e água em temperatura ambiente. Essa mistura é forçada por uma matriz com o uso de um grande parafuso conhecido como trado (broca).

A maioria dos materiais cerâmicos deve passar por um tratamento térmico depois da formação. Isso é necessário tanto para secar a forma cerâmica de seu estado plástico quanto para "aquecer" ou endurecer o material até que ele adquira sua consistência final. Processos intermediários, como a sintetização, também são feitos para transformar uma forma porosa em um produto mais denso por meio da difusão do material.

A queima final das cerâmicas em geral é feita em um forno com uma temperatura bem alta, na ordem de milhares de graus. Isso provoca o processo de vitrificação, em que alguns dos componentes da cerâmica entram em uma fase vítrea, ligando partículas não fundidas e preenchendo poros no material. Esse processo dá origem a um material bem duro, denso, porém quebradiço, que pode ser usado para diversos propósitos.

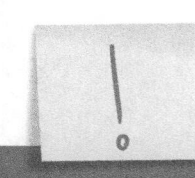

>> **IMPORTANTE**
A maioria dos materiais cerâmicos deve passar por um tratamento térmico depois da formação. Isso é necessário tanto para secar a forma cerâmica de seu estado plástico quanto para "aquecer" ou endurecer o material até que ele adquira sua consistência final.

As cerâmicas são usadas como isolantes, em abrasivos para moagem, como revestimentos de ferramentas cortantes, como dielétricos para capacitores, em recipientes resistentes ao calor e em diversos outros produtos. As propriedades de dureza e resistência a altos níveis de calor tornam a cerâmica um importante elemento de peças como componentes de turbinas de motores de aviões, válvulas de motores e telhas de isolamento térmico.

O **vidro** é uma substância feita de materiais inorgânicos, principalmente o SiO_2, ou sílica. Ele é fabricado por meio do aquecimento de seus ingredientes no estado líquido, ou "fusão", e então do resfriamento deles no estado sólido. As folhas de vidro são produzidas por um método conhecido como flotação, em que o vidro fundido é flotado em uma cama de metal fundido, geralmente estanho. Depois de resfriada de aproximadamente 1.100ºC para 600ºC, essa folha pode ser retirada do banho e colocada em rolos. O vidro é posteriormente resfriado enquanto passa por um forno, de modo que ele seja temperado sem deformação. Isso produz uma fita contínua de um vidro muito plano e uniforme, que é então cortado em seções para transporte ou processamento posterior.

As folhas laminadas de vidro com uma intercamada plástica em um autoclave produzem um vidro "seguro" inquebrável usado para para-brisas automotivos. Reaquecer o vidro em um estado semiplástico e então resfriá-lo rapidamente com ar ou "ar temperado" produz um vidro temperado. Esse processo fornece um vidro com maior resistência mecânica e com peças menores e menos perigosas, caso quebre. O vidro temperado é geralmente indicado para janelas e portas que precisam de força e segurança.

Os recipientes de vidro são produzidos por prensagem, por sopro ou pela combinação de ambos. Garrafas, jarras e ampolas são formadas pela fundição por sopro do vidro em um molde. Esse processo é similar ao que foi descrito na moldagem por sopro de plásticos, em que um recipiente parcialmente fabricado conhecido como *parison* é reaquecido e assoprado em sua forma final. Esse método é conhecido como "soprado-soprado" e é usado para recipientes de gargalo estreito. No método "prensado-soprado", o *parison* é formado por um pistão de metal que pressiona o pedaço de vidro sólido para dentro do molde. Depois que o pistão é retirado, o *parison* é assoprado no molde. Um mecanismo é então usado para retirar o produto formado do molde, e o recipiente de vidro é resfriado de maneira uniforme e lenta, ou temperado. Alguns recipientes são submetidos a tratamentos posteriores, como **dealcalização** – tratamento com gás químico –, para melhorar a resistência química do vidro.

As fibras ópticas são formadas da mesma maneira que os fios: ao arrastar uma pré-forma para dentro de um fino trançado de vidro. Um tubo oco de vidro é colocado horizontalmente em um torno, onde ele é girado bem lentamente. A pré-forma é aquecida, e a fibra óptica é puxada para fora como uma corda. Gases

>> **DEFINIÇÃO**
O vidro é uma substância feita de materiais inorgânicos, principalmente o SiO_2, ou sílica.

>> **IMPORTANTE**
Os recipientes de vidro são produzidos por prensagem, por sopro ou pela combinação de ambos. Garrafas, jarras e ampolas são formadas pela fundição por sopro do vidro em um molde.

são injetados junto com oxigênio à medida que o calor é aplicado para otimizar as propriedades da fibra óptica. Os fios são agrupados em um feixe de fibras ópticas e então revestidos com plástico para maior durabilidade e proteção.

>> Máquinas de montagem

Componentes individuais fabricados a partir de metais, plásticos e outros elementos devem ser combinados para produzir vários dos bens de consumo em uso atualmente. O manuseio de materiais, a robótica e vários dos mecanismos e dispositivos mencionados anteriormente servem para reunir esses componentes em um sistema utilizável.

As máquinas de montagem podem ser totalmente automatizadas ou envolver operações manuais de um operador de máquinas. Grande parte do processo de fabricação envolve a aproximação entre elementos que irão compor o produto e a fixação deles. Muitas vezes, um caminho de processamento central é usado para mover um item ao longo de uma máquina de montagem ou de uma linha de produção que tem processos periféricos alimentando componentes em suas laterais. Geralmente, um produto é movido em paletes e classificado por meio de uma série de máquinas. A Figura 5.8 mostra uma máquina de montagem de cabos, com as peças sendo carregadas por um operador.

> **>> IMPORTANTE**
> As máquinas de montagem podem ser totalmente automatizadas ou envolver operações manuais de um operador de máquinas.

Figura 5.8 Máquina de montagem de cabos.

>> Manuseio de peças

As montagens se iniciam com uma peça base, em geral um componente maior de algum tipo. Muitos produtos possuem um quadro ou um invólucro que contém outros elementos. Se uma linha de processamento de montagem é baseada em paletes, o primeiro elemento é colocado em um palete de forma manual por um operador ou por um dispositivo automatizado, como um robô ou um mecanismo *pick-and-place*. Os componentes maiores podem ser apresentados em uma forma paletizada ou em um recipiente. Devido aos seus tamanhos e, muitas vezes, aos seus métodos de expedição, talvez seja difícil lidar com esses itens na automação. As peças paletizadas costumam ser mais fáceis de carregar de forma automática, pois elas podem ser localizadas precisamente em um palete formado, e os paletes podem ser feitos em um tamanho uniforme e empilhável. Despaletizadores automáticos são construídos para lidar com esses tipos de pilhas de paletes. Os paletes cheios entram em um sistema de transporte, são desempilhados e esvaziados, e um empilhador organizador reempilha os paletes vazios e os envia para outro sistema de transporte. As pilhas de paletes são manuseadas por uma empilhadeira.

Nem todos os produtos são facilmente manipulados pela automação. Alguns componentes básicos podem ser difíceis ou caros de manusear devido ao seu tamanho ou à sua forma. Outros são difíceis de localizar devido aos métodos de transporte e embalagem. Itens guiados aleatoriamente em escaninhos ou que devem ser desembrulhados são mais rentáveis se forem manuseados manualmente.

Peças facilmente manuseáveis e localizáveis são manuseadas por meio de diversos métodos. Se as peças são apresentadas em conjunto, como em um palete ou escaninho formado ou dividido, elas devem ser indexadas por um atuador que consegue mover uma garra para múltiplas posições de X e Y, ou por um sistema como uma mesa de indexação. Eles em geral assumem a forma de um par de servoatuadores arranjados de uma maneira perpendicular. Se as peças estão organizadas em camadas, um eixo Z operado por servo também pode ser necessário, caso contrário, o Z ou o movimento vertical pode ser um simples cilindro pneumático com uma garra, um ímã ou copos de vácuo na extremidade mais baixa. Os robôs são cada vez mais usados para esse propósito devido à sua flexibilidade.

Métodos intermediários de manipulação de peças também são usados em máquinas de montagem. Os componentes podem ser colocados em uma mesa seletora ou em um fixador móvel para que algum tipo de trabalho seja realizado no produto. O ferramental necessário para localizar a peça com precisão é montado no seletor ou fixador, para que o dispositivo, como uma chave de fenda ou um aplicador de adesivos, consiga se aproximar precisamente de um ponto na peça. Esse ferramental é removível e pode ser facilmente substituído ou modificado.

>> **ATENÇÃO**
Nem todos os produtos são facilmente manipulados pela automação. Alguns componentes básicos podem ser difíceis ou caros de manusear devido ao seu tamanho ou à sua forma.

Os alimentadores e os sistemas de transporte são componentes padrão em várias máquinas de montagem e linhas de produção. Os alimentadores possuem seções de filas e de saídas orientadas que auxiliam o coletor a localizar peças de maneira precisa. Os sistemas de transporte nas máquinas de montagem são sistemas de transporte de indexação com pontos de parada fixos, que podem ser sistemas de transporte com blocos salientes ou em cadeia, ou cadeias com painéis que fixam as peças de forma precisa.

Os métodos simples, como empurradores, elevadores, *pick-and-place* e guias, são usados dentro dos sistemas de montagem para mover e manter o controle das peças. Uma regra fundamental para manusear as peças é nunca perder o controle, a orientação ou a contenção depois de obtê-la. As peças podem ser guiadas de ponta a ponta em um sistema de transporte, singularizadas ao serem empurradas perpendicularmente ao seu fluxo e alinhadas em depósitos ou agrupadas em linhas. Uma vez contidas, elas nunca devem ser colocadas de volta em um conjunto aleatório, como uma caixa, a não ser que sejam rejeitadas ou removidas.

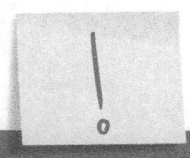

> **» DICA**
> Uma regra fundamental para manusear as peças é nunca perder o controle, a orientação ou a contenção depois de obtê-la.

» Fixação e ligação

Uma etapa importante do processo de montagem é a fixação de peças e componentes uns nos outros. Depois que os componentes de um produto foram aproximados e localizados de forma precisa, um ou ambos os componentes são guiados ou colocados em contato. As peças são fixadas com fixadores, adesivos ou outros métodos.

> **» IMPORTANTE**
> Uma etapa importante do processo de montagem é a fixação de peças e componentes uns nos outros.

Os fixadores são feitos a partir de sistemas bastante padronizados. Os alimentadores vibratórios são um método comum de singular e orientar parafusos e rebites. Em geral, os fixadores são introduzidos em uma ferramenta, como uma porca ou uma chave de fenda, o que ocorre quando eles são soprados e orientados por um tubo para dentro de um escape intermediário ou uma seção de tamponamento. Os fixadores em fila são então levados individualmente para a ponta ou para o receptor do condutor, e o fixador é instalado por um operador ou de forma automática. Furos roscados ou cônicos são formados na peça de trabalho base, em geral o mais largo dos dois elementos sendo conectados.

A maioria dos sistemas fixadores é fabricada por OEMs especialistas nesse tipo de equipamento. Um controlador é conectado ao fuso de forma remota. O mecanismo de atuação é geralmente elétrico, de modo que o torque seja precisamente sentido e controlado. Os controladores são facilmente integrados em sistemas de controle com I/O digitais e comunicações que fazem interface com o sistema de controle principal. O torque e as chaves de fenda quase sempre precisam coletar informações de torque e ângulo (número de rotações) para validação. Os sistemas fixadores costumam ser operados manualmente devido à possibilidade de inconsistência da localização dos buracos e ângulos. Sempre existe a possibilidade de roscamento cruzado e a necessidade de reverter o parafuso e removê-lo. Os fixadores talvez tenham falhas que precisem da intervenção de um operador. Os sistemas fixadores automatizados podem ser uma grande causa de tempo de parada de máquinas em sistemas de montagem, tanto no sistema de alimentação quanto na inserção.

Os aplicadores de cola utilizam sistemas de resfriamento, ar curado ou fusão a quente a fim de grudar as peças. Assim como os sistemas fixadores, os aplicadores e os sistemas de cola são construídos por OEMs especialistas nessa área. As colas e os adesivos em geral são bombeados a partir de um reservatório para uma cabeça de aplicação. Os sistemas de aplicação de adesivos a frio são sistemas fechados que previnem a exposição do adesivo ao ar enquanto a cola é aplicada. No caso de colagens a frio, a cola pode ser aplicada por meio de métodos de contato ou de não contato. A distribuição dos sistemas a frio pode utilizar um tanque centralizado com tubos para as cabeças de aplicação ou para os vasos de rodas abertas, contêineres a granel com alimentação por gravidade ou bombas através de um sifão, ou pistões operados a ar ou bombas de diafragma. Tanques pressurizados são outro tipo simples de distribuição de adesivos e colas.

As colas frias costumam ser ácidas, por isso, uma tubulação de aço inoxidável é a melhor escolha para esses sistemas de distribuição. Plásticos fabricados com fibra reforçada e tubos de PVC às vezes são usados, mas precisam ser protegidos de temperaturas extremas e danos físicos. Depois que a cola é distribuída em um ponto próximo do aplicador, tubos plásticos e materiais não corrosivos sintéticos são usados para trazer o adesivo ao aplicador. Reguladores de pressão são colocados entre o sistema de bombeamento e os injetores de distribuição. Reguladores manuais podem ser usados se o tempo de aplicação e/ou a velocidade da linha forem constantes; reguladores automáticos são necessários se a pressão precisa variar de acordo com o produto.

Os aplicadores podem ser operados de forma pneumática ou elétrica. Uma agulha cônica com uma bola em um bocal é movimentada para permitir que a cola flua. Injetores elétricos integram o solenoide ao aplicador com o corpo da agulha, localizado na parte interna da bobina. Isso permite que o injetor responda mais rápido do que uma válvula pneumática, garantindo um controle maior da quantidade a ser aplicada. A pistola de distribuição pode pulverizar a cola através de um bocal ou uma placa padrão, aplicar um grânulo ou extrudar um adesivo por uma fresta. As matrizes com ranhuras fornecem uma cobertura uniforme e controlam a posição da borda. Elas são usadas na movimentação de aplicações com rolos de materiais. As pistolas de pulverização e a extrusão de grânulos são métodos de aplicação sem contato em que o bocal não encosta na peça ou no substrato. A placa de padrões e as matrizes com ranhuras são métodos de aplicação de contato.

Os sistemas de fusão a quente utilizam um aparelho de fusão para transformar as colas termoplásticas no seu estado líquido. As colas são carregadas em um reservatório, na forma de pastilhas, blocos ou ripas, e aquecidas. Uma bomba é usada para carregar a cola através de uma mangueira aquecida até a válvula, a pistola ou o coletor, comumente conhecido como distribuidor de cola. Os sistemas de fusão a quente são usados em aplicações de embalagens, como a vedação de papelão ou caixas e a produção de bandejas.

Os sistemas de cola a frio e de fusão a quente podem ser usados em um processo manual ou automático. A aplicação automatizada de colas também pode ser feita por cabeças que aplicam pequenos pontos de cola antes que as peças sejam prensadas. Os sistemas de colagem e suas aplicações devem ser limpos com frequência e necessitam de manutenção periódica.

Muitas máquinas de montagem e linhas de produção usam uma combinação de processos manuais e automáticos para unir as peças. A decisão sobre qual método usar vai se basear no custo ou na dificuldade de acessar e manipular certos produtos. Os robôs podem ser usados em algumas aplicações de colagem, mas em geral não são rentáveis.

Outros métodos de fixar componentes incluem a soldagem ultrassônica de componentes plásticos e a soldagem de metais. A soldagem ultrassônica utiliza vibrações de alta frequência para fundir os plásticos. As peças são colocadas em um ponto fixo conhecido como bigorna, e uma vibração acústica é transmitida por uma trompa de metal ou um sonotrodo. As vibrações são geradas por meio de um transdutor piezoelétrico conhecido como pilha ultrassônica. Essa pilha possui um conversor que converte um sinal elétrico em uma vibração mecânica, um impulsor mecânico que modifica a amplitude das vibrações, e a trompa que aplica as vibrações na peça. A pilha é sintonizada para ressonar em uma frequência específica, geralmente de 20 a 40 kHz. As duas peças são pressionadas uma contra a outra e um gerador ultrassônico transmite um sinal CA de alta tensão para a pilha em um período de tempo apropriado.

A soldagem de metais é realizada por robôs nas máquinas de montagem. A Figura 5.9 mostra um robô realizando uma soldagem em um tubo de metal. Existem vários métodos de solda, mas os mais utilizados em aplicações na automação são a soldagem com gás de proteção (MIG, *Metal Inert Gas*), ou soldagem por arame, e a soldagem a laser ou por feixes de elétrons. A soldagem do tipo MIG utiliza uma alimentação de fio com eletrodo. Uma mistura de gás material inerte ou semi-inerte é usada para proteger a solda de oxidação e contaminação. O gás também age como escudo para prevenir a porosidade na solda; a porosidade reduz a resistência da solda e pode causar o vazamento de um vaso pressurizado. Esse método às vezes é chamado soldagem por arco elétrico com gás de proteção (GMAW, *Gas Metal Arc Welding*). Um processo relacionado, conhecido como soldagem por arco elétrico com arames tubulares (FCAW, *Flux-Cored Arc Welding*),

>> **IMPORTANTE**
Existem vários métodos de solda, mas os mais utilizados em aplicações na automação são a soldagem com gás de proteção, ou soldagem por arame, e a soldagem a laser ou por feixes de elétrons.

utiliza um fio de aço em torno de um material preenchido com pó. Esse arame é mais caro do que os arames sólidos, mas permite uma velocidade mais alta e uma penetração mais profunda no metal soldado.

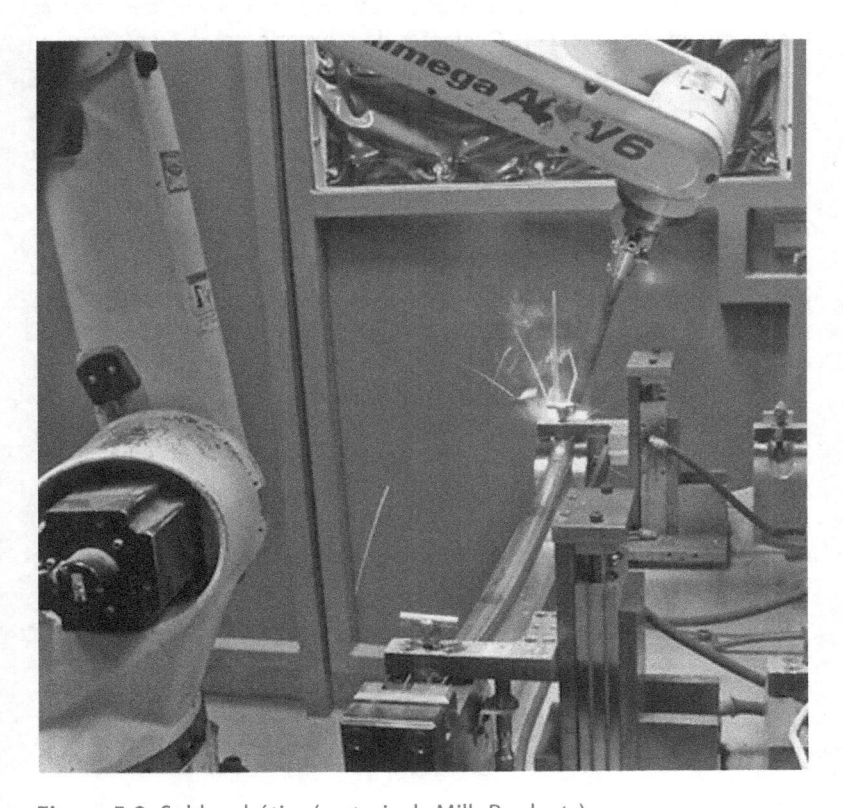

Figura 5.9 Solda robótica (cortesia da Mills Products).

A soldagem com eletrodo revestido (SMAW, *Shielded Metal Arc Welding*) também é conhecida como soldagem com eletrodo revestido manual (MMA, *Manual Metal Arc Welding*), já que não é usada em aplicações automatizadas. A corrente elétrica passa entre a haste metálica revestida com o fluxo e a peça de trabalho. O fluxo produz um gás CO_2 que protege a área de solda da oxidação. A haste metálica age como um eletrodo e é consumida durante a operação. A soldagem por eletrodo revestido é usada quando é necessária uma penetração mais profunda da solda do que aquela proporcionada pela soldagem por arame.

A soldagem por arco plasma utiliza um eletrodo de tungstênio e um gás de plasma para criar um arco elétrico. Ela é usada na soldagem de aço inoxidável. Uma variação disso é o corte de plasma, que utiliza ar para assoprar o aço derretido, removendo-o da peça de trabalho.

>> Outras operações de montagem

Muitas das operações e dos processos discutidos anteriormente também são usados durante a montagem. Operações de conversão, como prensagem ou punção, são realizadas caso o material residual possa ser facilmente removido. A lubrificação de montagens e mecanismos mecânicos costuma ser feita antes de as peças serem seladas.

Os processos de usinagem e de produção de chips são realizados nas peças antes da montagem, mas existem exceções. A inspeção de peças após processos críticos também é comum. Ela pode ser uma simples verificação da presença de uma peça, feita com sensores discretos ou sistemas separados, como testadores de vazamento ou visão de máquina. As aplicações de adesivos em geral são verificadas por meio de sensores ultravioleta que procuram corantes nos adesivos. Verificações dimensionais são realizadas com LVDTs ou outros dispositivos analógicos. A checagem de peso é feita em peças que estão em trânsito ou em estações em que a peça é colocada sobre uma balança. As peças com falhas são removidas da linha como refugos ou marcadas/identificadas para remoção posterior. As peças indexadas ao longo da linha podem ser rastreadas por registradores de deslocamento no software ou por dispositivos de rastreamento, como os códigos de barra ou as etiquetas de RFID.

Marcações e rotulagem também são procedimentos comuns nos processos de montagem. Rótulos adesivos, impressões diretas e estampagem são métodos usados para marcar caracteres alfanuméricos ou códigos de barra nos produtos antes de seu empacotamento.

>> Máquinas de inspeção e testes

>> **IMPORTANTE**
Após a conclusão de um processo de montagem, o produto final pode ser inspecionado para qualidade, testado para suas funcionalidades ou aferido dimensionalmente.

As máquinas de inspeção e de aferição são construídas em unidades independentes e separadas do processo de montagem. Após a conclusão de um processo de montagem, o produto final pode ser inspecionado para qualidade, testado para suas funcionalidades ou aferido dimensionalmente. A maioria dos componentes individuais de uma montagem pode ter sido checada também durante o processo de montagem, mas o teste final é comum para inúmeros produtos mais complexos.

» Aferição e medição

Existem várias formas de verificar as dimensões físicas das peças. Um ferramental pode ser usado para garantir que elas se encaixem nos locais projetados. Um exemplo é a colocação de pinos onde há furos para parafusos em uma peça. Sensores discretos, como os fotoelétricos e os de proximidade, podem ser usados para detectar ausência, presença ou localização das características em uma peça montada. Algumas estações de montagem manual são equipadas com esses tipos de poka-yoke.

> **» DEFINIÇÃO**
> O poka-yoke é um dispositivo à prova de erros usado para evitar que ocorram defeitos na fabricação e na utilização de produtos. Ele será abordado no Capítulo 8.

A Figura 5.10 mostra uma estação de aferição manual 6 LVDT para peças automotivas. As LVDTs possuem atuadores pneumáticos que podem ser estendidos para medir a posição de peças em relação ao fixador ou de uma em relação à outra. Isso nem sempre é desejável, pois o ferramental deve ter contato com a peça, motivo pelo qual sistemas de visão de máquina e sensores ópticos são preferíveis.

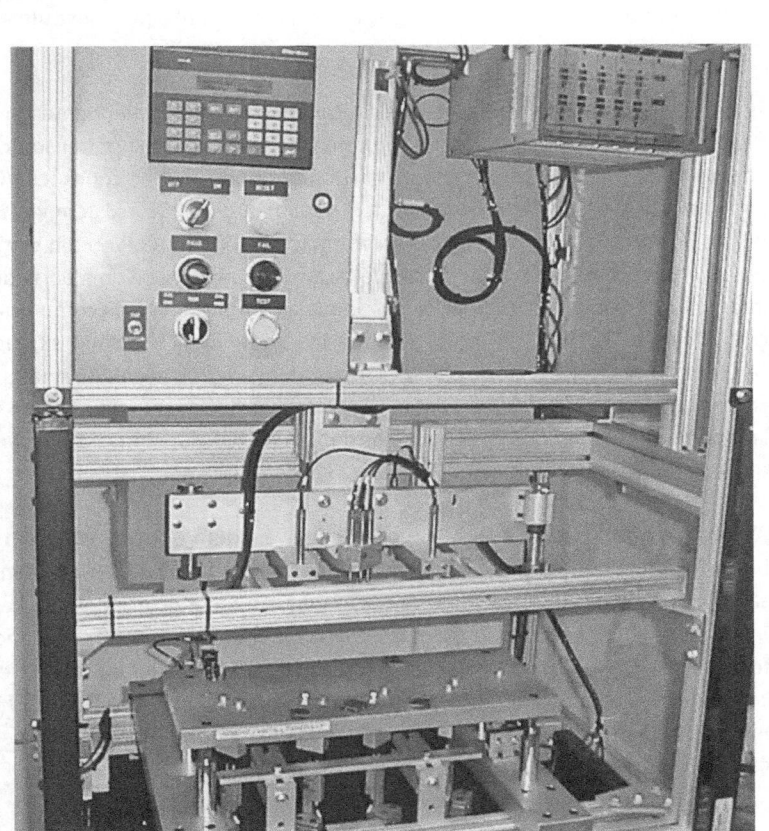

Figura 5.10 Aferidor LVDT (cortesia da Nalle Automation Systems).

>> Testes de vazamento e fluxo

Os produtos muitas vezes precisam ser testados para que vazamentos sejam evitados ou para que o fluxo de ar esteja dentro de limites prescritos. Lacres, filtros e vedações podem fazer parte da montagem testada. Além de verificar a presença desses elementos durante o processo de montagem, os testes de vazamento e de fluxo garantem que eles estejam instalados e operando corretamente.

Os sistemas podem ser simples, como algumas válvulas, alguns tubos ou mangueiras e um simples transdutor de pressão. Se o objetivo é simplesmente identificar vazamentos brutos, procedimentos de validação mais detalhados e calibração para um determinado padrão não são necessários.

Para realizar testes que requerem mais precisão e um procedimento de validação, é necessário adquirir um sistema fechado. Como acontece com muitos outros sistemas com propósitos especiais discutidos aqui, os sistemas fechados são geralmente fabricados por companhias especialistas na área, e não por construtores de máquinas customizadas.

Esses sistemas possuem muitas características em comum, independentemente do fabricante. O sistema é canalizado com várias válvulas em um transdutor analógico de pressão. Existe um controlador integrado com as conexões I/O para o desencadeamento e os resultados, geralmente 24 VCC. Existem várias portas de comunicação para troca de informações com um CLP ou um computador, bem como uma porta de programação independente e uma porta de impressora. Essas portas podem ser associadas a um protocolo de comunicação. Ethernet /IP, RS232 ou protocolos abertos, como DeviceNet ou Profibus, são comuns. As portas RS232 e Ethernet transmitem um *string* configurável que contém dados de teste, tempo e data e informações selecionadas do programa. Isso permite a análise dos *strings* para os dados que o usuário precisa para arquivamento e exibição.

A fixação do dispositivo testado em geral envolve algum tipo de vedação de borracha, que pode ser uma superfície sólida contra a qual o produto é prensado ou uma bexiga inflável inserida em um orifício redondo. Independentemente do tipo de vedação, o processo envolve o movimento da peça ou do ferramental (ou de ambos), o que exige que dispositivos de segurança, isto é, cortinas de luz ou proteção física, sejam acrescentados ao quadro. A Figura 5.11 mostra um testador de vazamento carregado manualmente e utilizado em peças automotivas.

> **>> DICA**
> Para realizar testes que requerem mais precisão e um procedimento de validação, é necessário adquirir um sistema fechado.

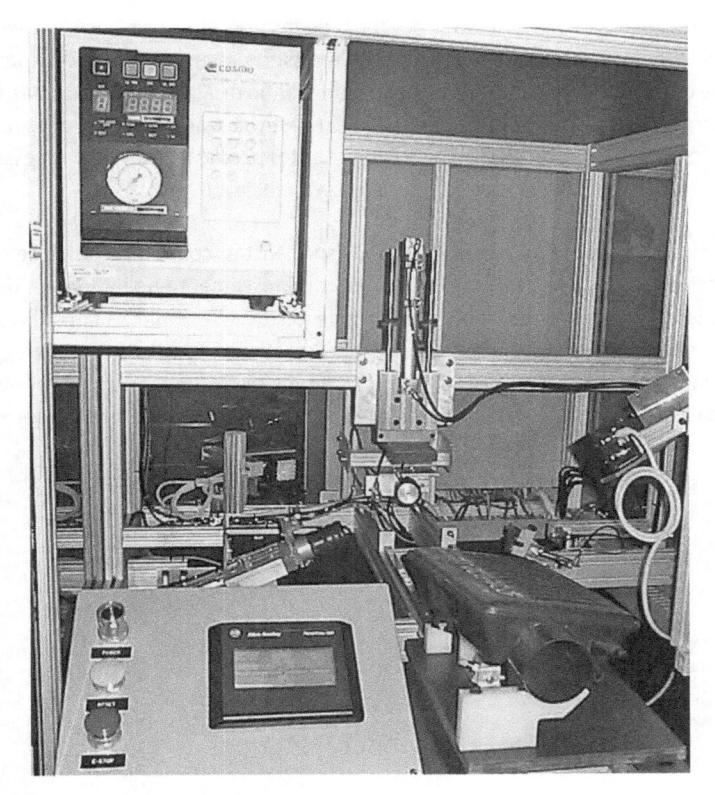

Figura 5.11 Testador de vazamento (cortesia da Nalle Automation Systems).

A interface permite que os parâmetros de teste sejam configurados pelo número do programa. Tempo de preenchimento, tempo de estabilização, tempo de teste e critérios de aprovação ou reprovação são configurados na interface. Alternativamente, esses itens podem ser controlados externamente por meio de I/O. Um modo especial de calibração possibilita que o usuário coloque um orifício calibrado em um circuito de escoamento para testar um padrão conhecido. Isso pode ser automatizado para uma verificação periódica.

» Outros métodos de teste

Os produtos são funcionalmente testados pela movimentação de componentes, pela verificação dos valores de torque, pela mensuração das características elétricas, como resistência ou fluxo de corrente, ou pela aplicação de energia a um dispositivo e à sua operação. Muitos desses procedimentos são feitos na extremidade de uma linha de produção em um sistema, mas as "bancadas de teste" em geral são construídas como unidades independentes para realizar essas verificações.

Os itens sólidos são examinados por meio de testadores ultrassônicos ou testadores de raios X, a fim que sejam localizadas fissuras internas ou imperfeições. O teste ultrassônico é muitas vezes feito em um banho de água, assim, bombas, encanamentos e manuseio de materiais fazem parte da máquina ou do sistema. A segurança e a proteção também são importantes para assegurar que as pessoas não sejam expostas a efeitos prejudiciais.

Existem diferentes tipos de dispositivos especialistas, como o testador de correntes parasitas, que é utilizado para verificar o roscamento no interior de furos roscados, o teste de vazamento por fonte de íon, que determina o tamanho dos pequenos orifícios nos materiais, e vários sistemas de testes de materiais que avaliam rigidez ou composição química. Alguns testes podem ser destrutivos, tornando o produto inutilizável, mas eles são feitos em bases de amostragem.

capítulo 6

Software

O software é utilizado para ativar os movimentos de uma máquina automatizada ou de uma linha de produção e reunir dados sobre suas operações, bem como para projetar e documentar sistemas de automação. Assim como no caso do hardware, existe uma variedade de fornecedores de software de automação. Os fabricantes de hardware de controle em geral também disponibilizam o software necessário para a programação de seus sistemas, o que pode encarecê-lo, já que o fabricante é o único fornecedor.

O projeto de software pode ser proprietário e específico para uma máquina, ou um pacote com propósito geral usado para outras aplicações. O CAD e outros programas de visualização apresentados no Capítulo 2 são geralmente usados para o projeto físico da máquina e dos controles.

Software de análise serve para determinar se a solução funcionará antes de ser de fato implementada ou para calcular matematicamente os parâmetros de um sistema físico. Às vezes é combinado com software de design, como na modelagem tridimensional, ou oferecido como um acessório para produtos, como servossistemas ou robôs.

Objetivos de aprendizagem

>> Explicar a importância e as funções do software de programação na configuração de controladores, computadores, sistemas de movimento, robôs, etc.

>> Aplicar os conceitos de programação e as metodologias mais utilizadas.

>> Usar e descrever as principais linguagens de programação de computadores, CLPs, GUIs (interfaces gráficas de usuário) e robôs.

>> Descrever os propósitos de software de design, de análise, empresarial e para escritório, bem como de pacotes SCADA e de pacotes de aquisição de dados e programação com bancos de dados.

» Software de programação

Controladores, OITs, computadores, sistemas de movimento, robôs e todos os outros dispositivos complexos de automação utilizam um software de programação a fim de configurar um dispositivo-alvo para que se comporte de uma determinada maneira. As linguagens de programação variam desde as padrão, como BASIC, C ou lógica ladder, até as customizadas e específicas do fornecedor. Mesmo as linguagens padrão possuem variações, de acordo com diferentes pacotes de fornecedores. Os pacotes de programação de CLPs podem utilizar a lógica ladder como base, porém cada fabricante desenvolve sua própria interface e estratégia de compilação.

Software de interface com o operador tem natureza gráfica. Botões, valores definidos e indicadores são desenhados na tela por meio de ferramentas padrão, como um mouse e um teclado. Esses itens recebem endereços de bits ou palavras em um controlador para funcionar como entrada ou como valor de retorno. Mensagens de texto do tipo *pop-up* podem ser disparadas de um controlador para mostrar o estado atual de uma máquina, e as peças de trabalho de uma máquina ou um sistema podem ser animadas para simular o movimento ou o estado atual dos atuadores. As interfaces com o operador podem ser bem elaboradas e são limitadas somente pela imaginação do programador e pelas informações que podem ser trocadas com o controlador.

Software de programação de robôs em geral assume a forma de linguagens de programação clássicas do tipo BASIC ou Fortran. Existem vários módulos e seções de código associados com os itens, como pontos, trajetórias de movimento, lógica e I/O locais. Algumas das programações são realizadas junto com um "console de instruções" conectado ao controlador do robô. Isso permite que o robô se mova até um ponto por meio do controle dos eixos separados ou do uso de coordenadas do mundo real. A posição pode então ser "ensinada" ou introduzida na lista de pontos de coordenadas do robô.

Os eixos individuais ou múltiplos do servo são programados de forma independente do controlador principal da máquina. Isso ocorre porque os servos devem reagir imediatamente aos efeitos externos, como um eixo que não está no ponto determinado pelo controlador. O movimento dos servos é monitorado constantemente pelo controlador dos eixos para garantir que não haja desvio do movimento projetado. A programação dos servos é feita com o software particular de um fabricante e consiste em parâmetros de configuração para movimentos pré-programados e velocidades, reações a falhas e outros parâmetros de movimento. Os controladores dos servos são ligados estreitamente ao controlador principal. Os controladores possuem cartões de movimento especializados em seus racks de I/O para realizar o controle local dos movimentos. Eles às vezes são configurados ou programados por meio de uma conexão ao controlador principal.

Os programas devem ser compilados antes de serem instalados em um controlador. A programação online ou em tempo real pode ser feita, porém o programa ainda será convertido a uma "linguagem de máquina" de nível mais baixo, que opera com mais eficiência do que sua contraparte gráfica e amigável.

» Conceitos de programação

A programação envolve todo o processo de projeto, codificação, depuração e manutenção de software. Um programa de computador é uma série de instruções que diz a um computador ou um microprocessador para realizar certas tarefas. No campo da automação, o processador dessas instruções pode ser um controlador, como um CLP, um DCS, um processador embarcado ou um robô controlador. Um computador também pode executar instruções para aquisição de dados e visualização, operações com bases de dados ou funções de controle. Os programas podem ser escritos em uma linguagem de máquina de baixo nível ou em uma linguagem independente de máquina de alto nível.

Na automação, as entradas e as saídas são representadas por valores digitais de *on* e *off*, *true* (verdadeiro) ou *false* (falso), ou 1 e 0. Os argumentos condicionais, como *if*, *then*, *else* e *or*, são usados em combinação com **variáveis** para dar origem a argumentos que criam o resultado desejado. As variáveis são nomes que podem representar um I/O físico, valores de dados em um *string*, números ou operadores booleanos ou dados internos. As variáveis podem ser simples, como uma única letra, como na declaração "IF X AND Y, THEN Z", ou mais descritivas, como em "IF Motor_On AND Button_Pressed, THEN Conveyor_On". As variáveis descritivas, como aquelas indicadas na sentença anterior, são conhecidas como **tags**. Em um controlador dedicado, como um CLP ou um DCS, existem registros dedicados para diferentes tipos de dados. As tags podem representar diferentes dados, como bits, números inteiros, pontos flutuantes ou reais, temporizadores e contadores. Algumas plataformas de CLP permitem que o programador escolha quais registros serão usados para cada tipo de dado e tamanho de memória.

A representação de um programa pode ser baseada em texto, com caracteres alfanuméricos, ou gráfica por natureza. A lógica ladder, empregada na programação de CLPs, utiliza representações de componentes elétricos, como contatos e bobinas. Alguns softwares utilizam blocos similares a fluxogramas na programação. O código dentro desses blocos pode adquirir outra forma, como um texto ou uma lógica ladder. As IHMs e outros programas visuais possuem uma representação gráfica da tela que será mostrada ao usuário. Os objetos nessa tela são configurados por meio da inserção de uma tag ou variável que faz a interface com ela. As funções lógicas são às vezes embarcadas nos objetos a serem executados quando eles são ativados pelo usuário.

> » **DEFINIÇÃO**
> Um programa de computador é uma série de instruções que diz a um computador ou um microprocessador para realizar certas tarefas.

> » **DEFINIÇÃO**
> A representação de um programa pode ser baseada em texto, com caracteres alfanuméricos, ou gráfica por natureza.

Independentemente da plataforma de desenvolvimento do software, o programa final deve satisfazer alguns requisitos básicos. O programa deve ser **confiável**. Os algoritmos precisam produzir os resultados corretos; recursos, como *buffer* e tamanho da alocação de dados, têm de ser corretamente utilizados; e não deve haver erros lógicos. O programa também precisa ser **robusto**: antecipar problemas não causados por erros de programador, como uma entrada incorreta ou um dado corrompido. O programa deve ser **utilizável**; elementos textuais, gráficos e até de hardware devem melhorar a clareza, a intuição e a perfeição da interface com o usuário. Se possível, o programa deve ser **portátil**; é preciso que o software seja executável em todos os hardwares e sistemas operacionais para os quais ele foi projetado. Alguns programas de desenvolvimento de software operam somente em um hardware proprietário do fabricante. O programa deve ser de **fácil manutenção**; os desenvolvedores atuais ou futuros devem conseguir modificar facilmente o código para melhorias ou customizações, correção de erros ou adaptação para novos ambientes. Boas práticas de programação e documentação durante a etapa inicial do desenvolvimento ajudam nesse sentido. Finalmente, um programa deve ser **eficiente**; o código precisa consumir o menor número possível de recursos. Fugas de memória devem ser eliminadas, e o código não utilizado, apagado.

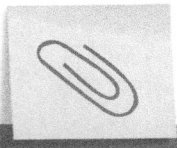

» Metodologias de programação

O primeiro passo na maioria dos processos mais formais de desenvolvimento de software é analisar os requisitos do programa. O escopo dos requisitos muitas vezes determina se um programa será escrito por um único programador ou por uma equipe. A fase de análise envolve a revisão dos resultados e a determinação da entrada, do processamento, da saída e dos componentes de dados. Muitos programadores ou equipes utilizarão o processo conhecido como lista de processo de entrada e de saída (IPO, *Input-Process-Output*) para listar esses itens. Se for possível se reunir com os usuários do software durante essa fase, isso é considerado uma vantagem. Essa fase inicial permite que os programadores tenham certeza de que eles entenderam por completo o escopo e o propósito do software.

Depois de assegurar que todos os requisitos do programa são conhecidos, o próximo passo é criar a solução. Essa é uma descrição gráfica ou escrita dos procedimentos para resolver o problema. O método escolhido para desenvolver a solução dependerá do tipo de plataforma de software e da preferência do programador. Existem dois métodos comuns usados para o projeto de soluções: a modelagem de processo, conhecida como projeto estruturado, e a modelagem por objetos, ou projeto orientado a objetos.

No projeto estruturado, o programador começa com um projeto geral e parte em direção a um projeto mais detalhado. Esse método também é conhecido como

> **» JUNTANDO TUDO**
> Um programa precisa estar de acordo com os seguintes requisitos: ser confiável, robusto, utilizável, portátil, eficiente e de fácil manutenção.

projeto *top-down*. O primeiro passo no projeto *top-down* é identificar a principal função do programa, algumas vezes chamada rotina principal ou módulo principal. Esse módulo é então subdividido em seções menores, conhecidas como sub-rotinas ou módulos. Para documentar esse procedimento, os programadores usam um mapa hierárquico ou um mapa estruturado, que mostra os módulos do programa graficamente. Esse processo também é conhecido como fluxograma; a Figura 6.1 apresenta um exemplo.

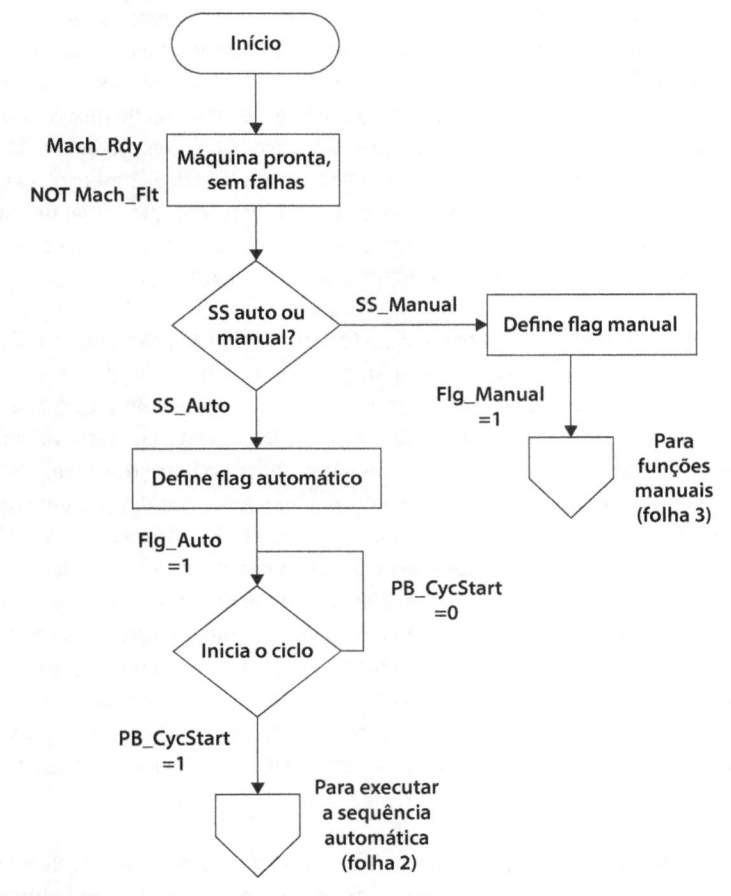

Figura 6.1 Estrutura ou fluxograma.

O projeto estruturado é simples, legível e de fácil manutenção, mas não oferece uma forma de manter os dados e o programa juntos. Para eliminar esse problema, alguns programadores utilizam a abordagem orientada a objetos para o projeto de soluções.

No projeto orientado a objetos, os programadores empacotam os dados e os procedimentos em uma única unidade, conhecida como objeto. Esse conceito de combinar o dado e o programa é conhecido como encapsulamento. Pelo encapsulamento de um objeto, o programador esconde seus detalhes. O objeto envia e recebe mensagens e também contém códigos e dados. Por exemplo, um botão para imprimir ou um objeto é usado para fazer a interface com uma porta de impressora e o hardware anexado. Quando os usuários acessam o objeto, eles não precisam saber como funciona o procedimento; eles apenas o utilizam. Mas os programadores precisam entender como o objeto funciona, de modo a poder usá-lo efetivamente.

Os objetos são classificados por tipo. Na programação de computadores padrão, o desenvolvedor utiliza um diagrama da classe para representar as classes e suas relações de forma gráfica. Quando se programa um CLP ou uma IHM, isso pode assumir a forma de diagramas de funções, código reutilizável de propósito especial, como um servo, ou interfaces de dispositivos OEM. Depois de finalizar o diagrama de classe ou a função de alto nível, o projetista deve desenvolver um diagrama detalhado para cada classe, com uma representação visual de cada objeto, seus atributos e seus métodos. Esses métodos são então traduzidos em instruções de programação que realizam as tarefas requisitadas.

Depois que a solução é desenvolvida, o terceiro passo é validar o projeto. Esse passo consiste na revisão do código para precisão e, se possível, em testes com dados reais. Existem vários métodos de validação, e o mais simples é o teste de mesa. Nesse método, vários conjuntos de dados de teste são desenvolvidos e os resultados esperados são determinados, independente dos algoritmos. O código é percorrido usando esses dados, idealmente por um programador diferente, e os resultados são registrados. Os resultados esperados são então comparados com os resultados reais e o código defeituoso é corrigido. Outro método é o de emulação. Muitos pacotes de software permitem a operação de uma máquina virtual ou de um emulador. Para maquinário físico, as entradas podem ser manipuladas, as IHMs, operadas, e os processos de simulação do código, executados. Esse código é geralmente baseado no tempo; por exemplo, para uma máquina síncrona, um conjunto de variáveis pode ser manipulado por meio da simulação da indexação de um gabinete, e a relação entre as estações pode ser monitorada.

A implementação do projeto é o quarto passo no processo de desenvolvimento do software. Se o programa está simplesmente acessando e manipulando dados, não existem questões de segurança envolvidas, a não ser quando ocorre uma possível interrupção dos processos de execução contidos em outras máquinas. A implementação pode simplesmente consistir na instalação do software, na compilação do(s) programa(s) e na sua instalação. No caso do software que opera maquinário móvel, as verificações de I/Os e elétricas, os testes dos sistemas de segurança e as revisões de risco com o pessoal devem ser realizados antes que qualquer código seja ativado. Quando se utiliza um computador pessoal, o programa compilado é mantido no disco rígido. Ele é carregado na memória de acesso aleatório (RAM, *Random-Access Memory*), junto com as variáveis e seus valores, quando o programa é inicializado. Um banco de dados é usado para armazenar essas variáveis e seus valores quando a energia é removida do sistema.

Depois da implementação do programa, ele deve ser testado e depurado. Isso garante que o programa funcionará corretamente e estará livre de erros. Em geral, a depuração de um código de computador envolve a procura de dois tipos de erros: erros de sintaxe e erros de lógica. Os erros de sintaxe são sinalizados por um software de programação por meio de uma unidade de depuração. Comandos incorretamente soletrados, duplicação de saídas em um programa de CLP ou operações ilegais são exemplos de erros de sintaxe. Os erros de lógica levam mais tempo para identificar e isso não pode ser feito automaticamente. Eles envolvem o movimento de atuadores em uma máquina e podem ser detectados apenas quando uma operação tem falhas de funcionamento. A depuração pode ser demorada; o código precisa ser testado de forma correta pelo software ou pela máquina em operação e pela introdução de dados incorretos ou de condições de falha propositais. Uma vez que várias condições não são facilmente antecipadas, deve ser alocado um tempo suficiente para que sejam tentados vários tipos de circunstâncias não usuais.

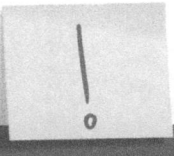

A depuração de máquinas automatizadas envolve a operação de atuadores, a movimentação de peças em condições variáveis e a observação dos resultados. Portanto, é um processo iterativo; geralmente, ao resolver um problema, outro será revelado. A introdução de condições anormais – como E-Stops, sensores de sinalização em um tempo inoportuno ou inclusão ou remoção de peças – faz parte do processo de depuração.

O passo final no processo de desenvolvimento é documentar o programa e limpar o código. A maioria dos programadores comenta os seus programas à medida que escreve o código, mas sempre é uma boa ideia ter pares para examinar o programa e garantir que ele será bem organizado e de fácil leitura.

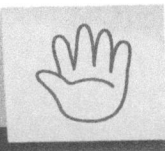

> **ATENÇÃO**
> Depois da implementação do programa, ele deve ser testado e depurado. Isso garante que o programa funcionará corretamente e estará livre de erros.

> **IMPORTANTE**
> A depuração de máquinas automatizadas envolve a operação de atuadores, a movimentação de peças em condições variáveis e a observação dos resultados.

>> Linguagens

As linguagens de programação são escolhidas com base em diferentes fatores. As companhias podem ter uma norma para a utilização de uma dada linguagem de programação, pois é com essa que os seus funcionários estão familiarizados, ou os clientes podem ter uma norma que os fornecedores devem seguir. Muitas plataformas de hardware somente são programáveis com softwares vendidos por um dado fornecedor. Alguns pacotes de software podem ser mais fáceis de aprender do que outros, ou ter capacidades que não estão disponíveis em outros pacotes. É claro que o custo também deve ser considerado. Idealmente, a linguagem de programação mais adequada para a tarefa será selecionada.

Algumas instruções e funções aparecem em qualquer linguagem de programação. Os programas devem ser capazes de manipular **dados de entrada**. Isso pode ser feito a partir do teclado de um computador, de uma IHM, de sensores conectados a um dispositivo de entrada ou de um arquivo. Eles devem ser capazes de entregar uma **saída** – exibindo os dados em uma tela, ligando as saídas físicas em um dispositivo ou escrevendo os dados em um arquivo. As instruções devem ser capazes de realizar operações **aritméticas**, desde adição e multiplicação até funções trigonométricas e de interpolação complexas. Elas devem ser capazes de executar declarações **condicionais**, tomar decisões com base nas informações e realizar as funções apropriadas em resposta. Finalmente, devem ser capazes de **repetir** as ações, em geral com algum tipo de variação.

Muitas linguagens de programação também fornecem um mecanismo para invocar funções por meio de bibliotecas. Contanto que as funções fornecidas por meio de bibliotecas sigam o mesmo método de passagem de argumentos, elas podem ser escritas em outras linguagens. As exceções são as arquiteturas fechadas, como os softwares de programação de CLPs. No entanto, a maioria dos pacotes de software, mesmo os proprietários, permite a troca de dados com protocolos como o OLE (*Object Linking and Embedding*) e o OLE para controle de processo (OPC, *OLE for Process Control*), além de possibilitar conectividade aberta com banco de dados (ODBC, *Open Database Connectivity*). Interfaces de controle *ActiveX* também são comuns.

Linguagens de computador

O código-fonte (isto é, as instruções escritas que compõem um programa) não pode ser diretamente compreendido por um computador ou um microprocessador. Existem vários tipos de linguagens, mas todas devem ser convertidas ou "compiladas" em uma linguagem de máquina hexadecimal que o processador compreenda. A linguagem de máquina, ou as instruções de código de máquina, utiliza uma série de dígitos binários arranjados em grupos de números hexadecimais. Eles não são visivelmente interpretáveis por um programador, pois não utilizam instruções ou códigos significativos. A linguagem de máquina também é conhecida como código da primeira geração.

A segunda geração de código é uma linguagem de baixo nível conhecida como linguagem *assembly*. Ela é uma linguagem escrita em códigos de instruções simbólicas que são abreviações significativas, como A para adição, C para comparar, LD para carga, e assim sucessivamente. Apesar de fácil de escrever e entender, a codificação em linguagem *assembly* é muito trabalhosa e ineficiente para os programadores. A Figura 6.2 mostra uma seção de um código na linguagem *assembly* com seu código de máquina ou hexadecimal equivalente.

> **» IMPORTANTE**
> Existem vários tipos de linguagens, mas todas devem ser convertidas ou "compiladas" em uma linguagem de máquina hexadecimal que o processador compreenda.

Start:	.org$6050		Code starts at Line 6050
Address	Assembly	Hex	Comment
6050	SEI	78	Set Interrupt Disable Bit
6051	LDA #$80	A9 80	Load Accumulator HEX 80 (128 Decimal)
6053	STA $0315	8D 15 03	Store Accumulator to Address 03 15
6056	LDA #$2D	A9 2D	Load Accumulator HEX 2D (45 Decimal)
6058	STA $0314	8D 14 03	Store Accumulator to Address 03 14
605B	CLI	58	Clear Interrupt Disable Bit
605C	RTS	60	Return from Subroutine
605D	INC $D020	EE 20 D0	Increment Memory Address D0 20
6060	JMP $EA31	4C 31 EA	Jump to Memory Address EA 31

Figura 6.2 Exemplo de linguagens de máquina *assembly* e hexadecimal.

As linguagens procedurais, também conhecidas como linguagens da terceira geração, usam palavras em inglês, como *add*, *print*, *if* e *else*, para escrever suas instruções. *Do while* e *for next* são instruções comuns de controle de programa e de tarefa repetitiva. Elas também usam operadores aritméticos, como "*" para multiplicação e "/" para divisão. As linguagens da terceira geração também devem ser interpretadas ou compiladas em uma linguagem de máquina. O programa de linguagem de máquina resultante é conhecido como código de objeto. Os compiladores convertem o programa inteiro antes de executá-lo, enquanto os interpretadores traduzem e executam o código linha por linha. Uma vantagem do código interpretado é que, se um erro for encontrado, o interpretador fornecerá um retorno imediato. Muitas linguagens possuem um interpretador e um compilador para facilitar o desenvolvimento de programas. COBOL e C são exemplos de linguagens de terceira geração.

Outras linguagens de programação clássicas são BASIC e Fortran. As variações dessas linguagens são frequentemente usadas em equipamentos OEM para realizar funções lógicas, como teste de impressão e apresentação ou resultados de operações.

A Programação Orientada a Objetos (POO) utiliza itens que podem conter tanto os dados quanto os procedimentos que os leem ou os manipulam. Esses itens são denominados objetos. Uma vantagem da POO é que, uma vez criado um objeto, ele pode ser reutilizado e modificado por outros programas existentes ou posteriores. Um objeto representa uma transação, um evento ou um objeto físico. Além de ser capaz de trabalhar com objetos, as linguagens POO são orientadas a eventos. Os eventos são ações, como as entradas de um teclado ou de outro dispositivo. Eles podem ser gerados quando um botão é pressionado em uma IHM, quando um sensor é ativado em um sistema de controle ou quando um valor é digitado em uma caixa de texto. Exemplos de linguagem de POO são Java, C++, C# e Visual Basic.

Linguagens de CLP

A IEC definiu um padrão internacional aberto para CLPs. A IEC 61131-3 é a terceira de oito seções e lida com linguagens de programação. Três linguagens gráficas e duas textuais são definidas no padrão. As linguagens baseadas em texto são listas de instruções (IL, *Instruction List*) e texto estruturado (ST, *Structured Text*), enquanto as linguagens gráficas são o diagrama ladder (LD, *Ladder Diagram*), o diagrama de blocos funcionais (FBD, *Function Block Diagram*) e o gráfico de funções sequenciais (SFC, *Sequential Function Chart*).

O padrão também define tipos de dados e variáveis, configurações dos CLPs, unidades de organização de programas, recursos e tarefas. Os elementos desse padrão já existiam antes de sua criação, em 1993, mas a definição ajudou a colocar muitos dos diversos elementos de diferentes plataformas em uma estrutura comum.

Os tipos de dados na programação de CLPs são definidos assim:

Cadeia de bits (grupos de valores on/off):

BOOL – 1 bit

BYTE – 8 bit

WORD – 16 bit

DWORD – 32 bit

LWORD – 64 bit

Inteiros (todos os números):

SINT – *Signed Short* – 1 byte

INT – *Signed Integer* – 2 byte

DINT – *Double Integer* – 4 byte

LINT – *Long Integer* – 8 bytes

U – representa números inteiros sem sinal – *unsigned integer* (colocado antes do tipo para representar que o número é sem sinal)

Real (ponto flutuante IEC 559, IEEE):

REAL – 4 byte

LREAL – 8 byte

TIME (duração para temporizadores, processos)

Data e hora do dia:

   DATE – data do calendário

   TIME_OF_DAY – hora do relógio

   DATE_AND_TIME – hora e data

STRING (cadeia de caracteres entre aspas simples)

WSTRING (strings múltiplos)

ARRAY (vários bytes armazenados na mesma variável)

Subfaixas (limites para os valores, como corrente de 4 a 20)

Derivados (derivados a partir dos tipos anteriores):

   TYPE – Tipo simples

   STRUCT – Composto de diversas variáveis e tipos (isto é, uma UDT – *User Defined Type*, tipos de dados definidos pelo usuário)

Os elementos de dados podem ser mantidos em registradores predefinidos ou, em alguns casos, suas localizações podem ser completamente associadas e configuradas pelo usuário.

As variáveis são definidas no padrão como globais (acessíveis por todas as rotinas), diretas ou locais (acessíveis somente pela rotina que contém tais variáveis), de mapeamento de I/O (entradas e saídas), externas (passadas a partir de um código externo) e temporárias. As configurações do programa também são definidas. Os recursos são itens originados da ou pertencentes à própria CPU. As tarefas são grupos de programas ou sub-rotinas, dos quais um é designado como rotina "principal". Pode haver vários "principais" por CPU. Os programas e as sub-rotinas então executam sub-tarefas e formam unidades ou subunidades organizacionais.

Outras unidades organizacionais de programas incluem funções, como ADD, SQRT, SIN, COS, GT, MIN, MAX, AND, OR e outras, que também podem ser customizadas ou definidas pelo usuário. Os blocos de função são recipientes para essas funções. Eles podem ser customizados ou estar disponíveis como bibliotecas de fornecedores ou terceiros.

Uma LD, ou lógica ladder, é uma representação gráfica de bobinas físicas e contatos derivada da época em que os relés eram usados para controlar os sistemas. Os elementos de programa são arranjados em linhas horizontais conhecidas como degraus que simulam um circuito elétrico. Essas linhas são desenhadas entre duas linhas verticais, chamadas trilhos. Contatos, bobinas, temporizadores, con-

> **» DEFINIÇÃO**
> Uma LD, ou lógica ladder, é uma representação gráfica de bobinas físicas e contatos derivada da época em que os relés eram usados para controlar os sistemas.

tadores e várias operações de dados são organizados ao longo dos degraus do diagrama. O gráfico resultante é parecido com uma escada (*ladder*), daí o nome. A Figura 6.3 mostra uma seção da lógica ladder.

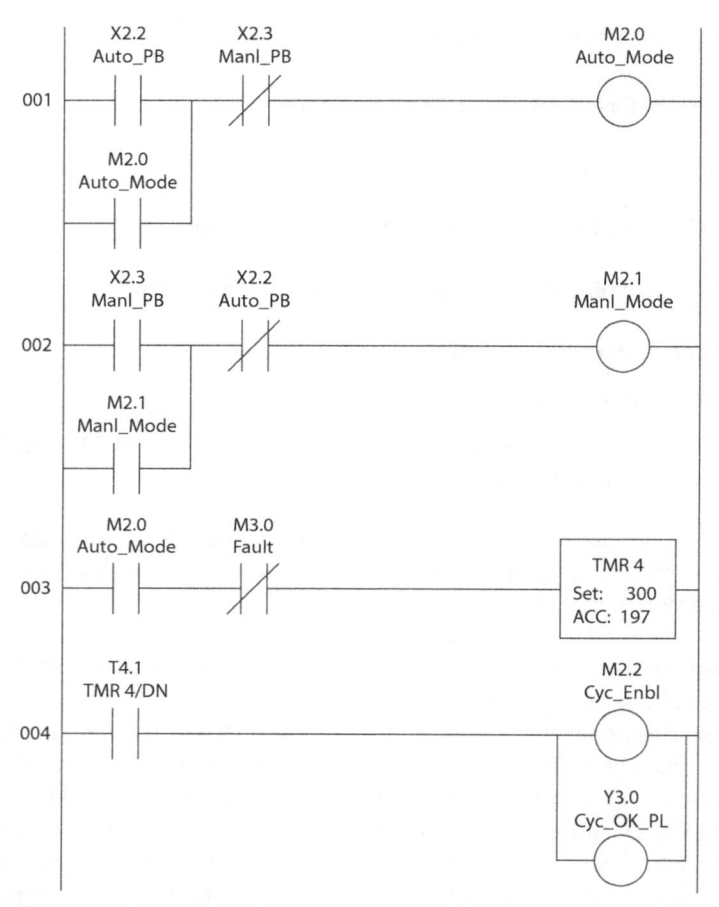

```
          X2.2        X2.3                              M2.0
          Auto_PB     Manl_PB                           Auto_Mode
  001 ─────┤ ├─────────┤/├──────────────────────────────( )─────
          │           │
          │  M2.0     │
          │  Auto_Mode│
          ├───┤ ├─────┤
          
          X2.3        X2.2                              M2.1
          Manl_PB     Auto_PB                           Manl_Mode
  002 ─────┤ ├─────────┤/├──────────────────────────────( )─────
          │           │
          │  M2.1     │
          │  Manl_Mode│
          ├───┤ ├─────┤
          
          M2.0        M3.0
          Auto_Mode   Fault                          ┌──────────┐
  003 ─────┤ ├─────────┤/├──────────────────────────│  TMR 4   │──
                                                    │ Set:  300│
                                                    │ ACC:  197│
                                                    └──────────┘
          T4.1                                          M2.2
          TMR 4/DN                                      Cyc_Enbl
  004 ─────┤ ├──────────────────────────────────────────( )─────
                                                        Y3.0
                                                        Cyc_OK_PL
                                                        ( )
```

Figura 6.3 Lógica ladder.

Os contatos podem ser NO, NC ou várias formas de contatos de disparo único ou de varredura única. As bobinas são semelhantes às bobinas de um relé e podem ser ativadas somente se a lógica anterior for verdadeira, ou guardar o seu estado como um par *set-reset* ou bloqueio-desbloqueio. Construtos como temporizadores, contadores e funções matemáticas são predefinidos como elementos no software de ladder. Alguns fabricantes de softwares de CLP possuem centenas de funções de propósito específico predefinidas, enquanto outros permitem a criação de funções pelo programador.

Em vez de operar linearmente e esperar por uma instrução de etapa antes de o programa prosseguir, o CLP **varre** o programa inteiro, do início ao fim, e então atualiza a tabela interna de I/O muitas vezes por segundo. Essa é uma das razões por que os CLPs são considerados mais determinísticos do que os computadores. Eles também podem criar condições de disputa se um programador não tiver cuidado. Nesse caso, as operações não acontecem na ordem desejada, pois os degraus são ativados em outros lugares no programa. Essa condição nem sempre depende do local onde a operação está localizada no programa.

Devido às dificuldades inerentes do programa associadas à varredura, os **sequenciadores** são usados para controlar o fluxo de programa. Eles definem o estado de uma ação ou processo por declarações numéricas "iguais" ou pela lógica de bits de palavra. Um uso comum de um sequenciador é na definição de uma sequência automática passo a passo para controlar um mecanismo, como um *pick-and-place*.

Como os softwares de programação dos CLPs são desenvolvidos por diferentes empresas para diferentes tipos de hardware, os símbolos ou os nomes das variáveis, os dispositivos e as técnicas podem mudar bastante. As entradas costumam ser rotuladas como I ou X, e as saídas, como O, Y ou Q. Os temporizadores são marcados como T, e os contadores, como C, enquanto os bits internos e as variáveis podem ter praticamente qualquer nomenclatura. As técnicas utilizadas para a elaboração de funções matemáticas podem utilizar um único bloco com múltiplas variáveis, como ADD, com A e B sendo adicionados para produzir o resultado C. Outra técnica é usar comandos separados, como carregue A (LD A), carregue B (LD B), ADD, OUT C. Em geral, eles seriam colocados no mesmo degrau; o comando de carga está carregando um registro conhecido como acumulador.

> **» IMPORTANTE**
> Como os softwares de programação dos CLPs são desenvolvidos por diferentes empresas para diferentes tipos de hardware, os símbolos ou os nomes das variáveis, os dispositivos e as técnicas podem mudar bastante.

Os FBDs utilizam caixas e linhas para indicar o fluxo do programa. Esse diagrama descreve as funções entre as variáveis de entrada e de saída usando setas para conectar os blocos, indicando o movimento dos dados. As linhas simples, chamadas links, são usadas para conectar os pontos lógicos no diagrama. Elas são orientadas com setas em uma extremidade. A Figura 6.4 mostra um exemplo de programação com FBD.

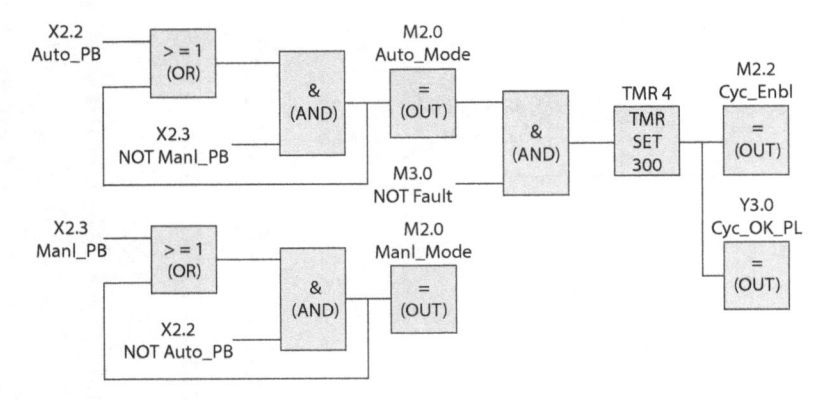

Figura 6.4 FBD.

Os links são desenhados para conectar uma variável de entrada à entrada de um bloco, a saída de um bloco à entrada de outro bloco, ou a saída de um bloco a uma variável de saída. Múltiplas conexões no lado direito também podem ser usadas com pontos de junção, conhecidos como desvios.

O SFC é outro método gráfico de programação. A programação SFC é baseada na linguagem gráfica conhecida como Grafcet, que é um método de representação de sistemas automatizados e fluxo lógico. Os componentes do SFC são os **degraus**, junto com suas ações associadas, as **transições** com suas condições lógicas e os **links** direcionais entre os degraus e as transições.

Os degraus no SFC podem ser ou ativos ou inativos. Eles são ativados em um passo inicial ao serem configurados pelo programador ou por uma lógica anterior. Se todos os degraus antes de um determinado degrau se ativaram e a lógica que os conecta se torna verdadeira, então esse degrau será ativado. As variáveis associadas com o degrau podem ser **set** (S), **reset** (R) ou **contínua** (N). Os comandos *set* e *reset* são travados e destravados, enquanto a ação contínua N é somente *on* se o degrau está ativo. A Figura 6.5 mostra um exemplo de um SFC.

>> **DEFINIÇÃO**
O SFC é um método gráfico de programação baseado na linguagem gráfica Grafcet, que é uma ferramenta de representação de sistemas automatizados e fluxo lógico.

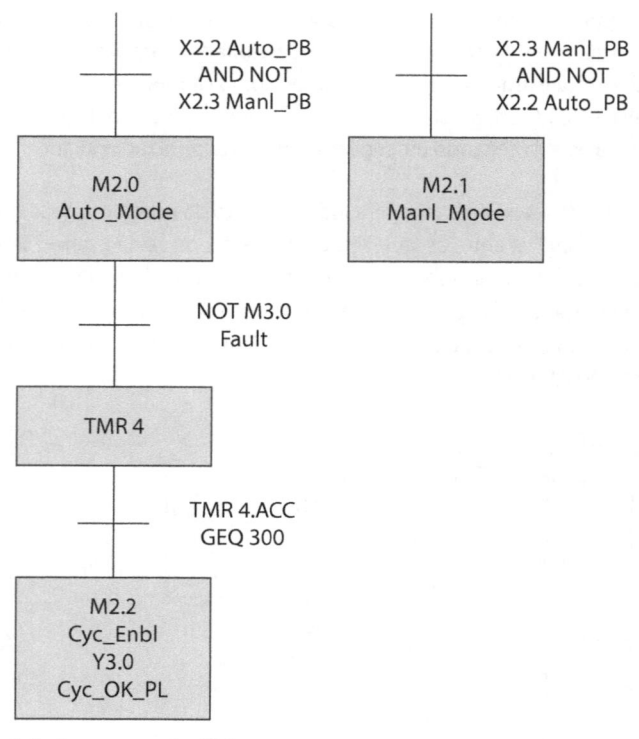

Figura 6.5 Programação SFC.

Uma sequência de degraus em um SFC é abreviada como POU. Vários POUs podem ser ativados de uma só vez, tornando o SFC uma linguagem paralela. As saídas e as variáveis de um POU podem ser usadas em outro POU, ação conhecida como *forcing*. As LDs também podem ser usadas dentro dos blocos de um diagrama SFC. Uma vez que o SFC foi derivado de uma ferramenta de design gráfico, é fácil testá-lo, mantê-lo, solucionar problemas e fazer projetos com ele.

A IL é uma linguagem textual de baixo nível similar à linguagem de *assembly*. Antes da utilização de terminais gráficos e PCs, a lógica ladder precisava ser inserida no CLP por meio de um terminal portátil com um teclado. A linguagem consiste em muitas linhas de código, com cada linha representando uma operação. Códigos mnemônicos são usados para operações, e os endereçamentos devem ser referenciados diretamente, isto é, sem símbolos ou comentários.

>> **CURIOSIDADE**
Antes da utilização de terminais gráficos e PCs, a lógica ladder precisava ser inserida no CLP por meio de um terminal portátil com um teclado.

As instruções e expressões usam um construto de memória conhecido como **pilha** (*stack*). Os valores de instrução são alimentados linha por linha e "empurrados" na pilha. Depois de todas as linhas terem sido inseridas em um degrau, os cálculos lógicos dentro da pilha são realizados até a declaração do dispositivo de saída. A Figura 6.6 mostra um exemplo de programação IL.

```
LD X2.2 Auto_PB
O M2.0 Auto_Mode
AN X2.3 Manl_PB
= M2.0 Auto_Mode
LD X2.3 Manl_PB
O M2.1 Manl_Mode
AN X2.2 Auto_PB
= M2.1 Manl_Mode
LD M2.0 Auto_Mode
AN M3.0 Fault
= TMR 4 Set 300
LD T4.1 TMR 4/DN
= M2.2 Cyc_Enbl
= Y3.0 Cyc_OK_PL
```

Figura 6.6 Programação IL.

A programação IL é o nível mais fundamental das linguagens de programação de CLPs; todos os programas ladder podem ser convertidos em IL. No entanto, os programas IL nem sempre podem ser convertidos em ladder, uma vez que é fácil construir degraus ilegais. Se as instruções compatíveis com o IEC 61131 forem seguidas, o IL pode ser usado para migrar programas da plataforma de um fornecedor para a de outro.

O ST é uma linguagem estrutural de alto nível baseada em PASCAL. As variáveis e as invocações das funções são definidas pela IEC 61131; elas compartilham elementos com outras linguagens dentro do padrão. Devido à aderência à norma, o programa de lógica ladder pode invocar uma sub-rotina de texto estruturada.

Os programas ST são compostos de declarações separadas por ponto e vírgula. Os programas começam com as declarações definindo as variáveis, e o programa começa a seguir essas declarações. Os programas então usam declarações predefinidas, sub-rotinas e variáveis para executar o código. Boas práticas de programação, como indentação e comentários, devem ser usadas, assim como em qualquer protocolo de programação. O ST não é sensível a letras maiúsculas e minúsculas, mas fazer as declarações em letras maiúsculas e as variáveis em letras minúsculas é útil para melhorar a legibilidade. A Figura 6.7 mostra um exemplo de programação ST.

```
// Configuração do CLP
CONFIGURATION DefaultCfg
VAR_GLOBAL
        Auto_PB     :IN @ %X2.2       // Botão auto
        Manl_PB     :IN @ %X2.3       // Botão manual
        Cyc_OK_PL   :OUT @ %Y3.0      // Cycle OK Pilot Light
        Auto_Mode   :BOOL @ M2.0      // Modo automático
        Manl_Mode   :BOOL @ M2.1      // Modo manual
        Cyc_Enbl    :BOOL @ M2.2      // Ciclo habilitado
        Fault       :BOOL @ M3.0      // Falha da máquina
        TMR 4       :TIMER @ T4       // 10ms Base Timer
END_VAR

END_CONFIGURATION

PROGRAM Main

STRT    IF (Auto_PB=1 OR Auto_Mode=1) AND Manl_PB=0 THEN Auto_Mode=1
        ELSE IF (Manl_PB=1 OR Manl_Mode=1) AND Auto_PB=0 THEN Manl_Mode=1
        End IF

        IF Auto_Mode=1 AND Fault=0 THEN
        START TMR 4
        END IF

        IF TMR 4.ACC GEQ 300 THEN
        Cyc_Enbl=1
        Cyc_OK_PL=1
        END IF

        JMP STRT

END_PROGRAM
```

Figura 6.7 Programação ST.

Diferentemente da programação linear utilizada nos computadores, o ST é continuamente digitalizado, conforme indicado anteriormente na descrição da lógica ladder. Devido a essa diferença, é importante garantir que os laços DO-WHILE e FOR-NEXT não demorem muito tempo para executar. Os CLPs monitoram constantemente o tempo necessário para completar uma varredura total com um *watchdog timer*. Se um tempo configurado for excedido, uma falha do controlador será criada.

A organização do código em todos os métodos de programação listados anteriormente utiliza tarefas, programas e sub-rotinas para controle de programas e separação. Geralmente, uma rotina principal serve para invocar as sub-rotinas. Um método comum de organização é colocar as entradas, as saídas, as sequências, as falhas e o modo de controle do sistema em sub-rotinas separadas. Se uma máquina ou linha for grande demais, essas sub-rotinas são colocadas em grupos de "células" ou "estações" de programas para organização. Por exemplo, uma mesa seletora, um dispositivo *pick-and-place* ou um robô podem ser colocados em seus próprios programas com sub-rotinas para entradas, saídas e assim por diante. As tags dentro de cada programa ou célula são consideradas locais e só podem ser visualizadas por rotinas dentro do programa. As tags no escopo do controlador são globais e podem ser visualizadas por todos os programas. A Figura 6.8 mostra a organização de um programa no software ControlLogix da Allen-Bradley.

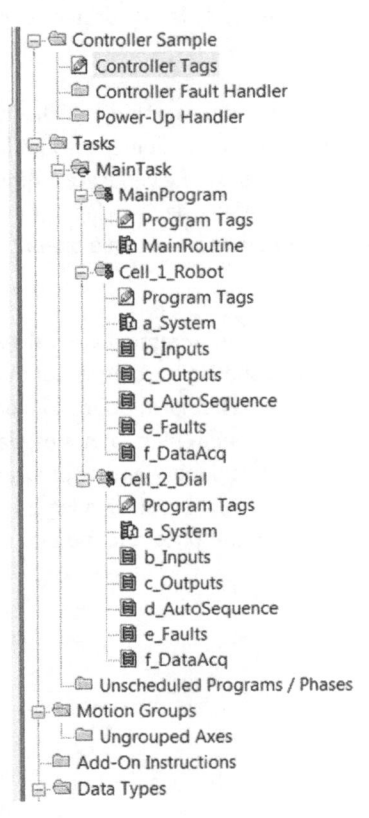

Figura 6.8 Organização de código.

Os pacotes de software de programação de CLPs mais conhecidos incluem os das empresas Allen-Bradley/Rockwell, Siemens, Modicon, Omron, Mitsubishi, Automation Direct/Koyo e muitos outros. Nem todos os softwares seguem a norma IEC 61131 para compatibilidade, mas todos são programáveis em ladder e em geral podem ser visualizados como um IL.

Programação da interface gráfica do usuário (GUI)

Os computadores permitem que os operadores interajam com os softwares ao digitar comandos em um teclado, clicar em imagens com um dispositivo apontador, como um mouse, ou tocar em uma tela sensível ao toque. Fazer a interface com o computador ou com o controlador fica mais simples com o uso de imagens e gráficos capazes de guiar o usuário durante as operações.

O objetivo de qualquer GUI (*Graphical User Interface*) é permitir que o usuário faça a interface com o software e o sistema subjacente de forma simples e intuitiva. A localização de dispositivos similares na mesma posição em cada tela e a disposição dos elementos na ordem em que eles são usados são técnicas importantes no projeto de interface. O usuário de um software deve ser capaz de navegar pelas telas com pouca ou nenhuma instrução. O projeto de GUI deve ser um processo iterativo, com as melhorias sendo feitas constantemente à medida que o software é desenvolvido.

O sistema operacional Windows é um exemplo de GUI. Os programas comerciais que rodam no Windows possuem elementos familiares, como menus, botões de rádio, ícones, janelas e caixas de verificação. Alguns programas também utilizam botões que fazem referência às teclas de função no teclado. Essa técnica é transportada em várias interfaces com o operador, com ou sem telas sensíveis.

As GUIs customizadas podem ser programadas em diversas linguagens. A maioria das linguagens possui dispositivos comuns, como botões, textos e entradas numéricas, e a capacidade de fazer a interface com objetos e componentes. O Visual Basic foi uma das primeiras plataformas usadas para a programação GUI e ainda é utilizado. Outras linguagens de programação comuns são Java, .NET, Python, C/C++/C#, Perl, entre outras. A Figura 6.9 mostra uma GUI de um software de programação de robôs que roda no sistema operacional Microsoft Windows.

> » **IMPORTANTE**
> O usuário de um software deve ser capaz de navegar pelas telas com pouca ou nenhuma instrução.

> » **DEFINIÇÃO**
> A GUI (interface gráfica do usuário) é um tipo de interface que permite a interação com dispositivos digitais por meio de elementos gráficos, de forma simples e intuitiva.

Figura 6.9 GUI do Windows.

Existem questões importantes a serem consideradas ao desenvolver uma GUI para uso de computadores. A linguagem é fácil de aprender e ser implementada? Você precisará de componentes customizados e ela fará interface com diferentes objetos? Ela terá de funcionar em diferentes plataformas, como Windows, Unix, Apple? Para utilidades simples que rodam em uma plataforma Windows, o Visual Basic 6 provavelmente é o mais fácil de aprender. Uma linguagem mais poderosa – e ainda relativamente fácil de aprender – é o C#, enquanto o Java é uma boa escolha quando é necessário rodar em diferentes plataformas.

A maioria dos grandes fabricantes de CLPs utiliza também softwares de desenvolvimento (GUI) para computadores. Eles geralmente são mais caros do que os programas utilizados anteriormente, pois possuem o preço fixado de acordo com o número de tags que serão utilizadas. Em geral, esses pacotes são mais fáceis de aprender e possuem os drivers necessários embutidos, bem como as configurações do CLPs. Eles também fazem interface com outros objetos, como os componentes ActiveX, além de usarem o componente OLE. Os elementos OPC e ODBC também são itens padronizados fornecidos. Os CLPs são uma boa escolha, pois fornecem uma interface gráfica para o desenvolvimento.

Na automação, a escolha por um computador em vez de por uma IHM mais simples ocorre devido a certos requisitos, como armazenamento e recuperação de dados, interface com outros computadores em uma rede e acesso a outros programas no mesmo computador. Os computadores não são tão robustos para aplicações no chão de fábrica quanto as IHMs dedicadas, e podem ser caros quando versões para uso industrial são empregadas. Por isso, as IHMs híbridas que rodam Windows CE muitas vezes são usadas como IHMs. Elas fazem interface com um servidor para inserir dados, além de inicializarem mais rapidamente do que um PC padrão.

> **IMPORTANTE**
> Os computadores não são tão robustos para aplicações no chão de fábrica quanto as IHMs dedicadas, e podem ser caros quando versões para uso industrial são empregadas.

Para as IHMs padrão, o pacote de desenvolvimento de software é fornecido pelo fabricante. Na maioria dos casos, ele pode fazer interface com diversos tipos de CLPs, embora sua funcionalidade talvez seja limitada fora do produto do fabricante. Os bits e as palavras de um CLP são endereçados de forma direta (pelo endereço) ou pela utilização de tags. As tags podem ser importadas diretamente do CLP, ou por meio de um passo intermediário, como a importação de um arquivo .csv (*comma separated file*, arquivo separado por vírgula) feita com o uso do Microsoft Excel. A Figura 6.10 mostra uma GUI desenvolvida para a IHM de uma máquina.

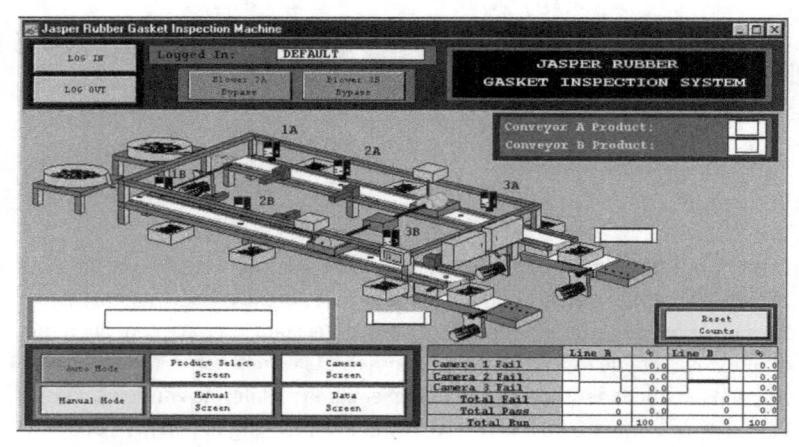

Figura 6.10 GUI da IHM.

O software de GUI e IHM relacionado à automação em geral possui diversos recursos não encontrados em pacotes abertos, como o Visual Basic e o Java. Como o software faz interface com as máquinas, os visualizadores de alarmes são um recurso importante desse pacote. Os alarmes são criados com base nos estados de bits ou no intervalo numérico de tags. Eles podem ser priorizados e visualizados na ordem de prioridade. Os botões usados para reconhecer e limpar os alarmes são objetos padrão. Os alarmes podem ser feitos em diferentes cores, e algumas vezes possuem um campo de texto alternado que mostra uma ação corretiva. O visualizador de históricos em geral é padrão em um pacote de software que permite que um número configurável de alarmes seja armazenado, junto com o tempo de ocorrência, o tempo de reconhecimento e o tempo de reset ou de correção da falha.

Os gráficos são importados para auxiliar o operador a identificar as seções das máquinas. Os indicadores são sobrepostos aos gráficos para ressaltar uma determinada ocorrência, como um ícone vermelho que pisca para um E-Stop, ou um retângulo vermelho que indica uma porta de segurança aberta. As representações gráficas dos atuadores podem ser "animadas" ou movidas na tela para mostrar sua posição. Os sensores indicadores são colocados na tela para mostrar o estado atual do atuador.

Os botões são configurados com uma tag de botão e uma tag indicadora. Se o botão é usado para controlar um atuador no modo manual, a tag do botão envia o comando ao controlador, enquanto a indicadora é usada para indicar sua posição. O estado da posição em geral é indicado diretamente pelo estado do sensor; se um sensor não for usado, ele pode ser controlado pelo estado do comando de saída.

As GUIs para máquinas automatizadas são programadas de maneira hierárquica, com uma tela principal e várias "árvores" de telas. É comum que um gráfico de toda a máquina ou linha de produção seja colocado na tela principal ou de "inicialização", com áreas atuando como botões de seleção de telas que levam a células ou estações. Outros botões colocados na tela principal podem levar a visualizadores de dados de produção, telas de calibração, históricos de falhas, configuração de senhas e telas de estados das I/Os. A segurança faz parte do pacote de programação de GUIs, e diferentes níveis de segurança dão acesso a telas protegidas por senha.

Programação de robôs

Os robôs são programados por meio da combinação de um computador e de um console de instruções. Existem dois tipos básicos de dados que devem ser programados ou ensinados a um robô: procedimentos e dados posicionais. A configuração e a programação de movimentos e sequências costumam ser feitas pela conexão do controlador do robô a um computador com o software de programação instalado. Os parâmetros de comunicação inicial são configurados por meio do console para permitir que o controlador faça interface com o computador de programação e quaisquer outros controladores.

Uma vez conectado o computador de programação, os programas e os dados posicionais podem ser transferidos do computador para o controlador do robô, e vice-versa. O desenvolvimento de programas para robôs é semelhante ao das máquinas em geral; é uma boa ideia é começar com um fluxograma ou uma sequência de eventos. Os robôs articulados atuam ao armazenar uma série de posições na memória e ao reproduzi-las várias vezes na sua sequência de programação. Por exemplo, um robô que está instalando uma peça em um produto deve ter uma programação *pick-and-place* simples, semelhante à descrita a seguir:

Definir os pontos P1-P5:

1. Posição inicial (definida como P1)
2. 10 cm acima da caixa com a peça (definido com P2)
3. Posição para pegar a peça da caixa (definida como P3)
4. 10 cm acima da peça de trabalho (definido como P4)
5. Posição para liberar a peça no produto (definida como P5)

> **» JUNTANDO TUDO**
> Existem dois tipos básicos de dados que devem ser programados ou ensinados a um robô: procedimentos e dados posicionais.

Definir o programa:

1. Mova para P1
2. Mova para P2
3. Mova para P3
4. Feche a pinça
5. Mova para P2
6. Mova para P4
7. Mova para P5
8. Abra a pinça
9. Mova para P4
10. Mova para P1 e finalize

Depois da definição dos pontos e eventos, o programa é escrito com o software do computador. O software utiliza linguagens procedimentais conforme descrito na seção sobre linguagens de programação. As estruturas baseadas em decisão, como IF-THEN-ELSE, e argumentos lógicos são padrão nos softwares de robôs.

Os programas podem ser bem mais complexos do que o exemplo apresentado. Sinalizadores que utilizam I/O a partir de outros controladores são comuns. Eles podem ser ligados fisicamente em pontos e endereçados como I/O locais, ou podem fazer interface utilizando métodos de comunicação, como DeviceNet, Profibus ou Ethernet IP.

> **» DEFINIÇÃO**
> Um robô e uma coleção de máquinas ou periféricos são conhecidos como células ou células de trabalho.

Um robô e uma coleção de máquinas ou periféricos são conhecidos como células ou células de trabalho. Uma célula típica pode conter um alimentador de peças, uma estação de montagem e um robô. Um CLP é usado para controlar outras estações e fornecer direções para o robô. O modo como o robô interage com outras máquinas ou estações na célula deve ser programado em relação a suas posições na célula, bem como à sua sincronização com elas. O mapeamento de I/O é um elemento comum de um programa de robô, configurando as entradas como comandos para o robô e as saídas como bits de estado. Um controlador de célula pode percorrer o robô em cada movimento individualmente, ou o robô pode realizar uma sequência de movimentos, parando somente em condições de interrupção ou falha.

As posições podem ser ensinadas de diversas formas. As posições X-Y-Z podem ser especificadas no programa utilizando uma GUI ou comandos de texto. Essa técnica é limitada, pois ela baseia-se na medida precisa das posições do equipamento associado, além de depender da precisão posicional do robô. As posições do robô podem ser ensinadas por meio de um console de instruções. As características comuns de tais unidades são sua capacidade de enviar manualmente o robô para a posição desejada, ou *inch* (polegada) ou *jog* (movimento) para ajustar uma posição. Eles também têm um meio de alterar a velocidade, pois uma baixa velocidade é exigida para um posicionamento cuidadoso, ou durante os testes com uma rotina nova ou modificada. Provavelmente esse seja o método mais comum para ensinar posições em robôs articulados. Outra técnica oferecida pelos fabricantes de robôs é "dominar completamente". Nesse método, um usuário detém o manipulador do robô, enquanto outra pessoa utiliza o console para desenergizar o robô, fazendo-o ficar inerte. O usuário então move o robô manualmente para as posições exigidas e/ou ao longo de um caminho desejado, enquanto o software armazena essas posições na memória, de modo que o programa possa executar o robô para essas posições ou ao longo do caminho ensinado. Essa técnica é popular para tarefas como a pintura por pulverização.

Um dispositivo comum que faz interface com o software do robô é a visão de máquina. Existem basicamente duas formas de utilizar a visão de máquina com robôs: montando a câmera no ferramental do efetor de extremidade, de modo que ela acompanhe todos os seus movimentos; e montando a câmera em uma posição fixa para que ela monitore a área de operação do robô.

A primeira coisa a ser feita é colocar os dois sistemas nas mesmas coordenadas. Se o robô está em um ângulo com o campo de visão da câmera (FOV, *Field Of View*), o espaço de trabalho do robô ou o quadro de referência deve ser modificado. Para isso, uma grade de calibração é usada. Ela é uma impressão de um padrão quadriculado com quadrados de uma dimensão conhecida.

A impressão é colocada no centro aproximado do FOV da câmera, de modo que o eixo X do padrão se alinhe com os pixels da câmera. O robô então aprende dois pontos no eixo X e entra em uma variável de "trabalho" ou quadro. Quando esse espaço de trabalho é invocado, o espaço X-Y do robô é referenciado para essa variável.

A câmera é usada para capturar a imagem e salvá-la. O Cognex possui um algoritmo para calibração que coloca miras em todas as intersecções na grade. Um conjunto é então selecionado como origem, e as direções X-Y são definidas a partir dele. O robô é usado para localizar as coordenadas de origem, e os dados são inseridos na câmera. Depois que o espaçamento da grade é alimentado, o algoritmo de calibração é disparado, e a câmera pode então reportar a localização dos objetos dentro do FOV em coordenadas de robô X-Y do mundo real.

Como os objetos na borda do FOV estão mais distantes das lentes, uma paralaxe é criada onde as coordenadas devem ser ligeiramente escaladas – essa é outra característica do sistema de visão Cognex. Isso é comum nas aplicações de visão em que os dados medidos devem ser bem precisos. Em algumas aplicações, as coordenadas X e Y, bem como a rotação do objeto de interesse, são envidas diretamente ao controlador do robô a partir do sistema de visão. Esses valores

>> JUNTANDO TUDO
Existem basicamente duas formas de utilizar a visão de máquina com robôs: montando a câmera no ferramental do efetor de extremidade, de modo que ela acompanhe todos os seus movimentos; e montando a câmera em uma posição fixa para que ela monitore a área de operação do robô.

podem ser ligeiramente corrigidos para criar um ponto de captação para o robô. O valor de Z será uma constante se há a coleta a partir de uma gama unidimensional de peças. Se não, utiliza-se outra câmera para capturar a posição ou uma gama de desvios.

Utilizar uma câmera com um FOV fixo é bastante simples, pois as coordenadas permanecem constantes, assim como o foco. Se a câmera é montada no ferramental do efetor de extremidade, o sistema de coordenadas precisa seguir a posição do robô e o foco talvez varie. Isso gera um conjunto inteiramente diferente de problemas a serem abordados. Também é comum que as câmeras sejam compensadas a partir do ferramental de pinça nas coordenadas cartesiana e rotacional.

» Software de design

O software de design é utilizado para produzir desenhos em duas ou três dimensões de um sistema físico. Os pacotes de modelagem 3D, como AutoCAD Inventor, SolidWorks e Pro-E, são usados pelo projetista para expor máquinas ou produtos manufaturados. Circuitos elétricos e pneumáticos e outros sistemas são desenhados com pacotes de desenho 2D, como AutoCAD ou AutoSketch. Esses pacotes são customizados para a área de atuação do projetista. Por exemplo, um projetista eletrônico talvez não tenha necessidade de desenhos 3D, mas requer bibliotecas de dispositivos especiais ou referências cruzadas para catalogar números de peças. Muitos fabricantes de componentes disponibilizam seus hardwares em uma variedade de formatos de desenhos para essas bibliotecas.

O software de design também está disponível para dispositivos como CPLDs, FPGAs, ASICs e outros processadores. Esses dispositivos são usados em controladores embarcados, em geral em equipamentos OEM. Esse software permite que o usuário configure sistemas elétricos para componentes no nível da placa, expondo suas arquiteturas e gerenciamento de energia e realizando simulações. Ele também é uma ferramenta útil para sistemas de visão em nível de placa e processamento de imagens. A Altera fabrica componentes e softwares de projeto para a criação de sistemas em um chip programável (SOPC, *System On a Programmable Chip*).

Softwares de propósitos especiais para o desenvolvimento de diagramas P&ID ou outros documentos especializados contêm ferramentas que permitem ao desenvolvedor ou projetista gerar desenhos rapidamente para satisfazer seus objetivos.

> » **DEFINIÇÃO**
> O software de design é um software utilizado para produzir desenhos em duas ou três dimensões de um sistema físico.

Software de análise

O software de análise é utilizado para dimensionar servomotores, determinar tensões em sistemas mecânicos e construções ou calcular qualquer fator no processo de desenvolvimento. Os engenheiros criam seus próprios softwares de análises em plataformas como Microsoft Excel, MATLAB ou LabVIEW.

Os fornecedores muitas vezes oferecem softwares de graça ou a uma taxa nominal para auxiliar os compradores de seus produtos na seleção de uma solução apropriada. O software Motion Analyzer da Allen-Bradley é um programa útil para configurar servossistemas. Ele permite que o usuário insira as informações sobre a aplicação, como tamanho e atributos físicos da carga aplicada, velocidade desejada, potência disponível e ciclo de trabalho. Ele então calcula a inércia e outros parâmetros físicos e fornece uma seleção de motores e pares de caixas de velocidades para satisfazer a solução. O Drive ES da Siemens faz o mesmo. Como eles são fornecidos pelos fornecedores de hardware, as escolhas de motores são limitadas aos oferecidos pelo fornecedor.

Os fornecedores de hardware pneumático também disponibilizam software de dimensionamento para seus produtos, permitindo que o usuário forneça pesos e velocidades, além de ar disponível para suas aplicações. Os bancos de válvulas e os atuadores são então selecionados pelo software – novamente, somente a partir dos produtos dos fornecedores. Detalhes como estilo do cilindro, métodos de montagem e sensores são todos configuráveis. Festo, SMC e Numatics possuem softwares úteis para esse propósito.

O software para sistemas pneumáticos, hidráulicos e servos também é disponibilizado por terceiros; porém, em geral eles oferecem simulações e não selecionam os números de produto para o usuário. Em vez disso, dimensionam os componentes por kW, diâmetro e assim por diante, e deixam para o usuário a escolha dos componentes.

O software de física e simulação de fábrica pode ser usado para modelar uma planta em 3D. O encaminhamento dos produtos (rota), os tempos de produção, as mudanças de calendário e o tempo de parada podem ser programados na simulação e usados para determinar gargalos em um processo. Uma vez que a simulação pode ser acelerada e rodar utilizando diferentes combinações de produto, processo e recursos, esse tipo de software ajuda a otimizar o desempenho e tornar a produção mais eficiente. Os pacotes de simulação de fábrica mais comuns são AutoMod, eMPower, ProModel, FlexSim, UGS VisFactory (incluindo o VisSim e o VisProduction), além do software Production Pilot da Adept Technology.

O software de simulação de máquinas também é usado para simular o movimento de produtos e atuadores em uma linha de produção. A maioria dos programas em 3D e CAD-CAM permite algum grau de simulação no modelo sólido a fim de determinar interferências e taxas máximas. Da perspectiva de construção de máquina, o software de simulação ajuda a evitar riscos e a corrigir condições inconstrutíveis. O SolidWorks, o Pro-E e o AutoCad Inventor possuem a capacidade de simular o movimento de máquinas.

≫ Software para escritório

Vários produtos de software para escritório são usados no processo de documentação. As planilhas servem para documentar contas de materiais e capturar custos; os bancos de dados, para armazenar dados para fácil recuperação; e os softwares de processamento de texto, para gerar documentos escritos que descrevem a manutenção e a operação de uma máquina ou processo.

> ≫ **JUNTANDO TUDO**
> Planilhas, bancos de dados, software de apresentação e software de gerenciamento são algumas das ferramentas utilizadas em escritórios.

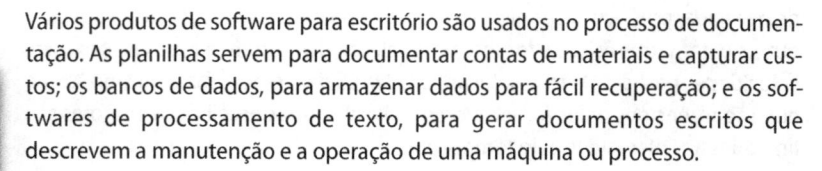

O software de gerenciamento de projetos permite que escalas sejam criadas e acompanhadas à medida que a implementação do projeto avança. Marcos são criados e tarefas podem ser deslocadas, com dependências sendo movidas simultaneamente. É possível estabelecer o número de recursos necessários para finalizar um projeto em uma certa data junto com a representação visual do caminho crítico do projeto. As estimativas podem então ser ajustadas e seus impactos visualizados à medida que o projeto avança, criando um registro que pode ser analisado após a conclusão do projeto.

O software de apresentação permite a visualização do projeto ou de planos para reuniões. O software de fluxograma é utilizado para a elaboração ou o fluxo do projeto. O software de gerenciamento de contatos e de reuniões permite que pessoas que estão em diferentes lugares se comuniquem com eficácia.

Devido à ampla utilização do sistema operacional Microsoft Windows, a maioria dos softwares para escritório utilizados na indústria é compatível com o conjunto de softwares do Microsoft Office. Esse conjunto de softwares inclui Word, Excel, PowerPoint, Vision, Access, Outlook e vários outros aplicativos úteis. O Microsoft Project é o mais usado para a programação e o acompanhamento de projetos.

As macros nos pacotes de planilhas são muito usadas para coleta de dados, cálculos e visualização. Esses pacotes são comercializados por desenvolvedores terceiros para operar com planilhas padrão, como o Microsoft Excel. Elas permitem que os usuários transformem seus dados em histogramas, gráficos de Pareto e outras formas gráficas de análise e visualização.

SCADA e aquisição de dados

Os pacotes de controle supervisório e aquisição de dados (SCADA, Supervisory Control and Data Acquisition) são usados para controlar sistemas automatizados e reunir informações sobre os processos. O SCADA é quase sempre instalado no(s) computador(es) e costuma estar ligado em rede a outros controladores no chão de fábrica. Os controladores agem como pontos de coleta de dados para máquinas ou para um conjunto específico de nós, e com frequência funcionam como cópia de segurança (*backup*) das informações coletadas. Os terminais dos operadores também funcionam como pontos de entrada de dados para operadores, supervisores ou engenheiros. Eles podem estar ou não conectados a um controlador de máquina.

Um dos principais propósitos de um sistema SCADA é arquivar e compartilhar dados. Os dados podem ser coletados periodicamente ou com base em eventos. Por exemplo, os valores de pressão de vários pontos podem ser registrados em uma escala de tempo periódica, como minutos ou horas, ou ser registrados quando a pressão ultrapassa um limite de alarme. Os valores são armazenados em plataformas de bancos de dados padrão, ou em formatos, como arquivos .dbf ou bases de dados SQL. Isso permite que os dados sejam manipulados com pacotes de softwares de terceiros para análises estatísticas ou arquivamento.

> **» IMPORTANTE**
> Um dos principais propósitos de um sistema SCADA é arquivar e compartilhar dados.

Os computadores que rodam os pacotes do software SCADA são conectados a sensores por meio de portas de comunicação do controlador, ou de cartões montados no próprio computador. Alguns fabricantes desenvolveram seus próprios sistemas híbridos de computadores ao colocar um cartão de computador em um gabinete que contém cartões de I/O e de comunicação, em vez de usar os já disponíveis no computador. Isso tem a vantagem de produzir um sistema mais robusto, mas pode aumentar os custos do sistema e dificultar a busca por componentes de substituição.

Os sistemas de aquisição de dados em geral conseguem rodar sem estarem conectados a um computador. Eles são similares aos sistemas SCADA, mas funcionam sem ter uma interface gráfica.

Bancos de dados e programação com banco de dados

Os sistemas de automação com frequência devem salvar os dados de forma organizada e com garantia de fácil recuperação. Os dados de produção – como OEE da máquina, sessões de operadores, gerenciamento de produto e de senhas e informações históricas de cada máquina – são gerenciados pela troca de dados com uma base de dados, ou um banco de dados, que é simplesmente uma coleção organizada de dados. As informações são armazenadas de maneira a serem facilmente acessadas por categorias posteriormente. Os dados podem se relacionar de várias formas. As correlações de um tipo de informação com outro devem ser feitas de modo significativo a partir do chão de fábrica ou do software de gerenciamento.

Os dados são categorizados em classificações que ajudam o software a relacionar as informações umas com as outras e a chegar a conclusões futuras a partir delas. Um exemplo é relacionar as falhas de uma máquina à seleção de produtos a fim de determinar se a máquina precisa de trabalho mecânico em uma estação para acomodar um produto específico.

Outro exemplo de como um banco de dados é usado em um cenário de negócios: um engenheiro mantém uma escala de produção crítica e datas para as tarefas para cada número de trabalho. O departamento de aquisições utiliza uma planilha com os números das peças e as datas de entrega também por número de trabalho. Um gerente de projetos então utiliza o banco de dados para inserir as informações do cliente e relacioná-las aos conjuntos de dados do engenheiro e do departamento de aquisições, utilizando os números de trabalho como chave primária. Os relatórios sobre um projeto específico serão gerados a partir dessas informações e podem ser usados para determinar se o cronograma do projeto atrasou por conta da demora do transporte das peças ou de outras causas. Ao alterar a chave primária para consultar os relatórios por fornecedor, comparações podem ser feitas para monitorar as porcentagens de transporte de peças correto e em tempo hábil.

Um banco de dados é tecnicamente apenas os dados e suas estruturas, não o gerenciamento e os aspectos relacionais que o controlam. Os mecanismos que de fato realizam as pesquisas e acessam os dados estão contidos no sistema de gerenciamento de banco de dados (DBMS, *Database Management System*). Os dados e o DBMS juntos são chamados sistema de banco de dados.

>> DEFINIÇÃO
Um banco de dados é tecnicamente apenas os dados e suas estruturas, não o gerenciamento e os aspectos relacionais que o controlam.

Os sistemas de gerenciamento de banco de dados mais comuns são o Microsoft Access e o SQL Server, o Oracle, o IBM DB2 e diversas variantes baseadas em SQL. SQL é a abreviação de *Structured Query Language* (linguagem de consulta estruturada), método utilizado para relacionar as categorias de dados de várias formas. Bancos de dados orientados a objetos e objeto-relacionais usam uma linguagem de busca conhecida como *object query language (OQL*, linguagem de busca de objetos), que utiliza basicamente as mesmas regras, gramática e palavras-chave que a SQL. Um DBMS é necessário para gerenciar os dados de acordo com a disponibilidade para vários usuários de forma simultânea, a precisão, a usabilidade ou amigabilidade com o usuário e a resiliência ou recuperação de erros. Essa pode ser uma tarefa complexa, e os sistemas em geral conectam muitos servidores diferentes e coleções de dados. Quase todos os tipos de negócios utilizam bancos de dados de várias formas e em diferentes plataformas, que muitas vezes não se comunicam diretamente. Isso requer um software adicional para fazer a tradução e o controle de dados e sua aquisição, geralmente utilizando padrões como SQL e OBDC juntos.

Os bancos de dados são classificados de várias formas – pelo seu conteúdo, como textos, imagens ou tipos de arquivos, ou por suas áreas de aplicação, como produção, contabilidade ou manutenção. O termo também pode se referir à programação lógica e aos aspectos de recuperação de dados ou ao conteúdo de dados armazenados no computador. Alguns tipos de banco de dados são apresentados a seguir.

Um **banco de dados relacional** armazena dados em linhas e colunas. Cada linha possui uma chave primária, que identifica unicamente cada registro na tabela. Ela pode ser um atributo normal que é diferente para cada registro, como um número de carteira de identidade, ou ser gerado pelo DBMS. Cada coluna também deve ter um nome único. Access, MySQL e SQL Server são exemplos de bancos de dados relacionais.

Um **banco de dados orientado a objetos** armazena os dados em objetos. Os objetos são itens que contêm dados, bem como os procedimentos que os leem ou os manipulam. Os membros do banco de dados são objetos que podem conter várias características de dados relacionadas, como nome, endereço e idade, bem como instruções para imprimir o registro ou uma fórmula para calcular o salário dos membros. Um banco de dados relacional contém apenas dados sobre o membro. GemFire e Versant são dois tipos de bancos de dados orientados a objetos.

Existem vários programas que funcionam simultaneamente como bancos de dados relacionais e orientados a objetos. Exemplos desses bancos são DB2, Oracle e Visual FoxPro.

>> **IMPORTANTE**
Os bancos de dados são classificados de várias formas – pelo seu conteúdo, como textos, imagens ou tipos de arquivos, ou por suas áreas de aplicação, como produção, contabilidade ou manutenção.

Um **banco de dados multidimensional** armazena os dados em dimensões. Enquanto os bancos de dados relacionais utilizam linhas e colunas (duas dimensões), um banco de dados multidimensional admite mais de duas dimensões, assim o usuário consegue acessar e analisar a exibição dos dados a partir de qualquer aspecto. Essa tabela multidimensional é conhecida como hipercubo. O número de dimensões usadas depende dos requisitos da aplicação. Um exemplo é um banco de dados com produto, fabricante, fornecedor, tempo e modelo da máquina em que é usado. Um usuário seria capaz de procurar os dados por data, número do produto, fornecedor e assim por diante. Os bancos de dados multidimensionais também são mais rápidos para consolidar dados do que os bancos de dados relacionais. Uma pesquisa que leva minutos para ser processada em um banco de dados relacional pode levar segundos em um banco de dados multidimensional. Um banco de dados multidimensional bastante conhecido é o Oracle Express.

Os bancos de dados também são classificados pelo seu conteúdo. Um banco de dados de multimídia armazena imagens, arquivos de áudio e videoclipes. Um banco de dados de sistema de correio de voz é um exemplo. Um banco de dados do tipo *groupware* armazena cronogramas, calendários, manuais, memorandos e relatórios. Pesquisar salas disponíveis ou horários de reuniões em um cronograma é um uso do banco de dados do tipo *groupware*. Um banco de dados do tipo CAD armazena informações sobre projetos de engenharia e desenhos. Ele pode incluir lista de componentes, relações entre peças ou desenhos e dados de revisão de desenhos.

Ao projetar um banco de dados, o ideal é seguir um guia básico. Primeiro, a proposta do banco de dados deve ser determinada, pois isso ajudará o desenvolvedor com o tipo de informações requisitadas. Em seguida, as tabelas ou os arquivos devem ser projetados. Cada tabela deverá conter dados sobre um assunto. Por exemplo, o arquivo de produto deverá conter apenas informações sobre o produto. Terceiro, os registros e campos são elaborados para cada tabela ou arquivo. Cada registro deve ter uma chave primária. Os campos separados devem ser usados para itens logicamente distintos; um nome, por exemplo, deve ter campos para título, primeiro, último e assim por diante. Os campos não devem ser criados para conter informações que podem ser derivadas de outros campos (por exemplo, o campo para idade pode ser derivado do campo data de nascimento). Depois que as tabelas e os campos são completados, é possível estabelecer as relações entre eles, finalizando o projeto.

Para os usuários de bancos de dados, as macros servem para relembrar sequências de operações e funções de automação repetitivas. Essas macros podem ser salvas e reutilizadas sempre que tarefas similares precisam ser feitas, criando ferramentas de usuário facilmente modificadas.

> **» DICA**
> Ao projetar um banco de dados, o ideal é seguir um guia básico.

» Software empresarial

A computação empresarial em geral envolve a utilização de computadores em redes LAN ou em redes de áreas metropolitanas (WAN, *Wide Area Network*). Os negócios produzem e reúnem um grande volume de informações sobre consumidores, produtos, fornecedores e funcionários. Essas informações fluem dentro e fora da empresa, com os usuários consumindo as informações e os computadores rastreando as interações.

Os sistemas de informação são organizados em cinco categorias básicas:

1. Sistemas de informação de escritórios (OIS, *Office Information System*): permitem que os funcionários realizem as tarefas com os computadores, em vez de manualmente. Às vezes eles são chamados automação de escritório. Os OISs auxiliam em atividades administrativas, como processamento de textos, planilhas, bancos de dados, gráficos de apresentação, correios eletrônicos, gerenciamento de informações pessoais e *groupware*. A gestão de nomeações e os cronogramas fazem parte desse tipo de sistema.

2. Sistemas de processamento de transações (TPS, *Transaction-Processing System*): capturam e processam dados de atividades diárias da empresa. Uma transação é uma atividade empresarial individual, como um pedido, um depósito, um pagamento, uma reserva ou o ponto eletrônico dos funcionários. Os TPSs foram uma das primeiras formas de processamento de dados computadorizados. Os antigos TPSs usavam processamento em lote; nesse método, o computador coleta dados ao longo do tempo e processa todas as transações posteriormente como um grupo. O processamento em lote é usado pela maioria das empresas para calcular contracheques ou imprimir faturas. O processamento de transações online é feito em tempo real, com os dados sendo trocados imediatamente. O processamento de cartões de crédito é um exemplo disso.

3. Sistemas gerenciadores de informação (MIS, *Management Information System*): geram informações para utilização de administradores e outros usuários na tomada de decisão, na solução de problemas, na supervisão de atividades e no acompanhamento de processos. A capacidade do computador de comparar os dados e gerar relatórios com apenas as informações necessárias torna essa ferramenta útil. Os MISs são integrados com os TPSs. O sistema consegue reunir informações sobre vendas dos clientes, saldos das contas e estoques e gerar relatórios recapitulando as atividades diárias, semanais ou mensais. Ele assinala problemas, como balanços não remunerados, ou detecta tendências e faz previsões. Os MISs criam três tipos básicos de relatórios: detalhados, resumidos e de exceção. Os relatórios detalhados são simplesmente listas de transações, em geral organizadas por data. Os resu-

> » **IMPORTANTE**
> Os negócios produzem e reúnem um grande volume de informações sobre consumidores, produtos, fornecedores e funcionários.

mos relatam os dados de maneira mais compreensível ao consolidá-los em tabelas, fluxogramas e gráficos com totais para um determinado período. Os relatórios de exceção sinalizam os dados que estão fora da norma, como contas não pagas ou falhas na inspeção de peças.

4. Sistemas de apoio à decisão (DSS, *Decision Support System*): auxiliam o usuário a analisar os dados gerados pelos TPSs e MISs. Esses sistemas usam dados de fontes internas e externas. Os dados internos podem consistir em valores de vendas, estoques ou dados financeiros, enquanto os dados externos incluem taxas de juros ou previsões econômicas. Os DSSs geralmente contêm ferramentas de análises estatísticas, planilhas, gráficos e capacidades de modelagem de cenários. Os sistemas de informação executivos (EIS, *Executive Information Systems*) são um tipo especial de DSS que apresenta as informações em gráficos e tabelas, com tendências, relações e estatísticas.

5. Sistemas especialistas (ES, *Expert System*): são programados com o conhecimento de especalistas humanos e imitam a razão e a tomada de decisão dos seres humanos. Os sistemas especialistas são formados por dois componentes principais: a base de conhecimento e as regras de inferência. Essas regras são um conjunto de algoritmos de decisões lógicas aplicados na base de conhecimento sempre que o usuário descreve uma situação ao sistema especialista. Esse é um exemplo de uso de um sistema de Inteligência Artificial (IA) e aprendizagem adaptativa em computadores.

Os softwares de aplicações usados nas empresas utilizam todos esses tipos de sistemas de informação, combinando-os em pacotes. Uma denominação usada para esses pacotes é **sistemas de informação integrados**.

Os softwares de **gestão de relacionamento com o cliente** (CRM, *Customer Relationship Management*) gerenciam as informações e as interações com clientes e interessados. Ele é usado primeiramente nas áreas de vendas, marketing e serviço ao cliente. Ele controla correspondências e auxilia as empresas a ganharem competitividade ao empregarem ferramentas analíticas. Algumas aplicações importantes desse software no mercado atual são as mídias sociais e a interação com os clientes nos dispositivos móveis.

Os softwares de **planejamento de recursos empresariais** (ERP, *Enterprise Resource Planning*) fornecem uma plataforma centralizada e integrada para a maioria das atividades de uma empresa. Esse tipo de software é customizado para diferentes tipos de empresas e costuma levar anos para ser implementado completamente. Ele integra as informações de todos os departamentos, oferecendo uma visão completa da organização para a gerência. Como as informações são compartilhadas com rapidez, o ERP ajuda a empresa a gerenciar as operações globais em tempo real. A dependência de apenas um sistema, e não de vários obtidos de diferentes fornecedores, permite que o departamento de TI (Tecnologia da Informação) enfoque apenas um tipo de tecnologia. Os pacotes de software ERP ainda podem ser modulares, com soluções separadas para finanças, gerenciamento de capital humano, vendas e serviços, execução de contratos e logística, desenvolvimento de produtos e manufatura e serviços corporativos. Eles podem ser comprados separadamente de um mesmo fornecedor e integrados ao sistema à medida que ele vai crescendo. A maior e mais conhecida fornecedor de sistemas ERP e de outros softwares de aplicação corporativa é a SAP.

Os sistemas de **gerenciamento de conteúdo** (CMS, *Content Management System*) são uma combinação de bancos de dados, software e procedimentos que organizam e permitem o acesso a uma grande variedade de documentos e arquivos. Eles incluem informações sobre dados e arquivos, conhecidos como metadados. Esse tipo de informação abarca números de revisão, um breve resumo do arquivo e o nome do autor. O CMS também possui controles de segurança que limitam o acesso ao arquivo, adicionando conteúdo ao banco de dados ou modificando seu conteúdo. O conteúdo é adicionado por meio de uma GUI ou de um portal seguro com uma página Web. O CMS fornece a capacidade de organizar, classificar, processar e armazenar o conteúdo no sistema.

Os **sistemas de planejamento de materiais** (MRP, *Material Requirements Planning*) ajudam a monitorar e controlar processos relacionados à produção. Eles possuem o gerenciamento de estoques e as ferramentas de previsão que garantem que os materiais requisitados para a fabricação estejam disponíveis quando necessários. As funções básicas incluem controle de estoques, processamento de listas de materiais (BOM, *Bill Of Materials*) e ferramentas de programação. O MRP é usado para planejar e integrar as atividades de fabricação, compras e entrega. Os dados considerados no software MRP incluem prazo de validade dos materiais armazenados, BOMs, informações sobre quantos e quando os itens serão necessários para a produção, materiais em estoque e com pedidos aos fornecedores e metas de produção planejada. As saídas de um MRP englobam a programação da produção recomendada e o cronograma de compras recomendado.

Os **sistemas de planejamento de recursos de fabricação** (MRP II, *Manufacturing Resource Planning*) são uma extensão do planejamento de exigências de materiais. Eles incluem elementos do MRP, mas também possuem ferramentas para rastrear a produção em tempo real e monitorar a qualidade do produto. A reunião dos dados de chão de fábrica pode ser feita por meio de dados manuais alimentados por um operador, ou da integração de sistemas de controle de máquinas com os softwares MRP e MRP II. Da mesma forma, o controle de qualidade pode ser uma combinação de verificações periódicas de produtos com dados manuais ou com medidas em tempo real e de calibração integrada com o maquinário de produção.

> **» DICA**
> Devido aos requisitos de largura de banda da troca de dados no chão de fábrica, é uma boa prática separar os sistemas de coleta de dados empresariais dos sistemas de controle.

A integração dos sistemas de chão de fábrica e dos softwares de sistemas gerenciais é uma tarefa complexa. Os sistemas de controle de produção precisam de uma resposta rápida e de um processamento determinístico. A aquisição de dados é feita nas máquinas dos sistemas de controle e pode ser transferida periodicamente ao sistema empresarial ou ser feita de forma contínua. Devido aos requisitos de largura de banda da troca de dados no chão de fábrica, é uma boa prática separar os sistemas de coleta de dados empresariais dos sistemas de controle. Isso é feito pela implementação de várias camadas de redes de comunicação com portas separadas para cada uma delas. A Figura 6.11 mostra como uma rede de uma planta pode ser configurada para isolar o tráfego e fornecer segurança para diferentes camadas de comunicação.

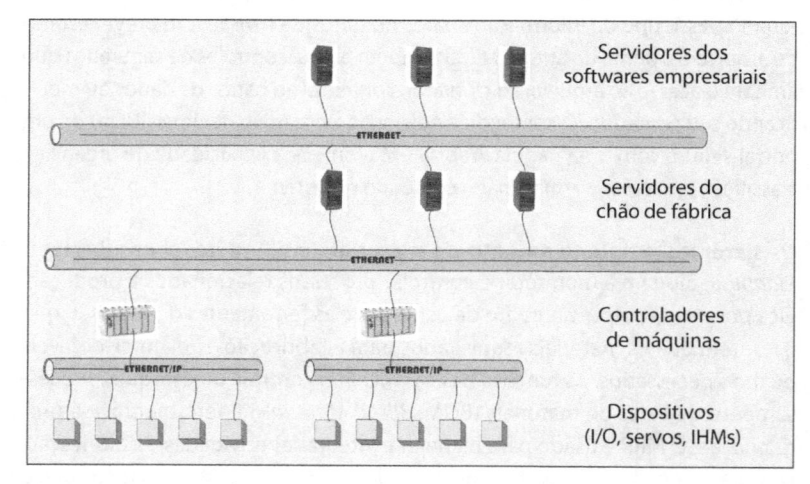

Figura 6.11 Rede de dados de uma planta.

Medidas de segurança adicionais empregadas em uma rede de dados de uma planta industrial incluem registro e administração de senhas, um procedimento que altera as senhas periodicamente e garante a força delas. As comunicações são criptografadas, e os *firewalls* garantem segurança contra ataques. A proteção contra vírus é fornecida para todos os computadores na rede. A separação das redes conforme mostrado na rede de dados da planta também é eficaz para a segurança. Os procedimentos da planta, como a proibição de USB ou pen drives, também têm um efeito limitado.

Os softwares **historiadores de dados** são essencialmente um banco de dados que armazena informações históricas sobre processos ou máquinas. Os dados podem ser atualizados em mudanças de estado de tags monitoradas, em atualizações periódicas de valores de processos monitorados ou pela alimentação manual feita por um operador. Exemplos de dados que podem ser armazenados incluem o total de produtos ou de defeitos em um turno ou dia, a temperatura atual de um forno, a taxa de fluxo máxima de uma bomba ao longo de um período de tempo ou a razão de parada de uma linha fornecida por um técnico em manutenção.

Um **servidor de batelada** ajuda as aplicações a desenvolver, programar, gerenciar e monitorar tarefas em bateladas, conforme descrito na seção sobre TPSs. Como os trabalhos em batelada devem ter equilíbrio de carga por várias tarefas, eles muitas vezes são colocados no próprio servidor, em uma rede.

Há diferentes servidores em uma rede de computadores realizando diversas tarefas e se comunicando de forma simultânea. A carga na rede pode variar, e o tráfego tende a ter picos em determinados momentos. Escolhas de hardware, plano de rede e implementação de software podem ter um grande efeito na velocidade e na eficiência da rede.

> **» DICA**
> Escolhas de hardware, plano de rede e implementação de software podem ter um grande efeito na velocidade e na eficiência da rede.

capítulo 7

Ocupações e ramos de atuação

Há diferentes oportunidades de emprego no campo da automação. As instalações das fábricas estão cada vez mais automatizadas a fim de melhorar a produção. Além disso, os fornecedores procuram pessoas com conhecimento para vender seus produtos técnicos e as OEMs empregam trabalhadores especializados para projetar, manter e construir seus produtos. Os integradores de sistemas e os montadores de máquinas, por sua vez, contratam engenheiros e vendedores para auxiliar as empresas na solução de seus problemas de automação.

Objetivos de aprendizagem

» Descrever os principais ramos da engenharia que se beneficiam da área de automação e estão associados a ela.

» Encontrar espaço para diversos ramos de atuação, como manufatura, mecânica, usinagem, montagem, soldagem, construção de painéis, elétrica e instrumentação.

> **DEFINIÇÃO**
> A engenharia é uma disciplina que aplica o conhecimento científico nas áreas de física e química, materiais, matemática e lógica para solucionar problemas.

>> Engenharia

A engenharia é uma disciplina que aplica o conhecimento científico nas áreas de física e química, materiais, matemática e lógica para solucionar problemas. Os engenheiros usam as ferramentas que eles adquirem no estudo de princípios científicos e matemáticos para inventar, projetar e criar soluções físicas para os problemas.

A criatividade é um fator importante na aplicação da ciência no mundo físico. O projeto e o desenvolvimento de estruturas, máquinas e processos requerem um entendimento pleno dos materiais e da física dos componentes e dispositivos utilizados. O comportamento do maquinário e os processos devem ser previstos sob todas as condições operacionais. A segurança pessoal e dos equipamentos, a economia do projeto, da construção e da operação dos equipamentos e a prática ética da engenharia são elementos importantes no treinamento dos engenheiros.

Os requisitos profissionais variam de acordo com o tipo de engenharia e da sua aplicação. O requisito básico para um engenheiro é a conclusão de um curso de bacharelado em uma universidade credenciada.

As disciplinas de engenharia estão divididas em vários subcampos. Existem as aulas de matemática e ciências básicas que todos os engenheiros devem acompanhar, incluindo cálculo, física e química. Além disso, a maioria dos cursos de engenharia requer treinamento multidisciplinar, conforme a grade geral do curso que se deseja fazer.

>> Mecânica

Os engenheiros mecânicos desenvolvem montagens e sistemas para realizar tarefas automatizadas. Eles em geral são contratados para supervisionar uma célula de máquinas em uma planta industrial, ou para atualizar uma linha de produção. Em seus trabalhos são utilizados softwares de projeto e CAD, tanto em 2D quanto em 3D. Os processos de projeto envolvem gráficos temporais para analisar os movimentos das máquinas e as relações dos componentes entre si.

O curso básico de engenharia mecânica possui mecânica dos sólidos, instrumentação e mensuração, resistência dos materiais, sistemas hidráulicos e pneumáticos, combustão e projeto de produto. Os engenheiros mecânicos também estudam o fluxo dos fluidos e a termodinâmica. O treinamento multidisciplinar inclui programação de computadores e pode incluir também disciplinas relacionadas das engenharias elétrica, industrial e química. Os engenheiros mecânicos estão envolvidos com as especificações de sensores e os efeitos da temperatura ou de produtos químicos em diferentes materiais ou processos de fabricação. As especializações incluem robótica, transporte e logística, criogenia, biomecânica, vibração, engenharia automotiva, entre outros.

O conhecimento dos componentes, como motores, rolamentos, atuadores lineares, transmissão e vários outros elementos, conforme descrito nos capítulos anteriores, é fundamental. A capacidade de especificar e dimensionar os componentes dos quadros e da tubulação e de selecionar os materiais apropriados e os componentes é um atributo importante. Os engenheiros mecânicos e os projetistas dependem muito das folhas de especificação dos fabricantes e de seu próprio conhecimento de uma variedade de componentes. O treinamento dos fornecedores também pode ser proveitoso.

> **» IMPORTANTE**
> A capacidade de especificar e dimensionar os componentes dos quadros e da tubulação e de selecionar os materiais apropriados e os componentes é um atributo importante dos engenheiros mecânicos.

» Elétrica e de controle

Os engenheiros eletricistas trabalham no projeto e no software de sistemas para os equipamentos automatizados. Na manufatura, eles estão envolvidos na modificação de códigos no controlador dos sistemas, na especificação e na adição de sensores, na alteração de telas de IHMs e na adição de motores ou circuitos de potência para atualizações das linhas. Nas empresas de integração de sistemas ou de construção de máquinas, os engenheiros de controle desenvolvem painéis de controle elétrico, desenham esquemáticos e fluxogramas e escrevem códigos de controle. Ao projetar máquinas, eles trabalham com seus colegas da engenharia mecânica, para criar um projeto de máquina totalmente integrado. Eles também são responsáveis pela partida e pela depuração das máquinas.

O currículo de um engenheiro eletricista inclui as disciplinas básicas de ciências e matemática descritas anteriormente. Além disso, eles estudam disciplinas mecânicas, como estática e dinâmica, termodinâmica e ciência dos materiais. Economia da engenharia e ética na engenharia também fazem parte do programa. Depois de estudar o projeto e os conceitos elétricos gerais, os engenheiros eletricistas se especializam em uma subdisciplina, como potência, eletrônica, circuitos digitais e microeletrônica, óptica, controles, engenharia de plasma, comunicações ou computadores.

Para os equipamentos dos OEMs, o conhecimento sobre projetos de CI (Circuitos Integrados) é importante. Alguns equipamentos de OEM utilizam placas de circuito proprietárias e componentes de "sistemas sobre chip" no desenvolvimento de seus equipamentos. O projeto e o plano de placas de circuitos impressos são elementos importantes no desenvolvimento de controles de máquina.

Para os sistemas de processos, os engenheiros eletricistas e de controle precisam conhecer a distribuição de energia e os diagramas P&ID. Eles muitas vezes se di-

>> **IMPORTANTE**
A programação de computadores e softwares é uma habilidade necessária para todas as disciplinas da engenharia elétrica.

videm em nichos, se tornando especialistas em campos como robótica, visão ou servossistemas integrados. Bons fundamentos de TI são importantes, pois a planta se torna mais integrada entre o chão de fábrica, o planejamento e o gerenciamento da produção. A programação de computadores e softwares é uma habilidade necessária para todas as disciplinas da engenharia elétrica.

Como os engenheiros de controle com frequência assumem a liderança na partida de equipamentos, eles também devem ter bons conhecimentos mecânicos. O projeto e a especificação de sistemas pneumáticos são realizados por engenheiros eletricistas ou de controle. O dimensionamento de motores envolve a avaliação dos sistemas mecânicos e da dinâmica da máquina.

>> Industrial e de produção

Os engenheiros industriais determinam a forma mais eficaz de utilização de pessoas, equipamentos e materiais na fabricação de um produto. Eles estão envolvidos no planejamento e em estudos de eficiência de procedimentos de sistemas e produção complexos. A ergonomia e a segurança são áreas em geral sob responsabilidade dos engenheiros industriais. Embora nem sempre estejam envolvidos no projeto funcional do maquinário, os engenheiros industriais decidem onde as máquinas deverão ser colocadas umas em relação às outras a fim de obter o fluxo de processo mais eficiente.

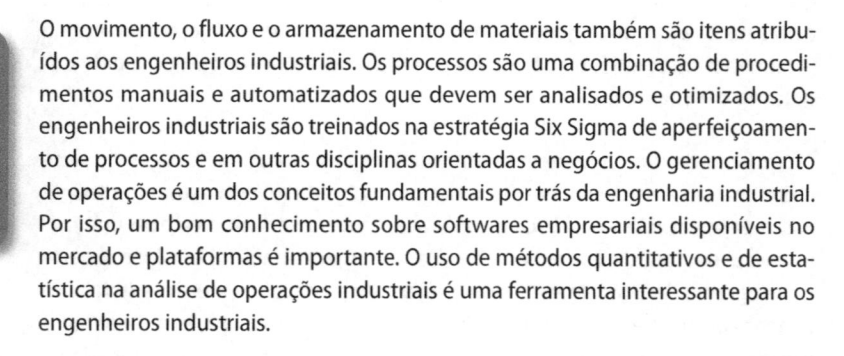

>> **DEFINIÇÃO**
Os processos são uma combinação de procedimentos manuais e automatizados que devem ser analisados e otimizados.

O movimento, o fluxo e o armazenamento de materiais também são itens atribuídos aos engenheiros industriais. Os processos são uma combinação de procedimentos manuais e automatizados que devem ser analisados e otimizados. Os engenheiros industriais são treinados na estratégia Six Sigma de aperfeiçoamento de processos e em outras disciplinas orientadas a negócios. O gerenciamento de operações é um dos conceitos fundamentais por trás da engenharia industrial. Por isso, um bom conhecimento sobre softwares empresariais disponíveis no mercado e plataformas é importante. O uso de métodos quantitativos e de estatística na análise de operações industriais é uma ferramenta interessante para os engenheiros industriais.

O currículo da engenharia industrial inclui as aulas essenciais de matemática e ciências exigidas em todas as disciplinas da engenharia, além de disciplinas especializadas em administração, teoria de sistemas, ergonomia, segurança estatística e economia.

Os engenheiros de produção direcionam e coordenam os processos de produção. Eles estão envolvidos com a definição inicial de como um produto deverá ser produzido por meio da implementação total de uma linha de produção. O currículo da engenharia de produção é similar ao da engenharia mecânica.

Os engenheiros de produção muitas vezes são treinados formalmente em outra disciplina, como engenharia industrial ou mecânica, mas são designados engenheiros de produção devido à posição que ocupam na indústria.

A Sociedade dos Engenheiros de Produção (SME, Society Manufacturing Engineers) fornece certificações para os engenheiros de produção nos Estados Unidos. Os candidatos para o certificado técnico de produção (CMfgT, *Certified Manufacturing Technologist*) devem ter quatro anos de formação combinada com experiência de trabalho relacionada à produção. Um teste de três horas com 130 questões abrangendo matemática, processos de produção, automação e gerenciamento de produção é aplicado para os candidatos a esse tipo de certificação. A qualificação para o certificado em engenheiro de produção (CMfgE, *Certified in Manufacturing Engineering*) requer oito anos de formação combinada com experiência de trabalho relacionada à produção. Uma aprovação em um teste de três horas com 150 questões, que cobrem tópicos mais profundos do que os abordados pelo CMfgT, é necessária para essa certificação.

A SME também fornece certificações adicionais para gestão da engenharia, Six Sigma e produção enxuta. Os engenheiros de diferentes disciplinas obtêm essas certificações em acréscimo à sua formação.

» Química e de processos químicos

A engenharia química envolve o desenvolvimento e a operação de plantas e maquinário nas áreas de processo químico e a granel, bem como a conversão de matérias-primas e produtos químicos em outras formas. Essas disciplinas estão subdivididas em engenharia de processos químicos e engenharia de produção de produtos químicos. O processamento de materiais em formas sólidas, a granel, líquidas e gasosas é o foco da engenharia de processo, enquanto as unidades de reações individuais de substâncias e elementos uns com os outros para fins comerciais é o objetivo da engenharia de produto.

A engenharia de reação química diz respeito à gestão de processos e condições que garantam reações químicas seguras e previsíveis. Os modelos são usados para simular processos e prever o desempenho do reator. O desenvolvimento de processo envolve atividades como secagem, cristalização, evaporação e outras etapas de preparação dos reagentes. Os processos de conversão também são projetados para nitração, oxidação e outros efeitos de materiais. Eles incluem processos bioquímicos, termoquímicos, entre outros. O transporte de materiais envolve os efeitos da transferência de calor, da transferência de massa e da dinâmica de fluidos à medida que substâncias ou compostos são movidos de um lugar para outro.

> **» DEFINIÇÃO**
> A engenharia química envolve o desenvolvimento e a operação de plantas e maquinário nas áreas de processo químico e a granel, bem como a conversão de matérias-primas e produtos químicos em outras formas.

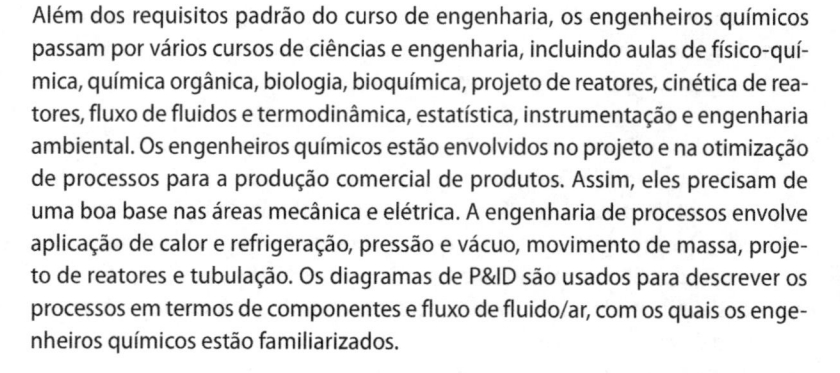

Além dos requisitos padrão do curso de engenharia, os engenheiros químicos passam por vários cursos de ciências e engenharia, incluindo aulas de físico-química, química orgânica, biologia, bioquímica, projeto de reatores, cinética de reatores, fluxo de fluidos e termodinâmica, estatística, instrumentação e engenharia ambiental. Os engenheiros químicos estão envolvidos no projeto e na otimização de processos para a produção comercial de produtos. Assim, eles precisam de uma boa base nas áreas mecânica e elétrica. A engenharia de processos envolve aplicação de calor e refrigeração, pressão e vácuo, movimento de massa, projeto de reatores e tubulação. Os diagramas de P&ID são usados para descrever os processos em termos de componentes e fluxo de fluido/ar, com os quais os engenheiros químicos estão familiarizados.

Na automação industrial, o processamento relacionado à indústria petroquímica é o principal empregador de engenheiros químicos – tanto na extração quanto no refino e em plásticos. As ciências biológicas, as empresas de gestão de resíduos e os fabricantes de produtos farmacêuticos também contratam engenheiros químicos. A maioria das empresas orientadas a processos, como as de conversão de rolos de Tecidos Não Tecidos (TNT), de fabricação de papel, de composição química e de fabricação de bens de consumo, também utiliza engenheiros químicos para o desenvolvimento de processos e de produtos.

>> **CURIOSIDADE**
Na automação industrial, o processamento relacionado à indústria petroquímica é o principal empregador de engenheiros químicos.

>> Outras engenharias e cargos

Na maioria das empresas que usam ou implementam automação, há uma variedade de cargos relacionados à engenharia. Os gestores de planta, por exemplo, com frequência vêm da área de engenharia, uma vez que a capacidade de solucionar problemas é importante em ambos os setores.

Os engenheiros de qualidade podem vir de outras áreas da engenharia, embora os programas de engenharia industrial e de sistemas ensinem muitos dos elementos dos programas de qualidade. As técnicas do Six Sigma e da produção enxuta são usadas pelos engenheiros de qualidade para tornar o sistema mais eficiente e reduzir defeitos. A gestão da qualidade total (TQM, *Total Quality Management*) é uma técnica usada para melhorar continuamente um produto ou um serviço. O processo de aprovação da peça de produção (PPAP, *Production Part Approval Process*) é outro elemento da engenharia de qualidade.

A engenharia de sistemas é um campo interdisciplinar da engenharia que enfoca como os projetos complexos devem ser projetados e gerenciados ao longo do seu ciclo de vida. Questões como logística, coordenação de diferentes equipes e controle automático do maquinário tornam-se mais difíceis quando se lida com projetos grandes e complexos. A engenharia de sistemas aborda processos de trabalho e ferramentas para lidar com tais projetos, e coincide com as disciplinas técnicas e humanas, como engenharia de controle, engenharia industrial, estudos organizacionais e gestão de projetos. Algumas universidades oferecem graduações avançadas em engenharia de sistemas. Os engenheiros de sistemas são empregados em grandes companhias ou no setor público (departamentos de defesa e de minas e energia).

Engenheiros de aplicação

Os engenheiros de aplicação são responsáveis por grande parte da pré-engenharia dos projetos. A tarefa de um engenheiro de aplicação é realizar uma dada tarefa da maneira mais rápida ou mais rentável possível. Os fornecedores e fabricantes muitas vezes empregam os engenheiros de aplicação para dar suporte ao departamento de vendas e agregar valor aos compradores de seus produtos. Eles realizam treinamentos técnicos nesse contexto com frequência.

> **» DEFINIÇÃO**
> A tarefa de um engenheiro de aplicação é realizar uma dada tarefa da maneira mais rápida ou mais rentável possível.

Os fabricantes de máquinas e integradores contratam engenheiros de aplicação para combinar orçamentos de máquinas e sistemas. Eles muitas vezes empregam ferramentas desenvolvidas internamente para estimar os custos das peças e da mão de obra e software 3-D para desenvolver layouts e conceitos de máquinas ou linhas de processo que serão incorporados nos documentos do orçamento.

Os engenheiros de aplicação trabalham principalmente visitando as plantas e verificando o seu funcionamento. Eles em geral possuem vários anos de experiência e têm uma boa base de projetos.

Engenheiros de vendas

Os engenheiros de vendas são empregados por fornecedores e fabricantes de equipamentos de automação. Eles também atuam como engenheiros de aplicação, ajudando os clientes a determinar a melhor aplicação de seu produto técnico. Os engenheiros de vendas realizam treinamentos sobre os produtos da fábrica e são de grande valia aos engenheiros de desenvolvimento, com quem trabalham a fim de chegar à melhor solução para resolver um dado problema.

Eles levam consigo ou possuem acesso aos exemplares de seus produtos, que podem ser testados ou examinados pelos clientes. Também possuem vários tipos de demos de software para mostrar a aplicação do produto. A habilidade para se realcionar com outras pessoas e uma boa comunicação escrita e verbal são itens importantes da caixa de ferramentas dos engenheiros de vendas.

Os programas de treinamento em técnicas de vendas e gestão de vendas são disponibilizados por muitas empresas terceirizadas especialistas no ramo. Há excelentes livros sobre o assunto, assim como cursos sobre como falar em público e desenvolver habilidades de comunicação oferecidos por associações e empresas.

> **IMPORTANTE**
> Os engenheiros de projetos mecânicos e eletricistas trabalham em equipe para implementar um projeto orçado.

Engenheiros de projetos

Os engenheiros de projetos têm um papel de liderança na implementação real de um projeto de automação. Eles não só são responsáveis pelo projeto em geral, mas também têm de fazer a interface com o cliente regularmente. Os engenheiros de projetos mecânicos e eletricistas trabalham em equipe para implementar um projeto orçado. Portanto, eles conhecem bem as disciplinas uns dos outros.

Os engenheiros de projetos trabalham como engenheiros de desenvolvimento antes de assumirem a responsabilidade pelo projeto. Eles são proficientes em CAD ou em outro software de desenvolvimento e conhecem vários produtos.

Engenheiros de desenvolvimento

Os engenheiros de desenvolvimento trabalham com software CAD na sua disciplina a fim de criar esquemáticos mecânicos ou elétricos para fabricação. Eles precisam conhecer bem às suas plataformas de software de desenvolvimento e ser capazes de examinar projetos em busca de possíveis erros. Os engenheiros de projetos mecânicos trabalham com software de modelagem em 3D para criar modelos sólidos que podem ser usados para simular os movimentos das máquinas. Os desenhos são convertidos em impressões 2D dos componentes para fabricação, ou em um arquivo compatível com CNC, como G-code ou STEP-NC.

Os engenheiros de projetos elétricos convertem os elementos de projeto, como esquemas mecânicos, listas de I/O e especificações de máquinas, em esquemáticos elétricos. Eles também estão envolvidos na especificação e na seleção de componentes elétricos. Assim como os engenheiros de projetos, os engenheiros de desenvolvimento são responsáveis por garantir que as especificações de um projeto de automação sejam seguidas.

Gerentes de projetos

Os gerentes de projetos são responsáveis pelo cumprimento do cronograma e do orçamento de um contrato. Eles geralmente possuem formação em engenharia, mas também têm experiência na área de negócios. Planilhas financeiras e softwares de cronograma são ferramentas importantes do ofício. Fazer a interface com o cliente e gerar listas de problemas, trabalhar com diligenciamento de compras e manter a gestão informada acerca do estado do projeto também são tarefas importantes da gestão de projetos. Os gerentes de projetos supervisionam as equipes de engenheiros de projetos e agem como intermediários entre o cliente e a equipe de engenharia.

A certificação e a formação em gestão de projetos incluem muitas das técnicas de produção enxuta e Six Sigma discutidas mais adiante. O Project Management

Institute (PMI) confere a certificação dos gerentes de projetos por meio de treinamentos e testes. Grande parte da formação básica dos gerentes de projetos está contida no *Project Management Body of Knowledge* (PMBOK), de autoria do PMI. As certificações para gerentes de projetos incluem *Project Management Professional* (PMP), *Program Management Professional* (PgMP), *PMI Agile Certified Practitioner* (PMI-ACP), *PMI Risk Management Professional* (PMI-RMP) e *PMI Scheduling Professional* (PMI-SP).

» Ramos de atuação

A implementação física de equipamentos de automação e de maquinário em geral é feita por profissionais habilidosos com uma vasta experiência em seu campo. Eventualmente, as pessoas que trabalham com os equipamentos têm que tomar decisões de desenvolvimento com agilidade enquanto a máquina está sendo construída ou modificada. Isso requer conhecimento e experiência em diversos campos, incluindo técnicas de fabricação, materiais e aplicações de sensores.

» Mecânico

Fabricação e usinagem

Os operadores de máquinas e de equipamentos CNC programáveis produzem componentes para máquinas automatizadas. Eles são treinados em uma variedade de equipamentos, desde moedores, tornos e afiadores até equipamentos de corte a água e de formação de chapas de metal. Eles lidam com as impressões detalhadas ou "detalhes" fornecidos pela engenharia em formato de arquivo CAD. No caso de maquinário CNC altamente automatizado, eles devem ser aptos a programar o centro de usinagem para produzir a peça desejada.

Outros cargos e funções relacionados a operadores de máquinas incluem fabricantes de matrizes e ferramentas, de moldes, de padrões, entre outros. O profissional que produz peças mecânicas é conhecido como "torneiro", enquanto aquele que monta as peças é chamado "montador".

A instalação dos equipamentos de usinagem é fundamental para a precisão e exatidão da peça fabricada. A jigagem e a fixação contribuem para a permanência da máquina dentro dos limites que a peça foi projetada para se ajustar. Se as peças não forem configuradas e fixadas apropriadamente, materiais caros serão destruídos. A medida precisa das peças, feita por meio de uma variedade de ferramentas e instrumentos, é um fator importante na fabricação. O uso de ferramentas, como micrômetros, calibradores e Máquinas de Medição por Coordenadas (MMC), faz parte do treinamento de um operador de máquinas.

Os programas de treinamento formal dos operadores de máquinas são geralmente oferecidos por escolas técnicas e faculdades comunitárias. Programas de graduação de dois anos em tecnologia das máquinas enfocam a teoria e as habilidades técnicas. As aulas incluem operações de torno e moagem, máquinas CNC, medidas de precisão, leitura de plantas, matemática e controle de qualidade. Os alunos aprendem em oficinas mecânicas sob a supervisão de um operador de máquina habilidoso. As certificações dos operadores de máquinas incluem graus de programas credenciados e testes realizados por sociedades, como a Fabricators and Manufacturers Association (www.fmanet.org).

> **» DICA**
> Para um bom operador de máquinas, o conhecimento das propriedades dos materiais com os quais ele trabalha é essencial.

Para um bom operador de máquinas, o conhecimento das propriedades dos materiais com os quais ele trabalha é essencial. Metais, como aço e alumínio, além de materiais como UHMW, delrin ou teflon, dependem de técnicas específicas para serem formados, bem como de velocidades determinadas das ferramentas associadas. O conhecimento dos tratamentos, como anodização, tratamento de calor e formação, é útil para formar ou alterar as propriedades dos materiais.

Montagem

Para construir uma máquina, os montadores reúnem vários componentes de acordo com um conjunto de impressões. A extrusão de alumínio muitas vezes é usada em sistemas de proteção – ou mesmo em toda a máquina –, e o conhecimento dos diferentes tipos de conexões, como colchetes, fixadores e prendedores, é importante. Uma variedade de técnicas de fixação, como a utilização de parafusos, cavilhas ou soldagens, é empregada na montagem de peças no quadro da máquina. Os atuadores mecânicos e os componentes de movimento linear ou rotacional também possuem suas próprias técnicas de montagem associadas.

Competências relacionadas a encanamento e roteamento pneumático e hidráulico, montagem de sistemas de transporte e base da máquina podem ser úteis nesse campo. Os montadores também são qualificados na fiação de máquinas.

Quando uma máquina já foi construída, os mecânicos de máquinas ou outros profissionais do setor de manutenção costumam realizar tarefas associadas ao trabalho em equipamentos de automação.

Soldagem

Os quadros das máquinas e os sistemas de encanamento muitas vezes são soldados para adquirirem estabilidade. As técnicas de soldagem são abordadas no Capítulo 5. A soldagem de eletrodo revestido (ou SMAW) é uma técnica que não pode ser facilmente automatizada, sendo aplicável apenas na soldagem manual. A MIG, ou soldagem por fio, é usada também em aplicações manuais.

Outras técnicas relacionadas à soldagem incluem corte por plasma, brasagem, controle de calor e metalurgia, métodos de teste e segurança. A avaliação não destrutiva, também conhecida como Ensaio Não Destrutivo (END), é empregada nas soldas para verificar a falta de fusão da solda com o metal base, as rachaduras ou a porosidade e as variações na densidade. As técnicas de teste incluem raios X, teste ultrassônico, ensaio por líquidos penetrantes e ensaio por correntes parasitas. Os soldadores devem estar familiarizados com essas técnicas.

Os soldadores frequentam escolas técnicas e precisam de certificação para exercer seu ofício. A American Welding Society (AWS) possui programas de certificação para procedimentos de testes usados em aço estrutural, tubulações de petróleo, chapas de metal e indústrias de refino químico. A AWS também testa de acordo com especificações de soldagem fornecidas por empresas ou não codificadas. Os programas de certificação incluem *Certified Welder Program* (CW), *Certified Welding Engineer Program* (CWENG) e *Certified Welding Inspector Program* (CWI). A certificação também está disponível para soldagem a arco robótica. A soldagem está sujeita a inspeções e testes por peça e custa mais se for feita de modo inapropriado. Assim como os operadores de máquinas, os soldadores precisam de conhecimentos aprofundados sobre as propriedades e o comportamento dos metais.

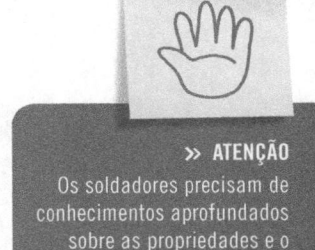

> **» ATENÇÃO**
> Os soldadores precisam de conhecimentos aprofundados sobre as propriedades e o comportamento dos metais.

Mecânico de máquinas

A movimentação ou a instalação de grandes máquinas envolve primordialmente o trabalho de mecânicos de máquinas e montadores. A operação de equipamentos como empilhadeiras e guindastes é uma parte importante desse processo. O trabalho deles requer um conhecimento abrangente das capacidades de suporte de carga do equipamento utilizado, bem como um entendimento das plantas e das instruções técnicas. Outro nome comum para um mecânico de máquinas é "armador".

Os montadores de máquinas devem ser capazes de ler as plantas e os desenhos esquemáticos para determinar os procedimentos de trabalho e construir bases para montar, desmontar e realizar revisões nas máquinas e nos equipamentos. Eles também devem ser capazes de usar ferramentas manuais e automáticas, bem como de dirigir os trabalhadores envolvidos nos projetos. O uso de tornos, fresadoras e moedores talvez seja necessário para fazer peças customizadas ou reparos. No curso do trabalho, os mecânicos de máquinas precisam mover, montar e instalar maquinário e equipamentos, como eixos, rolamentos de precisão, caixas de transmissão, motores, garras mecânicas, sistemas de transporte e trilhos de vagões, usando guindastes, polias, carrinhos, roletes e caminhões. Além disso, um mecânico de máquinas também pode realizar todas as tarefas geralmente executadas por um trabalhador geral, um encanador, um carpinteiro e um eletricista. Ele também faz algumas das atividades de um soldador, como soldagem a arco, soldagem MIG e corte a oxiacetileno.

Os mecânicos de máquinas ainda estão envolvidos em tarefas de rotina, como lubrificação de máquinas, troca de rolamentos e de vedações, limpeza de peças durante uma revisão e manutenção preventiva.

» Elétrico

Montagem de painel

A montagem de painel envolve a montagem de componentes elétricos em um plano de fundo de uma caixa de metal e a fiação desses componentes. Os desenhos da estrutura do painel e os diagramas esquemáticos são usados para dispor os componentes da maneira prescrita. A conformidade com o Código Elétrico Nacional e com as especificações do consumidor é uma parte fundamental do processo. Os painéis elétricos possuem diferentes formas e uma variedade de componentes. Os elementos – desde CLPs e outros controladores até partidas de motores e acionadores servos – podem ser montados no painel. Tensões de 5 ou 24 VCC até 480 VAC ou maiores podem estar presentes na mesma caixa, e muito cuidado deve ser tomado para mantê-las separadas.

> » **IMPORTANTE**
> As técnicas de montagem incluem rebitagem, perfuração, trepanação e corte ou punção de furos no invólucro de metal para montar componentes retangulares.

As técnicas de montagem incluem rebitagem, perfuração, trepanação e corte ou punção de furos no invólucro de metal para montar componentes retangulares. A fiação envolve rotular os condutores da fiação, usar ponteiras para prevenir o espalhamento ou o emaranhamento de fios desencapados e fazer as terminações de fios e cabos em blocos terminais ou em terminais de componentes. Os terminais dos tipos espada e anel são frisados nas extremidades dos fios para terminação.

A soldagem é uma importante habilidade do montador de painel. Por meio dela, os fios podem ser anexados às placas de circuito ou aos conectores de plugue; lembre-se: uma boa conexão é crucial.

Os roteamentos de fios e cabos pelo condutor – em geral de plástico com "dedos" ou presilhas para permitir o roteamento pelos lados – é um importante elemento do gerenciamento de fios. Assegurar que os componentes estão montados em linha reta, que as etiquetas são legíveis e estão na mesma direção e que os fios formam curvas puras é um cuidado estético fundamental na construção de painéis. Uma operação de montagem de painel em andamento é mostrada na Figura 7.1.

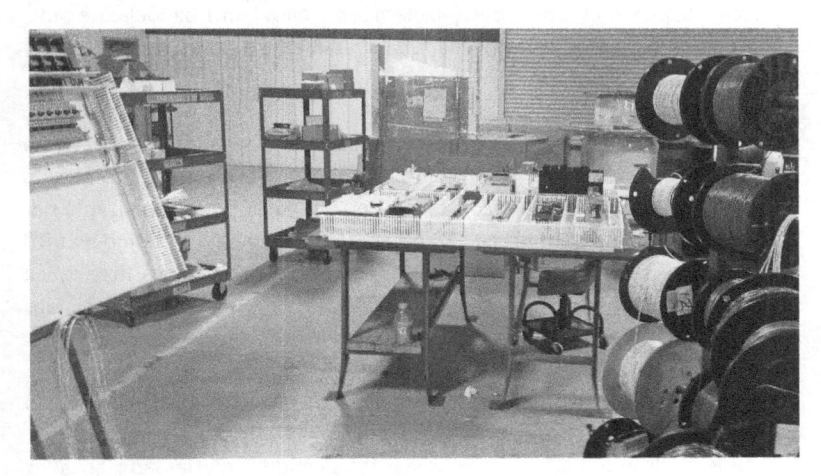

Figura 7.1 Construção de um painel.

As ferramentas usadas pelo montador de painel incluem descascadores de fios, frisadores, chaves de fenda e uma ampla gama de outras ferramentas manuais. Existem várias ferramentas de propósitos especiais, como furadores, cortadores de trilho DIN e impressoras de etiquetas específicas para fiação e painéis de controle.

Os montadores de painéis aprendem seus ofícios por meio da prática ou de programas de treinamento realizados em grandes fábricas. Diferentemente dos operadores de máquinas, soldadores e eletricistas, os montadores de painel não frequentam escolas de treinamento formal.

Eletricistas

O trabalho do eletricista envolve a fiação de construções, máquinas e equipamentos de processos. Essa é a diferença entre eles e os eletricistas de rede de alta tensão, que trabalham nos sistemas de distribuição em altas tensões das empresas de energia. Os eletricistas em geral estão concentrados em três categorias principais: fiação residencial, fiação comercial e fiação industrial. Nas áreas de automação industrial e manufatura, os eletricistas enquadram-se no grupo industrial. Os eletricistas industriais são responsáveis pela fiação e pela manutenção da instalação e costumam trabalhar com barramentos de distribuição de alta tensão montados no teto. O conhecimento dos sistemas de distribuição de energia da fábrica e da aparelhagem faz parte da caixa de ferramentas do eletricista industrial.

> **DEFINIÇÃO**
> Os eletricistas industriais são responsáveis pela fiação e pela manutenção da instalação e costumam trabalhar com barramentos de distribuição de alta tensão montados no teto.

Os eletricistas realizam a fiação externa do maquinário. Eles fazem o roteamento dos cabos a partir da caixa de controle para vários motores, sensores e outros dispositivos elétricos de uma máquina ou linha. Essa fiação ou cabo pode ser levada por conduítes, conduítes de tubulação elétrica metálica (emt), bandejas de cabo, condutores de metal, ou mesmo amarrada diretamente à estrutura da máquina, dependendo dos requisitos.

O treinamento do eletricista em geral envolve a aprendizagem sob a supervisão geral de um eletricista mestre e a supervisão direta de um eletricista pleno. Os eletricistas frequentam uma escola técnica ou um curso profissionalizante por dois anos para adquirirem formação sobre a teoria elétrica e o Código Elétrico Nacional dos Estados Unidos. Os eletricistas em geral são licenciados, mas, para a fiação de máquinas, isso não é um requisito. A licença é feita nos Estados Unidos a nível estadual, enquanto sua execução ocorre em nível local.

Os eletricistas muitas vezes constroem painéis de controle, mas a construção de painéis e a fiação de máquinas são habilidades completamente diferentes. No ambiente de automação, os eletricistas também devem estar familiarizados com sistemas pneumáticos e hidráulicos, pois talvez eles sejam os profissionais responsáveis por fazer o roteamento de mangueiras de ar e da tubulação hidráulica de uma máquina ou linha de produção.

O conhecimento do Código Elétrico Nacional, de técnicas de fiação e de dispositivos e a familiaridade com várias ferramentas manuais são habilidades necessárias para os eletricistas. Os descascadores de fios, os cortadores de cabos e os multímetros são ferramentas padrão nesse ramo. O conhecimento sobre eletricidade e distribuição de energia, bem como sobre técnicas de dobramento e de conexão de conduítes, é importante. Além de estarem familiarizados com questões de segurança associadas ao trabalho em altura e às ferramentas de energia, os eletricistas sempre devem estar cientes dos perigos do trabalho com a eletricidade.

Técnicos em instrumentação

Nas instalações de controle de processo, a instrumentação é um elemento-chave no monitoramento e no controle da produção. A manutenção e a calibração dos dispositivos e a solução de problemas de sistemas é o ofício de técnicos especialistas conhecedores de sistemas eletrônicos, pneumáticos e hidráulicos. O monitoramento centralizado das malhas de controle é geralmente realizado com Sistemas de Controle Distribuídos (SCDs). Os sinais são ligados para e dessa central a partir de diversos locais bem distantes. Essa rede de fiação envolve pontos intermediários de controle e de junção, bem como I/O com base em rede de comunicação.

> **» IMPORTANTE**
> Nas instalações de controle de processo, a instrumentação é um elemento-chave no monitoramento e no controle da produção.

A exibição local da pressão e do fluxo é realizada com medidores mecânicos. Alguns medidores devem ser alinhados com o fluxo do processo, enquanto outros são sondados em paralelo e podem ter uma tubulação pneumática ou interfaces de tubulação. A interface mecânica é quase sempre um elemento do processo de instrumentação.

Os técnicos devem ser capazes de fazer a interface com válvulas e a instrumentação por meio de softwares SCADA, IHM ou outro software de monitoração, no intuito de determinar as causas dos problemas do processo. A capacidade de ler e modificar os diagramas P&ID e os esquemáticos elétricos é importante. A calibração da instrumentação deve ser realizada periodicamente e os registros precisam ser armazenados com cuidado. A aptidão mecânica também é fundamental, pois a soldagem e as soldagens de conexões costumam ser necessárias. Os técnicos de instrumentação e outros profissionais do setor de controle de processo são submetidos a muitos treinamentos de segurança e precisam de certificados. Os programas de treinamento estão disponíveis em escolas técnicas e profissionalizantes e em grandes empresas orientadas a processos.

capítulo 8

Negócios industriais e de manufatura

Existem diferentes tipos de negócios envolvidos no campo da automação. Os fabricantes e os OEMs usam componentes de automação na produção de bens; os representantes dos fabricantes e distribuidores vendem componentes de automação e dispositivos para OEMs e usuários finais; e os fabricantes de máquinas e integradores de sistemas utilizam e especificam componentes para a produção de máquinas e sistemas.

As funções variam muito nessas empresas, dependendo do seu tamanho e da sua organização, mas elas em geral se enquadram na mesma estrutura.

Objetivos de aprendizagem

>> Descrever os negócios industriais e de manufatura relacionados à automação.

>> Entender as funções de cada departamento de uma empresa e compreender como diferentes setores estão interligados.

>> Explicar os principais conceitos e as principais ferramentas da produção enxuta, das técnicas de kanban, dos eventos kaizen e dos métodos poka-yoke.

>> Aplicar os conhecimentos apresentados a fim de melhorar o desempenho de todos os envolvidos nas atividades da empresa, que incluem a descrição precisa dos cargos e das funções, a escolha apropriada do método de comunicação, as dicas de recrutamento e treinamento e a elaboração de cadernos de engenharia e de projeto.

❯❯ Empresas relacionadas à automação

Existem diferentes tipos de negócios que produzem ou utilizam equipamentos automatizados. Agências governamentais, como o departamento de defesa, o departamento de energia e o departamento de agricultura dos Estados Unidos, usam equipamentos de automação. A seguir, há uma lista de grandes categorias de negócios relacionados à automação.

❯❯ Fabricantes

Os maiores usuários de equipamentos de produção automatizados são os fabricantes. Eles podem fabricar produtos individuais ou materiais de processos, conforme descrito na seção sobre conversão no Capítulo 5. Os fabricantes maiores também conseguem construir seus próprios equipamentos de automação, uma vez que eles desenvolvem o conhecimento especializado em suas áreas ao longo de anos de experiência.

Alguns fabricantes também produzem seus próprios componentes e dispositivos de automação. Uma lista de alguns desses fabricantes está no fim do livro (Apêndice E).

> ❯❯ **IMPORTANTE**
> Os maiores usuários de equipamentos de produção automatizados são os fabricantes.

❯❯ OEMs

OEMs são fabricantes que produzem seus próprios maquinários ou equipamentos, o que inclui produtos padronizados, como aparelhos ou automóveis, que contêm componentes de automação. Os produtos de automação padronizados ou de nicho feitos por OEMs incluem tigelas vibratórias, acionadores de torque, compressores, indexadores de cames, equipamentos de processamento de rolos de materiais, testadores, fornos e vários outros componentes de sistemas.

Muitos OEMs constroem produtos padronizados controlados por CLPs ou DCSs. Exemplos disso são edificações controladas por HVAC e controladores de ambiente, máquinas de processamento de alimentos e máquinas de embalagem. Outros podem controlar seus produtos com processadores embarcados ou "sistemas em chip".

>> Representantes de fabricantes

Os representantes de fabricantes atuam como um recurso regional técnico e de vendas para fabricantes de componentes de automação e dispositivos. Eles geralmente lidam com vários produtos e se relacionam tanto com os usuários finais quanto com os distribuidores. Também fornecem demonstrações de produtos, treinamento e seminários. A renda dos representantes de fabricantes é uma porcentagem de todos os produtos vendidos em seus territórios. Alguns produtos especializados, como instrumentação, podem ser vendidos diretamente ao usuário final.

Os representantes são contratados por pequenas empresas que não podem pagar um vendedor em tempo integral em seu território. Nesse caso, espera-se que o representante faça a prospecção de clientes e o acompanhamento de negócios. Outros representantes podem trabalhar diretamente para os fabricantes e cobrir uma grande área geográfica. Nesse caso, eles avaliam as aplicações e realizam treinamentos.

>> Distribuidores

Os distribuidores vendem seus produtos diretamente aos usuários finais. Eles se encaixam em categorias gerais, como suprimentos hidráulicos, elétricos ou industriais. Geralmente, os distribuidores possuem filiais em uma determinada região ou país. Um distribuidor com uma localização física que mantém os produtos nas prateleiras é conhecido como distribuidor de produtos.

A maioria dos distribuidores não possui direitos exclusivos para comercializar um produto dentro de uma área geográfica e compete com outros distribuidores. As exceções são a Allen-Bradley e a Siemens, que em geral têm apenas um distribuidor em cada território. Em troca da exclusividade, elas tentam controlar os preços e requerem do distribuidor que ele empregue uma equipe de suporte técnico.

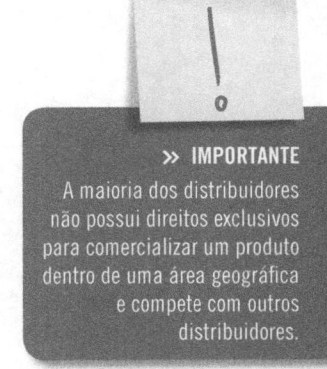

> **>> IMPORTANTE**
> A maioria dos distribuidores não possui direitos exclusivos para comercializar um produto dentro de uma área geográfica e compete com outros distribuidores.

>> Construtores de máquinas

Os construtores de máquinas são diferentes dos OEMs, pois eles constroem máquinas customizadas para um propósito específico. Embora eles, às vezes, sejam especialistas em um campo, como manuseio ou inspeção de materiais e aferição, assumem qualquer projeto que se sintam à vontade para executar.

As empresas construtoras de máquinas variam de tamanho: podem contar com quatro ou cinco funcionários construindo máquinas pequenas ou com milhares deles trabalhando em vários locais. Construtores de máquinas maiores abrigam vários departamentos, conforme descrito na seção sobre departamentos e funções.

As oficinas mecânicas muitas vezes se ramificam em construtores de máquinas. Eles podem realizar parcerias com integradores de sistemas ou companhias de controle para desenvolver e construir máquinas.

» Integradores de sistemas

> » **DEFINIÇÃO**
> Os integradores de sistemas transformam sistemas separados em estruturas funcionais que operam como um todo.

Os integradores de sistemas transformam sistemas separados em estruturas funcionais que operam como um todo. Eles em geral são orientados acerca de controles e TI, porém possuem capacidades mecânicas e parcerias com construtores de máquinas.

Uma companhia que faz a programação e/ou a construção de painéis é conhecida como "casa de controle". Essas empresas são relativamente pequenas e também fazem a integração de sistemas. Um exemplo de integração de sistemas em pequena escala é a integração de equipamentos de teste, como testadores ou sistemas aferidores, a um sistema de controle de máquina. Isso envolve exibir os resultados do teste e o estado geral da máquina em uma tela sensível ao toque.

Os grandes integradores estão focados em indústrias específicas, como processamento de resíduos de água, controles de ambiente ou processamento químico. Outros assumem qualquer tipo de trabalho acima de um determinado valor financeiro. As empresas de engenharia estão relacionadas aos integradores de sistemas e costumam realizar algumas tarefas de integração de sistemas, terceirizando outras. Elas empregam engenheiros que podem carimbar ou certificar documentos para grandes projetos.

» Consultores

> » **DEFINIÇÃO**
> Os consultores são profissionais que oferecem *expertise* em uma área específica de um projeto.

Os consultores oferecem *expertise* em uma área específica de um projeto. Eles podem ser especialistas em sistemas corporativos, produção enxuta/SixSigma ou aspectos técnicos, como visões, aquisição de dados ou software. Eles podem cobrar por hora, por semana ou por contratos.

>> Departamentos e funções

As organizações empresariais possuem três áreas funcionais básicas: de operações, financeira e marketing. As atividades de automação e fabricação se enquadram na área de operações, responsável pela produção de bens e serviços para os consumidores.

A maior parte das companhias envolvidas nos campos industrial e de automação são corporações com uma variedade de departamentos. As companhias podem ser de capital aberto (de propriedade de acionistas) ou de capital fechado.

As funções dos departamentos podem diferir dependendo do tamanho e do tipo do negócio. Empresas maiores e corporações tendem a ter mais camadas de gerência. Diz-se que um negócio com menos camadas de gerência tem uma estrutura organizacional "mais plana". Alguns grandes conglomerados separam as atividades de negócio em organizações completamente independentes, cada uma com sua própria estrutura. As plantas de manufatura e as divisões de produção em geral são organizadas dessa forma, incluindo apenas pequenas interações rotineiras com a sede da empresa para definições sobre questões operacionais.

>> **IMPORTANTE**
A maior parte das companhias envolvidas nos campos industrial e de automação são corporações com uma variedade de departamentos.

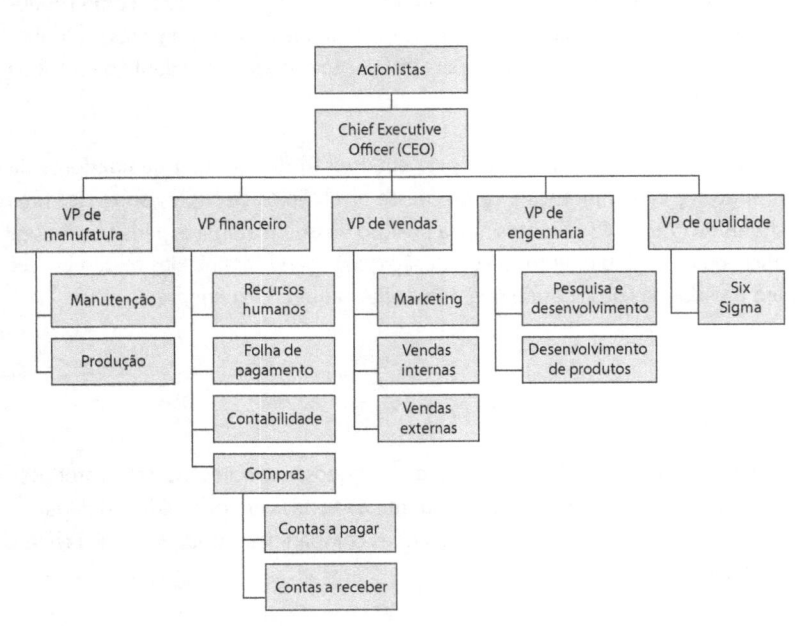

Figura 8.1 Estrutura organizacional.

>> Administração

Existem várias camadas de administração, dependendo do tamanho da organização. Geralmente, existe um único presidente no nível executivo ou um CEO (*Chief Executive Officer*) com autoridade final para a tomada de decisões. Se a organização for grande o bastante, haverá várias camadas de gerenciamento abaixo dessa, com um responsável por departamento ou função. As titulações para esses cargos variam de vice-presidente a diretor ou gerente. Os gerentes no nível de VP provavelmente são especialistas em diversas áreas. Os gerentes em níveis de CEO, presidente e vice-presidente são denominados como membros da alta gerência.

Abaixo da alta gerência está a gerência intermediária, que abarca os gerentes de planta e os chefes de departamento. Para grandes organizações, esse segundo nível de gerenciamento pode operar em locais geograficamente diferentes. Os grandes fabricantes possuem plantas em diferentes Estados ou países, com a gerência enviando relatórios à sede. Essas funções podem ser relativamente autônomas, requerendo pouca supervisão. Os gerentes de planta são os que possuem autoridade final para a tomada de decisão sobre pessoas e projetos de até certo custo.

Os chefes de departamento possuem responsabilidade em áreas como produção, manutenção, qualidade, pessoal, contabilidade e marketing. Eles podem se reportar ao gerente de plantas de sua instalação e ao vice-presidente de sua área funcional.

A baixa gerência é responsável pela supervisão direta dos trabalhadores de produção e de manutenção. Cargos nesse nível são os de supervisores de linha, chefes ou líderes. Os gerentes nessa posição possuem ampla experiência no seu ofício ou nos equipamentos de produção que supervisionam. Eles costumam ser promovidos das posições de operadores de máquinas experientes.

>> Vendas e marketing

Todos os negócios precisam de esforços contínuos para apresentar seus produtos ou serviços aos clientes. O vice-presidente de vendas em geral lidera o departamento de vendas e marketing nas grandes companhias e pode ter vários chefes de departamento sob sua supervisão.

Os materiais de marketing podem incluir anúncios de televisão e de rádio, panfletos impressos ou folhetos de propaganda, brochuras ou flyers e campanhas de marketing em redes sociais. A presença na Internet é uma estratégia de marketing importante. Os sites fornecem informações sobre os produtos e serviços da companhia e, depois de concebidos, devem ser mantidos e atualizados.

>> **DICA**
A presença na Internet é uma estratégia de marketing importante.

Os esforços de vendas envolvem vendedores externos que contatam diretamente os clientes. Eles apresentam os produtos, fornecem as informações, mantêm o relacionamento entre as companhias, buscam novos clientes e acompanham as oportunidades de vendas. Os profissionais que trabalham com produtos ou sistemas altamente tecnológicos, geralmente possuem uma base ou formação em engenharia. Os vendedores internos recebem os pedidos dos clientes online ou por telefone. Em alguns casos, eles auxiliam os vendedores externos na prospecção de clientes ou em pesquisas. Os membros da equipe de aplicações e suporte técnico ajudam a resolver problemas dos clientes e a responder questões relacionadas aos produtos. Seminários de treinamento e aulas servem para familiarizar os clientes com os produtos da companhia e melhorar a percepção que eles têm desses artigos.

» Engenharia e desenvolvimento

Em manufatura, o departamento de engenharia é responsável pelo projeto do produto, pelas mudanças nele, pelo pedido e pela instalação de novos equipamentos de produção e pelas alterações técnicas relacionadas ao maquinário. O departamento fica a cargo do vice-presidente de engenharia ou do gerente de engenharia, dependendo do tamanho da companhia. Os engenheiros de produto ou de desenvolvimento são responsáveis pela criação dos desenhos para os produtos, bem como pelo ferramental utilizado no processo de fabricação.

As companhias baseadas em controle de processos também possuem amplos departamentos de engenharia, que projetam e instalam seus próprios equipamentos. Já que grande parte desses equipamentos é customizada para o processo, muitas vezes é mais rentável modificar um processo internamente. Diversos produtos usados no controle de processos estão disponíveis comercialmente ou são facilmente terceirizados com fornecedores, como reatores e recipientes de pressão. Os engenheiros de projetos desses departamentos projetam componentes e tubulação de forma modular e, em seguida, contratam serviços de fabricação e instalação.

No âmbito organizacional, existe também o departamento de Pesquisa e Desenvolvimento (P&D), que pode trabalhar sob a supervisão de um VP. O processo de P&D envolve o projeto e o teste de novos produtos, ou alterações nos já existentes. Os profissionais do setor também podem desenvolver novas máquinas e processos para produzir de uma maneira diferente. Enquanto os esforços de pesquisa e desenvolvimento enfocam a criação de produtos, outros podem tentar descobrir novos conhecimentos científicos e tópicos técnicos para revelar oportunidades para produtos e serviços que ainda não existem.

> **DEFINIÇÃO**
> O processo de aprovação de peças de produção (PPAP, *Production Part Approval Process*) é um padrão usado principalmente na indústria automotiva para garantir que as peças componentes sejam fabricadas de maneira consistente e atendam às necessidades dos consumidores.

O processo de aprovação de peças de produção (PPAP, *Production Part Approval Process*) é um padrão usado principalmente na indústria automotiva para garantir que as peças componentes sejam fabricadas de maneira consistente e atendam às necessidades dos consumidores. Como parte desse processo, as técnicas de projeto, manufatura e teste de um fabricante são examinadas e documentadas. Existem 18 elementos nesse processo, que vão desde o projeto inicial até a qualificação do maquinário de produção e a amostragem de peças de produção. Duas dessas etapas envolvem uma ferramenta padronizada conhecida como análise dos modos de falha e de seus efeitos (FMEA, *Failure Mode and Effects Analysis*).

A FMEA de desenvolvimento (DFMEA) avalia as causas potenciais de falhas em uma peça por componente. Ela identifica causas, estabelece níveis de gravidade e os relaciona a outros componentes. Conforme causas potenciais são identificadas, os desenvolvedores podem corrigir os problemas. A FMEA de processo (PFMEA) considera os mesmos elementos no processo de fabricação. Ela segue os passos definidos no fluxo do processo e determina os efeitos das falhas no maquinário e as consequências dos erros mais graves para produtos, equipamentos e pessoal. Essa avaliação é muito importante para os fabricantes de máquinas, pois eles devem estar em conformidade com os resultados das análises.

>> Manutenção

O departamento de manutenção cuida dos equipamentos e das fábricas. Também conhecido como manutenção, reparo e revisão geral (MRO, *Maintenance, Repair and Overhaul*), esse setor é responsável por reparos mecânicos, elétricos e hidráulicos do prédio e dos equipamentos de produção dentro dele. O departamento de manutenção em geral é um subdepartamento da manufatura. A manutenção das instalações e dos equipamentos pode ser organizada em diferentes departamentos.

> **>> JUNTANDO TUDO**
> As atividades de manutenção são divididas em: agendadas, preventivas, paralisações e atualizações.

As atividades de manutenção de rotina são separadas em agendadas e preventivas. As manutenções agendadas incluem atividades que mantêm o equipamento pronto para ser utilizado, como a substituição de dispositivos e montagens desgastados antes que eles falhem. A manutenção preventiva envolve atividades como lubrificação, limpeza e outras ações que previnem falhas de equipamentos relacionadas ao tempo de serviço ou à idade. As paralisações são feitas anual ou semestralmente, para realizar reparos maiores ou atualizações; as instalações são comuns durante esses períodos. As paralisações de máquinas (manutenção ou reparo sem agendamento) e as atualizações também devem ser feitas quando necessário.

O software MRO é útil no gerenciamento das atividades de manutenção agendada. Essa ferramenta ajuda a aumentar a disponibilidade do sistema e o tempo de atividade, a acompanhar as listas de materiais (BOMs) das máquinas e a agendar tarefas de manutenção de rotina. Ela também cria um registro de atividades que pode ser útil para a produção. Os softwares MRO rastreiam os dados de componente, como "conforme desenvolvido", "conforme construído", "conforme mantido" e "conforme usado". Eles são utilizados para gerenciar o estoque de reparos, armazenar os números seriais, acompanhar os documentos da garantia e rastrear o histórico de serviços das máquinas. Os softwares MRO são integrados com outros softwares de negócios da empresa.

A manutenção produtiva total (TPM, *Total Productive Maintenance*) é um programa implementado para melhorar a disponibilidade da máquina. Os equipamentos e as ferramentas são colocados em escalas de manutenção proativa que envolvem os operadores na manutenção do maquinário. Uma escala intensa de manutenção incluirá técnicas de "prevenção de deterioração" que identificam problemas o mais rápido possível e tentam evitar a ocorrência de falhas. Com o envolvimento do operador, os técnicos de manutenção ficam liberados das tarefas de manutenção rotineiras e habilitados para se concentrar em reparos urgentes e atividades de manutenção proativas. As técnicas de TPM baseiam-se no sistema 5S usado na produção enxuta.

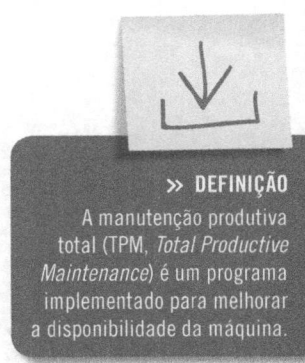

> **» DEFINIÇÃO**
> A manutenção produtiva total (TPM, *Total Productive Maintenance*) é um programa implementado para melhorar a disponibilidade da máquina.

» Manufatura e produção

Nas empresas de manufatura, a maioria das pessoas trabalha no departamento de produção, que está sob o controle de um vice-presidente de manufatura que, por sua vez, é subordinado do CEO. Quando as instalações da empresa estão em vários locais diferentes, os gerentes de planta se reportam ao VP de manufatura. Outros subdepartamentos no setor de manufatura incluem controle de produção e escalas, envio e recebimento, desenvolvimento de ferramentas, manutenção e várias funções de engenharia industrial.

Os engenheiros de manufatura ficam no comando das instalações, da operação e do aperfeiçoamento das linhas de produção. Por isso, passam muito tempo no chão de fábrica para avaliar a eficiência do maquinário e da produção. Eles também estão frequentemente envolvidos na supervisão das atividades de produção. Os supervisores de produção preveem o estoque de matérias-primas e componentes necessários para a fabricação de produtos. Eles fazem a interface com a manutenção a fim de assegurar que o equipamento possa ser utilizado com segurança.

Os trabalhadores da produção operam um maquinário de produção que pode ser muito sofisticado. Consequentemente, eles são treinados para trabalhar com cuidado e realizar manutenções no maquinário e nos sistemas. Os operadores de máquinas podem ser responsáveis pela conservação das máquinas a eles designadas. Uma vez que passam muitas de suas horas de trabalho com as máquinas, eles conhecem as suas peculiaridades melhor do que o pessoal da manutenção ou até do que a própria empresa que as construiu.

» Financeiro e recursos humanos

O departamento financeiro inclui compras, contas a pagar, contas a receber, folhas de pagamento e contabilidade. Esses setores em geral são divididos em subdepartamentos, que se reportam a um VP financeiro ou a uma controladoria que supervisiona as atividades de contabilidade e a auditoria das finanças da empresa.

Os diretores ou os gerentes de compras são responsáveis pela aquisição de bens e serviços. Um dos trabalhos do departamento de compras é obter bens nas condições mais vantajosas para a empresa. Isso requer habilidades de negociação por parte do comprador. Alguns produtos possuem um padrão de preço inegociável, mas maquinário e contratos em geral são enviados para orçamentação. A avaliação de propostas e serviços oferecidos faz parte do conjunto de habilidades do comprador. Alguns agentes de compras estabelecem contratos de fornecimento ou contratos básicos de longo prazo, a fim de reduzir os custos administrativos de pedidos repetitivos, que também requerem negociação.

> » **DEFINIÇÃO**
> Os diretores ou os gerentes de compras são profissionais responsáveis pela aquisição de bens e serviços.

As organizações usam estratégias de freios e contrapesos para garantir que o sistema permaneça ético, o que geralmente exige que diferentes atividades de aquisição sejam reportadas a diferentes gerentes seniores. Os departamentos envolvidos no processo de compra podem incluir os de aquisições ou compras, contas a receber, engenharia, contas a pagar ou gerência de planta. Uma verificação de duas vias pode ser feita, por exemplo, quando os pedidos de compra são emitidos. Nesse caso, o setor de contas a pagar processará a fatura independentemente, checando com o requisitante para garantir que seu pedido foi recebido.

O departamento de contas a receber é responsável por cobrar os clientes de uma empresa pelos produtos vendidos e entregues. O departamento de contas a receber paga os fornecedores pelos bens e serviços adquiridos. Essas funções se enquadram no departamento de compras, mas, como mencionado anteriormente, podem envolver diferentes supervisores. A folha de pagamento é uma função que se enquadra no domínio do departamento financeiro, mas também se relaciona com o departamento de recursos humanos.

O departamento de compras emite ordens de compra para os fornecedores de matérias-primas, componentes, maquinário e outros itens. Os itens técnicos são selecionados pelos engenheiros ou pelo pessoal da manutenção; os fornecedores desses itens, porém, podem ser selecionados pelo departamento de compras.

Isso pode causar problemas se o fornecedor ofereceu um serviço na expectativa de receber um pedido.

O departamento de recursos humanos é responsável pelo bem-estar dos funcionários da companhia. Ele lida com os benefícios dos funcionários, como seguro-saúde, seguridade social e planos de benefícios. Atrair novos funcionários, selecioná-los, avaliá-los e, às vezes, demiti-los são atividades e deveres da gestão de Recursos Humanos (RH). O departamento está sob a supervisão de um diretor de pessoal a nível de VP.

Os treinamentos também ficam a cargo do RH. O treinamento e a formação dos funcionários da companhia podem ser realizados internamente ou terceirizados. As companhias às vezes terceirizam as funções de recursos humanos ou utilizam consultores. O departamento de recursos humanos é responsável pelas relações dos trabalhadores em plantas sindicalizadas e negocia os acordos de barganha coletiva com o sindicato.

O setor ainda administra os planos de benefícios e a folha de pagamento. Esses programas podem ser terceirizados ou executados por especialistas dentro da organização. O RH também está envolvido no processo de fusão e aquisição.

» Qualidade

O departamento de qualidade é responsável pela saída dos produtos da empresa em termos de conformidade a padrões, quantidade de material de sucata e eficiência do processo. A qualidade pode ser definida de várias formas, dependendo do produto, mas uma maneira de determiná-la é compreender até que ponto o desempenho de um produto ou serviço atende ou excede as expectativas do cliente. O controle e a garantia da qualidade ficam a cargo de um vice-presidente de qualidade. O departamento costuma ter responsabilidades de tomada de decisão que superam as dos departamentos de manufatura e de produção.

O sistema de gestão da qualidade (QMS, *Quality Management System*) é uma estrutura organizacional que possui procedimentos, processos e recursos para implementar a gestão da qualidade. Historicamente, o controle da qualidade envolvia a procura por defeitos na manufatura antes que os produtos deixassem a fábrica. Essa metodologia mudou muito nos últimos 50 anos devido à implementação de padrões e à competição com fabricantes estrangeiros e nacionais. Os profissionais que trabalham no departamento de qualidade são treinados em técnicas modernas de qualidade e em geral são especialistas em áreas específicas.

> » **DEFINIÇÃO**
> O departamento de qualidade é responsável pela saída dos produtos da empresa em termos de conformidade a padrões, quantidade de material de sucata e eficiência do processo.

> » **CURIOSIDADE**
> Historicamente, o controle da qualidade envolvia a procura por defeitos na manufatura antes que os produtos deixassem a fábrica.

Padrões

Existem várias técnicas de gestão da qualidade que foram desenvolvidas e formalizadas para a manufatura. Os padrões, como o ISO 9000, requerem que as companhias sejam auditadas para conformidade periodicamente. A certificação ISO 9001 requer que a companhia se comprometa com os métodos e modelos definidos no padrão. Isso significa que os procedimentos de manufatura e o controle de qualidade devem ser desenvolvidos, documentados e acompanhados, o que demanda tempo, dinheiro e documentos. Isso, por sua vez, pode levar à existência de departamentos de qualidade um tanto grandes dentro das corporações que devem ser certificadas a pedido dos clientes. Os padrões ISO 9000 incluem requisitos de sistemas, de gestão, de recursos, de realização e de correção.

Outro padrão ao qual as companhias devem estar em conformidade é o ISO 14000. Esse padrão diz respeito ao que uma organização deve fazer para minimizar os efeitos prejudiciais ao ambiente causados por suas operações. O padrão foca três grandes áreas: sistemas de gestão, operações e sistemas ambientais. A certificação para esse padrão se enquadra no domínio do departamento de qualidade.

Gestão da qualidade total

A Gestão da Qualidade Total (GQT) é uma filosofia que envolve todos na organização em um esforço para melhorar a qualidade dos produtos ou serviços. Existem vários programas e técnicas que evoluíram dessa filosofia e que impactam diretamente as operações e os métodos de negócios. Há uma série de práticas de GQT disponíveis em uma grande variedade de recursos, incluindo cursos de treinamento e livros. Essas práticas incluem melhorias contínuas, envolvendo todos na organização, e atendimento ou superação das expectativas dos clientes. O desenvolvimento de produto multifuncional, a gestão de processos, a gestão da qualidade de fornecimento, o planejamento estratégico e o treinamento multifuncional também são elementos da filosofia GQT.

> **» CURIOSIDADE**
> O conceito de gestão de qualidade total foi originalmente desenvolvido nos Estados Unidos em meados da década de 1900 por vários consultores de gestão.

O conceito de GQT foi originalmente desenvolvido nos Estados Unidos em meados da década de 1900 por vários consultores de gestão, mas não foi de todo aceito. A filosofia foi adotada pelas montadoras japonesas nos anos 1980, e novos conceitos foram adicionados. Entre muitos outros termos japoneses, *kaizen* – que significa "melhorias contínuas" – passou a fazer parte na terminologia da gestão de qualidade à medida que a filosofia evoluiu.

Six Sigma

Six Sigma é uma estratégia de gestão de negócios originalmente desenvolvida pela Motorola em 1986. A partir de 2013, foi muito utilizada em vários setores da indústria. Estatisticamente, o Six Sigma significa que não haverá mais de 3,4 defeitos por milhão de possibilidades em um processo de manufatura. Da perspectiva da qualidade, o termo se refere à melhoria da qualidade das saídas do processo. O Six Sigma alcança esse objetivo por meio da identificação e da remoção das causas dos defeitos e pela minimização da variabilidade nos processos de manufatura e de negócios.

O Six Sigma utiliza uma metodologia de projeto chamada DMAIC, acrônimo para *Define-Measure-Analyze-Improve-Control* (definir, medir, analisar, melhorar, controlar), método para melhorar os processos de negócios existentes. Em cada passo do DMAIC, várias ferramentas são utilizadas para que o próximo passo seja alcançado. Outra ferramenta usada para a criação de novos produtos ou o desenvolvimento de processos é o *Define-Measure-Analyze-Design-Verify* (DMADV, ou definir, medir, analisar, desenvolver, verificar) – também conhecido como desenvolvimento para Six Sigma (DFSS, *Design For Six Sigma*). Ferramentas estatísticas usadas na metodologia Six Sigma incluem histogramas, gráficos de Pareto, análises de regressão, diagramas de dispersão, gráficos de execução e análises de variância.

O Six Sigma cria uma infraestrutura especial de pessoas na organização composta por Master Black Belts, Black Belts e Green Belts, que são especialistas nesses métodos. A gestão executiva é um componente fundamental do projeto eficaz de Six Sigma, e a confiança na metodologia a esse nível é uma necessidade. Cada projeto Six Sigma realizado em uma organização segue uma sequência definida de passos e tem objetivos financeiros quantitativos (redução de custos e/ou aumento de lucro).

» Tecnologia da informação

O departamento de TI é responsável pelos sistemas de computadores da companhia em termos tanto de hardware quanto de software. Ele abrange uma grande variedade de áreas que inclui softwares de computadores, sistemas de informação, hardware, banco de dados, segurança e treinamento. Dependendo do tamanho e da estrutura da companhia, o administrador do departamento de TI pode ser um VP (VP de tecnologia da informação ou *Chief Information Officer* – CIO) ou um administrador de rede.

O departamento de TI oferece às empresas vários tipos de serviços que as ajudam na execução da estratégia de negócios. O departamento mantém os softwares de negócios, de escritório e de CAD da empresa, incluindo bancos de dados associados e segurança. Ele também mantém e melhora os sistemas de rede e de hardware existentes, e é necessário que o pessoal do setor escreva programas e utilitários de software para integrar os softwares e os bancos de dados existentes.

> » **DEFINIÇÃO**
> O departamento de TI é responsável pelos sistemas de computadores da companhia em termos tanto de hardware quanto de software.

A segurança é um aspecto importante da rede de computadores da companhia. O departamento de TI é responsável por desenvolver e colocar em vigor políticas para salvaguardar dados e informações de usuários não autorizados. Os aplicativos antivírus, as *firewalls* e o controle de senhas são geridos pelo profissional de TI.

O departamento de TI também mantém os equipamentos de multimídia da companhia. Os sistemas de telefonia em geral são ligados na rede de computadores da empresa. Grandes companhias usam computadores para atender e encaminhar chamadas telefônicas, processar pedidos, atualizar estoques e gerenciar atividades de contabilidade, compras e folha de pagamento. O treinamento em softwares e sistemas de computador dentro da organização também é de responsabilidade do pessoal de TI.

≫ Produção enxuta

A produção enxuta é uma filosofia de gestão derivada do Sistema Toyota de Produção e focada na eliminação de resíduos oriundos do processo de produção. O Sistema Toyota de Produção originalmente identificou sete tipos de resíduos, ou *muda* – termo japonês que significa inutilidade, futilidade ou desperdício. Os sete resíduos são os recursos comumente desperdiçados no processo de manufatura:

≫ **DEFINIÇÃO**
A produção enxuta é uma filosofia de gestão derivada do Sistema Toyota de Produção e focada na eliminação de resíduos oriundos do processo de produção.

1. **Transporte:** cada vez que um produto é transportado, tempo é acrescentado ao processo. O produto também corre o risco de se perder, se danificar ou se atrasar, e o transporte não agrega qualquer valor a ele.

2. **Estoque:** a matéria-prima, os trabalhos em andamento e os produtos acabados representam desembolso de capital que não produz lucro. Se os itens não estão sendo processados ativamente, tempo e capital estão sendo desperdiçados.

3. **Movimento:** o excesso de movimento do maquinário contribui para o desgaste do equipamento, enquanto o excesso de movimento dos operadores pode contribuir para lesões por esforço repetitivo. O movimento também aumenta a possibilidade de acidentes que podem danificar o equipamento ou lesionar o pessoal.

4. **Espera:** se um produto não é processado, ele está em espera, desperdiçando tempo e espaço. A maioria dos produtos passa a maior parte de seu tempo de vida em espera em uma planta de manufatura.

5. **Excesso de processamento:** qualquer hora extra de trabalho ou de operações realizada sobre um produto é considerada excesso de processamento. Isso inclui ferramentas mais precisas ou mais caras do que o necessário ou maquinário excessivamente complexo.

6. **Excesso de produção:** quando mais bens do que o necessário são produzidos por pedidos existentes há excesso de produção. Criar grandes lotes de produto com frequência gera essa condição, uma vez que as necessidades do cliente podem mudar enquanto o produto está sendo feito. Muitos consideram esse o pior dos resíduos, já que ele pode esconder e gerar os outros tipos de muda. O excesso de produção leva ao excesso de estoque, à necessidade de mais espaço para armazenamento e ao movimento adicional do produto.

7. **Defeitos:** custos extras são incorridos na manipulação da peça, em gastos de materiais, na reprogramação da produção e no transporte extra de defeitos.

A produção enxuta utiliza várias ferramentas na identificação e na eliminação de resíduos. A aplicação da metodologia enxuta em geral é feita com o Six Sigma e usada nos departamentos de gestão, de manufatura e de qualidade. Isso dá origem ao termo *Lean Six Sigma*, uma abordagem aos negócios e à manufatura. Esses dois sistemas podem ser usados em conjunto para completar e reforçar um ao outro, o que é uma estratégia para torná-los mais eficientes.

Um dos princípios do Sistema Toyota de Produção e das filosofias enxutas é o *Just-In-Time* (JIT). Esse é um sistema de operação em que os materiais são movidos por um sistema e entregues no prazo requisitado, o que reduz o estoque em processo e os custos de transporte associados. Para isso, as informações sobre o processo devem ser monitoradas cuidadosamente a fim de que o produto passe pelas etapas sem problemas.

Outro termo japonês usado no Sistema Toyota de Produção é *mura*, que significa "desigualdade" ou "irregularidade". Nivelar a produção e eliminar resíduos pela aplicação de técnicas adequadas deve levar a um fluxo de trabalho suave e previsível. O mura é evitado pela aplicação adequada de técnicas JIT.

O terceiro termo japonês que descreve resíduos é *muri*, que significa "irrazoável" ou "impossível além de nosso poder". Outra forma de descrever *muri* é como o sobrecarregamento de maquinário ou de pessoal. Exemplos de muri são os trabalhadores que realizam tarefas perigosas ou que trabalham em um ritmo superior ao seu limite físico. O conceito também se aplica ao maquinário e ao funcionamento de um sistema ou de uma linha de produção além de sua capacidade projetada.

> » **DEFINIÇÃO**
> O *Just-In-Time* (JIT) é um sistema de operação em que os materiais são movidos por um sistema e entregues no prazo requisitado, o que reduz o estoque em processo e os custos de transporte associados.

» Kanban e "puxada"

Para atender os objetivos do JIT, uma das técnicas mais usadas é o **kanban**, um sistema manual que usa sinais entre diferentes pontos no processo de manufatura. O kanban se aplica a entregas para a fábrica e a estações de trabalho individuais. O sinal pode consistir em cartões ou bilhetes que indicam o estado de uma caixa ou de uma área de armazenamento, ou simplesmente em uma caixa vazia. Eles funcionam como um disparo para substituir a caixa vazia por uma cheia e pedir novas peças.

Métodos eletrônicos de kanban são às vezes usados dentro dos sistemas de software da empresa. Os disparos nesse caso podem ser manuais ou automáticos. Se o estoque de um determinado componente é esvaziado pela quantidade do cartão kanban, uma sinalização eletrônica pode ser usada para gerar uma ordem de compra com uma quantidade predefinida para um fornecedor. Acordos são feitos com o fornecedor para garantir que o material seja entregue dentro de um prazo específico e a um preço combinado. O resultado de um sistema de kanban bem-sucedido é a entrega de um fluxo constante de recipientes de peças ao longo do dia de trabalho. Cada recipiente detém um pequeno fornecimento de peças ou materiais, e os recipientes vazios são substituídos por recipientes cheios. Um exemplo da implementação de kanban é um sistema de três caixas, em que uma caixa está em uso no chão de fábrica, outra está na sala de armazenagem e a terceira está sempre pronta na área do fornecedor. Quando a caixa em uso foi consumida, ela é enviada com o seu cartão kanban ao fornecedor. A caixa é substituída no chão de fábrica pela caixa que está na sala de armazenamento. O fornecedor então entrega uma caixa cheia para a sala de armazenagem da fábrica, completando o ciclo.

Para rastrear o cartão kanban, é usada uma ferramenta de escala visual conhecida como **Heijunka Box**. Ela é uma prateleira ou uma série de caixas colocadas em uma parede para segurar os cartões kanban. Uma linha para cada componente é rotulada com o nome do componente ou do produto. As colunas são usadas para representar os intervalos de tempo da produção. Os cartões são feitos em diferentes cores para facilitar a identificação do estado dos próximos ciclos de produção. *Heijunka* é um termo japonês que significa nivelamento de produção. Ele originou-se no Sistema Toyota de Produção e no conceito de que o fluxo de operação variará naturalmente e de que a capacidade do maquinário e do pessoal será forçada ou sobrecarregada em certos momentos (muri).

Na gestão da cadeia de suprimentos, dois dos conceitos que impulsionam a produção são o de "empurrar" *versus* o de "puxar". Na estratégia de empurrar, o produto é empurrado para o consumidor. A previsão da demanda do cliente é usada para predizer qual será a quantidade necessária de um determinado produto. Isso pode conduzir ao excesso ou à insuficiência de estoque, pois sempre há imprecisão na previsão. Na estratégia de puxar, a produção é baseada na demanda do consumidor e na resposta a pedidos específicos. Os materiais ou as peças são substituídos sob demanda, e somente o que é necessário é produzido.

Isso não significa que os produtos devem ser feitos por encomenda para satisfazer o JIT e o sistema de puxar. Um estoque limitado é geralmente mantido à mão ou em processo, e é reposto à medida que é consumido. Um sistema kanban é um meio para esse fim.

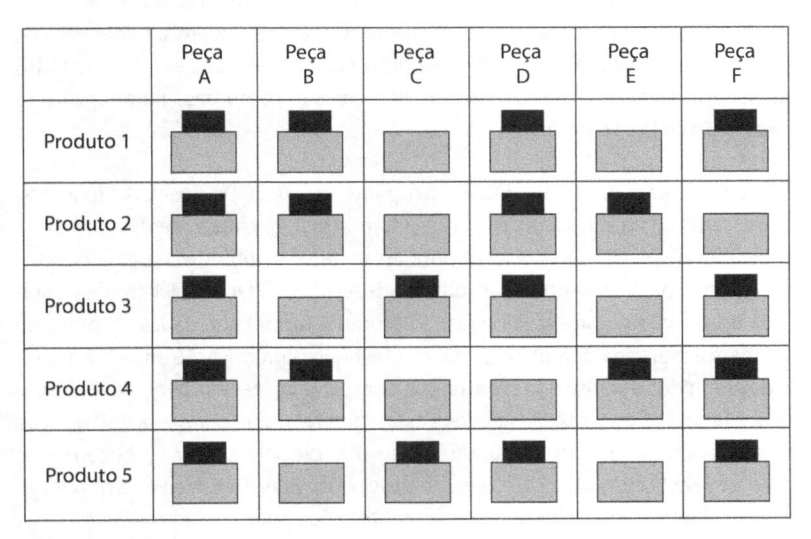

Figura 8.2 Quadro Heijunka.

» Kaizen

O melhoramento contínuo, ou kaizen, é um importante elemento do sistema GQT e é usado na manufatura, na engenharia e na gestão de negócios. Ele envolve todos os funcionários da companhia, desde o CEO até os trabalhadores da produção. Ao melhorar e padronizar os processos, os resíduos são eliminados, alcançando os objetivos da metodologia enxuta.

O kaizen é um processo diário que ensina os funcionários a aplicar um método científico na identificação e na eliminação de resíduos. Ele pode ser aplicado individualmente, mas em geral são formados pequenos grupos para analisar aplicações específicas ou áreas de trabalho. O grupo pode ser guiado por um supervisor de linha ou supervisionado por profissionais treinados nas técnicas do Six Sigma.

Os eventos de kaizen (às vezes conhecidos como Kaizen Blitz) geralmente têm uma semana de duração e reúnem atividades que abordam uma questão específica. Eles são bem limitados em escopo e engajam todas as pessoas envolvidas no processo. Os resultados dos eventos kaizen são usados em eventos posteriores após uma avaliação cuidadosa.

> » **IMPORTANTE**
> O kaizen envolve todos os funcionários da empresa.

O ciclo kaizen é dividido em vários passos. O primeiro é padronizar uma operação ou suas atividades – em outras palavras, garantir que o sistema esteja organizado no início. O próximo passo é medir a operação usando qualquer medição adequada. Exemplos incluem tempo de ciclo, resíduos de materiais, estoque em processo ou peças defeituosas. Essas medidas são então comparadas aos requisitos de desenvolvimento da operação. Inovações e avanços podem ser aplicados no processo na expectativa de melhorar a produtividade. Por sua vez, os resultados desse ciclo tornam-se o novo padrão, que é usado como base para o próximo kaizen, e o ciclo se repete.

Outro nome para esse ciclo é PDCA – acrônimo para *Plan, Do, Check, Act* (planejar, fazer, verificar, agir) ou *Plan, Do, Check, Adjust* (planejar, fazer, verificar, ajustar). O estágio de planejamento serve para estabelecer os objetivos e os processos necessários para conseguir os resultados desejados. Fazer envolve implementar o plano, executar o processo ou fazer o produto. A coleta de dados do processo também é realizada durante esse passo. O estágio de verificação analisa os resultados reunidos durante o passo anterior. Comparar os resultados ao que se esperava é facilitado ao colocar os dados em um gráfico, o que permite a visualização de tendências. O estágio de atuação ou ajuste serve para aplicar ações corretivas no processo. O ciclo PDCA foi criado muitos anos antes do kaizen e tem suas raízes na origem do método científico, há centenas de anos.

» Poka-yoke

As garantias incorporadas em um processo a fim de reduzir a possibilidade de haver um erro são denominadas na produção enxuta pelo termo japonês *poka-yoke*. Essa técnica à prova de erros é usada para prevenir, corrigir ou chamar atenção para os erros quando eles ocorrem.

O criador do poka-yoke foi o engenheiro industrial japonês Shigeo Shingo, que atuou como consultor na Toyota nas décadas de 1960 e 1970. Shingo acreditava que os erros eram inevitáveis em qualquer processo de manufatura, mas afirmava que, se eles fossem detectados ou prevenidos antes que os produtos fossem entregues, o seu custo para a companhia seria reduzido. A detecção de erros no momento em que ocorrem é conhecida como poka-yoke de advertência, enquanto a prevenção de erros é conhecida como poka-yoke de controle.

Três tipos de poka-yoke são reconhecidos como métodos de detecção e prevenção de erros em um sistema de produção. O método de **contato** testa a forma, a cor, o tamanho, o peso e outras propriedades físicas de um produto. Esse método geralmente é implementado em processos automatizados por meio da utilização de sensores e estações de teste. O método do **valor fixo**, ou de número constante, alerta o operador se um determinado número de movimentos não foi feito. O método de **etapas**, ou sequência, determina se os passos necessários na sequên-

> » **CURIOSIDADE**
> O criador do poka-yoke foi o engenheiro industrial japonês Shigeo Shingo, que atuou como consultor na Toyota nas décadas de 1960 e 1970.

cia foram seguidos. Na automação, esse método é realizado pela criação de uma falha em um sistema quando um passo não é completado dentro de um tempo prescrito ou quando um atuador não realiza seu movimento corretamente.

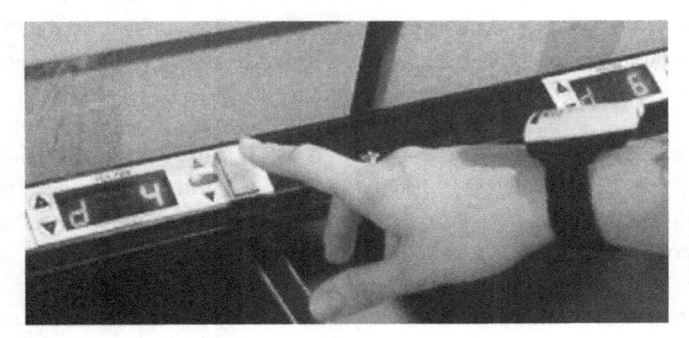

Figura 8.3 Pick-to-light.

Na montagem manual, existem várias técnicas usadas para verificar e corrigir erros. Os sistemas *pick-to-light* usam sinais para guiar os operadores pelo processo de montagem correto: uma luz ajuda-os a localizar a caixa em que o componente deve ser instalado. Os sensores são usados para detectar se uma peça foi removida de sua localização apropriada e/ou se foi instalada corretamente. Ferramentas manuais, como acionadores de torque, podem ser usadas para garantir que o ângulo e o torque adequados sejam obtidos na instalação de parafusos. Fixadores e ferramentas servem para prevenir que as peças sejam colocadas incorretamente, e sensores embutidos validam tal colocação.

Idealmente, os erros são detectados quando ocorrem. As linhas de produção possuem estações de teste em vários pontos no processo para eliminar processamentos futuros de peças rejeitadas. Os dispositivos de teste, como medidores, testadores de vazamento, visão de máquina e sistemas de pesagem, são usados para sinalizar as peças ou marcá-las para serem removidas. As caixas de rejeição ou as esporas de rejeição são equipadas com sensores ou sistemas de identificação para garantir que as peças não continuem no processo de produção.

> **» IMPORTANTE**
> Idealmente, os erros são detectados quando ocorrem.

» Ferramentas e termos

As ferramentas da produção enxuta foram desenvolvidas e aprimoradas ao longo de anos a fim de melhorar a eficiência da produção. Além das técnicas de kanban, kaizen e poka-yoke, outros métodos que auxiliam na organização dos locais de trabalho e nas análises de dados têm sido adotados por muitos fabricantes.

As **Instruções de Trabalho Padronizadas** (ITP) permitem que os processos sejam realizados de maneira consistente, oportuna e repetível. Essa técnica envolve o teste de processos de trabalho para determinar a maneira mais eficiente e

> **IMPORTANTE**
> O sistema 5S cria um local de trabalho limpo, organizado e livre de materiais desnecessários para a produção.

precisa de realizar uma tarefa. As instruções de trabalho incluem fotos, textos simples e diagramas que indicam claramente o que um operador deve fazer. Os funcionários costumam ter seu próprio método de trabalho, mas desenvolver o método mais apropriado para realizar uma tarefa é um elemento crucial do aperfeiçoamento do processo. Os trabalhadores devem ser encorajados a desafiar as instruções e a ajudar a fazer melhorias, mas a consistência é reforçada quando todos estão realizando as tarefas da "melhor maneira atual".

O sistema 5S cria um local de trabalho limpo, organizado e livre de materiais desnecessários para a produção. O sistema 5S, algumas vezes denominado "local de trabalho visual" ou "fábrica visual", é uma ferramenta de organização com cinco comportamentos destinados a tornar o local de trabalho mais eficaz.

1. Seleção: identifique os itens necessários para realizar uma tarefa e remova todos os outros.

2. Ordenação: organize os itens em uma área de trabalho de modo que eles sejam acessados rapidamente. Estabeleça um lugar para cada item e coloque tudo em seu lugar.

3. Limpeza: limpe e inspecione tudo na área de trabalho. Execute a manutenção em equipamentos e ferramentas periodicamente.

4. Padronização: use procedimentos e instruções padronizadas para todo o trabalho. Use a disciplina e a estrutura para manter a consistência.

5. Autodisciplina: continue a manter os esforços do 5S por meio de auditorias e documentação. Garanta que os funcionários entendam as expectativas da companhia e a necessidade de um local de trabalho organizado e ordenado.

O **Mapeamento do Fluxo de Valor** (MFV) é usado para desenvolver e analisar o fluxo de produtos ou de informações entre os principais processos de trabalho. Essa técnica é usada para diferenciar atividades que agregam valor das que não agregam e reduzir o desperdício. Ferramentas de software e modelos estão disponíveis para realizar essa tarefa, mas o MFV em geral é realizado por equipes que desenham os diagramas manualmente. Shigeo Shingo sugeriu que os passos de valor agregado sejam desenhados horizontalmente ao longo do centro de uma página e que as etapas de valor não agregado sejam representadas por linhas verticais em ângulos retos ao fluxo de valor. Shingo se refere aos passos de valor agregado como processos e aos passos de "desperdício" como operações. A separação dos passos permite que eles sejam avaliados por meio de diferentes métodos; o MFV costuma levar à descoberta de atividades de desperdício.

O **OEE** é usado para monitorar e melhorar a eficácia do processo de manufatura e é descrito no Capítulo 2 em termos de sua aplicação para máquinas.

O **Controle Estatístico do Processo** (CEP) se refere à aplicação de ferramentas estatísticas para monitorar e controlar um processo a fim de garantir que ele opere em seu potencial total. O objetivo de um processo geralmente é produzir o máximo possível de produtos com o mínimo de desperdício. Os métodos de inspeção detectam produtos defeituosos após sua fabricação, enquanto o CEP enfatiza a detecção antecipada e a prevenção de problemas. O CEP, além de detectar desperdícios, pode reduzir o tempo de produção de um produto, sendo empregado também para identificar gargalos em um processo, tempos de espera e fontes de atraso. O CEP pode ser usado em qualquer processo em que a saída do produto em conformidade (um produto que atende as especificações) possa ser medida.

O CEP monitora um processo por meio de **gráficos de controle**. Os gráficos de controle utilizam critérios objetivos para distinguir variação de fundo (ruído) de eventos significativos. O primeiro passo no CEP é mapear o processo, dividindo-o em passos individuais. Isso pode ser feito por meio de um fluxograma ou uma lista de subprocessos. As variáveis típicas identificadas durante o mapeamento do processo incluem tempo de parada, defeitos, atrasos e custos. O próximo passo é medir as fontes de variação usando os gráficos de controle. Um tipo comum de gráfico de controle é o gráfico de linha, usado para correlacionar medidas ao longo do tempo ou de um número de amostras.

Ao adicionar uma linha de média ao gráfico de linha, um **gráfico de execução** é gerado. Um gráfico de execução mostra as variações do processo a partir da média ao longo do tempo. Adicionar Limites de Controle Superior (LCS) e Limites de Controle Inferior (LCI) origina um gráfico de controle.

O tipo de dado coletado determina o tipo de gráfico de controle a ser usado. Os gráficos de controle de atributos incluem gráficos p, gráficos np, gráficos c e gráficos u. Os tipos de gráficos de controle de variáveis incluem gráficos Xbar-R, gráfico Xbar-s, gráficos de média móvel e de amplitude móvel, gráficos individuais e gráficos de execução. As descrições e os tratamentos posteriores deles são encontrados em livros de CEP ou na Internet.

Os gráficos de controle fornecem um método gráfico de visualização quando um processo excede os limites de controle, mas há várias regras que devem ser aplicadas aos resultados estatísticos para determinar se um processo é estável ou não. Se nenhum dos vários disparos de detecção acontecer, determina-se o processo como estável. Se um processo for instável, outras ferramentas, como **diagramas de Ishikawa**, experimentos planejados e **gráficos de Pareto**, podem ser usadas para identificar fontes de variações excessivas. Os diagramas de Ishikawa, também conhecidos como diagramas de espinha de peixe, são linhas que mostram as causas de um evento específico. As causas costumam ser agrupadas em categorias, como pessoas, métodos, máquinas, materiais, medidas e ambiente, que são então subdivididas em fatores potenciais de contribuição para o erro.

> **IMPORTANTE**
> O objetivo de um processo geralmente é produzir o máximo possível de produtos com o mínimo de desperdício.

> **DEFINIÇÃO**
> Os gráficos de controle utilizam critérios objetivos para distinguir variação de fundo (ruído) de eventos significativos.

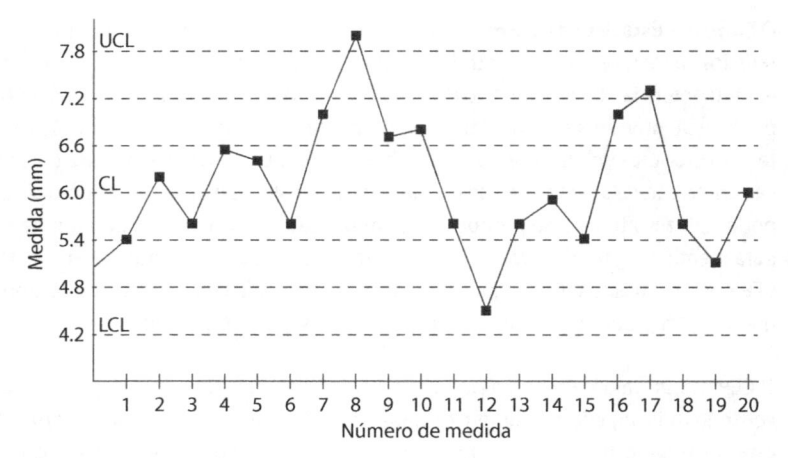

Figura 8.4 Gráfico de controle.

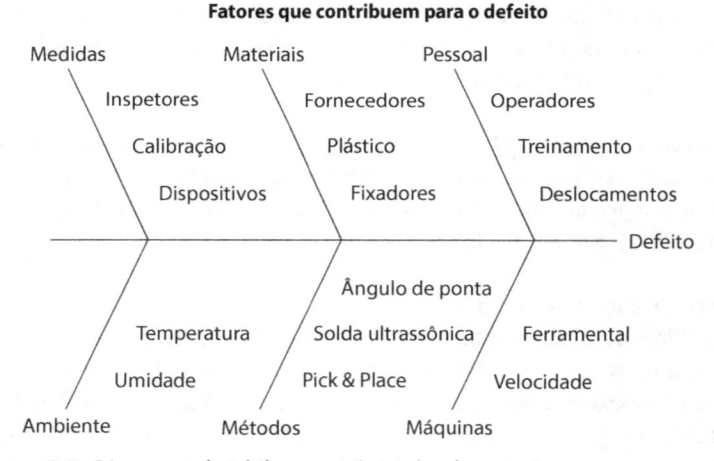

Figura 8.5 Diagrama de Ishikawa ou "espinha de peixe".

>> Sistematização

As informações e as discussões desta seção do capítulo são somente a opinião do autor, formada depois da observação de métodos de trabalho usados em várias companhias.

As ferramentas discutidas neste capítulo são apenas isto: ferramentas. Assim como qualquer ferramenta, elas podem ser mal aplicadas ou mal utilizados. As ferramentas não realizam o trabalho sozinhas; elas devem ser aplicadas pelas pessoas. Aí está o problema: todos fazem as coisas de maneira diferente. Um dos pontos principais da implementação bem-sucedida de um negócio, de um projeto ou de uma máquina é a sistematização. Ela pode ser descrita como um método utilizado para garantir que as coisas sejam feitas sempre "da melhor maneira atual".

Devida à quantidade de ferramentas e de recursos disponíveis, às vezes ocorre a "paralisia da análise", em que muito tempo é gasto para determinar a solução a ser aplicada a um problema, mas nenhuma solução é aplicada. Um método sistemático de escolha de uma solução envolve a análise cuidadosa do problema, a definição de um **prazo** para a seleção de um método e a aplicação da solução com base em um critério, como o mais apropriado, o menos demorado, o de custo mais baixo, o mais simples, e assim por diante. É importante não implementar várias soluções que tenham propósitos conflitantes entre si. Muitos especialistas em produção enxuta e Six Sigma são experientes na seleção da solução apropriada; buscar ajuda externa para definir e solucionar os problemas da companhia pode ser um sábio investimento.

Mesmo que as ferramentas corretas sejam usadas, as entradas incorretas podem gerar erros na saída. Existe um acrônimo para isso usado na computação: GIGO, ou *Garbage In, Garbage Out*, que significa "se entra lixo, sai lixo". Isso não se aplica somente a programas e algoritmos, mas também ao mundo dos negócios. Por exemplo, ao debater um problema com o pessoal envolvido, suas opiniões podem ser tendenciosas devido às relações que você tem com outras pessoas envolvidas. Uma opinião imparcial pode ser difícil de obter, e a observação direta das operações costuma ser o método preferido. Idealmente, todas as informações usadas como premissas para resolver um problema têm de ser quantificáveis.

» Descrições de funções e de tarefas

As instruções de trabalho padronizadas descritas na seção anterior se aplicam a processos comumente encontrados no ambiente de manufatura. Eles são representados por figuras de atividades e numerados, além de incluir descrições escritas de como uma determinada tarefa tem de ser feita. Esse mesmo método pode ser aplicado a praticamente qualquer função em um local de trabalho, embora talvez não seja necessário exibir as instruções em um local público, como ocorre em um chão de fábrica.

As descrições básicas de cada função não existem em muitos negócios. Os funcionários são contratados como "engenheiros de manufatura", "compradores", "vendedores", ou "técnicos de manutenção" como se essas funções fossem as mesmas em todos os negócios. Isso pode levar ao desapontamento e à frustração quando os trabalhos não são realizados conforme o esperado.

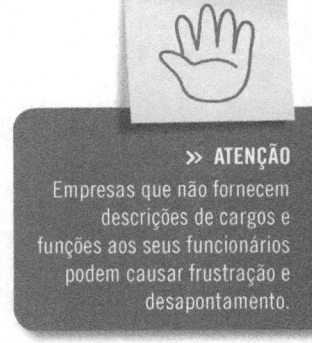

> » **ATENÇÃO**
> Empresas que não fornecem descrições de cargos e funções aos seus funcionários podem causar frustração e desapontamento.

Preferencialmente, as descrições de cargos e funções devem ser fornecidas aos funcionários antes de seu primeiro dia de trabalho. Isso consiste em uma lista de expectativas e definições funcionais gerais para cada posição na companhia. Essas definições devem constar em um documento "vivo" atualizado regularmente à medida que as funções de trabalho evoluem. Esse documento deve incluir uma descrição geral da posição, o título da pessoa que preenche essa posição, a posição que ela ocupa na hierarquia de gestão da empresa e os nomes dos funcionários que se relacionam com ela regularmente. Isso dá aos novos funcionários um senso de pertencimento à organização em geral e ao seu departamento em particular.

Depois da descrição geral da posição, um esboço das suas funções deve ser elaborado. Ele pode ser dividido em vários níveis, conforme necessário; novamente, esse deve ser um documento em evolução. A afirmação "esta tarefa não é minha responsabilidade" nunca deve ocorrer em uma organização que tem uma lista bem documentada das descrições de cada função. Quando surgirem conflitos relacionados ao mapa organizacional, devem ser documentados e discutidos em uma reunião específica. Até que o conflito seja resolvido, alguém terá de realizar a tarefa cuja posição no mapa ainda não foi definida.

As reuniões sobre funções de trabalho devem ser inicialmente realizadas pelo menos mensalmente. Elas podem ser informais e durar o mínimo necessário, mas nunca devem ser adiadas ou ignoradas. Os tópicos precisam ser sugeridos por cada pessoa possivelmente afetada pela mudança na função; os membros presentes na reunião devem incluir no mínimo supervisores imediatos da posição sendo discutida; se possível, chefes de departamento também precisam participar da reunião.

O retorno dos funcionários deve fazer parte do processo. Nos estágios iniciais da documentação de um trabalho ou de uma função, várias reuniões do tipo kaizen podem ser necessárias para produzir um documento inicial satisfatório. À medida que o documento é incrementado, o processo pode ser feito de maneira mais periódica e com menos envolvimento das pessoas que não serão afetadas. Como a descrição se enquadra na categoria "melhor forma atual", esforços devem ser feitos para manter os documentos com o máximo de precisão possível.

» Comunicações

Diferentes formas de comunicação fazem parte das atividades diárias no local de trabalho. Métodos verbais, eletrônicos, impressos, manuais e mesmo não verbais são comumente usados. A escolha do método de comunicação apropriado é uma parte fundamental do processo de negócios.

> **» JUNTANDO TUDO**
> A comunicação pode ser oral, escrita, eletrônica, impressa e até não verbal.

As reuniões são um componente importante da maioria dos métodos de negócios. Elas funcionam como um método de comunicação bidirecional entre indivíduos ou grupos de pessoas. Muitas vezes, acabam sendo mais um método unidirecional no qual um apresentador fornece informações para um grupo de pessoas sem muito retorno. Esse tipo de reunião deve ser feito por meio de métodos escritos por duas razões importantes. Primeira: as reuniões levam mais tempo do que a leitura de uma apresentação. Elas também são menos flexíveis em termos de tempo; são agendadas para um horário específico durante o qual todos devem parar o que estão fazendo para participar. Assim, a primeira desvantagem é o tempo.

> **» IMPORTANTE**
> Conversas e reuniões devem ser registradas por escrito.

A segunda razão não se aplica somente a reuniões: as apresentações verbais não costumam ser documentadas. Algumas vezes, um esboço é apresentado aos participantes; as pessoas até podem fazer anotações. Mas não há garantia de que as informações importantes foram recebidas ou compreendidas por todos os participantes da mesma forma. Isso novamente enfatiza a importância da clareza das comunicações escritas nos negócios.

As reuniões podem servir a uma função importante: quando comunicações bidirecionais são necessárias entre indivíduos ou grupos, elas são a forma mais eficiente de trocar informações ou de chegar a um entendimento. Mesmo assim, é importante documentá-las com comunicados escritos para que não haja desacordos posteriores sobre o que realmente aconteceu. A maioria das pessoas que trabalham nas grandes organizações concorda que muito de seu tempo é gasto em reuniões. Uma forma de reduzir o número de reuniões é determinar se elas podem ser substituídas por formas escritas de comunicação.

As conversas entre indivíduos também devem ser documentadas por comunicados escritos. Se uma decisão ou uma instrução importante não está documentada, pode haver desacordos futuros em relação ao que foi realmente dito. Afirmações como "você nunca me disse isso" ou "isso não é o que eu/você disse" não existirão se um método de comunicação for apropriadamente escolhido. Com o desenvolvimento de tecnologias como dispositivos de comunicação pessoal capazes de enviar textos ou emails, simplesmente não há desculpas para a falta de comunicação ou mal-entendidos. Especialmente para trabalhos baseados em projetos, a comunicação documentada entre colegas de trabalho e fornecedores/clientes é crucial.

» Contratação e treinamento

O processo de contratação inclui análises rigorosas da experiência e do conjunto de habilidades, da aptidão ao cargo e da capacidade de adaptação de um funcionário em potencial. Os candidatos são entrevistados por várias pessoas, incluindo, espera-se, colegas familiarizados com o campo de conhecimento do entrevistado. Se um trabalhador está sendo contratado para uma posição que requer habilidades especiais, testes devem fazer parte do processo. Exemplos no

> **IMPORTANTE**
> Novos funcionários muitas vezes precisarão de instruções ou de treinamento para se integrarem completamente com sua nova organização.

campo técnico são gerar desenhos em CAD, escrever um pequeno programa, fabricar uma peça ou consertar uma máquina. As decisões sobre a contratação se baseiam em vários fatores, incluindo personalidade, experiência, habilidades e requisitos de remuneração.

Mesmo com todo esse cuidado na avaliação de um candidato, há uma variedade de habilidades que não corresponderão de forma exata ao esperado. Todas as companhias possuem diferentes formas de realizar as tarefas, e os novos funcionários muitas vezes precisarão de instruções ou de treinamento para se integrarem completamente com sua nova organização.

Se as descrições de funções e tarefas abordadas anteriormente forem suficientemente detalhadas, elas serão como uma ferramenta importante de treinamento. Exemplos de trabalhos anteriores ou de projetos podem ser úteis no treinamento. Se um funcionário com uma função semelhante está disponível, ele pode ser útil para ajudar no processo de orientação.

Mesmo com todos esses recursos internos, algumas vezes a ajuda externa é necessária para facilitar o processo de treinamento. Os fornecedores, como os representantes dos distribuidores ou fabricantes, são um excelente recurso para o treinamento de um produto específico. Eles fornecerão atividades de aprendizagem para promover os seus produtos. Feiras de negócios também proporcionam um treinamento prático em diversos produtos.

As habilidades com CAD/CAM e técnicas de produção enxuta são ensinadas por companhias independentes e consultores. O estabelecimento de um orçamento para o treinamento de funcionários pode ser um investimento interessante para uma companhia, contanto que a retenção de funcionários seja alta. Os programas de treinamento são administrados pelo departamento de recursos humanos.

Um problema comum é equilibrar o treinamento com a retenção dos funcionários. As companhias contratam as pessoas a salários relativamente baixos com a intenção de treiná-las para uma função, mas acabam percebendo que, uma vez aumentadas as habilidades do funcionário, ele torna-se mais comercializável e vai procurar um emprego que o remunere melhor. É importante que as companhias permaneçam competitivas no mercado de trabalho enquanto ainda controlam seu próprio lucro final.

» Cadernos de engenharia ou de projeto

Uma importante ferramenta usada por inventores, engenheiros e projetistas é o caderno de engenharia ou de projeto. A intenção de utilizá-lo é capturar detalhes vitais do processo de engenharia e criar um registro contínuo do projeto. Observações, ideias e mesmo anotações sobre reuniões ajudam a fornecer uma cronologia para o projeto. Os cadernos de engenharia formais são usados como um registro permanente de um projeto e podem ser consultados por todos os membros; eles são livros encadernados (de modo que todas as páginas sejam contabilizadas), escritos a tinta (lápis e tinta apagável não são aceitáveis), com todas as entradas datadas e assinadas. Existem métodos formais de fazer correções nesses cadernos (sem corretivo, uma linha simples desenhada sobre os erros), e eles podem conter assinaturas dos membros da equipe que participaram das reuniões do projeto.

Embora os cadernos de engenharia formais sejam usados em grandes companhias e firmas de engenharia, eles não são comuns em fábricas e plantas industriais. Talvez as pessoas acreditem que eles dispendem muito tempo para ser mantidos, ou simplesmente nunca ouviram falar deles.

Criei um caderno para cada projeto de que participei. Embora eu tenha quebrado quase todas as regras recém listadas (os meus cadernos são escritos a lápis, uso classificadores de folhas soltas, não assinei nada nem espero que os outros o façam), continuo a achá-los muito úteis. Muitas vezes volto a um caderno de projeto para rever como resolvi um dado problema ou como escrevi um determinado código.

Além disso, uso cadernos diferentes para manter os registros e as ideias que não se enquadram em um dado projeto. Meus cadernos de projeto estão sempre disponíveis para serem consultados por outros membros da equipe ou funcionários, mas meu caderno pessoal contém informações de escalas, pensamentos aleatórios e mesmo senhas para vários sites na Internet e contas sem importância que acesso. De algum modo, ele é um híbrido de diário e de caderno de projeto de vida.

Conforme mencionado anteriormente nesta seção, acredito muito nas comunicações escritas e nos registros. Muitas vezes, visitava uma planta para avaliar um projeto e descobria que não havia informações suficientes sobre uma máquina ou um sistema para que eu conseguisse estimar apropriadamente o tempo necessário para resolver o problema. A documentação é a ferramenta mais importante usada na solução de problemas. Isso não se aplica somente à documentação formal fornecida em um sistema manufaturado, mas também aos registros de manutenção e às notas que os operadores e técnicos mantêm sobre o equipamento. Com o custo de alguns papéis e um pouco de tempo, é possível economizar milhares de dólares simplesmente ao registrar os eventos da história de um sistema.

Isso também pode ser estendido ao mundo dos negócios. Ao manter a documentação escrita de eventos diários, é muito menos provável que as tarefas sejam esquecidas. Existem vários dispositivos eletrônicos, como PDAs, laptops, iPads ou mesmo celulares, que ajudam nessa tarefa, mas eu, pessoalmente, ainda prefiro o método de escrita à mão.

>> **DEFINIÇÃO**
Cadernos de engenharia ou de projetos são documentos que reúnem registros sobre um determinado projeto.

capítulo 9

Projeto de máquinas e de sistemas

Este capítulo descreve o ciclo do orçamento, da compra, do desenvolvimento, da fabricação, da depuração e da instalação de uma máquina.

Para abordar esses temas, vamos utilizar um exemplo prático, introduzido a seguir.

Depois de melhorias recentes na previsão de negócios, a companhia ACME Widget descobriu que vai precisar de uma nova linha de ferramentas dentro de um ano. Mark, engenheiro de projetos da companhia, foi incumbido de encontrar fornecedores apropriados para os equipamentos, instalar a linha e iniciar a produção.

Objetivos de aprendizagem

>> Visualizar como ocorre, na prática, o ciclo de orçamento, compra, desenvolvimento, fabricação, depuração e instalação da máquina, abrangendo os diversos departamentos das empresas que participam da negociação.

>> Considerar todos os aspectos que fazem parte da aquisição de um sistema, como documentação dos requisitos, orçamentos, decisão de aquisição, termos envolvidos, etc.

>> Compreender como os conhecimentos apresentados nos capítulos anteriores se aplicam na construção de um equipamento, desde o desenho mecânico, passando pela parte elétrica e de controle, até o software e a integração.

>> Descrever as etapas envolvidas na fabricação e na montagem, bem como nos testes FAT e SAT, na depuração, na instalação e na manutenção posterior, levando em conta eventuais dificuldades.

» Requisitos

A primeira tarefa de Mark é definir os requisitos da nova linha de produção. Uma reunião foi realizada com o gerente de engenharia, o supervisor de produção, o gerente de qualidade, o gerente de manutenção e o gerente de processo. Os vice-presidentes de operações e da controladoria da empresa também estavam presentes.

Aproximadamente 100.000 unidades por ano serão necessárias nos primeiros dois anos, avançando para entre 150.000 e 200.000 por ano nos anos seguintes. Um dispositivo um pouco maior foi criado e será colocado em produção no próximo ano. Isso eleva para sete o número total de diferentes tipos de dispositivos produzidos pela ACME.

» Velocidade

A ACME atualmente trabalha com dois turnos de oito horas por dia. As duas linhas de produção fabricam aproximadamente 70.000 dispositivos por ano, sendo que a maior parte é obtida de uma linha de produção mais recente, instalada há cinco anos. Essa linha produziu aproximadamente 42.000 dispositivos no ano passado, mas parou durante cerca de 20% do tempo disponível para manutenção, reparos ou mudanças.

O total de dias trabalhados, excluindo finais de semana, feriados e paradas agendadas, foi de 48 semanas multiplicadas por 5 dias da semana, ou 240 dias por ano. Isso perfaz 3.840 horas de produção disponível por ano. Se o tempo de parada total de cerca de 768 horas for subtraído, restam 3.072 horas de tempo real de produção. Uma vez que 42.000 dispositivos saíram da linha B em 3.072 horas, a linha produz uma média de cerca de 13,67 dispositivos por hora.

O supervisor de produção diz ter certeza de que a linha de produção foi especificada em 16 dispositivos por hora e atingiu 18 durante o funcionamento inicial. Depois de alguns cálculos rápidos, o gerente de qualidade determina que a linha de produção está rodando a 85% de eficiência (13,67/16 × 100% = 85%), descontando manutenção, reparos e transições. Como a ACME utiliza o programa Six Sigma/produção enxuta, o gerente de qualidade observa que esse seria um bom tópico para um projeto de melhoria kaizen a fim de reduzir o tempo de parada.

Depois de mais discussões, ficou decidido que a especificação para a velocidade da linha deveria ser configurada em 18 dispositivos por hora. Se a eficiência da linha pudesse ser elevada em 90%, isso deveria permitir (3.840 horas × 18 produtos/hora) × 0,9 eficiência = 62.208 dispositivos. Com esse número, o objetivo inicial de 100.000 por ano seria atingido facilmente, mas a capacidade diminuiria depois de 1,5 a 2 anos, se a previsão for precisa.

>> Melhorias

O supervisor de produção e o gerente de manutenção acreditam que, se alguns dos atuadores pneumáticos existentes fossem trocados por servos, o tempo de configuração seria reduzido em até 50%. Uma vez que o tempo de configuração é estimado em aproximadamente 40% do tempo total de parada, essa seria uma melhoria significativa. Além disso, várias áreas de problemas na linha de produção atual parecem causar a maioria das paradas na linha.

> **>> IMPORTANTE**
> Em uma empresa, projetos importantes costumam envolver profissionais de diferentes áreas.

O gerente de qualidade pergunta se são coletados dados para auxiliar a determinar a causa das paralisações das linhas. O supervisor de produção afirma que os dados foram coletados durante vários períodos ao longo da vida da linha de produção, mas não foram coletados recentemente devido às restrições de recursos humanos.

O gerente de engenharia menciona que não seria tão caro implementar um sistema de coleta de dados utilizando o CLP atual da linha de produção. Além disso, as informações seriam coletadas em um computador de produção localizado no chão de fábrica.

Mark foi anotando todos esses comentários durante a reunião. Ele perguntou ao VP de operações e ao VP da controladoria se um orçamento foi determinado para o projeto.

>> Custos

O controlador possui um relatório sobre a implementação da linha de produção escrito há cinco anos. A linha levou um ano para ser construída e começar a operar. O custo é de aproximadamente $2 milhões, incluindo melhorias das instalações, mão de obra interna e pagamentos aos fornecedores. Naquela época, existia um departamento de engenharia bem maior e grande parte do desenvolvimento do sistema e do layout foi feita internamente, incluindo a implementação do sistema de empacotamento.

O VP de operações acha que eles deveriam ter aproximadamente $2,4 milhões disponíveis para esse projeto, mas acredita que Mark não teria muito acesso à mão de obra interna. Ele concordou em avaliar algumas áreas que poderiam ter seus custos reduzidos e agendou uma reunião com Mark e com o gerente de engenharia para o dia seguinte a fim de discutir essas ideias.

❯❯ Documentação necessária

Mark usa o modelo de projeto da companhia para começar a gerar a documentação necessária para a nova linha de dispositivos. Muitos dos itens, como especificações elétricas e mecânicas, já foram incluídos no modelo, assim, ele começa pela lista dos requisitos específicos desse projeto. Informações como a capacidade de velocidade da linha, os requisitos de empacotamento, a área ou o espaço necessário e as dimensões do dispositivo, incluindo o novo produto, são indispensáveis. Muitas dessas informações têm de ser coletadas em diferentes departamentos na empresa.

Mark também sabe que a empresa exige no mínimo três orçamentos de diferentes fabricantes de máquinas e integradores. Por conta disso, a documentação dos requisitos precisa ser bem completa, no intuito de minimizar problemas.

❯❯ Orçamento

Mark conhece vários construtores de máquinas locais e nacionais que estão aptos a construir a nova linha de dispositivos. A companhia que construiu a linha de produção B há cinco anos não está mais na cidade, mas realizou um excelente trabalho, embora nem sempre estivesse disponível para manutenções.

Outra companhia contatou Mark e o gerente de engenharia, tentando captar novos negócios. Ela era da mesma cidade da ACME e seus funcionários entregaram a Mark catálogos que descreviam alguns dos seus serviços. O catálogo era bem profissional e tinha lindas fotos de máquinas impressionantes, mas que não pareciam compatíveis com a linha em questão.

> ❯❯ **DICA**
> É importante contatar vários fornecedores diferentes durante o processo de orçamento de um projeto.

Há outros dois grandes construtores e integradores de máquinas que Mark sabe que podem construir a linha, mas que estão sediados em cidades distantes. Depois de verificar seus sites na Internet, Mark decide enviar requisições de orçamentos para a LineX, a empresa que construiu a linha B; para a LocalTech, empresa que os contatou recentemente; e para a Mammoth Corp, uma das maiores empresas nacionais de construção e integração de máquinas.

❯❯ Requisição de orçamentos

Mark escreveu um breve pedido de orçamento com uma descrição da linha proposta, uma imagem e a descrição do dispositivo e uma declaração de que informações posteriores, detalhes e especificações seriam enviados caso a empresa estivesse interessada em orçar a linha. Ele enviou as requisições por email para as três empresas e começou a refinar a documentação de requisitos.

Mais tarde no mesmo dia, Mark recebe uma ligação de Bill, engenheiro de aplicações e vendas da LocalTech. Bill pergunta se poderia dar uma passada na empresa no dia seguinte para conhecer a linha de produção B. Mark responde que sim e afirma que até lá ele teria os requisitos finalizados e que Bill poderia levá-los com ele.

Na manhã seguinte, Mark recebe outra ligação, dessa vez de Jack, representante de vendas da LineX. Jack diz que estará na cidade no início da próxima semana e que gostaria de visitar e atender Mark, que concorda em recebê-lo.

Quando Bill chegou, Mark pediu para que ele preenchesse um acordo de confidencialidade não formal com a recepcionista. Juntos, eles vão ao chão de fábrica, onde usam óculos de segurança e protetores auriculares. Mark e Bill passam aproximadamente duas horas assistindo à execução da linha e discutindo as operações. Bill faz várias perguntas sobre hardware, sequenciamento e prazos. Ele também faz algumas anotações enquanto examina a linha. Mark entrega a ele uma cópia da documentação de requisitos, incluindo as especificações da máquina. Bill diz que provavelmente consiga fazer um orçamento antes do fim da próxima semana. Mark também dá a Bill uma amostra do dispositivo saído diretamente da linha.

Na semana seguinte, chega Jack. Mark discute as operações da linha anterior e menciona a resposta lenta da LineX a vários problemas técnicos ocorridos ao longo dos últimos anos. Jack explica que a LineX sofreu um remanejamento e que agora possui um departamento de serviços independente, tornando-a mais ágil. Mark entregou a Jack a documentação de requisitos e uma amostra do dispositivo para auxiliá-lo no orçamento.

Uma vez que Mark não obteve resposta da Mammoth Corp, ele ligou para o departamento de vendas da empresa e conversou com o engenheiro de aplicações regional, Steve, que explicou que recebera muitas requisições de orçamentos e que não conseguiria atender Mark nas próximas duas semanas. Eles combinaram uma reunião para a quinta-feira de duas semanas mais tarde.

Quando Steve chega na ACME, Mark já recebeu os orçamentos das duas outras empresas. Steve diz que conseguiria fazer um orçamento em aproximadamente uma semana, mas que as entregas estão um pouco demoradas atualmente.

» Análises dos orçamentos

Duas semanas depois, foi realizada uma reunião com os mesmos participantes da reunião inicial, mas dessa vez para discutir os orçamentos. A Mammoth Corp entregou seu orçamento na noite antes da reunião, preocupando Mark, que lembrou do comentário que Steve havia feito sobre a demora na entrega.

O orçamento da Mammoth Corp foi o que forneceu as informações mais detalhadas e abrangentes. Muitas delas pareciam padronizadas, mas era óbvio que a empresa tinha feito o dever de casa. O orçamento estava acompanhado de uma carta de apresentação e de renderizações em 3D, que mostravam como seria o sistema. Ele foi o mais caro dos três orçamentos, algo em torno de $2,2 milhões.

A LineX forneceu um orçamento detalhado com fotos da linha B e descrições detalhadas da operação da máquina. As melhorias da nova linha também foram descritas, incluindo um inovador mecanismo separador de peças. O orçamento foi o de menor preço, algo em torno de $1,7 milhão. Como a linha anterior teve custos estimados em torno de 1,6 milhão, o valor parecia razoável com as melhorias propostas. Naturalmente, como já havia construído a linha anterior, esperava-se que a LineX fosse a mais rentável das três.

O orçamento da LocalTech era de quase $2 milhões. Assim como o da Mammoth Corp, ele incluía modelos sólidos em 3D da linha. Os detalhes também foram divididos em seções, propondo melhorias tanto para a linha original quanto para a nova.

Era óbvio que a LocalTech era a mais interessada pelo trabalho; a ênfase ao suporte local era evidente no orçamento. A garantia de que eles tinham o conhecimento técnico necessário para a aplicação também estava clara na proposta.

» Decisão

Depois de ponderar todos os fatores, foi decidido que a ordem de compra seria emitida para a LocalTech. Embora o preço fosse maior do que o da LineX, foi acordado que o suporte local seria de grande valor no longo prazo. Mark ligou para várias das referências da LocalTech e todas concordaram que a empresa oferecia o acompanhamento necessário e que se esforçava pelos seus clientes.

Mark redigiu um compromisso de trabalho que reafirmava os itens expostos na requisição de orçamento e que definia as incumbências e expectativas do fornecedor e do cliente.

» Aquisição

Mark ligou para Bill, da LocalTech, para contar que havia decidido contratá-los para a construção da nova linha. Bill visitou-o no fim da tarde junto com seu gerente de engenharia, Jim, para discutir os procedimentos a serem usados para gerenciar o projeto. Durante a discussão, a conversa girou em torno dos termos de pagamento, e Bill mencionou que poderia haver alguns problemas.

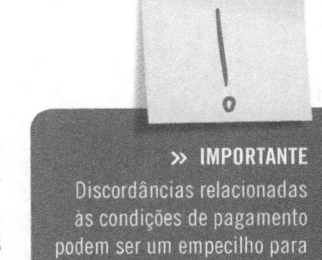

> **» IMPORTANTE**
> Discordâncias relacionadas às condições de pagamento podem ser um empecilho para alguns projetos.

» Termos

A LocalTech solicitou 40% do pagamento à vista, 40% antes da entrega e 20% líquidos 60 dias depois da entrega, ou 40/40/20. A ACME tinha uma política padrão de 30% à vista, 30% após o recebimento de 90% dos materiais, 30% depois da FAT e antes da entrega e 10% líquidos 90 dias depois do sucesso da SAT. Depois de uma reunião por telefone feita entre os compradores da ACME e os proprietários da LocalTech, ficou acordado que seriam respeitados os termos estabelecidos pela ACME. Uma cláusula foi acrescentada na ordem de compra, estabelecendo que o segundo 30% deveria ser pago não mais do que 120 dias depois da requisição de peças inicial da LocalTech, para auxiliar com o fluxo de caixa.

A ordem de compra foi enviada por fax para a LocalTech dois dias depois da reunião e enviada pelo correio um dia depois. A LocalTech enviou uma fatura para a ACME, e o pagamento foi recebido 57 dias depois.

» Projeto

Uma reunião inicial do projeto foi realizada pela LocalTech para discutir a aplicação. Bill e Jim descreveram o projeto, e o orçamento foi apresentado à equipe responsável. A LocalTech tinha dois gerentes de projeto que administravam o orçamento e a escala das máquinas e dos sistemas; Paul foi designado para gerenciar o projeto. Ele revisou a documentação do orçamento e gerou, usando o Microsoft Project, um gráfico de Grantt, para ser distribuído aos membros do projeto.

» Mecânico

Joe foi designado líder mecânico do projeto. Havia três engenheiros mecânicos de projeto na LocalTech, e coincidentemente o projeto anterior de Joe estava terminando, pois ele era bem similar ao que seria construído. Joe perguntou se alguma documentação da linha B estaria disponível para alavancar o novo projeto. Bill disse não acreditar que Mark se sentisse confortável entregando-lhes modelos sólidos ou arquivos em CAD, pois a LineX havia feito um orçamento mas não conseguiu o trabalho. Todos concordaram que isso não seria algo ético a fazer.

A primeira coisa que Joe tinha que fazer, no entanto, era ler as especificações. Depois de questionar sobre as restrições de escolha de hardware, ele estava pronto para iniciar o trabalho de desenvolvimento.

Joe inicialmente gerou um gráfico de tempo e dispositivo usando seu modelo, feito no Microsoft Excel. Esse modelo era usado em conjunto pelos departamentos de aplicações, mecânico, de controle e de software para determinar a temporização da máquina, o dimensionamento do sistema pneumático e os atuadores a serem usados na máquina.

O próximo passo no processo de desenvolvimento era iniciar o projeto de montagem da máquina. Uma montagem é uma função de componentes utilizados para realizar uma determinada tarefa. Ela pode consistir em um simples atuador ou em algo tão complexo como um sistema *pick-and-place* multieixos com cilindros elétricos e pneumáticos. Embora isso pudesse ser definido arbitrariamente pelo projetista mecânico, a LocalTech tinha um procedimento padrão para decidir o que comporia a montagem.

Joe decidiu que um chassi Stelron seria usado para mover os dispositivos ao redor da máquina. Os dispositivos seriam alimentados por um alimentador vibratório ou de bacia em um palete em um canto do chassi via um sistema *pick-and-place* pneumático de dois eixos com garras. Depois de proceder no sentido horário em torno do chassi ao longo de várias estações de montagem e inspeção, os dispositivos seriam removidos no canto adjacente, quando já tivessem passado por três lados do chassi. Os paletes vazios então girariam e seriam carregados novamente.

Uma vez que o processo seria síncrono, alguns dos atuadores seriam movidos pelo próprio chassi. Aqueles que não seriam movidos teriam de ser dimensionados para determinar sua capacidade e sua adequação.

Desenho mecânico

Todos os projetos da LocalTech foram feitos no SolidWorks, programa de modelagem em 3D. Joe utilizava essa plataforma há mais de 10 anos e se sentia confortável trabalhando com ela; na verdade, ele havia gerado as representações dos modelos sólidos do conceito da linha para Bill.

Joe decidiu passar um dia fazendo downloads de arquivos de fornecedores do chassi, dos atuadores e de outros componentes comprados que seriam usados no sistema. Havia outros quatro projetistas mecânicos na LocalTech, totalizando sete licenças mecânicas. Os projetistas atuavam como um conjunto de recursos para o departamento mecânico, substituindo, se necessário, os engenheiros de projeto. Depois de passar um certo tempo montando uma lista de componentes propostos (a lista de materiais preliminar), Joe entregou parte dessa lista para um projetista e fez o download dos arquivos restantes.

A maioria dos fornecedores dos componentes principais tinha arquivos STEP, formato de arquivo genérico que funciona em plataformas de modelagem de sólidos disponíveis para seus hardwares. Alguns tinham apenas arquivos de AutoCAD em três visões; esses deveriam ser transformados em modelos sólidos.

Com a ajuda do projetista mecânico, aproximadamente três semanas foram necessárias para modelar todas as montagens individuais.

> **» DICA**
> Programas de modelagem em 3D facilitam muito o desenho de projetos.

Elementos finitos e análise de tensão

Depois de desenhar todas as montagens e colocá-las acima das localizações do chassi, Joe inseriu os pesos e as dimensões estimadas do hardware em uma planilha e fez uma análise das tensões esperadas, que seriam incorridas pelos mecanismos, pelo suporte dos sensores e pelo quadro da máquina principal. Joe possuía um pacote de software do Método dos Elementos Finitos (MEF), que permitia a visualização detalhada dos pontos onde as estruturas iriam dobrar ou torcer. Isso permitiu que ele produzisse cálculos de rigidez e resistência que ajudariam a minimizar e otimizar o peso, os materiais e os custos de toda a máquina.

Enquadramento e suporte a sensores

Com a análise MEF feita, a equipe mecânica estava habilitada para colocar todos os modelos de montagem no chassi. Como acontece em qualquer projeto, vários pontos de interferência foram encontrados, e os suportes e as caixas tiveram que ser modificados. Uma das vantagens de utilizar um chassi era que as localizações eram fixas; se não existisse espaço suficiente para uma montagem, podia-se simplesmente assegurar de que o espaço necessário estaria disponível ao deixar estações de paletes vazias. Em um determinado momento, uma estação ligada mecanicamente teve de ser movida de lugar; o chassi foi cotado novamente pela Stelron sem mudanças de preço.

Joe decidiu que a maioria dos quadros e suportes seria feita de aço laminado soldado a frio. Claro que eles deveriam ser pintados, mas essa era a opção menos cara. Uma exceção era a montagem do sistema de visão: Joe decidiu usar extrusão de alumínio, pois a câmera precisava ser ajustável. Alguns sensores foram feitos de placa de alumínio, pois os requisitos de peso não eram altos, os suportes eram pequenos e eles não precisavam ser pintados.

Joe também decidiu utilizar extrusão de alumínio para a guarda do quadro superior da máquina. Dessa forma, seria mais fácil fazer as portas e montar as dobradiças e as chaves; também era bem mais fácil corrigir erros que poderiam ser omitidos durante o processo de desenvolvimento.

Detalhamento

Após uma revisão de desenvolvimento mecânico com o cliente, Joe e seu projetista mecânico começaram a detalhar os componentes individuais da máquina para fabricação. Isso envolvia subdividir as montagens em suas partes individuais novamente e dimensionar, estabelecer a tolerância e especificar o acabamento e os materiais em desenhos 2D. Alguns desses dados poderiam ser colocados diretamente em uma máquina CNC, mas muitos deles seriam feitos por operadores de máquina em moedores e tornos.

A maior parte do hardware também foi detalhada nessa etapa; os tamanhos dos parafusos e as espessuras das placas foram determinados para gerar a lista de materiais final. As espessuras das placas e da tubulação algumas vezes tiveram que ser encomendadas em tamanhos maiores devido à escuma do material durante o processo de usinagem.

As instruções para os operadores de máquina também foram incluídas nos desenhos dos detalhes. Elas incluíam, por exemplo, informações sobre peças que podem ser utilizadas para aliviar a tensão e sobre a necessidade de se usinar montagens novamente depois da soldagem. Isso era especialmente importante para alguns blocos de máquina que precisavam prender os suportes completamente em paralelo.

» Elétrica e controles

Gordon esteve na reunião inicial do projeto e também tinha lido as especificações. A maioria de suas marcas de hardware de controle foram bem explicadas na documentação das especificações e dos requisitos, por isso, nada parecia particularmente difícil. A ACME fornece especificações baseadas nos controles da Allen-Bradley. O controlador original era um SLC 5/05. A maioria dos controladores utilizados na indústria atualmente era da família ControlLogix. Gordon ligou para Mark, da ACME, e perguntou se seria adequado usar o ControlLogix.

Mark não sabia responder de imediato, mas, depois de uma breve ligação para Jake, o técnico de controle da planta, ele tinha uma resposta. A ACME tinha processadores ControlLogix da Allen-Bradley em sua planta, porém, como eles não haviam renovado sua licença, estavam defasados em duas versões em relação à versão atual do software. Gordon assegurou a ele que não haveria problema, pois ele tinha a versão 17 em seu laptop.

Gordon se reuniu com Joe no início do processo de desenvolvimento para ajudá-lo a ajustar o gráfico de tempo e dispositivos. Eles concordaram com os nomes que seriam usados para os atuadores e sensores, e Joe já havia feito grande parte do dimensionamento dos cilindros pneumáticos. A primeira coisa que Gordon começou a fazer foi trabalhar com a lista de I/O, que ditaria o esquema dos controles.

Uma das melhorias que a LocalTech propôs foi utilizar I/O remota nas máquinas para economizar espaço. Eles haviam usado o DeviceNet e o ControlNet em alguns projetos, mas a I/O baseada em Ethernet I/P era muito rentável e deveria ser usada nesse sistema.

Uma vez que havia dois sistemas externos, incluindo um alimentador de bacia, um sistema de visão e duas máquinas de embalagens, a serem integrados, o uso de I/O remotas e distribuídas fazia sentido. O sistema de visão deveria ser uma câmera inteligente Cognex Insight, que já possuía conectividade Ethernet I/P, além de uma série de exemplos em seu site. Não existia controle na bacia vibratória, mas os sensores deveriam estar paralelos em um nó local para aquisição de dados.

Depois de entrar em contato com os fornecedores para adquirir as duas máquinas de embalagem, Gordon descobriu que uma tinha um Allen-Bradley SLC 5/05, assim o Ethernet I/P não seria um problema. A outra tinha um controlador Siemens S7 Controller com capacidade para PROFIBUS, mas sem Ethernet I/P. A interface entre os controladores poderia ser feita digitalmente por *bit-bang*, processo em que as entradas de um controlador são conectadas às saídas do outro e vice-versa, ou ser feita por meio de um cartão Profibus disponibilizado pela Pro-Soft para o ControlLogix. Depois de avaliar os custos, os requisitos de velocidade e o tempo de integração, Gordon decidiu pela abordagem *bit-bang*.

Gordon finalizou sua lista de I/O e iniciou um diagrama de linha simples a fim de mostrar a energia fornecida para os vários componentes do sistema. Uma vez que havia um par de motores de 480 VCA nos sistemas de transporte e de embalagens, ele desenhou uma linha trifásica de 480 V e colocou uma caixa indicando cada transportador e o embalador abaixo dele. Havia poucos dispositivos de 120 VCA, incluindo o CLP, as bandejas vibratórias, a fonte de alimentação CC e uma porta utilitária de computador, assim, ele decidiu usar um transformador monofásico para alimentar essa fonte internamente.

Por segurança, todos os sensores deveriam ser de 24VCC, então, ele colocou uma única linha de alimentação de 24 V sob a linha de 120 VCA. Para todas as caixas colocadas sob essas linhas, ele utilizou fusíveis de tamanhos aproximados, a fim de ter uma ideia do consumo de corrente total do sistema.

Assim como Joe, Gordon possui dois projetistas elétricos que geraram os desenhos elétricos de seu projeto. Depois de uma reunião em que ele forneceu a um projetista sua lista de I/O e linhas simples e descreveu o sistema, ele começou a analisar sua tarefa de programação.

Depois de duas semanas, o projetista havia criado um conjunto bastante completo de desenhos para revisão. Gordon usou uma caneta vermelha para fazer as correções nos desenhos; o projetista realizou as mudanças, e o pacote de desenhos ficou pronto para revisão com o cliente.

» Software e integração

A LocalTech era uma pequena empresa, assim, os engenheiros de controle de projeto trabalhavam no projeto elétrico e na programação de software. Isso, obviamente, mantinha Gordon e os outros engenheiros de controle bastante ocupados, porém todos conseguiam dar prosseguimento aos trabalhos um do outro para cumprir o cronograma.

Fluxogramas

Enquanto o projetista estava desenhando os esquemáticos, Gordon começou a fazer os fluxogramas para sua programação. Como acontece com a maioria das funções de desenvolvimento na LocalTech, existia um modelo para isso. O Microsoft Visio foi usado para desenhar as declarações lógicas e o fluxo da mesma forma que qualquer programa de computador. Embora os CLPs não operassem de forma tão linear quanto os programas usuais em Fortran, Basic e C, uma vez que a digitalização estava envolvida, as técnicas usadas eram bem semelhantes.

Geração automática de códigos

Outra técnica para economizar tempo que a LocalTech usou no desenvolvimento do programa foi uma ferramenta baseada em planilhas. Na planilha de I/O na qual todas as atribuições de I/O foram feitas, havia várias macros de Excel escritas para gerar descrições AutoCAD para os projetistas e tags para o CLP e a IHM. Além das I/Os, uma coluna foi dedicada para definir a que tipo de dispositivo o ponto de I/O pertencia. Os sensores fotoelétricos, os botões, os solenoides, os motores e mesmo os componentes do servo foram designados, e as permissivas internas do programa, os botões e os indicadores da IHM e as tags de falha foram geradas.

>> **DICA**
Ferramentas baseadas em planilhas podem ser utilizadas para economizar tempo.

A LocalTech programava alguns tipos de controladores, baseados em CLP e outros, mas uma das vantagens de usar a plataforma ControlLogix da Allen-Bradley era que a lógica ladder comumente gráfica poderia ser programada mnemonicamente. Isso significa que as declarações de texto poderiam ser usadas para gerar um programa L5K que poderia ser visto graficamente. As macros no programa gerariam os degraus reais da lógica ladder com tags nas localizações e sub-rotinas corretas. Isso economizou muito tempo, pois muitas das sub-rotinas de degraus I/O, bem como das sub-rotinas de falhas e aquisição de dados/OEE e degraus, foram geradas automaticamente. Um modelo genérico de programa de CLP foi então aberto e todas essas sub-rotinas foram copiadas nele.

Codificação

As sub-rotinas de autossequência e outras lógicas não padronizadas ainda tiveram de ser criadas da maneira antiga, mas os fluxogramas foram muito úteis no processo. Sempre é importante planejar o código primeiro de forma estrutural. Quando a revisão do projeto elétrico foi realizada com o consumidor, Gordon já tinha feito um bom começo em sua codificação.

Ele preferiu usar valores numéricos para as sequências de estado. Técnicas de DINT e estado lógico eram muito usadas por seus pares em outras empresas construtoras de máquinas e integradores, mas, como Gordon era o engenheiro de controle que estava há mais tempo na LocalTech, ele foi capaz de instituir isso como padrão.

Cada sequência estava contida em sua própria sub-rotina chamada pela rotina da estação. A linha era logicamente dividida em zonas, e as estações concordavam com sua contraparte mecânica, Joe.

A IHM

As tags da IHM também foram geradas por planilhas e importadas no software do programa. O Allen-Bradley PanelView Plus HMI foi usado para a linha da ACME; em alguns projetos, os clientes queriam a capacidade extra de um computador real para o sistema, mas isso não era necessário nessa aplicação.

Quando Gordon começou a trabalhar na programação e no desenvolvimento da IHM, Joe havia criado muitas representações de toda a linha e algumas de suas estações. Joe conseguia exportar facilmente esses arquivos .dxf. Gordon abriu esses arquivos no programa AutoCAD e os exportou novamente como bitmaps para o Microsoft Paint, para poder simplificá-los. Ele então importou seus bitmaps para o programa da IHM.

Com o programa do CLP, existia um modelo de IHM. Ele tinha uma tela principal; um conjunto de amostras de telas de estações; telas indicando I/O do CLP, OEE e dados de produção; telas padrão para servos; e painéis frontais. Isso deu ao programador uma boa base para a criação de suas aplicações.

Integração

Existiam vários sistemas externos na linha principal. A bandeja vibratória alimentava um sistema transportador, que alimentava o chassi; o chassi alimentava suas saídas para o sistema transportador, que passava por um sistema de embalagem com uma armadora de caixas e um enchedor. O sistema de visão Cognex também tinha que ser ligado ao sistema, disparado e temporizado com um mecanismo de rejeição para dispositivos com falhas.

Reuniões com os fabricantes da máquina de embalagens e da bandeja vibratória foram realizadas quando as ordens de compra foram feitas pela LocalTech. Gordon recebeu algumas informações preliminares desses vendedores, mas os desenhos finais foram finalizados pouco antes da entrega.

A LocalTech tinha uma relação estreita com um consultor local de máquinas de visão que era especialista na Cognex. Um pedido havia sido feito com base no número de horas que Bill estipulara para a montagem do projeto. Gordon também tinha experiência com o sistema de visão da Cognex, assim, depois de o sistema ter sido inicialmente preparado, ele assumiria a responsabilidade e faria a manutenção.

» Fabricação

À medida que as peças começaram a chegar dos fornecedores depois de terem sido encomendadas pelas equipes de desenvolvimento, elas foram armazenadas em prateleiras perto da área de montagem. A LocalTech sempre tinha vários projetos em curso, e era importante colocar as peças e as montagens em um local comum, para que fossem facilmente localizadas.

» Estrutural

Grande parte da estrutura principal da linha era suportada pelo chassi e pelos sistemas de transporte, porém uma caixa soldada era necessária nas duas extremidades do chassi para uma montagem de *pick-and-place*. As caixas foram soldadas juntas em uma área fora da oficina e então finalizadas na máquina CNC.

> **» DICA**
> Durante o processo de fabricação, as peças de um mesmo equipamento devem ser armazenadas em um local apropriado à medida que são entregues pelo fornecedor.

A maioria dos suportes que forneciam a estrutura das estações foi feita da mesma forma. A caixa tinha sua tensão aliviada por meio de uma unidade vibratória de alívio de tensão, e o suporte dos sensores foi feito em um forno. As peças foram então camufladas e enviadas para pintura, já que a LocalTech não tinha uma oficina de pintura. Quando elas retornaram à doca de recebimento, foram imediatamente etiquetadas e levadas para a montagem.

» Mecânica

Muitas das outras montagens mecânicas foram feitas na oficina, e a maioria seria unida por aparafusamento. Assim como as peças estruturais, uma vez finalizadas, elas foram etiquetadas e levadas para a área de montagem.

Várias peças tiveram uma tolerância bem apertada e precisaram de ser verificadas na nova CMM. As peças que ficaram dentro da tolerância foram enviadas para o chão de fábrica, enquanto as outras foram retrabalhadas ou refeitas.

» Elétrica

Depois que os esquemáticos receberam a aprovação final de Gordon e da ACME, os desenhos liberados foram entregues ao fornecedor do painel. Os componentes estavam chegando há mais de uma semana, mas eles ainda não eram o bastante para garantir o início do processo de construção do painel. Gordon ligou para o fornecedor e constatou que ele ainda estava esperando um conector para um acionador de servos para poder enviar o pedido completo. Gordon sabia que o pessoal do projeto elétrico estava ansioso para iniciar o processo, assim, ele disse ao fornecedor dos controles para enviar o material que tinha.

Já que a maioria das peças tinha chegado, o painel traseiro foi colocado em um par de cavaletes e um lápis foi usado para marcar cuidadosamente os locais onde o trilho DIN, os condutores e os componentes principais seriam montados. Os buracos foram perfurados e enroscados para os componentes e perfurados para os condutores montados no rebite. Os principais elementos foram então montados no painel traseiro de aço pintado, para receber a fiação.

A LocalTech tinha uma funcionária que havia feito todas as fiações de painel desde a cração da empresa. Havia vários eletricistas que faziam a fiação e soldavam as máquinas, mas todas as ligações de painel foram deixadas a cargo de Mieko, pois suas ligações impecáveis. Como ela tinha dedos pequenos e ótima percepção de simetria e distância, era considerada uma profissional meticulosa e rápida.

Fiações de CA maiores foram usadas para todos os elementos de 480 VCA. Elas foram feitas nas cores marrom, laranja e amarelo, de modo que as fases pudessem ser identificadas facilmente. As fiações CA foram feitas em vermelho e branco, e a fiação CC, com fios azuis e azuis com listras brancas. Todos os fios foram roteados por condutores e faziam voltas com ângulos de 90°; etiquetas adesivas envolventes foram consistentemente localizadas cerca de 0,32 cm dos blocos terminais, e cuidado foi tomado para garantir que diferentes níveis de tensão não fossem roteados em conjunto.

» Montagem

O chassi ficou no chão de montagem por duas semanas antes que os quadros e os componentes estruturais fossem entregues pela oficina de pintura. A equipe de montagem tinha reunido várias das submontagens e estações em mesas de trabalho e agora ela poderia começar a montar toda a máquina.

O invólucro elétrico era um gabinete baixo com portas duplas montado no quadro, na entrada para o chassi. Os buracos foram perfurados no gabinete antes de ele ser montado no quadro, e o painel traseiro completamente ligado foi aparafusado por dentro.

Depois que todas as principais estações e montagens foram montadas no quadro e no chassi, a estrutura de guarda foi anexada na parte superior da máquina. Os painéis e as portas Lexan foram inseridos, e grande parte do chassi principal estava finalizada.

Os sistemas de transporte chegaram quase junto com as bandejas vibratórias e o chassi, mas a entrega das máquinas de embalagem estava um pouco atrasada. Gordon e Joe visitaram os fabricantes e encontraram vários itens que ainda não atendiam às especificações da ACME. Os fabricantes concordaram em corrigir a maioria dos problemas, mas outros deveriam ser tratados pela LocalTech.

Os sistemas de transporte e o maquinário auxiliar foram colocados nas posições, e um teodolito foi utilizado para localizar e nivelar os componentes um ao outro. O maquinário foi então afixado no chão e o restante dos elementos de guarda foi colocado, unindo os elementos da linha de produção.

Os eletricistas e Mieko começaram a ligar os sensores, os bancos de válvulas e outros componentes no painel principal. Os condutores de plástico foram montados na armação da máquina e na proteção, para fornecer uma rota conveniente para os cabos e as mangueiras. Cabos de desconexão rápida foram usados em vários pontos, de modo que a máquina pudesse ser facilmente desmontada e enviada mais tarde.

Partida e depuração

O gráfico de Gantt original que Paul havia criado mostrava que o projeto estava com duas semanas de atraso. Depois de discutir as opções, a equipe decidiu que tentaria compensar o tempo durante a fase da partida (*start-up*), trabalhando algumas horas a mais e aos sábados. Essa era uma ocorrência comum na indústria de construção de máquinas, e diversos dos membros da equipe apreciavam as horas extras em seus contracheques.

A montagem estava finalmente pronta para ligar a máquina para a partida, e a equipe de projeto estava a postos no chão de montagem para receber instruções de segurança. Gordon e Joe entregaram uma lista de riscos de segurança potenciais e uma lista de verificação de partida para cada membro da equipe. Foram reiterados os procedimentos de trancamento/sinalização (*lockout/tagout*) e todos concordaram que apenas Joe e Gordon estavam autorizados a ligar e a operar a máquina até que a depuração estivesse concluída.

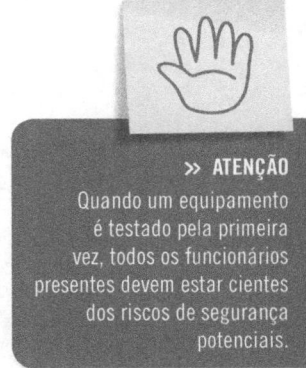

> **» ATENÇÃO**
> Quando um equipamento é testado pela primeira vez, todos os funcionários presentes devem estar cientes dos riscos de segurança potenciais.

Sistemas mecânicos e sistemas pneumáticos

Antes de a energia ser aplicada na máquina, ar foi aplicado na desconexão pneumática rápida. Um técnico verificou todas as válvulas e todos os atuadores e garantiu que eles estavam sondados corretamente ao acionar a válvula manualmente com uma chave de fenda. Os controles de fluxo foram configurados com a supervisão de Joe para garantir que os cilindros operassem na velocidade apropriada. Eles foram então bloqueados para evitar que fossem movidos inadvertidamente.

Gordon fez uma verificação elétrica básica para garantir que não houvesse curto-circuito fase-fase, fase-terra ou + para -. Todos os fusíveis foram checados com base nos esquemáticos, e os porta-fusíveis e os disjuntores foram deixados abertos. Gordon afastou todos da máquina, fechou a porta do gabinete principal e ligou a chave principal.

Gordon então engajou sequencialmente toda a fusão dos ramos e os disjuntores, começando pelos que tinham os valores mais altos e estavam mais próximos das desconexões. Como ele já havia verificado todos os circuitos com seu medidor, sabia que não haveria problemas, mas é sempre mais seguro realizar as etapas recomendadas.

Todas as E-Stops foram colocadas em suas posições desengatadas, e Gordon apertou o botão de Liga/Reset. O botão se iluminou, o MCR engatou e a máquina havia terminado seus procedimentos de energização.

>> Integração com o sistema de embalagem

Antes que o download do programa fosse feito, todos os equipamentos auxiliares foram ligados e testados. Os sistemas de transporte foram acionados via VFDs, e o teclado na parte frontal foi usado para ligar os sistemas de transporte. Isso garantia que os motores girariam na direção correta; se isso não ocorresse, seria fácil entrar nas configurações de parâmetros contidas nos dispositivos. Se acionadores de motor tivessem sido usados, as fases dos acionadores deveriam ter sido trocadas. O controle da velocidade dos sistemas de transporte era necessário, por isso os VFDs foram escolhidos.

As bandejas vibratórias eram bem simples e foram iniciadas de imediato. O enchedor não parecia funcionar de modo algum, então Gordon contatou um técnico para isso fosse verificado no dia seguinte.

Quando o técnico chegou, ele explicou que o circuito E-Stop tinha que ser ligado na linha principal e que os jumpers do equipamento auxiliar tinham sido deixados de fora inadvertidamente. Depois que os jumpers foram colocados e que o circuito E-Stop foi ligado na linha, o técnico ligou o enchedor por meio dos passos necessários.

Depois que todos os elementos independentes foram organizados e testados, chegava a hora de começar a integrar toda a linha.

>> Controles

O layout padrão dos equipamentos da LocalTech incluía uma porta utilitária de computador na parte frontal do invólucro. Ela era fabricada pela Grace Engineered Products e era genericamente conhecida como Graceport. Ela era uma tomada elétrica duplex padrão com um GFCI; também estava inclusa uma porta de comunicação que poderia ser encomendada em várias configurações. Ela tinha uma porta Ethernet RJ45 conectada a um *switch* Ethernet interno, ligando o CLP, a IHM e os dispositivos de I/O por Ethernet/IP.

Gordon usou primeiro uma utilidade BootP para configurar os endereços do CLP e da IHM. Depois que as comunicações foram estabelecidas, ele fez o download dos programas do CLP e da IHM.

Como de costume, havia alguns indicadores na IHM que não se conectavam aos pontos corretos no CLP. Eles eram fáceis de localizar, pois apareciam como pontos azuis-escuros na tela. Gordon corrigiu os endereços e verificou todas as telas para garantir que tudo estava funcionando normalmente.

Gordon usava um emulador para testar os programas do CLP e da IHM durante a escrita do software, mas não houve tempo suficiente. Como essa linha era menor, era mais fácil verificar o software na máquina.

Gordon trouxe as telas das I/O e explicou ao eletricista como navegar pelas telas da IHM. Ele passou ao eletricista uma lista de I/Os e pediu a ele que fosse em cada sensor e atuador e verificasse se eles estavam funcionando normalmente em todo o sistema.

Como o circuito E-Stop havia sido checado e os movimentos do atuador ajustados, Gordon então colocou a linha em modo manual. Depois de verificar a coluna luminosa e garantir que a luz amarela estava iluminada, ele pressionou todos os botões dos atuadores e garantiu os movimentos. Ele iniciou e parou o acionador do chassi sem o motor estar engrenado e, então, seguiu em frente e reiniciou para observar a operação do chassi. Até essa etapa, tudo estava funcionando sem problemas.

Em seu modelo padrão do CLP, a LocalTech tinha um modo chamado "ciclo seco". Ele permitia que a linha fosse operada sem qualquer produto carregado, apenas para treinar todos os atuadores. Na manhã seguinte, Gordon decidiu deixar o ciclo seco da máquina funcionando por algumas horas, apenas para ter certeza de que nada estava fora do lugar. Depois do almoço, o eletricista disse a Gordon que a máquina tinha funcionado continuamente, com a exceção de um sensor de proximidade que teve de ser ajustado e de um parafuso solto em um empurrador. Naquela tarde, era chegada a hora de carregar alguns dispositivos na máquina e ver como ela reagiria.

Quase duas semanas de trabalho foram necessárias para que Gordon e Joe ficassem satisfeitos com a máquina e a considerassem pronta para a operação totalmente automática. A bandeja vibratória foi carregada com os dispositivos fornecidos pela ACME e a máquina ficou em funcionamento por vários dias.

Mark, engenheiro de projeto da ACME, conversava com Gordon e Joe regularmente desde o início do projeto. Ele os visitou durante a montagem da linha e outra vez para ver a operação da linha em modo automático. Depois disso, eles concordaram que era hora de falar sobre a realização do teste de aceitação de fábrica (FAT, *Factory Acceptance Test*).

> **» DEFINIÇÃO**
> O teste de aceitação de fábrica é um processo que garante que um equipamento funcione de acordo com as especificações contratuais estabelecidas pelo fabricante e pelo comprador. Ele é realizado na fábrica, antes da entrega da máquina.

≫ FAT e SAT

≫ Aceitação de fábrica

Mark, o gerente de produção e dois operadores experientes da linha B apareceram bem cedo na manhã de segunda-feira. O FAT dessa linha seria uma execução contínua de quatro horas com pelo menos 95% desse tempo dedicado à atividade e à velocidade totais, especificadas em 18 peças por hora.

Um elemento importante do requisito de velocidade era que os operadores tinham que realizar suas tarefas em sincronia com a máquina. Exceções como paradas para ir ao banheiro e manutenção na máquina faziam parte do plano geral, mas, para essa execução, a operação da linha tinha de ser contínua. As peças rejeitadas também poderiam ser verificadas por conformidade e os componentes com problemas poderiam ser inseridos pelos operadores.

Planilhas de verificação com uma lista de critérios de desempenho foram criadas pela ACME. Elas reuniam entradas da LocalTech para essa execução e para a próxima a ser feita após a instalação.

Depois de uma execução praticamente perfeita, os técnicos de manutenção e os operadores acionaram a máquina por meio de alguns procedimentos manuais e calibrações, processo que parte do seu processo de treinamento. Mark estava satisfeito e seguro para aprovar a expedição da linha.

≫ Aceitação local

> ≫ **DEFINIÇÃO**
> O teste de aceitação local é similar ao teste de aceitação de fábrica. A diferença é que aquele é realizado no local onde o equipamento será efetivamente utilizado.

Depois que a máquina foi entregue e instalada, o teste de aceitação local (SAT, *Site Acceptance Test*) foi realizado de forma similar ao FAT. Uma execução de oito horas (um turno completo) foi feita com operadores adicionais da linha B. A linha parecia funcionar ainda melhor com mais de 98% de tempo de atividade.

Durante a partida inicial na ACME, houve alguns problemas com o sistema de visão Cognex. Gordon descobriu que a luz da iluminação superior de vapor de mercúrio lançava um feixe refletido na área de inspeção; um escudo fabricado rapidamente foi colocado sobre a guarda e documentado para inclusão no manual de manutenção.

>> Instalação

>> Expedição

Depois do FAT, a linha foi desmontada em suas máquinas individuais. O encaixamento original da bandeja vibratória e as máquinas de embalagem foram colocados de lado e trazidos de volta para reenvio.

O chassi principal foi desemparafusado do piso e colocado em calços de madeira de 4×4. A máquina foi levantada, uma extremidade de cada vez, por meio de uma empilhadeira usada para deslizar sob o calço, e as pernas foram aparafusadas a ele.

Como a máquina seria enviada para outro endereço da mesma cidade, ela foi carregada em um caminhão local sem encaixotamento. Tiras foram usadas para amarrá-la, e as outras máquinas e as várias caixas de bugigangas foram carregadas no mesmo veículo.

>> Contrato com mecânicos de máquinas e eletricistas

A LocalTech tinha desenvolvido uma relação profissional com um montador de máquinas e com um eletricista industrial para instalações. Eles encontraram o caminhão na planta da ACME junto com Gordon e Joe e ajudaram a descarregar os caixotes e os calços na área de instalação.

Diferentemente da área de montagem na LocalTech, as áreas de produção nem sempre tinham guindastes de pontes rolantes ou empilhadeiras para levantar equipamentos pesados. Os montadores de máquinas já haviam auxiliado na instalação de muitas das máquinas da LocalTech e poderiam ajudar novamente, dessa vez na planta da ACME.

Depois de posicionar os equipamentos no chão da planta, os funcionários removeram as caixas e os calços. As máquinas foram todas niveladas novamente e aparafusadas ao chão com uma furadeira e âncoras de concreto. Pastilhas de concreto especiais foram usadas para perfuração do local onde seria inserida parte do quadro.

Com a ajuda do eletricista da LocalTech e do eletricista industrial contratado, as máquinas foram reconectadas. Novos conduítes foram ligados do painel principal até as máquinas individuais para alimentação de energia; um sistema como esse havia sido montado temporariamente no chão de montagem da LocalTech.

O engenheiro de instalação da ACME garantiu que a energia e o ar fossem colocados nos seus locais corretos na linha. As máquinas foram energizadas mais rapidamente do que durante a partida original, pois o sistema já tinha sido verificado completamente. Depois que Gordon e Joe fizeram uma rápida verificação nas máquinas, eles ligaram a linha e se prepararam para o SAT.

≫ Suporte

Após o SAT, duas semanas se passaram, durante as quais a ACME realizou o treinamento e a qualificação do equipamento. Mark passou praticamente todo o tempo no chão de fábrica, pois dois turnos tinham de ser realizados a uma determinada velocidade. Depois de duas semanas, a linha entrou em produção total como linha C.

≫ Os primeiros três meses

Não havia dúvida de que a linha C era mais rápida e mais tecnológica do que a linha B. Apesar de a LineX ter mais experiência com a indústria de fabricação de dispositivos, a LocalTech tinha provado ser muito técnica e detalhista.

As telas de OEE na IHM foram úteis na determinação das causas de paradas em áreas específicas da linha. O gerente de qualidade mencionou que gostaria de ver isso sendo implementado nas linhas A e B também, se o orçamento permitisse.

Gordon e Joe tiveram que visitar a ACME várias vezes durante os primeiros meses para fazer alguns pequenos ajustes e mudanças de software, mas, no todo, o projeto foi um grande sucesso. A LocalTech com certeza seria parceira da ACME em projetos futuros.

≫ Garantia

Após nove meses de operação da linha, um dos motores CA em um sistema de transporte parou de funcionar. A LocalTech foi chamada, e o motor foi enviado para o fabricante para ser substituído. Como o motor estava na lista de peças com reposição recomendada, ele foi rapidamente substituído e a produção recomeçou.

Um dos sensores fotoelétricos do transportador de saída também foi encontrado quebrado duas vezes pela manhã (depois do turno da noite, claro). Mark tinha um protetor fabricado, o aparafusou sobre o sensor e não previu mais problemas.

> ≫ **IMPORTANTE**
> A atenção dada à garantia e à manutenção é um grande diferencial das companhias qualificadas.

capítulo 10

Aplicações

A seguir, são apresentados sistemas e máquinas criados pelo autor ou com os quais ele esteve envolvido ao longo das últimas décadas.

Objetivos de aprendizagem

» Ver como os princípios de automação delineados no livro aparecem em projetos das mais diversas áreas.

» Compreender como o trabalho conjunto é importante para a elaboração de máquinas eficientes e eficazes, que ajudam na evolução e no aperfeiçoamento das mais variadas atividades.

» Máquina de encadernação

Cliente: Avery Dennison

Finalizada: 1999

Parte mecânica: Nalle Automation Systems (NAS)

Controles: Automation Consulting (ACS)

Invólucro: extrusão de alumínio

Controlador: Allen-Bradley SLC 5/04

Outros componentes: Emerson Servo

Essa máquina foi construída entre 1998 e 1999 pela NAS. Essa empresa foi uma grande usuária de extrusão de alumínio; por aproximadamente cinco anos, foi a maior cliente da 80-20 no Leste do Tennessee. Essa máquina foi construída para a Avery Dennison, de Chicopee, Massachusetts. Ela reuniu os componentes de uma encadernadora de três argolas – anéis, inserções, etiquetas e assim por diante –, montou-os, organizou-os em pilhas alternadas e colocou-os em uma caixa para transporte.

Pelo menos cinco dessas máquinas foram construídas em um período de três anos. Provavelmente, a característica mais interessante delas seja o método de classificação das encadernações de estação para estação. As encadernações deslizam em uma estação de carregamento; então um mecanismo servoatuador desliza um par de dedos carregados por molas por trás da borda traseira da encadernação e a empurra de estação para estação. À medida que o indexador retorna de seu impulso, os dedos são pressionados para baixo sob a superfície da encadernação pelo próprio encadernador; quando o dedo surge por trás da encadernadora, a mola a impulsiona novamente.

Sempre que se depende de um método puramente mecânico como esse, são necessários muitos sensores e a monitoração de torque para detectar falhas inevitáveis. O produto nem sempre é completamente uniforme, e o erro de carga do operador também pode ser um fator. Algumas encadernações foram destruídas no processo de escoamento. Aquelas que não estavam tão comprometidas em termos de forma foram usadas como cadernos de projetos.

O sistema de acionamento usado nessa máquina foi um Emerson Servo. Uma vantagem desse servo é que ele é autossuficiente e possui um software e pacotes de configuração amigáveis. Os pacotes dos servos integrados estavam dentro da plataforma A-B SLC500 que estávamos usando, porém eles eram bem menos amigáveis do que são com os sistemas Kinetix e Sercos utilizados atualmente. A A-B também possuía os sistemas autônomos Ultra na época, porém eles eram ainda menos amigáveis.

No nível básico, ela ainda era uma máquina de embalagem, apesar de suas peças de montagem. Depois desse episódio, a NAS passou a se dedicar à construção de equipamentos de embalagem padrão.

Figura 10.1 Máquina de encadernação.

>> Medição de cristal

Cliente: CTI

Finalizada: 2005

Parte mecânica: Agile Engineering

Controles: Automation Consulting (ACS)

Invólucro: base de aço soldada, guarda de extrusão de alumínio

Controlador: Koyo DL205

Outros componentes: Keyence Laser Scanner

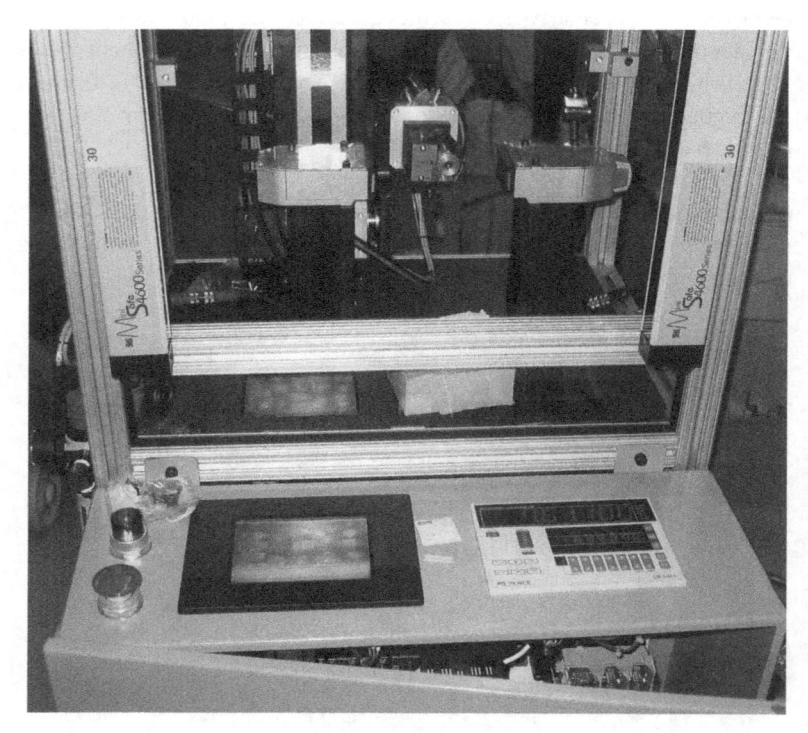

Figura 10.2 Estação de medição de cristal.

Esta estação mostrada na Figura 10.2 foi criada para medir um pequeno cristal usado na fabricação de escâneres médicos de tomografia computadorizada. Um escâner a laser Keyence foi usado para medir o cristal em três eixos diferentes, fornecendo informações dimensionais e de "perpendicularidade" para um operador.

O controlador usado incluía um CLP Koyo (Automation Direct) e um sistema de mensuração a laser de escaneamento de precisão CCD da Keyence. A unidade do operador à direita é a unidade Keyence na qual os pontos de configuração e os dados de medida são configurados. Essas informações são transferidas serialmente para o CLP, que registra os dados em registradores para transferência para um computador com banco de dados. Essa técnica é geralmente usada em aplicações de várias medidas, em que um CLP é usado como um controlador manipulador e como um concentrador de dados.

O cristal (mostrado na Figura 10.3 à esquerda do datum de aço inoxidável – ele é muito pequeno) é colocado no ferramental, que possui um pequeno buraco de vácuo. O vácuo puxa o cristal firmemente para uma pequena bolsa. Uma medida analógica de vácuo é usada para determinar se o topo do cristal está plano; irregularidades causam o vazamento de vácuo. O ponto do datum de aço é usado como referência para medir o comprimento do cristal de forma precisa, assim, a posição real dos atuadores não é necessária.

Figura 10.3 Manipulador e medidor de cristal.

Esse processo proporciona uma precisão melhor do que aquela obtida por meio da posição real, devido à folga no rolamento do atuador. A distância do lado do cristal até o datum também é medida no topo e na parte inferior do cristal, para dar o paralelismo do topo em relação aos lados. O cristal é girado em 90° no eixo e a medição é feita novamente. Todo o mecanismo se inclina 90° para medir o comprimento.

Existem muitas coisas acontecendo em um pequeníssimo espaço nessa aplicação. O ferramental foi desenvolvido pela Agile Engineering em Knoxville, Tennessee, para o usuário final, CTI. Minha antiga companhia, a ACS, desenvolveu e construiu os controles. Esse é outro exemplo de várias empresas trabalhando em conjunto para criar um projeto bem-sucedido.

» SmartBench

Cliente: nenhum (protótipo)

Finalizado: 2003

Parte mecânica e controles: Automation Consulting (ACS)

Invólucro: extrusão de alumínio

Controlador: Koyo DL205

Outros componentes: tela sensível ao toque da Maple Systems

O SmartBench é uma combinação de controles de software e hardware. Ele permite a programação de eventos sequenciais por meio da entrada de funções, que é feita pelo número em localizações de etapas em uma tela sensível ao toque. As funções podem reagir a entradas específicas, energizar ou desenergizar saídas, executar "esperas" programadas ou detectar falhas programadas ou de sequência. Como mostrado na Figura 10.4, existem 32 entradas digitais e 32 saídas digitais agrupadas em oito portas de cabos de quatro entradas/quatro saídas, que podem ser conectadas em estações configuradas, como a montagem de paletes mostrada anteriormente. As funções então podem ser denominadas pelo programador por meio de uma tela alfanumérica sensível ao toque, a IHM.

O sistema inicializará automaticamente no primeiro passo ou na primeira função programada, procedendo ao próximo quando o passo atual estiver finalizado. Esse processo continuará até que um passo zero, ou não programado, ocorra; depois disso, a sequência começa novamente.

O sistema de operação do SmartBench é um CLP Koyo/Automation Direct, com dois cartões de entrada com 16 pontos e dois dois cartões de saída com 16 pontos. Existe também um cartão Ethernet instalado para fazer o download de fórmulas ou de sequências a partir de um PC, permitindo que a sequência seja organizada por meio de planilhas ou de um programa de banco de dados, como o Microsoft Excel ou o Access.

A interface integrada com o operador ou a IHM atual é uma tela sensível ao toque fabricada pela MapleSystems, com memória de fórmulas integrada. O CLP realiza a lógica, o sequenciamento e as funções de temporização, a reorganização dos nomes das funções em seus respectivos locais, à detecção de falhas e o acesso por senha às telas. A interface com o operador armazena as sequências configuradas e permite a entrada de descrições de dados alfanuméricos nos registradores do CLP associados com cada função. A Figura 10.4 foi registrada em uma feira industrial. A tela sensível ao toque está à direita; o computador à esquerda foi usado para o sistema de visão integrado.

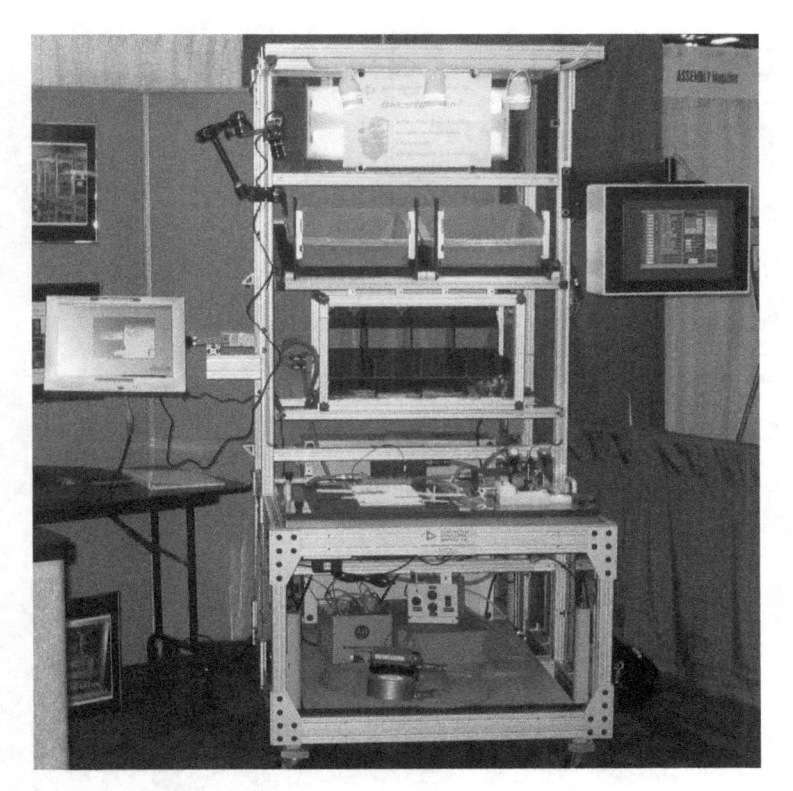

Figura 10.4 SmartBench.

O SmartBench foi criado para substituir várias estações de montagem de propósitos específicos usadas na TRW Koyo, em Vonore, Tennessee. Ele foi concebido para substituir individualmente qualquer uma das máquinas existentes, pois elas foram reequipadas para a programação de montagem de mangueiras do proximo ano. Na feira de Greenville, foi construído um palete foi construído em que os participantes poderiam montar um avião balsa. Quando a primeira parte, o corpo, foi inserida no ferramental, uma trava foi ativada, travando a peça no lugar. As luzes piscaram nas caixas e no ferramental, indicando onde o operador deveria pegar ou colocar o próximo componente. Depois que todas as peças foram identificadas no local, uma câmera foi disparada para inspecionar os itens no avião, como asas viradas de cabeça para baixo ou componentes faltantes. Após a conclusão bem-sucedida, o avião foi lançado e a sequência, reiniciada. A feira foi exitosa na aquisição de novos projetos, embora grande parte deles fosse relacionada a outras aplicações.

Apesar de um CLP da Koyo e de uma tela sensível ao toque da Maple Systems terem sido empregados no protótipo do SmartBench, as técnicas de programação podem ser usadas em qualquer plataforma que tenha as mesmas capacidades. Um melhor custo/benefício seria obtido se o sistema operacional fosse colocado em um microprocessador e se fosse criado um cartão de circuito capaz de fazer a interface com uma I/O.

≫ Estação de carga para *sagger*

Cliente: Alcoa/Howmet

Finalizada: 2005

Parte mecânica e controles: Automation Consulting (ACS)

Invólucro: extrusão de alumínio

Controlador: Allen Bradley SLC5/5

Outros componentes: tela sensível ao toque da Maple Systems, robô Motoman HP6

Figura 10.5 Estação de carga para *sagger*.

A estação de carga de caixa refratária (*sagger*) é um sistema que carrega fundições de cerâmica de pás de turbina em um recipiente refratário de cerâmica preenchido com areia, chamado *sagger*. As caixas refratárias carregadas são colocadas em um sistema de transporte alimentador, onde são indexadas em uma estação *pick-and-place* que as vira sobre uma tela, permitindo que a areia caia em um funil. O *sagger* vazio é então indexado ao redor da parte traseira do funil, onde uma camada de areia é alimentada por uma rosca a partir da parte inferior do funil para dentro do *sagger*. O *sagger* armazena uma posição de carga em que um robô remove as fundições de cerâmica de um molde e as incorpora suavemente na camada de areia. Uma vez completada a camada de fundições, o *sagger* é posicionado novamente na estação do funil e outra camada de areia é despejada sobre a camada de fundição. Logo após o armazenamento da posição da volta do robô, é inserida uma camada de fundição e, em seguida, uma camada de areia, até que o *sagger* seja carregado. Uma camada final de areia é colocada na parte superior, e o *sagger* sai da estação. Os operadores então colocam as caixas refratárias em um forno por algumas horas; o *sagger* é trazido de volta para a estação e descarregado; cheio de areia, ele é novamente colocado no sistema de transporte de alimentação.

Uma característica única dessa estação é o inversor *pick-and-place* com came carregado por mola. Como as caixas refratárias eram bem pesadas, um mecanismo foi usado para equilibrar a carga do *sagger* em todos os pontos enquanto ele era virado, permitindo que um cilindro rotativo pneumático bem menor fosse utilizado para movimentos tanto para frente quanto para trás.

Esse sistema, instalado no início de 2005, foi uma das primeiras grandes máquinas da ACS. Ele usava um processador Allen-Bradley SLC5/05 e uma tela sensível ao toque da Maple Systems. Um robô MotoMan HP6 foi usado para descarregar a prensa para moldagem e colocar as peças fundidas dentro do *sagger*.

» Manipuladores de bandejas

Cliente: não revelado

Finalização: 2009

Parte mecânica e controles: Wright Industries

Invólucro: aço soldado

Controlador: Siemens S7

Outros componentes: tela sensível ao toque WinCC, servos Siemens Sinamics

A Figura 10.6 é uma ilustração de uma aplicação de controle de movimento não robótico. Assim como acontece com a maioria de meus outros trabalhos de movimento, esse não possui qualquer tipo de movimento coordenado envolvido, mas foi um desafio do ponto de vista da detecção. Esse equipamento deveria ser capaz de empilhar (preencher) ou desempilhar (esvaziar) bandejas. Um operador carregaria pilhas de bandejas tanto cheias quanto vazias com uma empilhadeira. As bandejas seriam apresentadas individualmente para um operador, começando ou da parte superior ou da parte inferior da pilha. O processo de codificação constituiu principalmente em treinar ou programar as várias alturas das pilhas, as posições das bandejas e os pontos de elevação, e em lembrar onde o operador estava durante o processo, independentemente de quais atividades manuais haviam ocorrido.

Figura 10.6 Manipulador de bandejas.

Dois pares paralelos de eixos Z foram usados para elevar as bandejas. Um foi usado como o elevador da bandeja, que iria se deslocar para a bandeja acima daquela que seria removida. Ele estenderia garras em fendas em direção às bandejas e então elevaria a pilha para fora da bandeja-alvo. O extensor da bandeja estenderia suas garras, levantaria ligeiramente, e um eixo horizontal estenderia a bandeja para frente para ser ou preenchida ou esvaziada pelo operador. Os dois eixos Z e o eixo horizontal eram servoacionamentos e motores da Siemens Sinamics, controlados por um CLP Siemens S7-300. Todas as comunicações dos acionadores e da IHM eram feitas via Profibus.

A parte mais complicada dessa aplicação foi saber onde as bandejas estavam. Como as pilhas de bandejas estavam sempre cheias de bandejas da mesma espessura, todas as posições eram simplesmente programadas como um valor indexado. Isso economizava dinheiro, já que não havia necessidade de colocar sensores nas garras ou de varrer a pilha, mas causava alguns problemas quando eram inseridas pilhas não estavam em conformidade. Os polos das garras e dos espaçadores eram feitos de grafite, material de cerâmica quebradiço que suportaria altas temperaturas em um forno; como tal, eles eram bem frágeis. Alguns sensores fotoelétricos foram colocados na máquina para localização de produtos, mas eles nem sempre funcionavam onde as bandejas estavam desorientadas.

Interruptores de sobrecurso foram colocados em locais comuns perto das extremidades dos eixos, mas o ideal é que eles tivessem sido colocados nas próprias montagens do ferramental, nos eixos verticais, uma vez que os eixos poderiam bater uns nos outros muito antes de chegarem ao fim do curso. Vale lembrar dessa boa prática sempre que você trabalhar com dois eixos paralelos que podem interferir mutuamente: sempre leve em conta o que mais o eixo pode atingir, além do final do curso no próprio atuador.

> **» DICA**
> Vale lembrar dessa boa prática sempre que você trabalhar com dois eixos paralelos que podem interferir mutuamente: sempre leve em conta o que mais o eixo pode atingir, além do final do curso no próprio atuador.

» Sistema classificador de algodão

Cliente: Departamento de Agricultura dos Estados Unidos

Finalização: 2000

Controles: Wright Industries

Transportadores: Nalle Automation (NAS)

Testadores: Zellweger-Uster

Invólucro: extrusão de alumínio

Controlador: Allen-Bradley SLC5/04

Outros componentes: Rockwell RSView32 no computador e controladores embarcados nos testadores

A Figura 10.7 mostra o sistema classificador de algodão na instalação USDA, em Memphis. Esse foi um projeto cooperativo entre minha companhia ACS, a NAS e a Zellweger-Uster e é um exemplo de automação que não está localizado em sua típica instalação industrial.

Frequentemente, companhias ou organizações sem muita experiência em automação decidem automatizar alguns dos seus processos para economizar dinheiro ou aumentar a produção. As pessoas que fazem parte dos processos sendo automatizados são hábeis em suas tarefas, mas não têm experiência com técnicas e conceitos de automação. Dispositivos como IHMs, E-Stops e cortinas de luz podem ser novidades para as instalações, e pode não haver pessoal de manutenção qualificado para a resolução de problemas e para a manutenção desses sistemas. Existe também a possibilidade de surgir uma incompatibilidade causada pelo uso de equipamentos industriais ruidosos em um ambiente de laboratório ou de sala limpa.

Figura 10.7 Sistema de classificação de algodão.

Neste caso, os produtos manipulados e inspecionados são amostras de algodão obtidas de produtores de todo o sudeste. A imagem na Figura 4.1 é de uma amostra de algodão sendo transportada nesse sistema. Antes de ele ser utilizado, pequenos pedaços de amostras de algodão eram colocados debaixo de câmeras manualmente para que fossem determinadas a cor e a quantidade de corpos estranhos e sementes na amostra. Esse sistema permitiu que a manipulação de material fosse feita sem a intervenção humana. Assim como muitos outros projetos, havia muitas iterações do sistema, e ele se tornou mais complexo à medida que as lições eram aprendidas. Um terceiro nível de sistema transportador foi adicionado para permitir retestes nas amostras com base em resultados inconclusivos.

Devido aos tufos soltos de algodão que inevitavelmente se espalhavam em torno da instalação, falava-se em envolver inteiramente os paletes com as amostras de algodão; acredito que o sistema foi desativado antes de isso ter sido feito.

Devido à incongruidade de ter equipamentos semi-industriais instalados no piso de azulejo de um escritório, o sistema foi removido e os operadores voltaram a realizar o carregamento manual de amostras de teste. Existem coisas que simplesmente não podem ser automatizadas de forma eficaz. Essa era uma delas? Somente o tempo dirá.

Referências

"About the HART Protocol," HART Communication Foundation, www.hartcomm.org.

Blackburn, J. A., Modern Instrumentation for Scientists and Engineers, Springer-Verlag, New York, 2001.

Brown, H. T., 507 Mechanical Movements, Mechanisms and Devices, Dover Publications, Mineola, NY, 2005.

Bruce, R. G., Dalton, W. K., Neely, J. E., and Kibbe, R. R., Modern Materials and Manufacturing Processes, Prentice Hall, Boston, 1998.

Chapra, S. C., and Canale, R. P., Introduction to Computing for Engineers, McGraw-Hill College, New York, 1986.

Craig, J. J., Introduction to Robotics, Mechanics and Control, Addison-Wesley, Boston, 1989.

Downs, B. T., and Grout, J. R., A Brief Tutorial on Mistake-Proofing, Poka-Yoke and ZQC, http://facultyweb.berry.edu/jgrout/tutorial.html, pdf document.

George, M. L., Lean Six Sigma: Combining Six Sigma Quality with Lean Speed, McGraw-Hill, New York, 2002.

Harry, M., and Schroeder, R., Six Sigma: The Breakthrough Management Strategy Revolutionizing the World's Top Corporations, Double Day, New York, 2000.

Laughton, M. A., and Warne D. F., Programmable Controller. Electrical Engineer's Reference Book, 16th ed., Newnes, Oxford, 2003.

Newell, M. W., and Grashina, M. N., The Project Management Question and Answer Book, AMACOM, New York, 2004.

Oberg, E., Jones, F. D., Horton, H. L., and Ryffel, H. H., Machinery's Handbook, 27th ed., Industrial Press, New York, 2005.

Pallante, R., Application Equipment for Cold Adhesives, http://www.nordson.com/en-us/divisions/adhesive-dispensing/Literature/PKR/PKR1644.pdf, pdf document.

Paul, R. R., Robot Manipulators: Mathematics, Programming, and Control, MIT Press, Cambridge, MA, 1981.

Sen, P. C., Principles of Electric Machines and Power Electronics, John Wiley and Sons, New York, 1989.

Smith, W. F., Principles of Materials Science and Engineering, McGraw-Hill College, New York, 1990.

Spiteri, C. J., Robotics Technology, Saunders College Pub., Philadelphia, 1990.

Stevenson, W. J., Operations Management, McGraw-Hill/Irwin, New York, 2007.

Thorne, M., Computer Organization and Assembly Language Programming, Krieger Publishing, Malabar, FL, 1991.

Vermaat, S. C., Discovering Computers 2008, Thomson Course Technology, Boston, 2008.

Zuch, E. L., Data Acquisition and Conversion Handbook, Datel Intersil, Mansfield, MA, 1979.

Índice

A
ABB, online
Abordagem *bit-bang*, 330-332
Acionador de motor, 115-117
Acumulador, 210-211
ADC, 10-12
Aferição, 87-88
Air logic, 15-16
Alimentador de passo, 192-194
Alimentos e bebidas, 205-207
Alívio de tensão, 163-164
Allen-Bradley, online
Analógico, 10-12
Anodização, 218-219
ASCII, 28-29, online
ASIBus, 23-24
Assíncrono, 41-43
Atuador, 126-128
AutoCAD, 43-44, online
Automação, 1-2
Automation Direct, online

B
Baldor, online
Bandeja vibratória, 190-192
Banner, online
Barber Colman, online
Barreiras, 63-64
Binário, 25-26
BIST, 62-63
Bit, 12-14, 25-26
Blindagem, 122-123
Bloco de distribuição, 109-110
Bloco de fusíveis, 110-111
Bloco de máquina, 163-164
Bloco terminal, 109-110

BOOL, 22, 227
Bosch, online
Byte, 24

C
CA, 29-30
Cabo, 121-122
Caixa de Heijunka, 307-308
Calço, 163-164
Camco, 187-189, online
Came, 148-149
CAN, 22-23
CANOpen, 23-24, 131-132
Capacitivo, 85-86
Cartesiano, 197-198
Catraca e lingueta, 149-150
Cavalo-vapor, 32-33
CC, 29-30
CE (Comunidade Europeia), 52-53
Célula de carga, 88-89
Chave de fixação, 165-166
Chaves de proximidade, 84-85
Ciclo seco, 145-146
CIP, 21-22
Classificador, 187-189
CLP, 70-71
Codificador, 94-95
Código de barras, 100-101
Compromisso de trabalho, 326-327
Computador, 69-70
Comunicações, 18-19
Conexão sem fio, 24-25
Construção de painel, 288-289, 334-335
Construtores de máquinas, 294-295
Contador, 115-119, 25-26
Contador de alta velocidade, 24-25, 95-96
Contínuo, 41-43

Contração térmica, 122-123
Controlador de temperatura, 72-73
Controle de movimento, 130-131
Controle de processo, 203-204
Controle portátil, 199-200
Controles, 278-279
Conversão, 211-212
Cor, 80-81, 90-91
Correia, 180-181
Corrente, 29-30
CPU, 72-73
Creform, 168-169, online

D

DAC, 10-12
DCS, 70-71
Debounce, 80-81
Decimal, 25-26
Decodificador, 24-25
Depuração, 246-247, 278-279
Desconexão rápida, 79-80
Desconexões, 58-60, 105-106
Deslizamento, 133-134
Detector de imagens, 98-99
DeviceNet, 22-23
DHCP, 21-22
Diagrama de peixe (Ishikawa), 313-315
Digital, 10-12
Dimensionamento, 44-45
DIN, 72-73, 110-111
Diretiva de máquinas, 52-53
Discreto, 13-14
Disjuntor, 105-106
Disparador, 12-14
Distância medida, 91-92
DLR (Device Level Ring), 22-23
Dreno, 122-123

E

Eletricista, 289-290
Em atraso, 115-117
Embalagem, 207-208
Emenda, 122-123
Emerson, 344-345, online
Energia, 32-33, 103-104
Engenharia, 277-278

Engenheiro de sistemas, 282-283
Engenheiro eletricista, 278-279
Engenheiro industrial, 279-280
Engenheiro mecânico, 278-279
Engrenagem, 149-150
Enquadramento, 162-163
Escala, 12-14
Escaneamento, 251-253
Espaçador, 165-166
Estator, 132-133
EtherCAT, 131-132
Ethernet, 20-21
Ethernet I/P, 21-22
Ethernet Powerlink, 131-132
Extração, 211-212
Extrusão, 168-169, 214-215, 219-220

F

Fábrica, 3-4
Fabricação aditiva (impressão 3D), 5-6
Fase, 32-33
FAT (Teste de aceitação de fábrica), 339-340
Fator de potência, 134-135
FEM (método dos elementos finitos), 328-329
Festo, online
Fieldbus, 23-24
Fio, 105-106, 121-122
Fio EDM, 217-218
Fluxo para dentro/para fora (controles de fluxo), 38-39
FMEA, 299-300
Fonte de alimentação, 113-114
Fundição, 211-212
Fusão, 108-109

G

Galvanização, 218-219
GE (General Electric), online
GE Fanuc, online
Gerente de projetos, 284-285
Graceport, 338-339
GUI, 75-76

H

Hexadecimal, 25-26
Hidroformagem, 217-218

Hoffman, 170, online
Homing, 24-25, 142-143

I

I/O distribuída, 18-19, 70-71
I/O, 13-14
Idec, online
IHM, 75-76
Imagem, 48-49, 97-98
Indutivo, 84-85
Instrumentação, 89-90, 290-291
Integração, 204-205
Integração de sistemas, 295-296
Integrador, 295-297
Interface de teclado, 102-103
Invólucros, 169-170
ISO, 303-304
Item, 168-169, online

J

JIT (*Just-In-Time*), 306-307
Jumper, 110-111

K

Kaizen, 308-309
Kanban, 307-308
Keyence, online
KW, 32-33

L

Laminação, 214-215
LAN (Local Area Network), 20-21
Linearidade, 12-14
Lógica ladder, 72-73, 243-244, 251-253
LVDT, 90-91

M

Magnetostritivo, 92-93
Máquina simples, 146-148
MCR (*Master Control Relay*), 58-60
Mecânico de máquinas, 286-287
Mecanismo, 148-148
Medidor de deformação, 87-88
Mensuração, 87-88
Microsoft, online
Misumi, 169-170, online

Mitsubishi, online
Modbus, 23-24
Modelagem sólida, 43-44
Modelagem 3D, 264
Modelo, 334-335
Modicon, online
Monitor, 74-75
Montadores, 286-287
Montagem, 38-39, 122-123, 285-286
Motor de passo, 144
Motor, 132-133
Motor linear, 141-142
MSDS (*Material Safety Data Sheet*), 8-9
MTS Temposonics, 92-93
Muda, 305-306
Multicondutor, 121-122
Mura, 306-307
Muri, 307-308

N

Namur, 64-65
National Instruments, online
Nivelamento dos pés, 162-163
Nó, 18-19

O

Observância (robô), 199-200
Octal, 25-26
OEE, 64-65, 267-269, 312-313
OIT (*Operator Interface Terminal*), 74-75
Omron, online
OSHA, 53-54

P

P&ID, 46-47
Palavra, 28-29
Par trançado, 19-20, 121-122
Parada de emergência, 55-57
Parafuso, 165-166
Paralelo, 20-21
Passador, 163-164
Pepperl+Fuchs, 64-65, online
Peso, 88-89
Phoenix Contact, online
Pick-and-place, 190-191, 260-261
PID, 16, 72-73

Poka-yoke, 309-310
Polia, 155-156
Ponteira, 123-124
Ponto flutuante, 28-29, 250-251
Potência fluida, 36-38
PPAP (processo de aprovação de peças de produção), 293-294
Precisão, 199-200
Prendedor, 165-166
Pro/E, online
Produção enxuta, 4-5, 305-306
Profibus, 23-24, 329-330
ProfiNet IRT, 131-132
Programação, 221-222
Projetista, 283-284
Proteção, 58-60, 168-169, 329-330
Protocolo HART, 23-24
Pulso Z, 95-96
Pulso, 115-117

Q

"que fornece", 79-80
QMS (sistema de gestão da qualidade), 303-304
Quadratura, 95-96
Química, 204-205, 280-282

R

Raio X, 99-100
Ranhura, 149-150
REAL, 28-29, 250-251
Reator, 205-207
Rebite, 166-168
Rede, 18-19
Relé, 113-114
Repetibilidade, 199-200
Resolução, 12
Resolver, 96-97
RFID, 101-102
Rittal, online
Robô, 194-196
Robô Gantry, 197-198
RoHS (restrição a substâncias perigosas), 8-9, 51-52
Rolamento, 154-155
Rolamento linear, 154-155
Rolo, 214-215
Rosca, 166-168

Rotor, 132-133
RS232, 19-20
RS422/485, 20-21
RTD, 94-95

S

Sala limpa, 6-8
SAT (teste de aceitação local), 339-340
SCADA, 266-267
SCARA, 196-197
SDS (ficha de segurança), 8-9
Segurança, 51-52
Segurança de rede, 273-274
Segurança intrínseca, 13-14, 63-64
Sem atraso, 115-116
Sensor fotoelétrico, 80-81
Sensor, 78-79
Sequenciador, 251-253, 328-329
SERCOS, 131-132
Serial, 19-20
Servo, 130-131, 141-142
Servomecanismo, 156-157
Siemens, 294-295, 330-332, online
Síncrono, 41-43
Sinterização, 217-218
Sistema 5S, 312
Sistema de visão, 96-97
Sistema transportador, 179-180
Sistemas hidráulicos, 39-40
Sistemas pneumáticos, 38-39
Six Sigma, 4-5, 304-305
SMC, online
Sobrecarga, 115-117
Sobrecurso, 142-143
Software, 241-242
Software de escritório, 265-266
Solda, 123-124
Soldagem, 231-232, 286-287
Solenoide, 128-130
Solidworks, online
SPC (controle estatístico de processo), 312-313
Stelron, online
String, 28-29, 250-251
Suporte, 168-169
SWI (instruções de trabalho padronizadas), 311-312

T

Talhadeira, 211-212
TCP/IP, 21-22
Tela sensível ao toque, 76-77
Temperatura, 92-93
Temporizador, 115-117
Tensão, 29-30
Terceirização, 79-80
Termopar, 92-93
Termopar infravermelho, 94-95
Termorresistor, 94-95
Tolerância, 44-45
Tolerância geométrica, 44-45
Topologia, 18-19
TPM (manutenção produtiva total), 300-301
TQM (gerenciamento da qualidade total), 304-305
Transdutor, 87-88
Transformador, 111-112
Transformador isolante, 112-113
Trifásico, 32-33
Trilho DIN, 110-111
Tubulação, 168-169
Turck, online

U

UL (*Underwriter's Laboratories*), 53-54, 107-108
Ultrassônico, 91-92
USB, 22-23
Usinagem, 217-218, 277-278

V

Válvula proporcional, 204-205
Válvula, 128-130, 204-205
Variável, 242-243
Viga andante, 189-190
VMS (mapeamento do fluxo de valor), 312-313

W

Watt, 32-33
Web, 209-210
WLAN (*Wireless LAN*), 24-25

Y

Yaskawa, online